NCS 기반 출제기준에 맞춘 최고의 수험서

승강기 기능사

핵심이론과 10개년 기출문제로 한번에 빠른 합격!

필기

최기호 지음

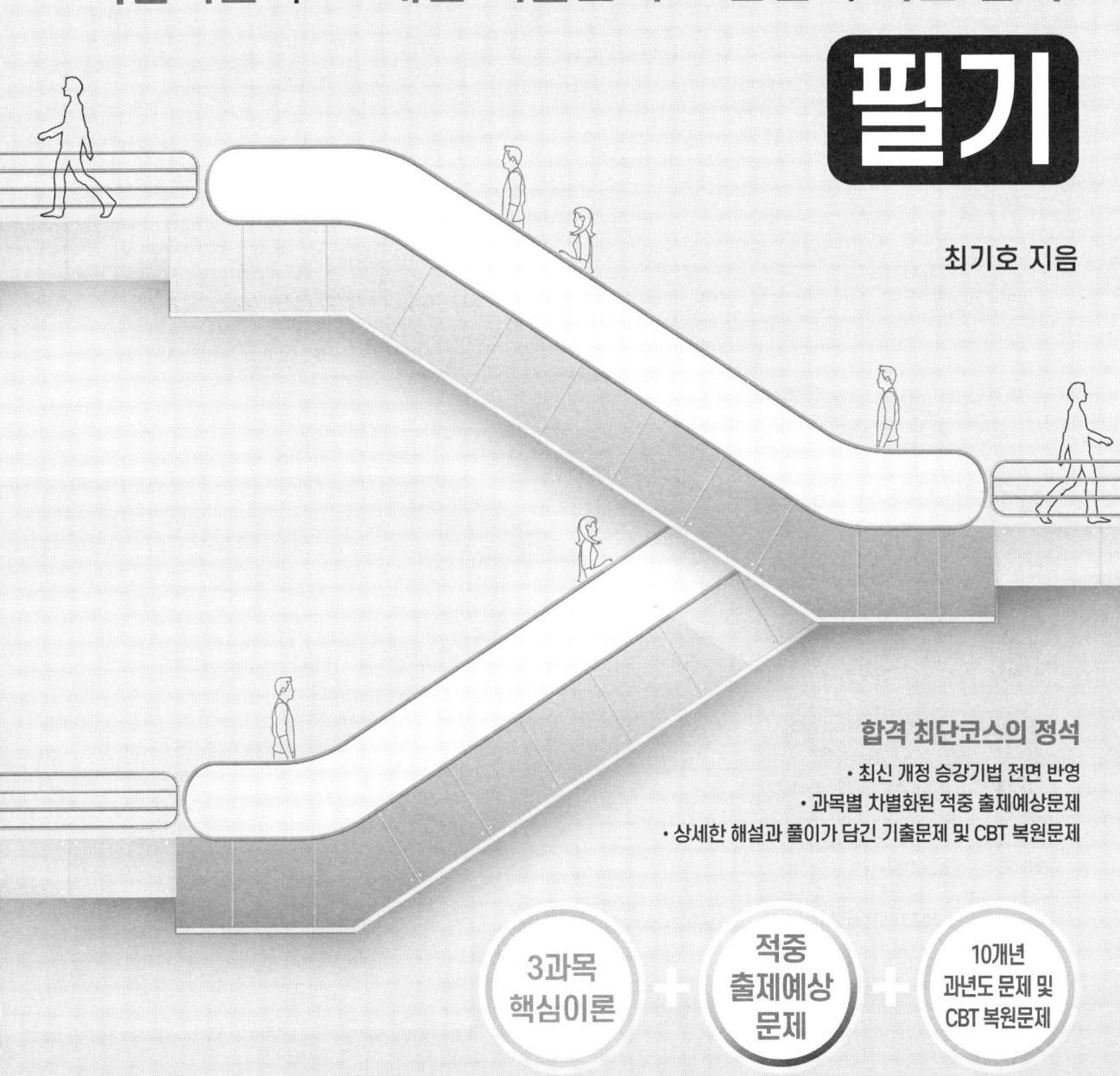

합격 최단코스의 정석
- 최신 개정 승강기법 전면 반영
- 과목별 차별화된 적중 출제예상문제
- 상세한 해설과 풀이가 담긴 기출문제 및 CBT 복원문제

3과목 핵심이론 + 적중 출제예상 문제 + 10개년 과년도 문제 및 CBT 복원문제

대광서림

최기호

공학박사, 전기기능장
전기공사특급기술자, 전력기술인특급기술자
전력기술인특급 감리기술자, 전기전자 기술지도사
다수의 전기관련 교재 및 문제집 저술
한국산업인력공단 전기분야 자격증 시험 출제(채점)위원 역임

승강기 기능사 · 필기

발행일 2025년 9월 10일 초판 인쇄

저 자 최기호
발행인 김구연
발행처 대광서림 주식회사

주 소 서울특별시 광진구 아차산로 375, 513호
전 화 02)455-7818(대)
이메일 daekwangsr@naver.com
등 록 제1972-000002호
ISBN 978-89-384-5207-8 13550
정 가 22,000원

Copyright © 2025 대광서림주식회사. All rights reserved

· 파본 및 잘못 만들어진 책은 교환하여 드립니다.
· 이 책의 무단 전재와 불법 복제를 금합니다.

머리말

현대 문명의 급격한 발전으로 인하여 주거공간의 고층화, 고급화에 따라 승강기의 숫자도 급증하고 있다. 우리나라의 승강기 연간 설치 대수는 약 5만 대로 세계 3위의 시장 규모이고, 승강기 설계, 제조, 설치 및 유지 보수 인력의 수요가 나날이 증가하여, 인기가 상승하고 있다.

승강기는 사고가 발생하면 대형사고로 이어지는 경우가 많으므로 안전을 위한 유지관리의 중요성이 강조되지 않을 수 없다. 따라서 정부에서는 승강기 사고를 미연에 방지하고자 1992년 9월부터 승강기 기능사 자격 시험을 실시하고 있다. 그러므로 수험자들에게 도움을 주고자 본 책을 집필하게 되었다.

이 책의 특징은 기초적인 문제에서부터 수년간 출제되었던 문제들을 연구·검토하여 다음 사항에 중점을 두었다.

- 최근의 출제기준에 맞추어 내용을 구성하였다.
- 본문에 용어설명을 달아 스스로 공부할 때 도움이 되도록 하였다.
- 출제 예상 문제들을 수록하여 스스로 테스트를 할 수 있도록 하였다.
- 최근 한국산업인력공단에서 출제된 문제들을 수록하고, 알기 쉽게 풀이하였다.

이 책이 빛을 보기까지 수고하신 대광서림 편집인 여러분께 진심으로 감사드리며, 아무쪼록 이 한 권의 책으로 합격의 영광을 얻기 바랍니다.

문의 사항이 있으면 cgh258@hanmail.net으로 연락을 주시기 바랍니다.

저자 드림

차례

PART 01 승강기 설치

CHAPTER 01 | 엘리베이터 기계 설치 및 부품 교체

01 승강기 일반 · 12
1. 승강기의 종류 · 12
2. 승강기의 원리 및 조작 방식 · 15
3. 특수 승강기 · 27

02 형판 설치하기 · 30
1. 엘리베이터 설치도면 · 30
2. 승강로, 기계실, 출입구 건축도면 · 30
3. 형판 작업 · 32

03 주행 안내 레일 설치하기 · 33
1. 주행 안내 레일, 고정용 브래킷 설치 · 33
2. 완충기 받침대 · 35
3. 가이드 레일 설치 공법 · 36
4. 레일 게이지 · 37

▶ CBT 대비 1회 출제예상문제 · 38

CHAPTER 02 | 엘리베이터 부품 설치 및 교체

01 엘리베이터 부품 상태 진단하기 · 55
1. 엘리베이터 부품의 노후, 마모 상태 진단 · 55
2. 기계 · 전기 측정기 · 57

02 승강장 부품 설치 및 교체하기 · 58
1. 각 부품별 설치 위치에 승강장 부품 설치 · 58
2. 승강장 출입문 조정 · 59

03 카 설치 및 교체하기 ·············· 59
1. 카 슬링 설치 ·············· 59
2. 카 벽, 카 천장, 카 조작반 조립 ·············· 63
3. 카 출입문과 관련된 부품, 카 상부 부품 ·············· 64
4. 카 심출, 카 밸런스 작업 ·············· 66

▶ CBT 대비 2회 출제예상문제 ·············· 67

CHAPTER 03 | 엘리베이터 전기 설치 및 부품 교체

01 엘리베이터 전기 배선 ·············· 74
1. 엘리베이터 전기 부품 ·············· 74

02 전기 부품 교체 ·············· 75
1. 전기 부품 교체 ·············· 75
2. 전기 회로도 결선 확인 ·············· 75

▶ CBT 대비 3회 출제예상문제 ·············· 77

CHAPTER 04 | 기계 전기 기초

01 승강기 주요 기계 요소별 구조와 원리 ·············· 78
1. 링크 기구 ·············· 78
2. 운동기구와 캠 ·············· 78
3. 도르래(활차) 장치 ·············· 79
4. 베어링 ·············· 80
5. 기어 ·············· 81

02 승강기 동력원의 기초 전기 ·············· 82
1. 정전기와 콘덴서 ·············· 82
2. 직류 회로 및 교류 회로 ·············· 85
3. 자기 회로 ·············· 97
4. 전자력과 전자유도 ·············· 102
5. 전기 보호 기기 ·············· 107

03 승강기 구동 기계 기구 작동 및 원리 ················ 108
  1. 전동기의 종류 및 특성 ································ 108

04 승강기 제어 및 제어시스템의 원리 및 구성 ········ 111
  1. 제어의 개념 ·· 111
  2. 제어계의 요소 및 구성 ······························· 111
  3. 시퀀스 제어 ·· 112
  4. 전자회로 및 반도체 ··································· 113

  ▶ CBT 대비 4회 출제예상문제 ························ 115

CHAPTER 05 | 에스컬레이터(무빙워크) 설치 및 부품 교체

01 에스컬레이터 부품 상태 진단하기 ················· 139
  1. 에스컬레이터 부품의 노후 · 마모 상태 진단 ······ 139

02 현장 확인 양중하기 ···································· 140
  1. 에스컬레이터 설치도면 ······························· 140
  2. 에스컬레이터 양중 ··································· 145

03 트러스 조립하기 ······································· 146
  1. 트러스 조립 ·· 146
  2. 레일 조립 ··· 146
  3. 데크, 스커트 가드 등 설치 ·························· 147

04 디딤판 ·· 147
  1. 디딤판 설치 ·· 147
  2. 디딤판 교체 ·· 148
  3. 디딤판의 보수 ··· 148

05 손잡이 설치 및 부품 교체 ··························· 149
  1. 손잡이 설치 ·· 149
  2. 손잡이 장력 ·· 149
  3. 난간 상부의 손잡이 가이드 ························· 149

06 체인 설치 및 부품 교체 ·········· 149
  1. 체인 설치 ·········· 149
  2. 체인의 규격 ·········· 150

07 전기장치 조립하기 ·········· 150
  1. 모터, 감속기, 브레이크 ·········· 150
  2. 손잡이 구동장치 조립 ·········· 150
  3. 각종 전기 안전장치 조립 ·········· 151

08 설치 조정하기 ·········· 152
  1. 프레임과 건물 중심선 작업 ·········· 152
  2. 상·하부 터미널 기어 조정 ·········· 152

  ▶ CBT 대비 5회 출제예상문제 ·········· 154

PART 02 유지관리

CHAPTER 01 | 엘리베이터 점검

01 기계실 및 기계류 공간에서의 점검 ·········· 160
  1. 기계실 환경 점검 ·········· 160
  2. 기계실 기계, 전기 부품 및 장치 ·········· 160

02 카에서의 점검 ·········· 162
  1. 카의 주행상태 ·········· 162
  2. 카 내부, 상부 점검 및 조정 능력 ·········· 163
  3. 안전 장치 ·········· 165

03 승강로에서의 점검 ·········· 167
  1. 승강로 벽의 균열, 누수 등 청결 상태 ·········· 167
  2. 승강로 기계, 전기부품 및 장치 ·········· 167
  3. 각종 매다는 장치 및 체인 ·········· 168

04 승강장에서의 점검 ·· 168
1. 승강장 문 및 장치 ··· 168
2. 승강장 버튼 및 표시기 ··································· 169

05 피트에서의 점검 ·· 169
1. 피트 기계, 전기부품 및 장치 ························· 169
2. 피트 누수 ··· 171

▶ CBT 대비 6회 출제예상문제 ····························· 172

CHAPTER 02 | 에스컬레이터(무빙워크) 점검

01 구동부 점검하기 ·· 179
1. 구동기, 구동체인, 구동장치 ·························· 179
2. 브레이크 시스템 ··· 180

02 안전장치 점검하기 ··· 180
1. 기계적·전기적 안전장치 ······························· 180
2. 출입구 근처의 안전표시 ································ 181
3. 트러스 외부의 기계류 공간 ··························· 181

03 손잡이 점검하기 ·· 182
1. 손잡이 및 구성품 ··· 182
2. 디딤판과 손잡이 속도 측정 ··························· 182

04 상부 기계실 점검하기 ···································· 183
1. 디딤판, 트레드, 스커트 가드 ························ 183
2. 제어반 ·· 183

05 하부 기계실 점검하기 ···································· 184
1. 디딤판 체인 상태 및 장력 ····························· 184
2. 콤, 오일받이 ·· 184

▶ CBT 대비 7회 출제예상문제 ····························· 185

PART 03 안전관리

CHAPTER 01 | 승강기 안전관리

01 안전관리 장구 준비하기 ··················· 190
  1. 안전 장비, 장구, 용품 ··················· 190

02 전기 안전 준수하기 ··················· 192
  1. 전기 안전 용품 ··················· 192

03 환경 관리하기 ··················· 193
  1. 환경 검사 장비 ··················· 193
  2. 안전 작업 절차 ··················· 194

CHAPTER 02 | 승강기 안전검사 수검

01 안전검사 수검 ··················· 196
  1. 승강기 부품의 기능별 점검(전기, 제어, 기계) ··················· 196
  2. 오버 밸런스율 ··················· 198

  ▶ CBT 대비 8회 출제예상문제 ··················· 199

PART 04 과년도 문제 및 CBT 복원문제

CHAPTER 01 | 과년도 문제

2015년   기출문제 (2015. 1. 25) ··················· 204
             기출문제 (2015. 4. 4) ··················· 215
             기출문제 (2015. 7. 19) ··················· 227
             기출문제 (2015. 10. 10) ··················· 239

2016년	기출문제 (2016. 1. 24)	251
	기출문제 (2016. 4. 2)	263
	기출문제 (2016. 7. 10)	275

CHAPTER 02 | CBT 복원문제

2017년	복원문제 (2017. 1. 22)	286
	복원문제 (2017. 9. 3)	295
2018년	복원문제 (2018. 4. 1)	304
	복원문제 (2018. 9. 9)	313
2019년	복원문제 (2019. 4. 6)	322
	복원문제 (2019. 7. 13)	332
2020년	복원문제 (2020. 4. 19)	342
	복원문제 (2020. 10. 11)	353

CHAPTER 03 | CBT 과년도 문제

2021년	과년도 문제	363
2022년	과년도 문제	372
2023년	과년도 문제	382
2024년	과년도 문제	393

PART 01
승강기 설치

Chapter

01 엘리베이터 기계 설치 및 부품 교체
02 엘리베이터 부품 설치 및 교체
03 엘리베이터 전기 설치 및 부품 교체
04 기계 전기 기초
05 에스컬레이터(무빙워크) 설치 및 부품 교체

Chapter 01 엘리베이터 기계 설치 및 부품 교체

01 승강기 일반

▶**승강기**: 건축물이나 고정된 시설물에 설치되어 일정한 경로를 따라 사람이나 화물을 승강장으로 옮기는 데에 사용되는 설비

1. 승강기의 종류

1) 용도에 의한 분류

(1) 전기식(로프식) 엘리베이터

① 승용(passenger) : 사람만을 운반한다.
② 화물용(freight) : 화물과 화물을 취급하는 사람만을 운반한다.
③ 인하용(service) : 사람과 화물을 운반한다.
④ 자동차용(car) : 자동차를 전용으로 운반한다.
⑤ 침대용(bed) : 병원 등에서 환자를 운반한다.

▶**로프식 엘리베이터**: 로프의 한쪽에는 카, 반대쪽에는 균형추를 매달고 로프를 권상기의 도르래에 걸어 구동한다.

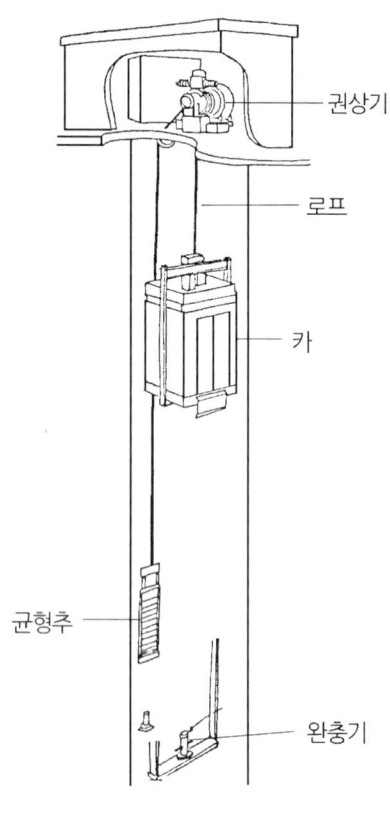

로프식

⑥ 비상용(emergency) : 화재시 소화 및 구조활동에 사용한다.
⑦ 장애인용 : 장애인이 사용하기에 적합하도록 제작되었다.
⑧ 덤 웨이터(dumb waiter) : 사람은 타지 않는 소형 엘리베이터로 호텔, 병원 등에 음식물을 공급하기 위해 사용한다.

▶**덤웨이터** : 적재하중 300kg 이하인 소형 엘리베이터

(2) 권동식 엘리베이터

로프를 드럼에 감거나 풀어, 카를 승강 시킨다.

▶**권동식** : 동에다 로프를 감았나 풀었다 하어 카를 승강시키는 방식

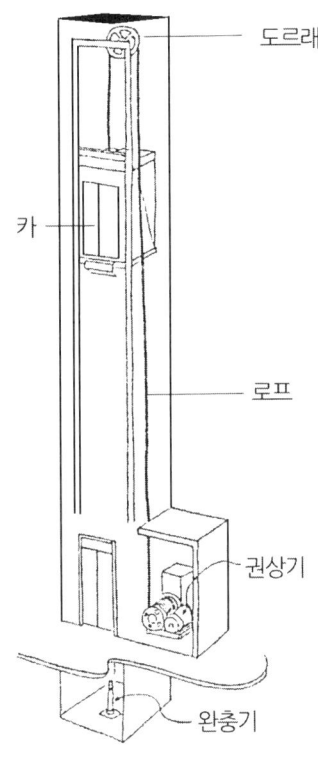

권동식

(3) 휠체어 리프트

① 장애인용 경사형 ② 장애인용 수직형

▶**리프트** : 낮은 곳에서 높은 곳으로 사람을 실어나르는 의자가 달린 기계장치

(4) 유압식 엘리베이터

① 직접식
카를 플런저로 직접 상승시키는 방식

② 간접식
플런저의 움직임을 와이어로프 또는 체인을 매개체로 하여 카에 간접적으로 전달, 승강시키는 방식

▶**유압식 엘리베이터** : 전동기로 구동되는 펌프에 의해 가압된 오일을 직접 실린더에 보내어 플런저를 구동, 카를 승강시키는 엘리베이터

▶**간접식 유압 엘리베이터의 로프 본수** : 2본 이상이어야 한다.

▶ **램(RAM)**: 플런저와 동의어

▶ **잭(Jack)**: 실린더와 동의어

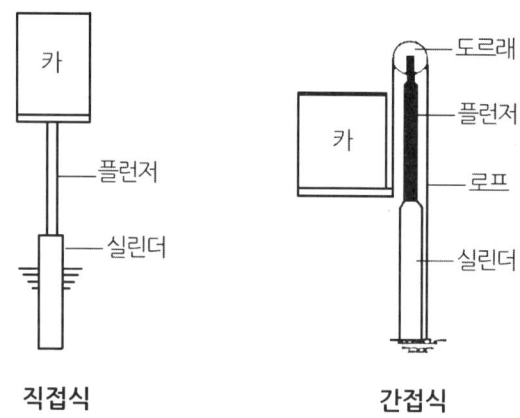

직접식   간접식

③ 팬터 그래프식

플런저에 의해 팬터 그래프를 개폐하여 카를 승강시킨다.

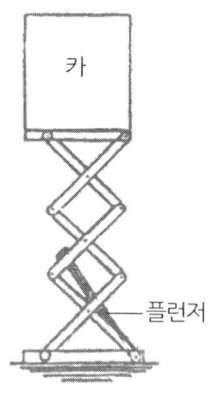

팬터 그래프 식

(5) 리니어(Linear) 모터식

균형추 측에 리니어 모터를 설치하고 카를 승강시킨다.

(6) 스크루(Screw)식

나사의 홈 기둥을 따라 카가 이동하도록 한 것

▶ **리니어**: 시스템의 입출력 관계에서 입력에 직선적으로 비례하여 출력이 발생함

▶ **모터(Motor)**: 전동기와 동일한 말이다.

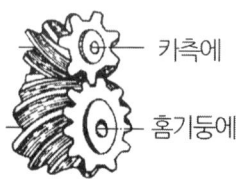

스크루식

(7) 랙·피니언(Rack and Pinion)식

레일에 랙(Rack) 톱니를 만들고 카에 피니언(Pinion)을 만들어 카를 상하로 움직이게 한 것

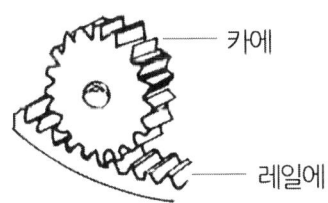

랙 · 피니언식

2. 승강기의 원리 및 조작 방식

1) 승강기의 원리

(1) 전기식(로프식) 엘리베이터

① 마찰비(Traction Ratio)

카 측 로프에 매달려 있는 중량과 균형추측 로프에 매달려 있는 중량의 비

ⓐ 전부하시 트랙션비(전부하가 실린 카를 최하층에서 기동시)

▶ 마찰비=트랙션 비

$$\frac{카측\ 중량}{균형추측\ 중량} = \frac{카하중 + 적재하중 + 로프하중}{카자중 + (적재하중 \times 오버밸런스율) + (로프하중 \times 균형로프에 의한 하중보상율)}$$

▶ 오버밸런스율 : 균형추의 중량을 결정할 때 사용하는 계수

ⓑ 무부하시 트랙션비(빈 카가 최상층에서 하강시)

$$\frac{균형추측\ 중량}{카측\ 중량} = \frac{카하중 + (적재하중 \times 오버밸런스율) + 로프하중}{카자중 + (로프하중 \times 균형로프에 의한 하중보상율)}$$

② 보상체인 및 보상로프의 역할

카의 위치변화에 따른 로프와 이동케이블의 무게 불균형을 보상하여 트랙션비를 개선시킨다.

ⓐ 보상 체인 및 보상 로프: 속도 3m/s 이하
ⓑ 보상 로프: 속도 3m/s 초과

▶ 보상 체인=균형 체인

▶ 보상 로프=균형 로프

▶ **풀리**: 벨트를 거는 원통형의 바

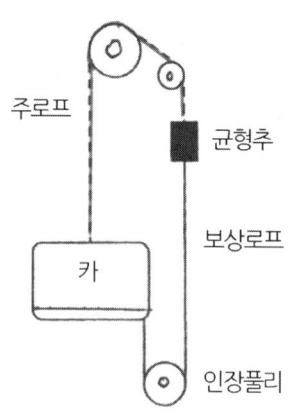

▶ **균형추**: 카의 무게를 일정 비율로 보상하기 위하여, 카 측과 반대편에 설치한다.

③ **균형추**
ⓐ 트랙션 비를 개선시킨다.
ⓑ 소요 동력을 감소시킨다.
ⓒ 도르래에서 로프가 미끄러지지 않도록 한다.
ⓓ 균형추의 무게 W = 카 자중 + (정격하중 × 오버 밸런스율)

▶ **권상기**: 카를 끌어올리거나 내리는 기기

④ **권상기의 형식**
ⓐ 기어드(geared)방식
- 전동기의 회전을 감속시키기 위하여 기어를 부착시킨 것
- 웜 기어(worm gear) 또는 헬리컬기어(helical gear)를 사용한다.

▶ **기어드 방식**: 기어가 있는 방식

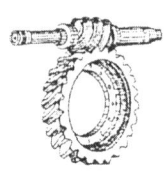  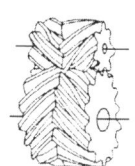 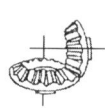

　웜기어　　　헬리컬기어　　2중 헬리컬기어　　헬리컬 베벨기어

웜 기어와 헬리컬 기어의 비교

구분 \ 방식	헬리컬 기어	웜 기어
효율	높다	낮다
소음	크다	작다
역구동	쉽다	어렵다
최대적용속도	120m/min~240m/min	105m/min 이하

ⓑ 기어리스(gearless) 방식
- 기어를 사용하지 않고 전동기의 회전축에 시브(sheave:도르래)를 부착시킨 것
- 속도 120m/min 이상의 엘리베이터에 적용된다.

▶ **기어리스 방식**: 기어가 없는 방식

⑤ 도르래(Sheave) 홈
ⓐ U홈
로프와의 면압이 작아 로프의 수명은 길어지지만, 마찰계수가 작다.
ⓑ 언더컷 홈
U홈과 V홈의 중간적 특성을 갖는 홈형으로, 가장 일반적으로 사용되고 있다.
ⓒ V홈
마찰계수가 커서 면압이 높고 와이어로프가 손상되기 쉽다.

▶ **마찰계수 크기**: V홈 > 언더컷홈 > U홈

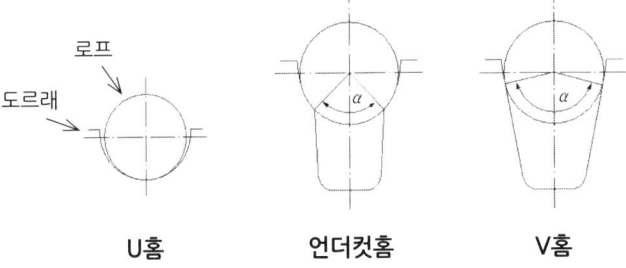

U홈　　　언더컷홈　　　V홈

⑥ 로프의 미끄러짐이 쉽게 발생하는 경우
ⓐ 로프의 권부각이 작을수록 미끄러지기 쉽다.
ⓑ 카의 가속도와 감속도가 클수록 미끄러지기 쉽다.
ⓒ 카측과 균형추측의 로프에 걸리는 장력비가 클수록 미끄러지기 쉽다.
ⓓ 로프와 도르래 간의 마찰계수가 작을수록 미끄러지기 쉽다.

▶ **권부각**: 도르래에 로프가 감기는 각도

⑦ 트랙션비 개선 방법
ⓐ 카 자중을 줄인다.
ⓑ 균형체인 또는 균형로프를 설치한다.
ⓒ 이동 케이블의 본수를 줄인다.
ⓓ 로프 가닥수를 줄여 무게를 줄인다.

▶ **이동케이블**: 카 내에 전기를 공급하기 위한 케이블

⑧ 엘리베이터 구동용 전동기의 요건
ⓐ 기동 전류가 작아야 한다.

▶ **토크**: 회전력을 말한다.

▶ **관성 모멘트**: 어떤 축의 둘레를 회전 운동하는 물체의 회전에 대한 관성의 크기를 나타내는 양

ⓑ 기동 토크가 커야 한다.
ⓒ 회전기의 관성모멘트가 작아야 한다.
ⓓ 내구성이 커야 한다.
ⓔ 발열량이 작아야 한다.

⑨ 전동기의 형식
교류 전동기는 3상 유도 전동기를 사용한다.

⑩ 엘리베이터용 전동기의 용량

▶ **전동기 용량**: 전동기가 낼 수 있는 최대 출력

$$P = \frac{MVS}{6120\eta} \, (\text{kW})$$

M: 정격 적재량(kg)　　V: 정격속도(m/min)
S: 1−A (A: 오버밸런스율)　η: 종합효율
※ S: 균형추 불평형률

⑪ 교류 제어 방식
ⓐ 교류 1단 속도제어 방식
- 가장 간단한 제어방식인데 3상유도 전동기에 전원을 투입하여 기동과 정속운전을 하고, 정지는 전원을 차단한 후, 제동기에 의해 기계적으로 브레이크를 거는 방식이다.
- 기계적인 브레이크로 감속하기 때문에 착상이 불량하다.
- 속도 30m/min 이하 저속 엘리베이터에 사용된다.

▶ **3상 유도전동기**: 3상에 의해 운전하는 전동기

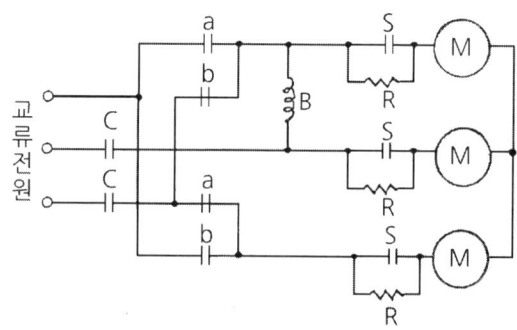

교류 1단 속도제어 회로

(참고)　c : 메인 커넥터　　S : 가속 접점
　　　　a : 상승 접점　　　R : 기동 저항
　　　　b : 하강 접점　　　B : 브레이크 코일

▶ **카의 속도**: 카의 주행로 중간에서 정격하중의 50%를 싣고 하강하는 속도는, 정격속도의 92% 이상 105% 이하일 것

18 | PART 01 승강기 설치

ⓑ 교류 2단 속도 제어 방식
- 2단 속도 모터(motor)를 사용하여 기동과 주행은 고속권선으로 행하고 감속시는 저속권선으로 감속하여 착상하는 방식이다.
- 교류 1단 속도 제어 방식에 비하여 착상이 우수하다.
- 속도 30m/min~60m/min에서 사용된다.
- 2단 속도 전동기의 속도비는 감속도 , 감속시의 잭(감속도의 변화비율), 크리프(creep)시간(저속으로 주행하는 시간) 등을 고려해 4:1이 많이 사용되고 있다.

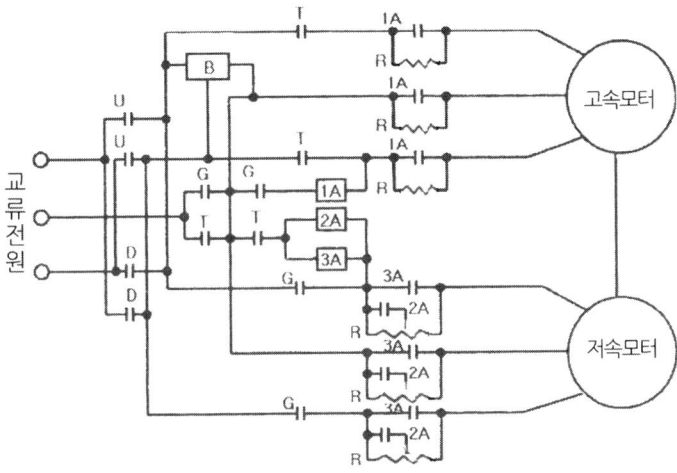

교류 2단 속도제어 회로

(참고) U : 상승 커넥터   G : 저속 스위치
        D : 하강 커넥터   B : 브레이크 코일
        T : 고속 스위치   A : 가속 스위치

ⓒ 교류 귀환 제어
- 카의 실속도와 지령속도를 비교하여 사이리스터의 점호각을 바꿔, 유도전동기의 속도를 제어하는 방식이다.
- 속도 45m/min~105m/min에 사용된다.

▶점호각:

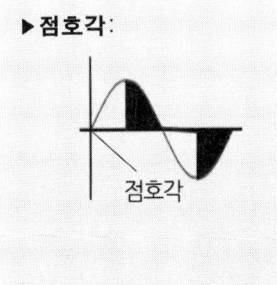

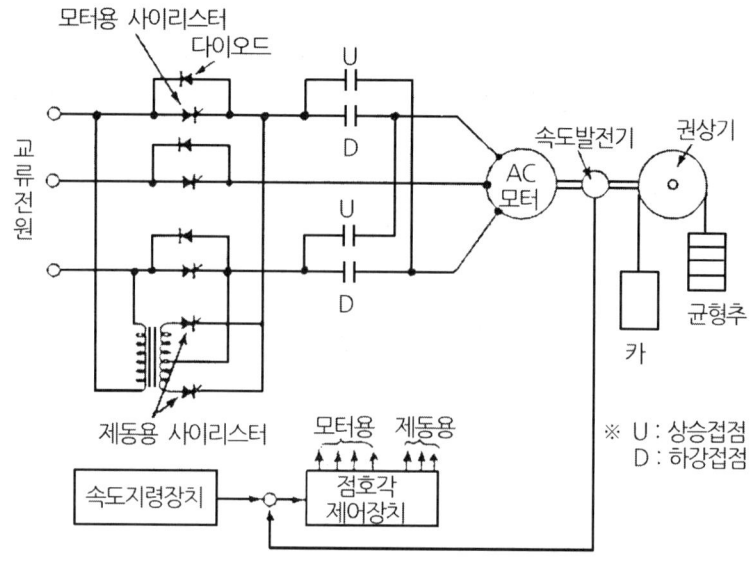

교류귀환제어 회로

(참고) U : 상승 접점   D : 하강 접점

ⓓ V.V.V.F.(Variable Voltage Variable Frequency : 가변전압 가변주파수) 제어
- 유도 전동기에 인가되는 전압과 주파수를 동시에 변환시켜 직류 전동기와 동등한 제어성능을 갖는다.
- 이 방식은 소비전력이 절감된다.

▶**소비전력**: 부하가 소비하는 전력

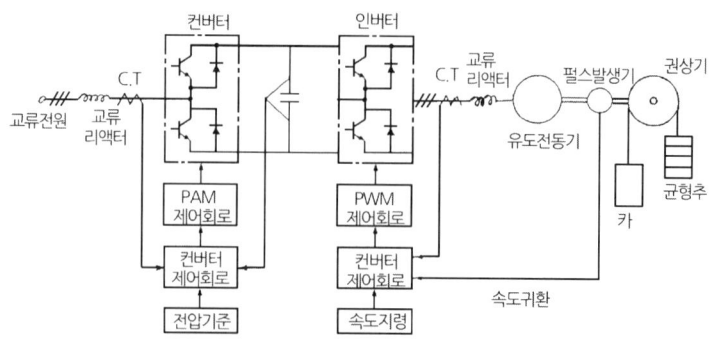

V.V.V.F. 제어 회로

⑫ 직류 제어 방식
  ⓐ 워드 레오나드(Ward Leonard) 방식
    직류 발전기의 출력단을 직접 직류 전동기 전기자에 연결시키고, 발전기의 계자 전류를 조정, 발전 전압을 엘리베이터 속도에 대응하여 연속적으로 공급시키는 방식이다.
  ⓑ 정지 레오나드 방식
    사이리스터를 사용하여 교류를 직류로 변환하여 전동기에 공급하고, 사이리스터의 점호각을 제어하여 직류 전압을 가변, 전동기의 속도를 제어하는 방식이다.

▶ **전기자**: 발전기에서는 전기 에너지를 만들고, 전동기에서는 기계적인 회전자가 된다.

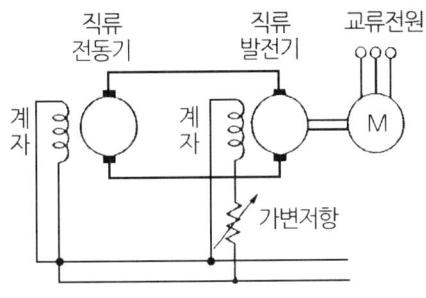

워드 레오나드(Ward Leonard)방식

▶ **계자**: 자속을 발생시키는 부분

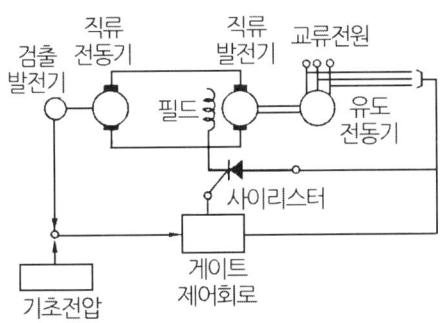

정지 레오나드 방식

▶ **사이리스터**: 전력 시스템에서 전류나 전압의 제어에 사용되는 전력 반도체

(2) 유압식 엘리베이터
  ① 유압식 엘리베이터 장점
    ⓐ 기계실의 배치가 자유롭다.

▶ **유압식 엘리베이터**: 펌프에서 토출된 작동유로 플런저를 작동시켜 카를 승강시킨다.

▶ **승강로**: 카가 오르고 내리는 통로

▶ **행정거리**: 카가 이동할 수 있는 거리

ⓑ 건물 최상층에 하중이 걸리지 않는다.
ⓒ 승강로 상부여유 거리가 작아도 된다.

② **유압식 엘리베이터 단점**
　ⓐ 균형추를 사용하지 않으므로 전동기의 소요 동력이 크다.
　ⓑ 실린더를 사용하므로 행정거리와 속도에 한계가 있다.

③ **유압식 엘리베이터의 종류**
　ⓐ 직접식
　　• 추락방지 안전장치가 필요하지 않다.
　　• 부하에 의한 카 바닥 빠짐이 작다.
　　• 실린더를 설치하기 위해 보호관을 땅에 묻어야 한다.
　　• 실린더 점검이 어렵다.
　　• 승강로 소요 평면 치수가 작다.

▶ **RAM**: 플런저를 말한다.

▶ **Jack**: 실린더를 말한다.

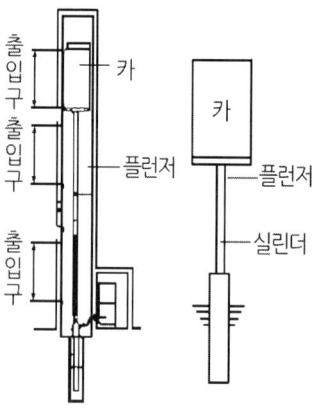

직접식

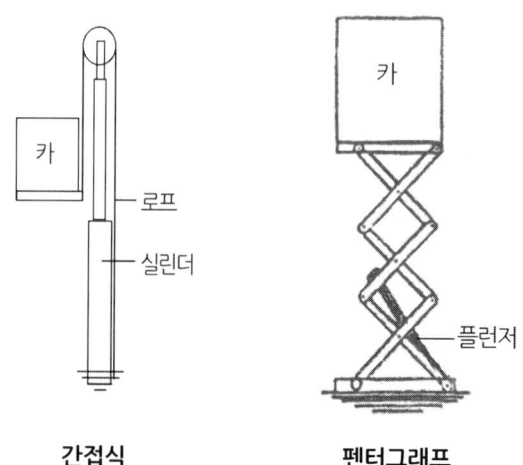

간접식　　　펜터그래프

ⓑ 간접식
- 추락방지 안전장치가 필요하다.
- 부하에 의한 카 바닥의 빠짐이 크다.
- 실린더를 설치하기 위한 보호관이 필요없다.
- 실린더 점검이 용이하다.
- 승강로 소요 평면 치수가 크다.

ⓒ 팬터 그래프식

플런저로 팬터 그래프를 개폐하여 카를 승강시킨다.

④ 유량제어 밸브에 의한 속도제어

펌프에서 토출된 작동유를 유량제어 밸브로 제어하여 실린더로 보내는 방식이다.

ⓐ 미터인(Meter In) 회로
- 유량 제어밸브를 주 회로에 삽입하여 유량을 직접 제어하는 회로를 말한다.
- 정확한 제어가 가능하다.
- 효율이 나쁘다.

▶**미터인 회로**: 유량제어 밸브를 실린더 입구측에 설치한 회로

▶**미터 아웃 회로**: 유압 실린더에서 나오는 유량을 제어

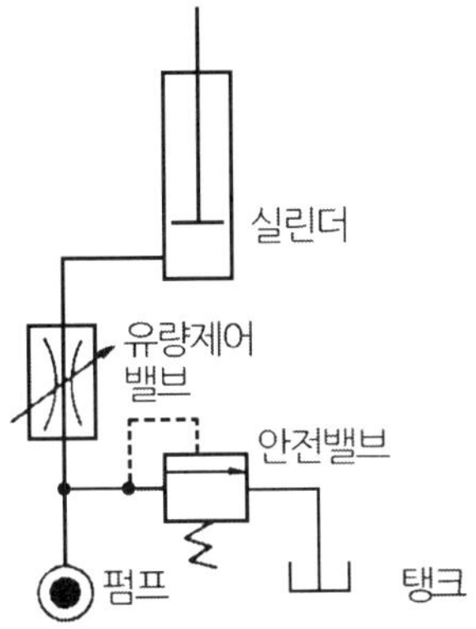

미터인 회로

ⓑ 블리드 오프(Bleed Off) 회로
- 유량 제어밸브를 주회로에서 분기된 바이패스(Bypass)회로에 삽입한 회로
- 정확한 제어가 어렵다.
- 효율이 높다.

▶**by pass 회로**: 주 회로에서 분기된 회로

블리드 오프 회로

⑤ 펌프
ⓐ 펌프의 출력은 유압과 토출량에 비례한다.
ⓑ 현재 주로 사용되는 펌프는 강제 송유식이다.
ⓒ 강제 송유식에는 기어 펌프, 베인 펌프, 스크루 펌프 등이 있는데, 압력맥동이 적고 소음이 적은 스크루 펌프가 주로 사용된다.

▶ **유압 엘리베이터의 사용**
펌프: 스크루 펌프

▶ **펌프**: 압력의 작용으로 액체 또는 기체를 빨아 올리거나 이동시키는 기계

▶ **맥동**: 맥박처럼 주기적으로 움직임

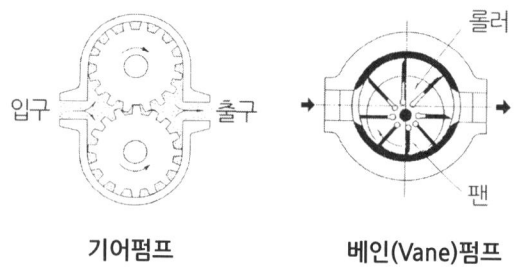

기어펌프   베인(Vane)펌프

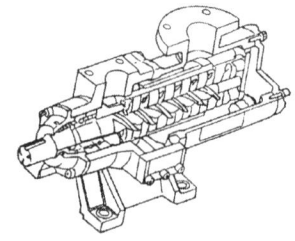

스크루 펌프

⑥ 파워 유니트
전동기, 펌프, 체크밸브, 안전밸브, 유량제어 장치, 오일탱크, 스트레이너, 필터, 사일렌서, 스톱 밸브, 작동유 냉각장치 등으로 구성되어 있다.

▶ **파워 유니트 종류**: 드라이형과 서브머지드형이 있다.

⑦ 밸브(Valve)
  ⓐ 안전 밸브(Relief Valve)
    일종의 압력조정 밸브로 회로의 압력이 설정값에 도달하면 밸브를 열어 오일을 탱크로 돌려보냄으로써 압력이 과도하게 상승(상승 압력의 125%에 설정)하는 것을 방지한다.
  ⓑ 유량제어 밸브
    상승용 밸브는 닫히면 상승하고, 하강용 밸브는 열리면 하강한다.
  ⓒ 체크(역저지)밸브
    한쪽 방향으로만 오일이 흐르도록 하는 밸브이다. 기능은 로프식 엘리베이터의 전자 브레이크와 유사하다.

▶ 밸브: 유체의 양이나 압력을 제어하는 장치

▶ 안전 밸브: 설정 압력의 140%까지 제한한다.(전부하 압력의 140%까지 제한한다)

▶ 하강용 밸브: 정전시 카를 안전하게 승강장에 도달시키는 수동 조작 밸브

▶ 체크 밸브: 오일이 양쪽으로 흘러 오일 압력이 떨어져 압력이 카의 무게를 지탱하지 못하면 하강될 수 있다.

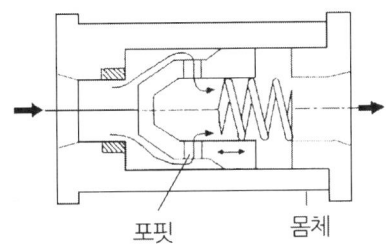

포핏 몸체

체크 (역저지) 밸브

  ⓓ 스톱(Stop) 밸브
    • 유압 장치의 보수·점검·수리시에 사용된다.
    • 밸브를 닫으면 실린더의 오일이 파워 유니트로 역류하는 것을 방지한다.
    • 유압 파워 유니트에서 실린더로 통하는 배관 도중에 설치되는 수동 조작 밸브이다.
  ⓔ 사일렌서(Silencer)
    유압 엘리베이터의 소음과 진동을 흡수하기 위한 장치이다. 자동차의 머플러에 해당된다
  ⓕ 스트레이너(Strainer)
    유압 엘리베이터의 펌프 흡입 측에 부착하여 이물질의 유입을 막는다.
  ⓖ 필터(filter)
    유압 엘리베이터의 펌프 흡입구와 배관 중간에 설치하여, 쇳가루, 모래 등의 이물질 혼입을 막는다.

▶ 스톱 밸브: 차단 밸브라고도 한다.

▶ 자동차 머플러: 배기가스 배출, 소음감소 등의 역할을 한다.

ⓗ **럽처(Rupture) 밸브**
  배관등의 파손으로 압력이 급격히 떨어질 때 작동하여 카의 하강을 막는다.
ⓘ **작동유 온도 검출 스위치**
  작동유의 온도를 검출하여 과열시 전동기를 정지시킨다.

⑧ **가요성 호스의 안전율**
실린더와 체크밸브 또는 하강밸브 사이의 가요성 호스의 안전율은 8 이상이어야 한다.

⑨ **실린더 내벽의 안전율**

$$\text{안전률}(S) = \frac{2 \times \text{재료의 파괴강도}(f) \times \text{실린더벽 두께}(t)}{\text{상용압력}(P_w) \times \text{실린더 내경}(d)}$$

▶ **오일의 적정온도**: 5℃ 이상 60℃ 이하

▶ **유압 엘리베이터 실린더의 안전율**: 4 이상

▶ **간접식 유압 엘리베이터 로프의 안전율**: 12 이상

▶ **간접식 유압 엘리베이터 체인의 안전율**: 10 이상

▶ **유압식 엘리베이터 고무호스의 안전율**: 10 이상

2) 조작 방식

(1) 반 자동식

① **카 스위치 방식**
카의 모든 기동 정지는 운전자의 카 스위치 조작에 의해 이루어진다.

② **신호 방식**
카의 문 개폐만이 운전자의 레버나 버튼 스위치에 의해 이루어지고, 진행 방향의 결정이나 정지층의 결정은 미리 눌러져 있는 카 내 행선층 버튼 또는 승강장 버튼에 의해 이루어진다.

▶ **레버**: 당기거나 밀거나 하여 기계를 조작하는 막대기 모양의 장치

(2) 전 자동식

① **단식 자동식(single automatic type)**
가장 먼저 눌러진 호출에 응답하고, 운행 중 다른 호출에는 응하지 않는다. 자동차용 및 화물용에 적합하다.

② **하강 승합 자동식 (down collective automatic type)**
2층 이상의 승강장에는 내림방향의 버튼밖에 없다. 중간층에서 위 방향으로 올라갈 때에는 1층까지 내려와서 카 버튼으로 목적층을 등록시켜 올라가야 한다. 아파트 등에서 사생활 침해방지나 방범 목적으로 사용한다(예 : 홍콩, 유럽 등).

▶ **승합**: 많은 사람이 함께 탐

③ **승합 전자동식(乘合全自動式)**
승강장의 누름버튼은 상·하 2개가 있고 동시에 기억시킬 수 있다.

▶ **전자동식**: 모든 것이 자동적으로 작동하는 방식

카 진행방향의 누름버튼과 승강장의 누름버튼에 응답하면서 오르고 내린다. 1대의 승용 엘리베이터는 이 방식을 채용하고 있다.

(3) 복수 엘리베이터 조작 방식

① 군승합 전자동식
엘리베이더 2·3대가 병설되었을 때 주로 사용되는 방식. 1대의 승강장 부름에 1대의 카만 응답하여 필요 없는 운전을 줄인다.

② 군관리 방식
엘리베이터가 3~8대 병설될 때, 각각의 카를 합리적으로 운행·관리하는 방식이다. 출퇴근시의 피크 수요, 점심시간 등 특정층의 혼잡을 자동으로 판단하고, 교통 수요의 변화에 따라 카의 운전 내용을 변화시켜서 적절히 배치한다. 이 방식은 전체 효율에 중점을 둔다. 승강장 위치 표시기는 홀랜턴(hall lantern)이 사용된다.

▶ **군관리 방식**: 홀랜턴을 사용한다.

3. 특수 승강기

1) 소형 화물용 엘리베이터

(1) 적재하중: 300kg 이하일 것

(2) 정격속도: 1m/s 이하일 것

(3) 카의 유효 면적: $1m^2$ 이하일 것

▶ **소형 화물용 엘리베이터 기계실 높이**: 1.8m 이상

▶ 카 내부의 유효높이는 2m 이상(주택용은 1.8m 이상)이어야 한다.

2) 휠체어 리프트

(1) 수직형 휠체어 리프트

① 정격속도 : 0.15m/s 이하일 것
② 수직에 대한 경사도 : 15°를 초과하지 않을 것
③ 정격하중 : 250kg 이상일 것
④ 최대 허용하중 : 500kg 이하일 것

▶ **휠체어 수직형 리프트**: 카 바닥면적에 $250kg/m^2$ 이상일 것

(2) 경사형 휠체어 리프트

① 정격속도 : 0.15m/s 이하일 것
② 수직에 대한 경사도 : 15°~75° 사이
③ 정격하중 : 225kg 이상일 것
④ 최대 정격하중 : 350kg

▶ **경사형 휠체어 리프트**: 1인용은 정격하중을 115kg 이상, 휠체어 사용자일 경우는 150kg 이상으로 설계할 것

3) 주택용 엘리베이터

① 정격속도 : 0.25m/s 이하일 것

▶ **주택용 엘리베이터 승강장 출입문 및 카 높이**: 1.8m 이상일 것

② 행정거리 : 12m 이하의 단독주택에 적용
③ 카 유효면적 : 1.4m² 이하일 것

4) 장애인용 엘리베이터
① 승강기 내부의 유효 바닥 면적은 폭 1.6m 이상, 깊이 1.35m 이상이어야 한다.
② 출입문 유효폭은 0.8m 이상이어야 한다.
③ 조도는 150lx 이상(일반용은 100lx 이상)이어야 한다.
④ 승강장 바닥과 카 바닥 틈은 0.03m 이하(일반용은 0.35m 이하)이어야 한다.
⑤ 승강기의 전면에는 1.4m × 1.4m 이상의 공간이 있어야 한다.
⑥ 모든 스위치의 높이는 바닥에서 0.8m 이상 1.2m 이하의 위치에 설치되어야 한다.
⑦ 카 내부 수평 손잡이는 바닥면에서 0.8m 이상 0.9m 이하의 위치에 설치되어야 한다.
⑧ 버튼 스위치에 의해 문이 열리면 10초 이상 닫히지 않아야 한다.
⑨ 각 층의 호출버튼 0.3m 전면에는 점형 블록이 설치되어야 한다.

5) 소방 구조용 엘리베이터
① 엘리베이터의 크기는 정격하중 630kg, 폭 1100mm. 깊이 1400mm 이상이어야 한다.
② 엘리베이터 출입구의 유효 폭은 800mm 이상이어야 한다.
③ 소방관이 동작시켜 엘리베이터의 문이 닫힌 후 60초 이내에 가장 먼 층에 도착되어야 한다.
④ 운행 속도는 1m/s 이상이어야 한다.
⑤ 소방 운전시 모든 승강장의 출입구 마다 정지할 수 있어야 한다.
⑥ 전기 및 전자 장치는 0℃에서 65℃까지의 온도에서 정상적으로 작동되어야 한다.
⑦ 2개의 카 출입문이 있는 경우 어떠한 경우에도 2개의 출입문이 동시에 열려서는 안된다.
⑧ 카 지붕에는 0.5m × 0.7m 이상의 비상 구출문이 있어야 한다. 그런데 정격용량이 630kg인 엘리베이터의 비상 구출문은 0.4m × 0.5m 이상으로도 가능하다.
⑨ 비상 구출문을 열기 위해 이중 천장에 가해지는 힘은 250N 이하이어야 한다.
⑩ 소방 구조용 엘리베이터 알림표지는 아래와 같아야 한다.

▶ **조도** : 빛의 밝기를 나타내는 정도

▶ **카 조명 장치** : 전원 공급은 동력용 전원과 독립시켜 공급해야 한다.

▶ **점형 블록** : 시각 장애인에게 알려주기 위한 글자형태의 블록

▶ **소방 구조용 엘리베이터** : 화재 등 비상시 소방관의 소화 활동이나 구조에 적합하도록 설치된 엘리베이터

▶ **승강로 내부 전기장치의 물에 대한 보호** : 피트 바닥위로 1m 이내에 위치한 전기장치는 IP67 이상이어야 한다.

▶ **IP67** : 국제 전기 기술 위원회 방진 등급 6, 방수 등급 7

▶ **소방 운전 스위치** : 승강장 문 끝부분에서 수평으로 2m 이내에 위치하고, 바닥면에서 1.4m~2.0m 이내에 위치해야 한다.

구분		기준
색상	바탕	적색
	그림	흰색
크기	카 조작 반	20mm × 20mm
	승강장	100mm × 100mm 이상

⑪ 1단계
 ⓐ 소방 구조용 엘리베이터에 대한 우선 호출(소방관 접근 지정층으로 이동)이다.
 ⓑ 승강장의 호출 또는 카 내의 등록 버튼은 동작하지 않아야 하며, 등록된 호출은 취소되어야 한다.
 ⓒ 소방 구조용 엘리베이터는 타 엘리베이터와 독립적으로 운전되어야 한다.
 ⓓ 승강장에 문을 열고 있는 소방 구조용 엘리베이터는 15초 이내에 문을 닫고 소방관 지정층으로 이동하여야 한다.

⑫ 2단계
 ⓐ 소방 운전 제어 조건에서 엘리베이터의 운전(소방관의 운전)이다.
 ⓑ 2개 이상의 카 운행 층이 동시에 등록되지 않아야 한다.

⑬ 소방 구조용 엘리베이터의 전원 공급
 ⓐ 정전시 보조전원 공급 장치에 의해 엘리베이터를 운행시킬 수 있어야 한다.
 ⓑ 정전시 보조전원 공급 장치는 60초 이내에 엘리베이터 운행에 필요한 전력을 자동으로 발생시키도록 하되, 수동으로 전원을 작동시킬 수 있어야 하며 2시간 이상 운행 가능해야 한다.

6) 피난용 엘리베이터
(1) 피난용 엘리베이터의 요건
① 출입문의 폭은 900mm이상, 정격하중은 1000kg이상이어야 한다.
② 승강장 문과 카 문이 연동되어야 하며, 자동 수평 개폐식 문이어야 한다.
③ 기계실에 있는 통화 장치는 버튼을 누르고 동작시키는 마이크로폰이어야 한다.

▶**승강로 및 기계류 공간의 조명**: 소방운전 스위치가 작동되면 자동적으로 점등되어야 한다.

▶**카의 동작**: 카가 목적층에 도착하면 문이 닫힌 상태로 정지되고, 카 내의 '문 열림' 버튼에 계속적으로 압력이 가해질 때 열려야 한다.

▶**피난용 엘리베이터**: 화재 등 재난 발생시 피난 호출이 되면, 지정된 피난층에서 문이 열린상태로 대기하여야 하며, 카 내부 조작반에 의해서만 운전이 된다.

02 형판 설치하기

▶**형판 작업**: 안내 레일을 설치하기 위한 기준 작업으로, 이중작업이 안 되어야 한다.

▶**MR(Machine Room)**: 기계실이 별도로 있는 엘리베이터

▶**MRL(Machine Room Less)**: 기계실이 별도로 없는 (승강로에 설치) 엘리베이터

1. 엘리베이터 설치도면

1) 기계실

(1) MR(Machine Room)
① 대규모 건물이나 고층 건물에 사용된다.
② 대용량 승객 수송에 적합하다.
③ 정비사들이 쉽게 접근해 유지 · 보수가 용이하다.
④ 건축적 제한과 높은 설비 비용이 부담된다.

(2) MRL(Machine Room Less)
① 주로 저층 · 중층 건물에 사용된다.
② 공간 활용을 극대화 할 수 있다.
③ 건축비가 절감된다.
④ 유지 보수시 작업 공간이 협소하다.

2) 도면

(1) MRL 도면
① Layout 도면과 제작도면으로 분류된다.
② Layout 도면이 중요하며 설계 후 검토를 반드시 해야 한다.
③ Layout 도면은 보통 도면표지, 건축공사 사항, 사양, 평면도, 단면도, 상부 빔 위치 도면, 각층 승강장 출입구 구조도면, 디자인 등으로 구성한다.

▶**Layout 도면**: 제한된 공간에 효과적인 배열 도면

▶**평면도**: 제작설계, 설치에서 중요하다.

2. 승강로, 기계실, 출입구 건축도면

1) 승강로

(1) 승강로의 구비 조건
① 불연 재료 내화구조의 벽, 바닥, 천장으로 둘러싸인 구조이어야 한다.
② 승강로 내부 이동통로의 높이는 1.8m 이상이어야 한다.
③ 작업 구역의 유효 높이는 2.1m 이상이어야 한다.
④ 엘리베이터와 관계없는 설비는 설치하지 말아야 한다.
⑤ 밀폐식 승강로의 허용 개구부
  ⓐ 환기구

▶**엘리베이터 정원**: 카의 유효면적과 정격하중에 관계가 있다.

▶**승강로**: 승객 또는 화물을 싣고 오르내리는 카의 통로

▶**한 승강로에 2대의 카가 설치된 경우**: 각 카벽의 비상구출 문의 크기는 0.4m×1.8m 이상, 카 간의 거리는 1m 이하 그리고 문은 내부로 열려야 한다.

ⓑ 승강장 문을 설치하는 곳
ⓒ 비상문, 점검문을 설치하는 곳
ⓓ 화재 발생시 연기 배출을 위한 통풍구

2) 기계실

(1) 기계실의 구비 조건

① 출입문은 폭 0.7m 이상, 높이 1.8m 이상이 되어야 한다.
② 기계실 작업구역의 높이는 2.1m 이상이 되어야 한다.
③ 바닥에 0.5m 이상의 단차가 있으면 고정된 사다리나 보호난간이 있는 계단 또는 발판이 있어야 한다.
④ 구동기가 있을 때 회전 부품위로 0.3m 이상의 유효 수직거리가 있어야 한다.
⑤ 작업 구역마다 1개 이상의 콘센트가 있어야 한다.
⑥ 기계실 유효 공간으로 접근하는 통로의 폭은 0.5m 이상(움직이는 부품이 없으면 0.4m 이상)이어야 한다.
⑦ 이동을 위한 공간의 유효높이는 바닥에서 천장의 빔 하부까지 1.8m 이상이어야 한다.
⑧ 출입문은 열쇠로 조작되는 잠금장치가 있어야 하며, 내부에는 열쇠를 사용하지 않고 열릴 수 있어야 한다.

(2) 기계실의 구조

① 사이드머신 타입(Side Machine Type) : 승강로 상부 측면에 설치한다.

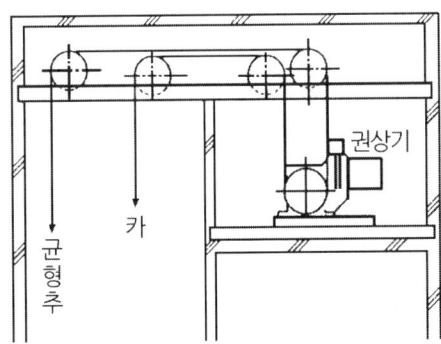

사이드 머신 방식

② 베이스먼트 타입(Basement Type) : 하부측면에 설치한다.

▶**승강로 비상문 크기**: 폭 0.5m 이상, 높이 1.8m 이상일 것

▶**승강로 점검문**: 폭 0.5m 이하, 높이 0.5m 이하일 것

▶**풀리식 출입문**: 폭 0.6m 이상, 높이 1.4m 이상

▶**승강로 출입문**: 폭 0.7m 이상, 높이 1.8m 이상으로 외부로 열려야 한다.

▶**기계실 조명**: 바닥면에서 200럭스(lx) 이상의 영구적인 전기조명이 있어야 한다.

▶**기계실 이동통로 조명**: 50lx 이상

▶**사이드 머신 타입=측부형** (승강로 상부가 협소한 경우)

▶ 베이스먼트 타입 = 하부형
(승강로에 설치가 어려운 경우)

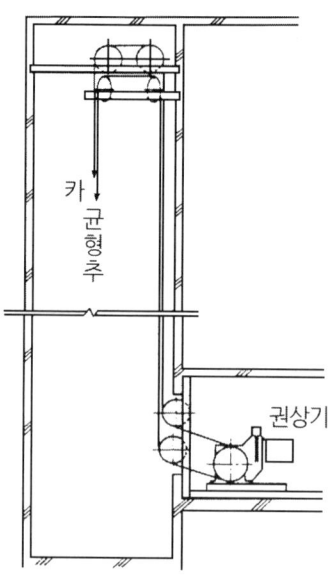

베이스먼트 타입

③ 정상부 타입(Over Head Machine Type)
  ⓐ 승강로 상부(꼭대기)에 기계실이 설치된다.
  ⓑ 가장 안정된 방식이다.

▶ 정상부 타입 = 상부형

▶ **기계실 온도**: 5℃~40℃ 사이일 것

3. 형판 작업

1) 형판 작업의 목적
카가 흔들림없이 정확하게 이동할 수 있게 하기 위해서이다.

2) 형판 작업의 종류

① **출입구 형판**
각 층의 출입구 수직도를 맞추어야 한다.
② **카 레일 형판**
카 레일이 지속적으로 수직이 되어야 한다.
③ **균형추 레일 형판**
균형추 레일이 지속적으로 수직이 되어야 한다.

▶ **형판 작업시 부재**: C형강 또는 각 파이프를 사용한다.

3) 형판 작업의 순서
① 작업 준비(안전 보호장비 등)를 한다.
② 자재·장비를 준비한다.

▶ **형판 작업시 중요사항**: 엘리베이터의 도면(평면도, 단면도)을 이해하여야 한다.

③ 현장에서 작업 준비를 한다.
④ 비계를 조립한다.
⑤ 모터, 권상기를 기계실에 설치한다.
⑥ 출입구 부재, 카 레일 부재, 균형추 레일 부재 작업을 한 후, 각각을 설치한다.

▶ **비계**: 건설, 건축등 산업현장에서 가설 발판이나 임시로 설치한 가시설물

4) MR 엘리베이터 설치 순서

① 형판 작업을 한다.
② 피아노선을 내리고 수직도를 맞춘다.
③ 모터, 권상기를 기계실에 설치한다.
④ 균형추 및 카 레일을 설치한다.
⑤ 카의 체대 조립을 한다.
⑥ 임시 카를 설치해 컨트롤 패널에서 저속운전을 하며 점검한다.
⑦ 카 및 균형추를 세팅한 후 고속운전을 해본다.

▶ **피아노선**: 중탄소 합금강을 냉각 성형하여 강도를 부여해, 그대로 용수철이나 와이어 로프 등에 사용하도록 한 선

03 주행 안내 레일 설치하기

1. 주행 안내 레일, 고정용 브래킷 설치

1) 안내 레일(Guide Rail)

(1) 사용 목적

① 카와 균형추의 승강로 내 위치 규제
② 카의 자체 무게나 화물에 의한 카의 기울어짐 방지
③ 추락방지 안전장치 작동시 수직하중 유지

▶ **브래킷**: 승강기 레일을 지지하는 강철 부품

(2) 안내 레일을 결정하는 3요소

① 추락방지 안전장치가 작동시 좌굴하지 않는지에 대한 점검
② 지진 발생시 카 또는 균형추가 레일에서 벗어나지 않는지에 대한 점검
③ 불균형한 큰 하중 적재시 레일이 지탱할 수 있는지에 대한 점검

▶ **좌굴**: 길쭉한 기둥 등에서 세로 방향으로 압력을 가했을 때 압력이 어느 한계에 이르러 갑자기 가로 방향으로 휘는 현상.

(3) 안내 레일의 규격

① 레일 호칭은 마무리 가공 전 소재의 1m당 중량으로 한다.
② 보통 T형 레일을 사용하는데 공칭은 8K, 13K, 18K, 24K이나

▶ **응력**: 물체 내부에 외부 힘이나 하중이 가해질 때 그에 저항하려고 발생하는 내적인 힘.

대용량 엘리베이터에서는 37K, 50K 등도 사용된다.
③ 레일의 표준길이는 5m이다.
④ 가이드 레일의 치수

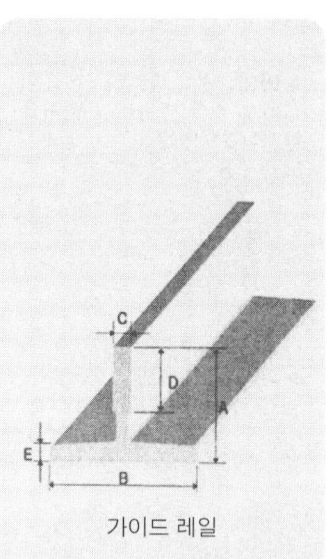

가이드 레일

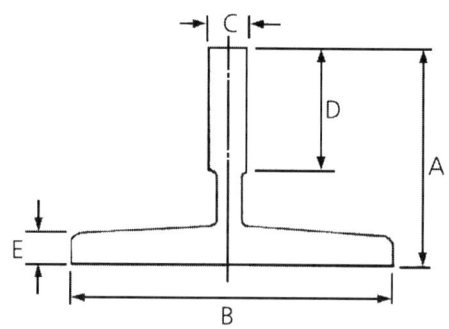

(mm)	공칭	8k	13k	18k	24k	30k
	A	56	62	89	89	108
	B	78	89	114	127	140
	C	10	16	16	16	19
	D	26	32	38	50	51
	E	6	7	8	12	13

가이드 레일의 치수

▶ **슈 타입**: 저속 승용 및 화물용 엘리베이터에 사용

▶ **롤러 타입**: 고속 엘리베이터에 사용

▶ **가이드슈 설치 장소**: 카 또는 균형추의 상·하·좌·우 4곳에 부착되어 레일을 따라 움직인다.

⑤ 가이드슈 걸림대 치수

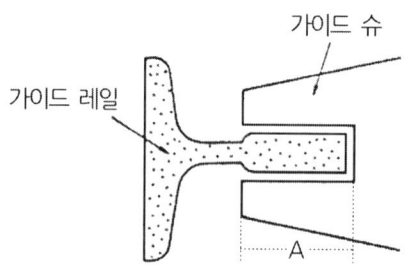

가이드슈 걸림대 A

5k레일 : 2.5cm
8k레일 : 2.5cm
13k레일 : 3.0cm
18k레일 : 3.5cm

24k레일 : 3.5cm
30k레일 : 4.0cm
37k레일 : 4.0cm
50k레일 : 4.0cm

2. 완충기 받침대

1) 완충기(Buffer)

카가 어떤 원인으로 피트로 떨어질 때 충격을 완화시키기 위해 설치한다.

▶**에너지 축적형(선형특성) 완충기**: 스프링으로 되어 있는 완충기

(1) 에너지 축적형(선형특성을 갖는) 완충기

① 정격속도 60m/min 이하의 엘리베이터에 사용되며, 행정은 정격속도 115%에 상응하는 중력 정지거리의 2배 ($0.135v^2[m]$) 이상이어야 한다. 단, 행정은 65mm 이상이어야 한다.
② 완충기는 카 자중과 정격하중(또는 균형추의 무게)을 더한 값의 2.5배와 4배 사이의 정하중으로 ①에 규정된 행정이 되어야 한다.

▶**행정(Stroke)**: 압축되기 전과 압축 후 사이의 거리

▶**선형**: 그래프로 나타냈을 때 직선(두 변수간의 관계가 비례)

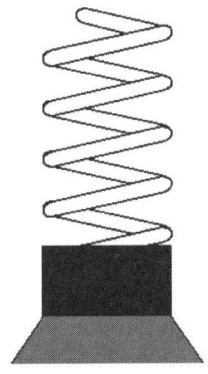

에너지 축적형 완충기

(2) 에너지 축적형(비선형 특성을 갖는) 완충기

① 카에 정격하중을 싣고 정격속도의 115%의 속도로 자유 낙하하여 카 완충기에 충돌할 때의 평균 감속도는 $1g_n$ 이하이어야 한다.
② $2.5g_n$를 초과하는 감속도는 0.04초보다 길지 않아야 한다.
③ 카의 복귀 속도는 1m/s 이하이어야 한다.

▶**에너지 축적형(비선형 특성)완충기**: 우리탄식 완충기

▶g_n: 중력가속도

▶**0.04초보다 길지 않아야 한다**: 0.04초를 초과해 지속되어서는 안된다.

(3) 에너지 분산형 완충기

① 모든 경우의 속도에 사용하며 총 행정은 정격속도 115%에 상응하는 중력 정지거리 $0.0674V^2[m]$ 이상이어야 한다.
② $2.5g_n$을 초과하는 감속도는 0.04초보다 길지 않아야 한다.

▶**에너지 분산형 완충기**: 유입 완충기를 말한다.

▶행정
$L = 0.0674 V^2 [\text{m}]$에서 V는 m/s이다.

▶**에너지 분산형 완충기가 완전히 압축된 경우, 완전히 복귀할 때까지 요하는 플런저의 복귀 시간**: 120초 이내

▶**완전히 압축된 완충기**: 완충기 높이의 90% 압축

▶**반경(R)과 길이(L)의 비**: L ≤ 80R

③ 카에 정격하중을 싣고 정격속도의 115%의 속도로 자유낙하하여 완충기에 충돌시 평균 감속도는 $1g_n$이하이어야 한다.

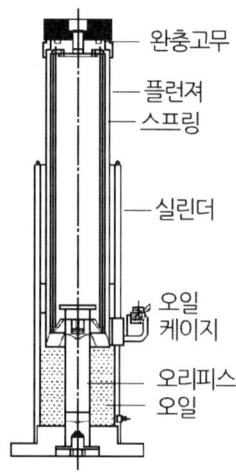

에너지 분산형 완충기

3. 가이드 레일 설치 공법

1) 카 용 가이드 레일 계산식

① 응력

$$a = \frac{7}{40} \times \frac{H\ell}{Z} (\text{kg/cm}^2)$$

② 휨

$$b = \frac{11}{960} \times \frac{H\ell^3}{EX} (\text{cm})$$

여기서, H : 가한 하중(kg)
ℓ : 레일 브래킷의 간격(cm)
Z : 가이드 레일(Guide Rail)의 단면계수(cm^3)
E : 가이드 레일의 영률($2.1 \times 10^6 \text{kg/cm}^2$)
X : 가이드 레일의 단면 2차 모멘트(cm^4)

▶**영률**: 가해진 힘과 물체의 변형사이의 관계를 나타내는 상수

▶**레일 브래킷**: 레일을 고정하는 받침대

▶**응력**: 물체에 힘이 가해졌을 때 그 힘에 저항하기 위해 재료 내부에 발생하는 힘

2) 가이드 레일의 허용 응력

가이드 레일의 허용응력은 $2400(\text{kg/cm}^2)$이어야 한다.

3) 앵커 볼트의 인발하중

$$앵커볼트의\ 인발하중 \leq \frac{앵커볼트의\ 인발내력}{4}\ (kg)$$

4. 레일 게이지

1) 가이드 레일의 안전율

하중 조건	연신율(A5)	안전율
정상 운행, 적재 및 하역	A5 > 12%	2.25
	8% ≤ A5 ≤ 12%	3.75
안전장치 작동	A5 > 12%	1.8
	8% ≤ A5 ≤ 12%	3.0

▶ **인발**: 당기는 힘에 저항하는 하중

▶ **앵커볼트**: 건축시 또는 기계등을 설치할 때 콘크리트 바닥에 박아, 기둥이나 기계 등을 고정시키는 볼트

▶ **연신율**: 끊어지지 아니하고 늘어나는 비율

CBT대비 1회 출제예상문제

01 저속 엘리베이터의 속도로 맞는 것은?

① 45m/min 이하 ② 60m/min 이하
③ 90m/min 이하 ④ 120m/min 이하

· 저속 : 45m/min 이하   · 중속 : 60~105m/min
· 고속 : 120~300m/min   · 초고속 : 360m/min 이상

▶유압식 엘리베이터의 종류: 직접식, 간접식, 팬터 그래프식

02 유압식 승강기와 밀접한 관계가 있는 것은?

① 플런저식   ② 로프식
③ 랙피니언식 ④ 스크류식

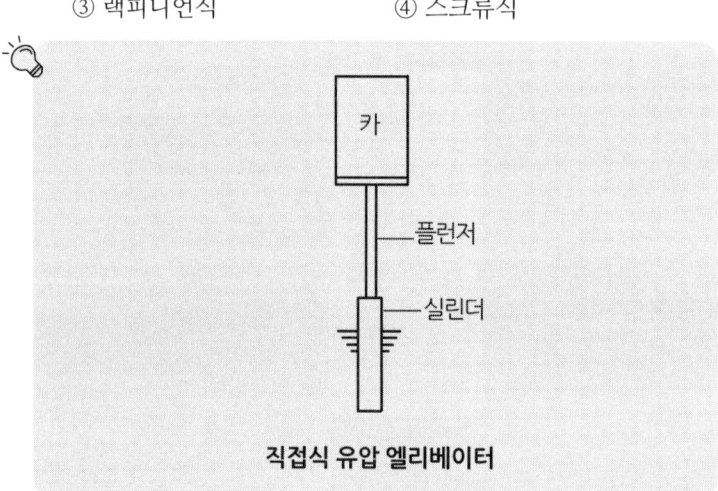

직접식 유압 엘리베이터

03 2~3대의 승강기를 병설할 경우 적당한 조작방법은?

① 군관리방법   ② 군승합 자동식
③ 카 스위치방식 ④ 시그널 컨트롤방식

군관리방식은 3~8대의 엘리베이터를 병설할 경우, 군승합 자동식은 2~3대의 엘리베이터를 병설할 때 사용되는 조작방식이다.

정답 01 ① 02 ① 03 ②

04 적재하중 2,000kg, 카 자체하중 3,500kg, 행정거리 50m인 엘리베이터가 있다. 주 로프는 1m당 1.2kg인 로프가 6가닥 걸려있고, 오버밸런스율을 40%라면 전부하 트랙션비는? 단, 보상율이 90%가 되게 균형 체인을 설치했다.

① 1.236   ② 1.267   ③ 1.362   ④ 1.394

$$트랙션비 = \frac{카측\ 중량}{균형추측\ 중량}$$

$$= \frac{카하중 + 적재하중 + 로프하중}{카자중 + (적재하중 \times 오버밸런스율) + (로프하중 \times 균형로프에\ 의한\ 하중보상율)}$$

$$= \frac{3,500 + 2,000 + (50 \times 1.2 \times 6)}{3,500 + (2,000 \times 0.4) + (50 \times 1.2 \times 6 \times 0.9)}$$

$$= \frac{5,860}{4,624} ≒ 1.267$$

▶ **트랙션비(마찰비)**: 카측 무게와 균형추 측 무게의 비

05 다음은 가이드 레일의 역할에 대한 설명이다. 옳지 않은 것은?

① 추락방지안전장치가 작동시 수직하중을 유지하나 자체의 기울어짐을 막아주지 못한다.
② 자체의 기울어짐을 막아준다.
③ 추락방지안전장치 작동시 수직하중을 유지해 준다.
④ 카와 균형추를 승강로 평면내에서 일정 궤도상에 위치를 규제한다.

카의 자중이나 화물에 의한 카의 기울어짐을 방지해 주고, 추락방지안전장치 작동시 수직하중을 유지한다.

06 트랙션 권상기에서 미끄러짐 현상에 대해 설명한 것 중 옳지 않은 것은?

① 로프가 감기는 각도가 작을수록 미끄러지기 쉽다.
② 카의 가속도와 감속도가 클수록 미끄러지기 쉽다.
③ 카측과 균형추측의 와이어로프에 걸리는 중량비가 클수록 미끄러지기 쉽다.
④ 로프와 도르래의 마찰계수를 높이기 위하여 U 홈을 사용한다.

▶ **권상기**: 무거운 짐을 움직이거나 끌어 올리는데 사용되는 기계

로프와 도르래의 마찰계수를 높이기 위해 언더컷 홈을 사용한다.

▶ **마찰계수**: 물체와 지면이 잘 미끄러지지 않는 정도

정답 04 ② 05 ① 06 ④

07 균형체인(Compensation Chain)을 설치하는 이유로 맞는 것은?

① 균형추의 낙하방지
② 주행 중 카의 진동을 방지
③ 이동케이블과 로프의 이동에 따라 변화하는 하중을 보상
④ 카의 하중을 보상

 균형체인은 이동 케이블과 로프의 이동에 따라 변화하는 하중을 보상하게 위해 설치한다.

08 가이드 롤러(guide roller) 또는 가이드 슈(guide shoe)가 가이드 레일과 겹치는 부분은 13K 레일에서 몇 cm인가?

① 2   ② 3   ③ 4   ④ 5

▶ **가이드 롤러**: 가이드 레일을 따라 움직일 때 마찰을 줄여주는 롤러

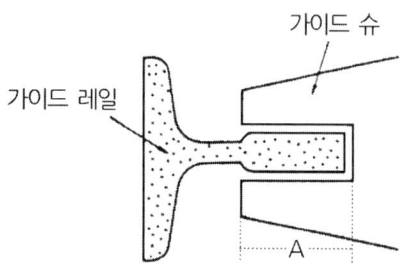

가이드슈 걸림대(A)
- 5K 레일 : 2.5cm
- 8K 레일 : 2.5cm
- 13K 레일 : 3.0cm
- 18K 레일 : 3.5cm
- 24K 레일 : 3.5cm
- 30K 레일 : 4.0cm
- 37K 레일 : 4.0cm
- 50K 레일 : 4.0cm

09 가이드 레일 8K, 13K, 18K, 24K 등으로 분류하는 기준은?

① 단면적   ② 단위 길이의 무게
③ 인장강도   ④ 가공 정밀도

 레일 호칭은 마무리 가공전 소재의 1m당 중량으로 한다.

정답 07 ③ 08 ② 09 ②

10 다음에서 롤러 가이드슈(roller guide shoe)의 특징이 아닌 것은 어느 것인가?

① 레일에 대한 압력을 조정할 수 없다.
② 고속의 승객용 엘리베이터에 주로 사용된다.
③ 롤러가 회전하기 때문에 슬라이딩 슈보다 효율이 좋다.
④ 롤러의 니이어가 고무이기 때문에 소음과 진동이 작다.

▶ **가이드슈**: 카가 승강로 내에서 수평으로 흔들리지 않고 안정적으로 이동할 수 있도록 가이드 레일을 따라 움직이게 하는 부품.

11 다음은 레일의 규격을 나타낸 그림이다. ① ②에 맞는 것은 몇 kg인가?

(mm)	공칭	8k	①	18k	②
A		56	62	89	89
B		78	89	114	127
C		10	16	16	16
D		26	32	38	50
E		6	7	8	12

▶ **가이드 레일의 허용 응력**: 2400 (kg/cm^2)

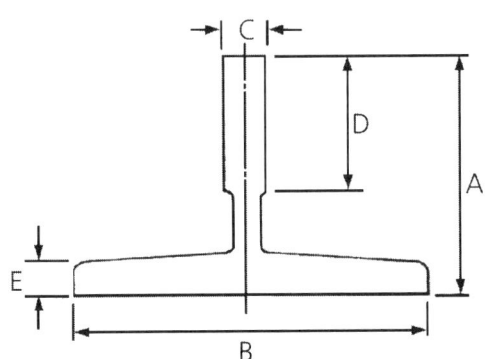

① ① 10, ② 26   ② ① 12, ② 22
③ ① 13, ② 24   ④ ① 15, ② 27

12 케이지 틀이 레일에서 이탈하지 않도록 하는 것은?

① 가이드 슈(guide shoe) ② 제동기
③ 균형추 ④ 리밋 스위치

 가이드 슈는 케이지틀이 레일에서 벗어나지 않도록 하는 장치이다.

▶ **가이드 레일**: T형 레일을 사용한다.

13 다음은 가이드 레일에 관한 설명이다. 맞지 않는 것은?

① 표준길이는 5000mm이다.
② 레일의 호칭은 소재 5m당 공칭하중으로 분류한다.
③ 강판을 접어서 만든 레일은 속도 60m/min 이하에만 적용 가능하다.
④ 레일은 승강로 평면에서 카와 균형추의 위치를 규제한다.

 레일 규격의 호칭은 소재의 1m당 중량을 라운드 번호로 하여, K레일을 붙여 사용한다.

14 다음 중 균형추의 무게 결정에 영향을 주는 것은?

① 속도 ② 빈 카의 자중
③ 레일의 상태 ④ 소음상태

 균형추의 무게는 빈카의 자중, 적재하중, 오버 밸런스율에 의거 결정된다.

※ 균형추의 중량 = 카 자체하중+L.F,
여기서 L : 정격 적재량(kg), F : 오버 밸런스율

▶ $P = \dfrac{MVS}{6120\eta}$ (kW)

여기서 S는 균형추의 불평형률을 말한다. (1−오버밸런스율)

15 정격속도 60m/min, 적재하중 700kg, 오버밸런스율 40%, 전체효율 0.9인 엘리베이터의 용량은?

① 약 4.6kW ② 약 5.2kW
③ 약 6.1kW ④ 약 7.1kW

 $P = \dfrac{MVS}{6120 \times \eta} = \dfrac{700 \times 60 \times (1-0.4)}{6120 \times 0.9} ≒ 4.6\,\mathrm{kW}$

정답 12 ① 13 ② 14 ② 15 ①

16 케이지 또는 균형추가 승강로 바닥에 충돌할 경우 충격을 완화시키기 위하여 설치하는 것은?

① 완충기　　② 로프
③ 리미트 스위치　　④ 조속기

▶ **완충기의 종류**: 에너지 축적형과 에너지 분산형이 있다.

▶ 케이지 = 카

17 다음에서 완충기의 행정거리에 관한 설명으로 맞는 것은?

① 정격속도의 115%로 충돌할 때 평균감속도 $1g_n$ 이하로 정지하기에 충분한 거리
② 정격속도의 130%로 충돌할 때 평균감속도 $1g_n$ 이하로 정지하기에 충분한 거리
③ 정격속도의 140%로 충돌할 때 평균감속도 $1g_n$ 이하로 정지하기에 충분한 거리
④ 정격속도의 150%로 충돌할 때 평균감속도 $1g_n$ 이하로 정지하기에 충분한 거리

▶ **행정거리**: 완충기가 눌러지기 전(동작되기 전)과 눌러신 후(동작 후)의 거리

 에너지 축적형 완충기 (비선형 특성을 갖는 완충기) 및 에너지 분산형 완충기는 카에 정격하중을 싣고 115%의 속도로 자유낙하하여 완충기에 충돌할 때 평균 감속도는 $1g_n$ 이하이어야 한다.

18 정격속도 50m/min의 승강기용 스프링 완충기의 최소행정거리는?

① 50mm　　② 70mm
③ 93mm　　④ 150mm

완충기의 가능한 총 행정은 정격속도의 115%에 상응하는 중력 정지거리의 2배($0.135v^2$[m]) 이상이어야 한다. 다만 행정은 65mm 이상이어야 한다.
최소행정거리 $= 0.135 \times v^2 = 0.135 \times 0.83^2 = 93$mm
※ 50m/min = 50×1/60m/s = 0.83m/s

19 유입 완충기의 플런저를 완전히 압축시킨 후, 복귀시키는데 걸리는 시간으로 적합한 것은?

① 60초 이하　　② 70초 이하
③ 80초 이하　　④ 90초 이하

정답　16 ①　17 ①　18 ③　19 ④

▶ **VVVF 제어**: 가변전압 가변주파수 제어

20 교류 엘리베이터의 제어 성능이 우수한 순으로 나열된 것은 어느 것인가?

① 교류 귀환제어 → 교류 1단 속도제어 → VVVF 제어 → 교류 2단 속도제어
② 교류 1단 속도제어 → 교류 2단 속도제어 → 교류 귀환제어 → VVVF 제어
③ VVVF 제어 → 교류 귀환제어 → 교류 2단 속도제어 → 교류 1단 속도제어
④ VVVF 제어 → 교류 2단 속도제어 → 교류 1단 속도제어 → 교류 귀환제어

21 승강기의 교류2단 속도제어에서 가장 많이 사용되고 있는 2단 속도 전동기의 속도비는?

① 4 : 1   ② 3 : 1   ③ 2 : 1   ④ 1 : 1

▶ **교류 2단 속도 전동기의 속도비**: 4대 1이 가장 많이 사용된다.

 교류 2단 속도제어 방식: 기동과 주행은 고속 권선으로 하고, 감속과 착상은 저속 권선으로 하여 제어한다. 고속과 저속은 4:1의 속도비율로 감속시켜 착상 지점에 근접해 지면 브레이크를 걸어 정지시킨다.

22 VVVF 제어방식에 관한 설명이다. 맞지 않는 것은?

① 직류 전동기와 동등한 제어특성을 낼 수 있다.
② 유도 전동기의 전압과 주파수를 변환시킨다.
③ 고속의 승강기까지 적용 가능하다.
④ 저·중속의 승강기까지 적용 가능하다.

 고속범위까지 적용 가능하다.

23 교류 2단 속도제어에 관한 설명 중 틀린 것은?

① 전동기는 고속권선과 저속권선으로 구성되어 있다.
② 기동 및 주행은 고속권선, 착상은 저속권선으로 한다.
③ 교류 1단 속도제어에 비해 착상 정도가 나쁘다.
④ 교류 1단 속도제어에 비해 착상 정도가 좋다.

▶ **착상**: 정확한 위치에 세움

 교류 1단 속도제어에 비해 착상 정도가 좋다.

정답 20 ③ 21 ① 22 ④ 23 ③

24 교류 1차 전압제어 방식의 전동기에 관한 설명이다. 맞지 않는 것은?

① 슬립이 크고 효율이 낮다.
② 발열량이 크다.
③ 직류 전동기에 비해 유지보수가 쉽다.
④ 직류 승강기용 전동기보다 소비전력이 작다.

 직류 승강기용 전동기보다 소비전력이 크다.

▶ **슬립**: 전동기의 회전자장 속도와 회전자 속도와의 갭

25 다음은 기계실의 넓이를 설명한 것이다. 맞는 것은?

① 승강로 수평 투영면적의 2배 이상으로 한다.
② 승강로 수평 투영면적의 3배 이상으로 한다.
③ 승강로 수평 투영면적의 4배 이상으로 한다.
④ 승강로 수평 투영면적의 5배 이상으로 한다.

▶ **기계실 출입문 크기**: 폭 0.7m, 높이 1.8m 이상

▶ **기계실 작업구역의 높이** 2.1m 이상

26 다음은 기계실의 조명과 온도에 관한 설명이다. 맞는 것은?

① 조명 200lx 이상, 온도 40℃ 이하
② 조명 200lx 이상, 온도 40℃ 이상
③ 조명 120lx 이상, 온도 30℃ 이하
④ 조명 120lx 이상, 온도 30℃ 이상

 기계실의 조도는 200럭스 이상이 되어야 하고, 온도는 5℃ 이상 40℃ 이하가 되어야 한다.

27 다음 중 기계실에 관한 내용으로 맞지 않는 것은?

① 기계실의 온도는 10℃~40℃이어야 한다.
② 바닥면의 조도는 200lx 이상이어야 한다.
③ 작업구역에서의 높이는 2.1m 이상 되어야 한다.
④ 유효공간으로 접근하는 통로의 폭은 0.5m 이상이어야 한다.

▶ **기계실 작업공간**: 200lx 이상 그리고 이동통로는 50lx 이상

 기계실의 온도는 5℃~40℃이어야 한다.

▶ 승강로 작업 구역의 유효
높이 : 2.1m 이상

28 다음에서 피트의 깊이 설명으로 적합한 것은?

① 카가 최상층에 정지하였을 경우 카 바닥과 기계실 바닥간의 거리
② 카가 최상층에 정지하였을 경우 카 천장에서 기계실 천장까지의 거리
③ 카가 최하층에 정지하였을 경우 카 바닥과 승강로 바닥사이의 거리
④ 카가 최하층에 정지하였을 경우 카 바닥과 승강로 천장사이의 거리

29 승강로의 상부 여유거리와 피트 깊이에 영향을 주는 것은 무엇인가?

① 정격속도 ② 건물의 높이
③ 승강로의 온도 ④ 균형추의 무게

 상부 여유거리와 피트 깊이에 영향을 주는 것은 정격속도이다.

30 유압 엘리베이터의 모터 구동 기간으로 옳은 것은?

① 상승시와 하강시 모두 구동한다. ② 정전시에만 구동한다.
③ 하강시에만 구동한다. ④ 상승시에만 구동한다.

31 오일의 맥동에 따른 소음과 진동이 적어 유압 엘리베이터에 주로 사용되는 펌프는?

① 스크류 펌프 ② 베인 펌프
③ 기어펌프 ④ 토출펌프

 압력맥동이 적고 소음과 진동이 적은 스크류 펌프가 주로 사용된다.

32 사일렌서(silencer)에 대한 설명으로 옳은 것은?

① 카에 과부하 하중이 걸릴 때 발하는 경보장치이다.
② 카 안에 부착되어 비상시 외부와의 연락을 취하게 하는 인터폰의 일종이다.

정답 28 ③ 29 ① 30 ④ 31 ① 32 ④

③ 로프식 엘리베이터의 소음과 진동을 흡수하기 위한 장치이다.
④ 유압 엘리베이터의 소음과 진동을 흡수하기 위한 장치이다.

33 직접식 엘리베이터의 특징으로 옳지 않은 것은?

① 실린더를 땅에 묻어야 하므로 설치가 복잡하다.
② 추락 방지 안전장치가 필요하다.
③ 소요 승강로 평면이 작고 구조도 간단하다.
④ 부하에 따른 착상정도가 높다.

▶**직접식**: 플런저 끝에 카를 설치한 방식

직접식 유압 엘리베이터
① 추락 방지 안전장치가 필요없다.
② 실린더(cylinder)를 설치하기 위한 보호관을 땅에 묻어야 하기 때문에 설치가 어렵다.
③ 해당 승강로 평면이 작아도 되고 구조가 간단하다.
④ 부하에 대한 케이지 응력이 작아진다.

34 간접식 유압 엘리베이터의 특징으로 옳지 않은 것은?

① 실린더 점검이 어렵다.
② 부하에 따른 착상정도가 낮다.
③ 추락 방지 안전장치가 필요하다.
④ 실린더 설치가 용이하다.

▶**간접식**: 플런저의 동력을 로프를 통하여 카에 전달하는 방식

직접식 유압 엘리베이터
① 추락 방지 안전장치가 필요하다.
② 로프의 이완(늘어남)과 기름의 압축성 때문에 부하로 인한 바닥 침하가 있다.
③ 실린더(cylinder) 보호관이 필요 없다.
④ 실린더(cylinder) 점검이 용이하다.

35 압력이 설정값 이상으로 과도하게 상승하는 것을 방지하기 위해 설치하는 것은?

① 역저지 밸브(check valve) ② 스톱밸브(stop valve)
③ 사일렌서(silencer) ④ 안전밸브(relief valve)

정답 33 ② 34 ① 35 ④

▶ **안전밸브**: 압력은 전부하 압력의 140%까지 제한하도록 맞추어 조절되어야 한다.

 안전밸브(relief valve) : 회로의 압력이 설정값에 도달하면 밸브를 열어 오일을 탱크로 돌려보내, 압력이 과도하게 상승(상승압력의 125%에 설정)하는 것을 방지한다.

36 다음에서 역저지 밸브(check valve)에 관한 설명으로 옳은 것은?

① 오일의 방향을 항상 역방향으로 흐르도록 하는 밸브이다.
② 오일의 방향을 한쪽 방향으로만 흐르도록 하는 밸브로서 역류 방지용 밸브이다.
③ 하강시 유량을 제어하는 밸브이다.
④ 상승시 유량을 제어하는 밸브이다.

 역저지 밸브는 기능이 전기식 엘리베이터의 전자 브레이크와 유사하다.

37 유압 엘리베이터를 점검 수리하고자 한다. 안전상 어떤 밸브를 사용하는가?

① 필터(filter)   ② 스톱 밸브(stop valve)
③ 역저지 밸브(check valve)   ④ 안전 밸브(relief valve)

 스톱(stop) 밸브: 유압 파워 유니트에서 실린더로 통하는 배관 도중에 설치되는 수동조작밸브이다. 이 밸브를 닫으면 실린더의 오일이 탱크로 역류하는 것을 방지한다. 이 밸브는 유압장치의 보수·점검·수리시에 사용되는데 게이트 밸브(gate valve)라고도 한다.

38 블리드 오프(bleed off) 유압 회로의 단점으로 맞는 것은?

① 정확한 제어가 불가능하다.   ② 정확한 제어가 가능하다.
③ 효율이 높다.   ④ 전력소모가 많다.

▶ **블리드 오프 회로**: 효율이 높으나 정확한 속도제어가 곤란하다.

 블리드 오프 유압 회로: 유량제어 밸브를 주회로에서 분기된 바이패스(by pass)회로에 삽입한 것 효율이 높지만, 정확한 속도 제어가 곤란하다.

정답 36 ② 37 ② 38 ①

39 다음 중 유압식 엘리베이터에서 가장 많이 채택하고 있는 유압 회로 방식은?

① 파일럿(pilot) 방식　　② 유압제어방식
③ 블리드 오프(bleed off) 방식　　④ 펌프 제어방식

 파일럿(pilot) 방식: 유압펌프에 보내는 오일의 양을 직접 제어하는 방식이다.

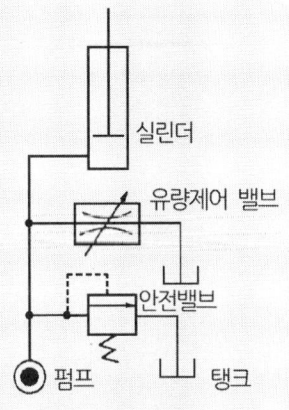

▲ 블리드 오프 회로

40 실린더의 안전율은 얼마 이상이어야 하는가?

① 4　　② 3　　③ 2　　④ 1

41 다음 그림과 같은 유압회로의 설명으로 맞지 않는 것은?

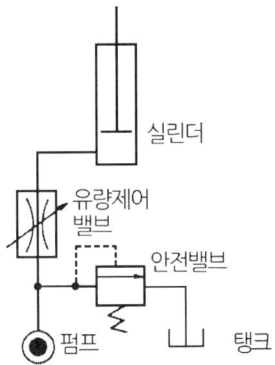

① 효율이 나쁘다.　　② 미터인(meter in) 회로이다.
③ 정확한 제어가 가능하다.　　④ 블리드 오프(bleed off) 회로이다.

▶ 미터인 회로 방식 = 파일럿 방식

 미터인(meter in) 회로: 유량 제어밸브를 주회로에 삽입하여 유량을 직접 제어하는 회로. 정확한 제어가 가능하지만 여분의 오일이 안전밸브를 통하여 탱크에 되돌려 보내지기 때문에 효율이 나쁘다.

정답 39 ①　40 ①　41 ④

▶ 첵 밸브: 역저지 밸브를 말하는데 오일이 한쪽 방향으로만 흐르게 하는 밸브이다.

▶ 유압 파워유닛: 유압 동력 전달 장치이다.

42 다음에서 유압 엘리베이터의 릴리프 밸브에 대한 설명으로 옳지 않은 것은?

① 안전밸브이다.
② 한쪽 방향으로만 흐름을 허용하는 밸브이다.
③ 일정한 압력에서 밸브를 열어주는 압력 조정밸브이다.
④ 보통 전부하 상승시 펌프 출구 압력 125%에 고정시키고 수동으로 수정이 가능하다.

한쪽방향으로만 흐름을 허용하는 밸브는 역저지(check) 밸브이다.

43 다음 밸브 중 솔레노이드가 아닌 것은?

① 첵 밸브
② 상승 밸브
③ 하강밸브
④ 저속상승밸브

첵 밸브(check valve)
정전 등으로 펌프의 토출압력이 떨어져 실린더의 기름이 역류하여 카가 낙하하는 것을 방지하는 역할을 하는 것으로 로프식 엘리베이터의 전자 브레이크와 비슷하다.

44 다음에서 유압 승강기의 파워유닛의 구성품이 아닌 것은?

① 유량제어밸브
② 역저지밸브
③ 실린더
④ 펌프

유압파워유닛(power unit) : 펌프, 전동기, 밸브, 탱크 등으로 구성되어 있는 유압동력 전달장치이며, 파워유니트 주위에 기름방벽을 설치하든지 기계실 문턱을 높게 하여 유니트 파열시 기름이 외부로 누출되지 않도록 해야 한다.

45 다음에서 유압 엘리베이터의 플런저를 구동시키는 원리로 적합한 것은?

① 파스칼의 원리
② 아르키메데스의 원리
③ 렌쯔의 법칙 원리
④ 피타고라스의 원리

정답 42 ② 43 ① 44 ③ 45 ①

> **파스칼의 원리(Pascal's law)**
> 밀폐된 용기내에서 유체의 압력은 줄지 않고, 그대로 모든 방향으로 전달된다는 원리

46 직선적인 작동유 통로내의 철분, 모래 등의 이물질을 제거하는 장치는?

① 펌프　　② 완충기　　③ 스트레이너　　④ 사일렌서

▶ **스트레이너**: 펌프 흡입측에 부착하여 이물질의 유입을 방지한다.

47 소방 구조용 엘리베이터 카 지붕의 비상 구출문의 크기는?

① 0.5m × 0.7m 이상
② 0.6m × 0.8m 이상
③ 0.7m × 0.9m 이상
④ 0.8m × 1.0m 이상

48 소방 구조용 엘리베이터의 크기는 정격하중 얼마 그리고 출입구 유효 폭은 얼마 이상이어야 하는가?

① 540kg, 폭 900mm 깊이 1000mm 이상
② 540kg, 폭 1100mm 깊이 1200mm 이상
③ 630kg, 폭 1100mm 깊이 1400mm 이상
④ 630kg, 폭 1200mm 깊이 1500mm 이상

▶ **소방구조용 엘리베이터**: 화재 등 비상시 소방관의 소화활동이나 구조활동에 적합하게 제조, 설치된 엘리베이터

49 소방 구조용 엘리베이터 비상 구출문을 열기 위해 이중 천장에 가해지는 힘은 얼마의 힘(N)보다 작아야 하는가?

① 100(N)　　② 150(N)　　③ 200(N)　　④ 250(N)

50 정전 시 보조전원 공급장치에 의해 소방 구조용 엘리베이터가 운행하기 위하여, 몇 초 이내에 운행에 필요한 전력 용량이 자동으로 발생되어야 하며, 또한 얼마 이상 운행시킬 수 있어야 하는가?

① 30초, 1시간　　② 30초, 2시간
③ 60초, 1시간　　④ 60초, 2시간

▶ **소방구조용 엘리베이터**: 1m/s 이상, 또한 소방관 접근 지정층에서 60초 이내에 가장 먼층에 도착 가능해야 한다.

정답 46 ③　47 ①　48 ③　49 ④　50 ④

▶ 장애인용 엘리베이터 카 내부 휠체어 사용자용 조작반: 진입방향 우측면에 설치

▶ 장애인용 엘리베이터 카 내부 수평 손잡이 높이: 카 바닥에서 0.8m 이상 0.9m 이하

51 소방 접근 지정층을 제외한 승강장의 전기, 전자장치는 얼마의 주위 온도에서 정상적으로 작동될 수 있도록 설계되어야 하는가?

① 0℃~65℃ ② 5℃~65℃
③ 0℃~80℃ ④ 5℃~80℃

52 전기·전자장치를 제외한 소방 구조용 엘리베이터의 모든 다른 전기·전자부품은 몇 도까지의 주위 온도 범위에서 정확하게 가능하도록 설계되어야 하는가?

① 0℃에서 30℃ ② 0℃에서 40℃
③ 0℃에서 50℃ ④ 0℃에서 60℃

53 장애인용 엘리베이터의 승강장 전면에는 얼마 이상의 활동공간이 확보되어야 하는가?

① 1.4m × 1.4m ② 1.5m × 1.5m
③ 1.6m × 1.6m ④ 1.7m × 1.7m

54 장애인용 엘리베이터의 승강장 바닥과 승강장 바닥의 틈은 얼마이어야 하는가?

① 0.03m 이하 ② 0.04m 이하
③ 0.05m 이하 ④ 0.06m 이하

55 장애인용 엘리베이터 안팎에 설치되는 모든 스위치의 높이는, 바닥으로부터 얼마의 높이에 설치되어야 하는가?

① 1.0m 이상 1.2m 이하
② 0.8m 이상 1.2m 이하
③ 1.2m 이상 1.5m 이하
④ 1.4m 이상 1.8m 이하

정답 51 ① 52 ② 53 ① 54 ① 55 ②

56 장애인용 엘리베이터 내부의 유효바닥 면적은?

① 폭 1.2m 이상, 깊이 3.0m 이상
② 폭 1.4m 이상, 깊이 3.5m 이상
③ 폭 1.6m 이상, 깊이 1.35m 이상
④ 폭 1.8m 이상, 깊이 2.35m 이상

▶ **장애인용 엘리베이터 출입문의 통과 유효폭**: 0.8m 이상(신축건물은 0.9m 이상)

57 피난용 엘리베이터 출입문의 유효폭과 정격하중의 값으로 맞는 것은?

① 유효폭 700mm 이상, 7000kg 이상
② 유효폭 800mm 이상, 8000kg 이상
③ 유효폭 900mm 이상, 1000kg 이상
④ 유효폭 1000mm 이상, 1100kg 이상

▶ **피난용 엘리베이터**: 건물 화재 등 긴급 상황 발생시, 피난을 위한 엘리베이터

▶ **비상용 엘리베이터**: 건물 화재 등 긴급 상황 발생시, 소방관의 화재 진압용

58 소형 화물용 엘리베이터의 정격하중 및 정격속도로 맞는 것은?

① 정격하중 300kg 이하, 정격속도 1m/s 이하
② 정격하중 400kg 이하, 정격속도 1m/s 이하
③ 정격하중 500kg 이하, 정격속도 2m/s 이하
④ 정격하중 600kg 이하, 정격속도 2m/s 이하

▶ **소형 화물용 엘리베이터 카의 유효면적**: $1m^2$ 이하

59 수직형 휠체어 리프트는 수직에 대한 경사도가 얼마를 초과하지 않아야 하는가?

① 8° ② 10°
③ 12° ④ 15°

▶ **수직형 휠체어 리프트의 정격속도**: 0.15m/s 이하

60 수직형 휠체어 리프트의 정격하중으로 맞는 것은?

① 250kg 이상 ② 300kg
③ 350kg ④ 400kg

▶ **수직형 휠체어 리프트의 최대 허용하중**: 500kg 이하

61 경사형 휠체어 리프트의 정격속도로 맞는 것은?

① 0.12m/s 이하 ② 0.15m/s 이하
③ 0.20m/s 이하 ④ 0.25m/s 이하

▶ **경사형 휠체어 리프트**: 최대 정격하중은 350kg

정답 56 ③ 57 ③ 58 ① 59 ④ 60 ① 61 ②

▶ **리프트**: 낮은 곳에서 높은 곳으로 사람을 실어나르는 의자가 달린 기계장치

62 경사형 휠체어 리프트가 1인용일 경우에는 정격하중을 얼마 이상으로 하여야 하며, 휠체어 사용자일 경우에는 얼마 이상으로 하여야 하는가?

① 115kg 이상, 150kg 이상
② 120kg 이상, 160kg 이상
③ 130kg 이상, 170kg 이상
④ 140kg 이상, 180kg 이상

정답 62 ①

Chapter 02 엘리베이터 부품 설치 및 교체

01 엘리베이터 부품 상태 진단하기

1. 엘리베이터 부품의 노후, 마모 상태 진단

1) 기계실

(1) 권상기의 상태
① 이상 진동 및 소음의 유무 상태
② 베어링의 소음 및 손상 유무 상태
③ 도르래의 홈 마모 및 수직도 상태
④ 각 부의 볼트·너트 조립 상태
⑤ 브레이크의 작동상태와 라이닝 및 드럼의 마모 상태
⑥ 도르래에서 로프의 미끄럼 유무 상태
⑦ 기타

▶ **권상기**: 카를 끌어올리거나 내리는 기기

▶ **브레이크 작동**: 라이닝이 드럼을 잡는 것

(2) 전동기의 상태
① 소음 및 진동 유무 상태와 발열 상태
② 단자대의 접속 양호 상태
③ 절연저항 적정 여부 상태
④ 기타

▶ **절연저항**: 절연물이 갖고 있는 높은 저항

(3) 제어반의 상태
① 소음의 유무 상태
② 스위치류 및 릴레이류의 작동 상태
③ 절연저항 적정 여부 상태
④ 기타

▶ **릴레이**: 철심에 감긴 코일의 여자(전자석 됨), 소자(전자석 안 됨)에 따라 a접점과 b접점이 붙고 떨어지는 기기

(4) 과속조절기의 상태
① 소음의 유무 상태
② 도르래에서 과속조절기 로프의 미끄럼 유무 상태
③ 볼트 및 너트의 이완 여부 상태
④ 과속조절기 로프와 크립 체결 상태
⑤ 추락방지 안전장치 작동 상태 양호 여부

▶ **과속 조절기**: 카의 속도를 검출하는 장치

▶ **추락 방지 안전장치**: 과속도가 될 때, 과속 조절기 작동에 의해 카를 비상정지시키는 안전장치

⑥ 급유 상태
⑦ 기타

(5) 카 실내 상태
① 조작반 각층 버튼 스위치의 양호여부와 램프 점등 양호 상태
② 도어의 개폐 버튼 스위치의 작동 상태
③ 안전 스위치의 양호여부 상태
④ 조명기구의 양호여부 상태
⑤ 카 도어의 안전스위치 양호여부 상태
⑥ 외부 연락장치, 전화장치 양호여부 상태
⑦ 카 바닥의 수평도 양호여부 상태
⑧ 카 위치 표시기 점등 상태 양호여부
⑨ 기타

(6) 카 상부 상태
① 비상 구출구 스위치 동작 상태
② 카 도어 스위치 동작 상태
③ 카 도어 모터 작동 상태
④ 착상 스위치 동작 상태
⑤ 과속조절기 로프 체결상태의 양호 여부
⑥ 과속조절기 스프링 조정상태
⑦ 상부 단자대 전선 접속 상태
⑧ 급유통 오일 및 오일의 적정량 유무 상태
⑨ 기타

(7) 카 하부 상태
① 과부하 스위치의 동작 상태
② 체대 볼트 조립 상태
③ 균형 체인・로프의 체결 상태
④ 추락방지 안전장치의 블록 조립 상태
⑤ 이동 케이블의 고정 상태
⑥ 기타

(8) 균형추
① 균형추 조임의 이상 유무 상태
② 가이드슈 마모 및 취부 상태

▶**카 도어**: 엘리베이터 카의 문

▶**위치 표시기**: 카의 위치를 나타내는 표시기

▶**모터**: 전동기

▶**착상**: 승강장에서 카가 정확한 위치에 정지함

▶**체대**: 카의 틀을 말하는데, 카는 상부체대, 카주, 하부체대로 이루어진다.

▶**가이드슈**: 엘리베이터 중속 이하에서 사용되는데, 카와 균형추가 레일에서 이탈하지 않도록 한다.

③ 로프 체결 상태
④ 가이드슈와 레일의 이격거리 양호 여부 상태
⑤ 기타

(9) 승강장의 상태
① 각 층의 홀버튼 스위치 양호 상태
② 각 층의 홀버튼 스위치 등록 및 소거 양호 상태
③ 각 층의 홀버튼 스위치 램프 점등 상태
④ 각 층의 방향 표시기 작동 양호 상태
⑤ 기타

(10) 승강로의 상태
① 리미트 스위치, 슬로우 다운 스위치 등의 양호 여부
② 카 레일 및 균형추 레일의 상태
③ 주행 케이블의 설치 상태
④ 주 로프의 상태
⑤ 보상체인(로프)의 소음 여부 상태
⑥ 과속조절기 로프의 설치 상태
⑦ 각 층 홀 도어 스위치의 양호한 동작 여부 상태
⑧ 기타

(11) 피트의 상태
① 피트의 안전 스위치 동작 상태
② 완충기 취부 및 오일 주입량 적정 여부
③ 완충기와 균형추 이격거리 적정 여부
④ 각종 인장 도르래 회전시 소음 및 마모 상태
⑤ 기타

2. 기계·전기 측정기

1) 기계 측정기

(1) 기계 측정기의 종류
① 열화상 카메라
제어반 및 권상기의 이상 발열을 측정한다.
② 진동 측정기
카 내의 진동을 측정한다.

▶ **가이드슈 설치**: 가이드슈는 카와 균형추의 상하좌우에 설치한다.

▶ **홀 버튼**:
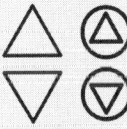

▶ **방향 표시등**:

▶ **승강로**: 카와 균형추가 오르고 내리는 통로

▶ **리미트 스위치**: 엘리베이터 운행시 최상·최하층을 지나치지 않도록 한다.

▶ **슬로우 다운 스위치**: 카가 최상·최하층을 지나칠 경우 검출하여 강제로 감속정지시킨다.

▶ **피트**: 카가 정지하는 최하층의 바닥면에서, 승강로의 바닥면까지의 공간

▶ **열화상 카메라**: 적외선 방사선을 사용하여 이미지를 생성하는 장치

③ 소음계
　　운행시 소음을 측정한다.
④ 버니어 캘리퍼스
　　로프의 파단 및 마모 상태를 측정한다.
⑤ 수평계
　　추락방지 안전장치 작동시 카의 수평도를 측정한다.
⑥ 초시계
　　장애인용 엘리베이터는 문이 열리면 10초이상 닫히지 않아야 하는데 그것을 측정한다.
⑦ 속도계
　　엘리베이터의 속도를 측정한다.
⑧ 엘리베이터 도어키
　　승강기 도어를 열기 위한 특수 키
⑨ 기타 베어링 상태 측정 장비 및 레일 직진도 측정장비

2) 전기 측정기

(1) 전기 측정기의 종류

① **전압 전류계**
　　엘리베이터 운전시 정격전압, 정격전류로 운전되는지 확인한다.
② **메거**
　　제어반의 절연저항을 측정한다.
③ **기타**

▶ **버니어 캘리퍼스**: 길이나 높이, 너비 등의 치수를 정밀하게 재는 측정기

▶ **초시계**: 세밀한 초의 흐름으로 시간을 측정하는 장치

▶ 메거＝절연 저항계

02 승강장 부품 설치 및 교체하기

1. 각 부품별 설치 위치에 승강장 부품 설치

1) 승강장 문

승강장 문이 닫혀있을시 문짝 사이의 틈새 또는 문짝과 문설주 사이의 틈새는 6mm 이하(마모시는 10mm까지)로 작아야 한다.

2) 승강장 출입문의 높이

승강장 문의 유효 출입구 높이는 2m 이상(주택용 엘리베이터는 1.8m 이상)이어야 한다.

▶ **승강장**: 엘리베이터를 타고 내리는 곳

▶ **문설주**: 문짝을 끼워 달기 위하여 문의 양쪽에 세운 기둥

3) 승강장 자동 동력 작동식 문

① 문 닫힘을 저지하는데 필요한 힘은 150N 이하이어야 한다. 이 힘은 문닫힘 행정의 최초 1/3구간에서는 측정되지 않아야 한다.
② 문이 닫히는 동안 사람이 끼이거나 끼려고 할 때 자동으로 문이 반전되어 열리는 문닫힘 안전장치가 있어야 한다.

4) 승강장의 조명

승강장에는 50lx 이상의 자연조명 또는 인공조명이 있어야 한다.

▶ **자연조명**: 인간이 만든 인위적인 조명이 아닌 조명

▶ **인공조명**: 전등에 의한 조명

2. 승강장 출입문 조정

1) 승강장 문의 잠금

① 잠금 부품이 7mm 이상 물리기 전에는 카가 출발하지 않아야 한다.
② 잠금 부품은 문이 열리는 방향으로 300N의 힘을 가할 때 잠금 효력이 감소되지 않는 방법으로 물려야 한다.
③ 잠금 장치는 문이 열리는 방향으로 아래와 같은 힘을 가할때 변형없이 견뎌야 한다.
  ⓐ 경첩이 있는 문 : 3000N
  ⓑ 수직 수평 개폐식 문 : 1000N

▶ **카의 착상**: ±10mm의 정확도가 있어야 하며, 속도는 0.8m/s 이하이어야 한다.

▶ **카의 재착상**: ±20mm의 정확도가 있어야 한다.

▶ **경첩**: 문에 달아 문을 열고 닫을 수 있게 하는 역할을 한다.

03 카 설치 및 교체하기

1. 카 슬링 설치

1) 매다는 장치

(1) 매다는 장치의 조건

① 철제 또는 강철제 2본 이상의 매다는 장치를 사용하여야 하며, 공칭직경은 8mm 이상 되어야 한다.
② 매다는 장치의 안전율은 2본은 16 이상, 3본 이상은 12 이상, 체인은 10 이상이어야 한다.
③ 매다는 장치의 보통 꼬임은 스트랜드의 꼬임 방향과 매다는 장치의 꼬임 방향이 반대로 된 것이고, 랭꼬임은 그 방향이 동일한 것이다.

▶ **매다는 장치**: 와이어 로프를 말한다.

▶ **슬링(Sling)**: 인양 끈 또는 인양 로프

▶ 안전율 = $\dfrac{\text{파단하중}}{\text{작업하중}}$

▶ **파단하중**: 로프가 끊어질 때까지 견딜 수 있는 하중

▶ **작업하중**: 실제로 로프에 걸리는 하중

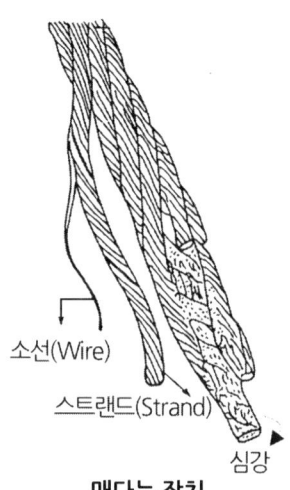

매다는 장치

※ 심강은 마닐라삼 등 천연섬유나 합성섬유를 꼬아 로프모양으로 만들고 그리스를 함유시켜, 소선의 방청효과와 로프의 굴곡시 소선끼리 미끄러지는 원활 작용도 한다.

▶ **그리스**: 기계제품의 사용 수명과 성능을 높이는 윤활유의 한 종류

④ 엘리베이터에는 보통 Z꼬임이 사용된다.

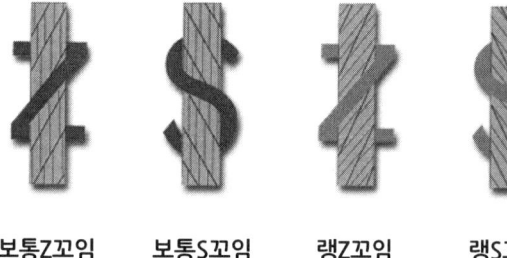

보통Z꼬임   보통S꼬임   랭Z꼬임   랭S꼬임

⑤ 스트랜드의 종류
  ⓐ 실형(s)
  ⓑ 필러형(F)
  ⓒ 워링톤형(W)

▶ **와이어 로프 기호**

8×S (19)
스트랜드 수×스트랜드 종류
(소선수)

⑥ 소선의 강도에 의한 분류
  ⓐ E종
    엘리베이터용으로 제조 되었다. 파단 강도는 $1,320N/mm^2$급 이다. 이것은 강도는 다소 낮지만 유연성을 좋게 하여 소선이 잘 파단되지 않고, 도드래의 마모가 적게 되도록 하였다.

ⓑ A종
　　　1,620N/mm²급의 강도를 갖는 소선으로 구성된 로프이다. E종 보다 경도가 높아 도르래의 마모에 대한 대책이 필요하다.
　　ⓒ B종
　　　파단강도는 1770N/mm²급이다. 엘리베이터에는 사용하지 않는다.
　　ⓓ G종
　　　파단강도는 1470N/mm²급이다. 소선의 표면에 아연도금을 한 것으로서 녹이 나지 않으므로 습기가 많은 장소에 적합하다.

　⑦ 엘리베이터 매다는 장치에 사용되는 것은 8×S(19) E종, 보통 Z꼬임이다.

　⑧ 매다는 장치 측정은 아래와 같이 해야한다.

▶ **파단강도**: 재료를 파단시키는 인장하중이나 힘

▶ **보통 꼬임**: 랭 꼬임에 비해 킹크 발생이 적다.

▶ **랭꼬임**: 보통 꼬임에 비해 킹크(Kink)가 잘 발생하고 풀리기 쉽다.

▶ **실형형 19본선 8꼬임**

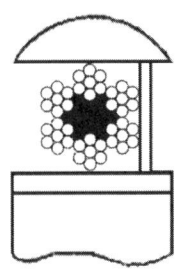

8×S(19)

▶ 시브(Sheave) = 도르래

(2) 로프와 도르래 관계
　① 주 도르래(권상 도르래)의 직경은, 매다는 장치 직경의 40배 이상이 되어야 한다.
　② 주택용 엘리베이터 주 도르래 (권상 도르래)의 직경은 매다는 장치 직경의 30배 이상이 되어야 한다.

(3) 매다는 장치 거는 방법
　① 1:1 로핑
　　ⓐ 승객용에 사용된다.
　　ⓑ 싱글랩은 저·중속 엘리베이터에, 더블랩은 고속 엘리베이터에 사용된다.

▶ 매다는 장치 거는 방법 = 로핑

▶ 매다는 장치 감는 방법 = 래핑

▶ 보조 도르래 = 디플렉터

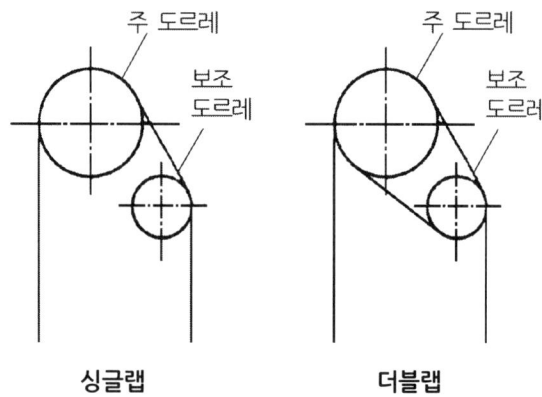

싱글랩   **더블랩**

② 2:1 로핑
   ⓐ 로프의 장력은 1:1로핑의 1/2이 된다.
   ⓑ 카의 정격속도 2배로 로프가 움직여야 한다.
   ⓒ 1:1로핑에 비하여 매다는 장치의 수명이 짧고, 종합 효율이 떨어진다.
   ⓓ 싱글랩은 화물용에 더블랩은 고속용에 사용된다.

▶ **2:1 로핑**: 로프가 이동 도르래를 걸쳐야 하므로 매다는 장치가 길어지며, 수명은 짧아지고, 효율은 떨어진다.

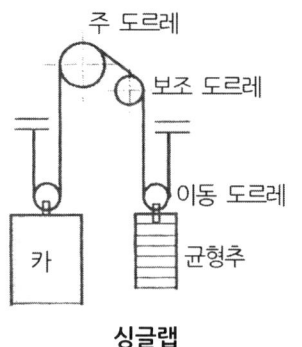

싱글랩

③ 4:1 로핑
   ⓐ 매다는 장치 길이가 길어지고, 이동 도르래에 의해 효율은 낮아진다.
   ⓑ 매다는 장치가 이동 도르래에 의해 수명이 짧아진다.

▶ **4:1 로핑**: 싱글랩은 대형화물용 엘리베이터에 사용된다.

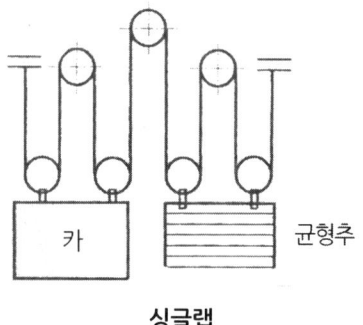

싱글랩

2. 카 벽, 카 천장, 카 조작반 조립

1) 카의 구조

(1) 카 틀의 구조

① 상부 체대
② 카주
③ 하부 체대
④ 브레이스 로드

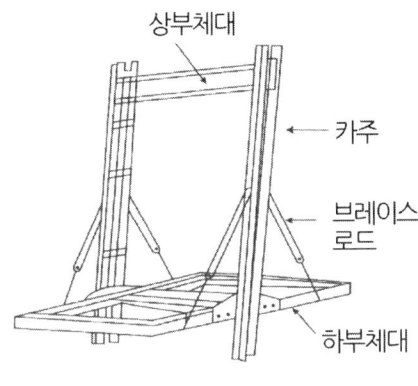

카 틀의 구조

(2) 카 벽

불연 재료(난연 재료 불가)이어야 한다.

(3) 카 천장

① 불연 재료(난연 재료 불가)이어야 한다.
② 조명설비, 환풍구, 비상구출구 등이 설치되어야 한다.
③ 비상구출구의 크기는 0.4m × 0.5m이상이 되어야 하며, 외부에서 바깥쪽으로 열려야 한다.

2) 카 조작

(1) 전면의 수평면적

ⓐ 제어반 폭이 0.5m 미만은 0.5m, 제어반 폭이 0.5m 이상은 제어반 폭 이상이어야 한다.
ⓑ 제어반 깊이는 0.7m 이상이어야 한다.

▶ **브레이스 로드**: 카 바닥의 균형 유지 및 카 바닥 하중 3/8을 지탱한다.

▶ **카실**: 두께 1.2mm 이상의 강판을 사용해야 하며, 불연재료(난연재료 불가)로 씌워야 한다.

(카 벽에 사용되는 유리)
① 강화 접합유리 :
  8 (4 + 4 + 0.76)
② 접합유리 :
  10 (5 + 5 + 0.76)

※ 접합 유리는 2장의 유리 중간에 필름을 넣은 유리이다.

▶ **소방 구조용 엘리베이터 카 천장 비상구출구의 크기**: 0.5m × 0.7m 이상

▶ **폭**: 가로 **깊이**: 세로

3. 카 출입문과 관련된 부품, 카 상부 부품

1) 카 출입문

(1) 카 출입문의 구비 조건

① 카에는 2개 이상의 출입구가 설치될 수 있으나, 2개 이상의 문이 동시에 열려 통로로 사용될 수는 없다.
② 카 문이 닫혀있을 때 문짝 사이의 틈새 또는 문짝과 문설주 사이의 틈새는 6mm 이하(마모될 경우 10mm까지)이어야 한다.
③ 카 문의 개방은 잠금해제 구간에서만 가능하여야 하며, 문을 개방하는데 필요한 힘은 300N를 초과하지 않아야 한다.
④ 카 문턱에는 승강장 유효 출입구 전폭에 걸쳐 에이프런이 설치되어야 한다.
⑤ 에이프런 아랫 부분은 수평면에 대해 60° 이상으로 아랫방향을 향해 구부러져야 한다.

▶ **카 문턱 끝과 승강로 벽과의 간격**: 0.15m 이하

▶ **카 문턱과 승강장 문턱 사이의 수평거리**: 35mm 이하

▶ **문설주**: 문짝을 끼워 달기 위해 문의 양쪽에 세운 기둥

▶ **운행중인 엘리베이터 카 문의 개방시 필요한 힘**: 50N 이상

▶ **에이프런 수직 부분 높이**: 0.75m 이상

▶ **에이프런 구부러진 곳의 수평면에 대한 투영길이**: 20mm 이상

(2) 카 도어(Door) 시스템의 종류

도어 시스템에서 숫자는 문짝수, S는 가로열기(사이드 오픈방식), CO는 중앙열기(센터오픈 방식)를 나타낸다.

① 가로 열기식 문(사이드 오픈 방식)
  ⓐ 종류에는 1S, 2S, 3S 등이 있다.
  ⓑ 화물용 및 침대용으로 사용된다.

▶ **가로열기식(측면 개폐)**: side open

② 중앙 열기식 문(센터 오픈 방식)
  ⓐ 종류에는 2CO, 4CO 등이 있다.
  ⓑ 승용에 사용된다.

▶ **중앙 열기식(중앙개폐)**: center open

③ 상·하 열기식 문(수직 열기식 문)
  ⓐ 종류에는 외짝문 상하 열기식문과 2짝문 상하 열기식문이 있다.
  ⓑ 자동차용이나 대형 화물 전용 엘리베이터에 사용된다.
  ⓒ 종류에는 1UD, 2UD 등이 있다.

▶ **상·하 열기식(상하개폐)**: up down sliding center open

(3) 도어 머신의 요구 성능

① 소형 경량이어야 한다.
② 내구성이 커야 한다.

▶ **도어머신**: 모터의 회전을 감속하고 로프 등을 구동시키며, 도어를 개폐시킨다.

▶ **내구성**: 물질이 변하지 않고 오래 견디는 성질

③ 소음이 발생하지 않아야 한다.
④ 유지 보수가 용이해야 한다.
⑤ 가격이 저렴해야 한다.

(4) 도어의 보호장치
① **세이프티 슈(safety shoe)**
문의 선단에 이물질 검출장치를 설치하여 사람이나 물질이 접촉되면 도어의 닫힘은 중단되고 열린다.

② **광전장치**
투광(投光)기와 수광(受光)기로 구성되며, 도어의 양단에 설치해 광선(beam)이 차단될 때 도어의 닫힘은 중단되고 열린다. 라이트 레이(light ray)라고도 한다.

③ **초음파 장치**
초음파로 승장쪽에 접근하는 사람이나 물건(유모차, 휠체어 등)을 검출해, 도어의 닫힘을 중단시키고 열리게 한다.

(5) 도어 클로저(Door Closer)
① 승강장 문이 열린 상태에서 모든 제약이 해제되면 자동적으로 닫히는 장치이다.
② 종류에는 스프링 클로저 방식과 웨이트 클로저 방식이 있다.

(6) 도어인터록(Door Interlock)
① 도어록과 도어스위치로 구성되어 있다.
② 동작은 도어록 장치가 확실히 걸린 후 도어스위치가 들어가고, 도어스위치가 끊어진 후 도어록이 열리는 구조이다.
③ 엘리베이터 안전장치 중에서 가장 중요한 장치이다.

2) 엘리베이터의 정격하중
① **화물용 엘리베이터 정격하중**
카의 면적 $1m^2$당 250kg으로 계산한 값 이상으로 한다.
② **자동차용 엘리베이터 정격하중**
카의 면적 $1m^2$당 150kg으로 계산한 값 이상으로 한다.

3) 카 지붕(상부)
사람이 서 있을 수 있는 $0.12m^2$이상의 유효면적이 있어야 한다.

▶ **슬링(Sling)**: 카의 기둥

▶ **실(Sill)**: 카 및 승강장의 출입문 바닥문턱

▶ **스프링 클로저 방식**: 레버 시스템 + 코일 스프링 및 도어 체크 사용

▶ **웨이트 클로저 방식**: 줄 + 추를 사용

▶ 도어체크 = 도어 클로저

▶ **도어록**: 카가 정지하지 않는 층의 도어는, 특수한 열쇠로만 열리도록 한다.

▶ **도어 스위치**: 도어가 닫혀 있어야 운전이 되게 한다.

▶ 정원 = $\dfrac{\text{정격하중}}{75}$

> ▶ **카 심출**: 콘크리트 승강로에 드릴로 구멍을 내고, 브래킷을 박는 것

4. 카 심출, 카 밸런스 작업

1) 기계대

(1) 기계대의 안전율

  ① 승객용
   ⓐ 강재의 것 : 안전율 4
   ⓑ 콘크리트의 것 : 안전율 7

(2) 기계대에 걸리는 하중

$$P = 정하중(P_1) + 환산동하중(2P_2) \,[\text{kg}]$$

여기서,
정하중: 권상기 및 기타 기계대에 고정 부착된 모든 장치의 중량(kg)
환산동하중: 주 매다는 장치의 중량 및 주 매다는 장치에 작용하는 하중 × 2(kg)

> ▶ **정하중**: 시간의 흐름과 관계없이 항상 일정하게 작용하는 하중
>
> ▶ **동하중**: 시간의 흐름에 따라 변하는 하중

(3) 기계대의 응력

$$\sigma = \frac{M_{\max}}{Z} \,(\text{kg/cm}^2)$$

여기서, $M_{\max}$: 기계대에 걸리는 최대 굽힘 모멘트(kg·cm)
    Z : 부재의 단면계수(cm³)

> ▶ **응력**: 외력을 가할 때 변형된 물체 내부에서 발생하는 단위 면적당 힘

(4) $S = \dfrac{f}{\sigma}$

여기서, f : 부재의 최대 허용 응력(kg/cm²)
    σ : 기계대의 응력(kg/cm²)
    S : 안전율

> ▶ **단면계수**: 단면에 발생하는 응력이 1일 때 단면이 휨 모멘트에 저항할 수 있는 크기

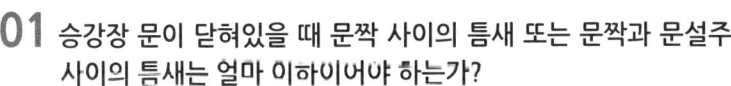

CBT대비 2회 출제예상문제

01 승강장 문이 닫혀있을 때 문짝 사이의 틈새 또는 문짝과 문설주 사이의 틈새는 얼마 이하이어야 하는가?

① 3mm 이하 ② 4mm 이하
③ 5mm 이하 ④ 6mm 이하

▶ **승강장 문**: 미모시에는 10mm까지 가능

02 승강장 문의 유효 출입구 높이는 얼마이어야 하는가?

① 1m 이상 ② 2m 이상
③ 3m 이상 ④ 4m 이상

▶ **주택용 엘리베이터 승강장 출입문 높이**: 1.8m 이상

03 승강장의 문 닫힘을 저지하는데 필요한 힘은 얼마이어야 하는가?

① 50N 이하 ② 100N 이하
③ 150N 이하 ④ 200N 이하

▶ **승강장**: 카를 타고 내리는 장소

04 승강장에는 얼마 이상의 자연조명 또는 인공조명이 있어야 하는가?

① 50lx 이상 ② 80lx 이상
③ 100lx 이상 ④ 120lx 이상

▶ **카의 착상**: ±10mm의 정확도가 있을 것

05 승강장 문의 잠금 부품이 얼마 이상 물리기 전에는 카가 출발하지 않아야 하는가?

① 5mm 이상 ② 6mm 이상
③ 7mm 이상 ④ 8mm 이상

정답 1 ④ 2 ② 3 ③ 4 ① 5 ③

06 권상기 시브 직경은 매다는 장치 직경의 몇 배 이상 되어야 하는가?

① 40배　　② 30배
③ 20배　　④ 10배

> 권상기의 시브 직경은 매다는 장치 직경의 40배 이상 되어야 한다.

07 다음은 승강기 매다는 장치에 관한 설명이다. 옳지 않은 것은?

① 2본 이상의 매다는 장치를 사용해야 한다.
② 매다는 장치의 안전율은 2본인 경우 16 이상이어야 한다.
③ 권상기 시브의 회전력을 카에 전달하는 중요한 부품이다.
④ 공칭 직경이 40mm 이상이어야 한다.

> 공칭 직경은 8mm 이상이어야 한다.

▶ **클립체결 방법:** 클립수는 3개 이상, 체결시 클립의 U볼트 부분이, 절단된 로프쪽에 있어야 한다.

08 다음에서 매다는 장치 클립(Clip)의 체결 방법으로 적합한 것은?

① (로프, 팀볼, 클립)
②
③
④

09 다음 로프 중 승강기의 매다는 장치에 사용되는 것은?

① 보통 S꼬기　② 보통 Z꼬기　③ 랭식 S꼬기　④ 랭식 Z꼬기

10 다음에서 매다는 장치 측정 방법으로 옳은 것은?

① ② ③  ④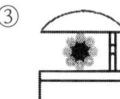

11 로프식 승강기에서 카 1대에 대한 최소 매다는 장치 본 수는?

① 2본 이상   ② 4본 이상
③ 5본 이상   ④ 8본 이상

▶ **매다는 장치 본수:** 로프의 개수

12 승용 엘리베이터에 있어서 3본일 때 매다는 장치 안전계수는 얼마 이상이어야 하는가?

① 8   ② 10
③ 11   ④ 12

▶ 안진계수=안전율

13 로프식 승강기의 매다는 장치 직경은 몇 mm 이상이어야 하는가?

① 14mm   ② 13mm
③ 12mm   ④ 8mm

14 매다는 장치 권상기 도르래의 직경은 매다는 장치 직경의 얼마 이상이어야 하는가?

① 20배   ② 30배
③ 40배   ④ 50배

▶ **권상기:** 카를 올리고 내리는 장치

15 매다는 장치 직경이 15mm라면, 권상기 시브 직경은 얼마 이상이어야 하는가?

① 200mm   ② 400mm
③ 600mm   ④ 800mm

D=15×40배=600mm

▶ 시브=도르래

16 다음은 로프식 승강기의 매다는 장치에 관한 설명이다. 맞지 않는 것은?

① 카 1대에 대해 매다는 장치 최소 본수는 4이다.
② 매다는 장치 직경은 8mm 이상이다.
③ 로프의 단부는 1본마다 강제 소켓에 배빗 채움 또는 클램프 고정으로 한다.
④ 카 1대에 대해 최소 매다는 장치 본수는 2이다.

정답 11 ① 12 ④ 13 ④ 14 ③ 15 ③ 16 ①

17 도르래에 매다는 장치 감는 방식에서 더블랩은 어느 경우에 사용되는가?

① 저속　　② 중속
③ 고속　　④ 도르래 교체시

▶ **싱글랩:** 주 도르래에 매다는 장치를 한번만 감는 방식

▶ **더블랩:** 주 도르래에 보조 도르래를 완전히 둘러싸는 형태로 감는 방식

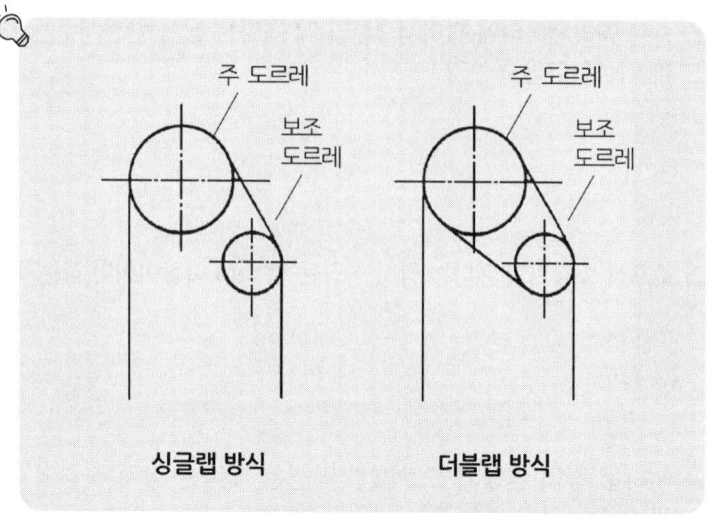

싱글랩 방식　　더블랩 방식

18 2:1 로프 장력은 1:1 로핑의 얼마가 되는가?

① 1/2　　② 1/3
③ 1/4　　④ 1/5

2:1 로핑은 1:1 로핑 장력의 1/2이 된다.

▶ **2:1 로핑:** 1:1로핑에 비해 로프의 수명이 짧고, 이동 도르래에 의해 종합 효율이 저하된다.

19 카 천장 비상 구출문의 크기로 맞는 것은?

① 0.4m × 0.5m 이상
② 0.5m × 0.5m 이상
③ 0.5m × 0.6m 이상
④ 0.6m × 0.7m 이상

카 천장 비상 구출문의 크기는 0.4m × 0.5m 이상이어야 한다.

정답　17 ③　18 ①　19 ①

20 2대 이상의 엘리베이터가 동일 승강로에 설치되어, 인접한 카에서 구출할 수 있도록, 카 벽에 설치하여야 할 비상 구출문의 크기로 맞는 것은?

① 폭 0.4m 이상, 높이 1.8m 이상
② 폭 0.4m 이상, 높이 2.0m 이상
③ 폭 0.6m 이상, 높이 2.4m 이상
④ 폭 0.6m 이상, 높이 2.6m 이상

▶ **2대 이상의 엘리베이터가 동일 승강로에 설치시 서로 다른 카 사이의 수평거리:** 1m를 초과할 수 없다.

21 엘리베이터가 잠금 해제 구간에서 정지시, 손으로 승강장 문이나 카 문을 열 수 있어야 하는데, 그 힘은 얼마를 초과하지 않아야 하는가?

① 100N ② 200N
③ 300N ④ 400N

▶ **승강장:** 카를 타고 내리는 장소

22 카가 운행 중일 때 카 문의 개방은 얼마 이상의 힘이 필요한가?

① 20N ② 30N
③ 40N ④ 50N

23 자동차용이나 대형 화물용 승강기 문은 어떠한 문을 사용하고 있는가?

① 상·하 열기식문 ② 중앙 열기식문
③ 스윙식문 ④ 가로 열기문

24 다음 도어 시스템의 기호중 문짝수가 2개인 중앙 열기식문의 표시로 옳은 것은?

① 2CO ② 2S
③ 2SO ④ 2BO

가로 열기식 문은 S, 중앙 열기식 문은 CO로 한다.

정답 20 ① 21 ③ 22 ④ 23 ① 24 ①

▶ **도어머신**: 모터의 회전을 감속하고, 암이나 로프등을 구동시키고, 도어를 개폐시키는 것

25 다음은 도어머신 장치가 갖추어야 할 조건이다. 해당되지 않는 것은?

① 동작이 원활하고 조용하여야 한다.
② 카 위에 부착시키므로 소형이면서 무거워야 한다.
③ 동작횟수는 엘리베이터 기동횟수의 2배가 되므로 동작빈도에 따른 내구성이 좋아야 한다.
④ 가격이 저렴해야 한다.

카 위에 부착시키므로 소형이고 가벼워야 한다.

▶ **층계**: 층 사이를 밟고 오르내릴 수 있도록 만든 계단

26 케이지가 정지하고 있지 않은 층계의 승강장 문은 전용의 키를 사용해야만 열 수 있도록 한 장치는?

① 도어 스위치　　② 도어 록(lock)
③ 도어 클로저(closer)　　④ 도어 키(key)

- 도어 스위치(door switch): 문이 닫혀있지 않으면 운전이 불가능하도록 하는 장치
- 도어 록(door lock): 카가 정지하고 있지 않는 층계의 승강장 문은 전용 열쇠를 사용하지 않으면 열리지 않도록 하는 장치
- 도어 클로저(closer): 승장 도어가 열려 있을시 자동으로 닫히게 하는 장치. 스프링 방식과 중력방식이 있다.

▶ **전동기**: 모터를 말한다.

27 전동기의 회전을 감속시키고 암이나 로프 등을 구동시켜 승강기 문을 개폐시키는 장치는 무엇인가?

① 도어 록　　② 도어 머신
③ 도어 스위치　　④ 토글 스위치

- 도어 머신(door machine): 전동기의 회전을 감속시키고, 암이나 로프 등을 구동시켜 승강기 문을 개폐시키는 장치
- 토글 스위치: on, off에 의해서 회로를 개폐하는데 사용한다.

▶ **토글스위치**: 전기, 전자 장비의 조종반에 레버가 튀어나온 작은 스위치

정답 25 ② 26 ② 27 ②

28 도어 인터록 장치에 관한 설명 중 맞지 않는 것은?

① 승장 도어의 개방을 방지하는 장치이다.
② 승장 도어의 닫힘 상태를 판단, 제어반 신호를 준다.
③ 승장 도어의 닫힘을 방지하는 장치이다.
④ 도어 인터록 해제 키는 전용의 키로만 가능해야 한다.

- 도어 인터록(door interlock): 이 장치는 도어 록(door lock)과 도어 스위치(door switch)로 구성되어 있으며, 닫힘동작시는 도어록이 먼저 걸린 상태에서 도어 스위치가 들어가고, 열림 동작시는 도어 스위치가 끊어진 후에 도어록이 열리는 구조로 되어 있다.

29 다음 중 도어의 보호장치가 아닌 것은?

① 세이프티 슈(safety shoe) ② 세이프티 레이(safety ray)
③ 초음파 도어 센서 ④ 완충기

케이지가 어떤 원인으로 최하층을 통과하여 피트(pit)로 떨어졌을 때, 충격을 완화하기 위하여 완충기를 설치한다.

▶**세이프티 슈**: 접촉식으로 사람이 접촉되면 도어의 닫힘은 중단되고 열린다.

30 다음에서 도어 안전장치에 대한 설명으로 맞지 않는 것은?

① 세이프티 레이는 접촉식이다.
② 초음파 도어 센서는 유모차, 휠체어 등의 보호장치이다.
③ 도어 인터록의 해제는 전용키로 가능해야 한다.
④ 클로저는 사용 중이 아닐 때, 문을 자동적으로 닫게 하는 장치이다.

세이프티 레이(safety ray)
투광(投光)기와 수광(受光)기로 구성되며, 도어의 양단에 설치해 광선(beam)이 차단될 때 도어의 닫힘은 중단되고 열린다. 라이트 레이(light ray)라고도 한다.

▶**투광기**: 빛을 한 가닥으로 모아서 비추는 장치

▶**수광기**: 투광기에서 비춘 빛을 받는 장치

정답 28 ③ 29 ④ 30 ①

Chapter 03 엘리베이터 전기 설치 및 부품 교체

01 엘리베이터 전기 배선

1. 엘리베이터 전기 부품

1) 비상 전원 장치

정전시 비상 전원을 공급하여 카를 기준층으로 복귀시켜, 승객을 구출하기 위한 예비전원이다.

(1) 비상 전원 요건

60초 이내에 엘리베이터 운행에 필요한 전력량을 자동으로 발생시키고, 2시간 이상 운행시킬 수 있어야 한다.

(2) 비상 전원의 공급

소방 구조용 엘리베이터 전 대수를 동시에 운행시킬 수 있는 용량이어야 한다.

2) 비상 조명등

정전시 승객의 안정감을 위해 비상 전원을 이용, 조명등이 켜지게 되는 장치. 기능은 5lx 이상으로 1시간 동안 밝기를 유지할 수 있어야 한다.

3) 통화장치

(1) 통화장치의 용도

① 엘리베이터 고장시 점검 및 수리를 위하여
② 상용 전원의 정전 및 화재시 구출을 위하여
③ 카 및 승강로에 사람이 갇힌 경우 구출을 위하여

(2) 통화장치의 종류

비상 통화장치와 내부 통화 시스템(인터폰)이 있다.

(3) 비상 통화장치를 설치해야 하는 곳

① 경비실
② 전기실

▶**비상전원:** 비상시에 사용하는 전기

▶**비상전원장치:** 자가 발전기를 말한다.

▶**비상 조명등:** 자동 재충전 예비 전원 공급 장치가 있어야 한다.

▶**조도의 단위:** lx(럭스)

▶**상용 전원:** 전력 회사에서 보낸 전력

▶**통화 장치:** 배터리를 사용한다.

③ 중앙 관리실
④ 유지관리업체
⑤ 자체 점검자

02 전기 부품 교체

1. 전기 부품 교체

1) 예상되는 고장

① 전압강하
② 누전
③ 단선
④ 전압 부재
⑤ 저항, 트랜지스터, 램프 등과 같은 전기부품의 값 및 기능의 변화
⑥ 접속기 및 릴레이의 비정상적인 접점력
⑦ 접속기 및 릴레이 접점의 개로 및 폐로 불능
⑧ 역상 여부

▶ **전압 부재:** 전압이 나타나지 않는다.

▶ **접점력:** 릴레이의 가동 접점으로 인하여 고정 접점에 가해지는 힘

2) 전기 안전 일반사항

① 어느 하나가 작동하는 동안에는 구동기의 움직임을 방지하거나 구동기를 즉시 정지시켜야 한다.
② 안전 접점은 회로 차단 장치의 확실한 분리에 의해 작동되어야 한다.

▶ **구동기:** 어떤 동작을 하는 장치

2. 전기 회로도 결선 확인

1) 전기 설비의 절연저항

① 절연저항은 전기가 통하는 전도체와 접지 사이를 측정한다.
② 제어회로 및 안전회로는 전도체와 전도체 사이 또는 전도체와 접지 사이의 직류전압 평균값 및 교류전압 실효값은 250V 이하이어야 한다.
③ 절연저항은 아래의 표 값에 적합하여야 한다.

▶ **전도체:** 전기가 통하기 쉬운 재료

▶ **평균값:** 1주기 동안의 평균값

$$(평균값 = \frac{1주기 면적}{1주기})$$

▶ **실효값:** 교류와 동일한 일을 하는 직류의 크기로 바꿔 나타내는 값

공칭 회로 전압(V)	시험 전압/직류(V)	절연 저항(MΩ)
SEL V 및 PEL V	250	≥ 0.5
≤ 500V FEL V 포함	500	≥ 1.0
> 500	1,000	≥ 1.0

SEL V: 안전 초저압 (Safety Extra Low Voltage)
PEL V: 보호 초저압 (Protective Extra Low Voltage)
FEL V: 기능 초저압 (Functional Extra Low Voltage)

※ 초저압(Extra Low Voltage) : DC 120V 이하 AC 50V 이하를 말한다.
※ 안전 초저압 : 1차와 2차로 나누어 코일이 감긴 기기에 있어서, 1차와 2차 사이가 절연이 된 기기에 사용되는 초저압.
※ 보호 초저5압 : 1차와 2차로 나누어 코일이 감긴 기기에 있어서, 1차와 2차 사이가 절연이 되고 2차가 접지가 된 기기에 사용되는 초저압.
※ 기능 초저압 : 1차와 2차로 나누어 코일이 감긴 기기에 있어서, 1차와 2차 사이가 절연이 안되고, 2차가 접지도 안된 기기에 사용되는 초저압.

CBT대비 3회 출제예상문제

01 엘리베이터 비상 전원장치는 엘리베이터 운행에 필요한 전력량을 60초 이내에 발생시키되, 몇 시간 이상 운행시킬 수 있어야 하는가?

① 1시간 ② 2시간
③ 3시간 ④ 4시간

02 엘리베이터 비상 조명등은 5lx 이상으로 얼마 동안 밝기를 유지할 수 있어야 하는가?

① 1시간 ② 2시간
③ 3시간 ④ 4시간

▶ **럭스:** 조도의 단위

▶ **조도:** 빛의 밝기를 나타내는 정도

03 엘리베이터 비상 통화장치로 사용되는 것은?

① 인터폰 ② 핸드폰
③ 컴퓨터 ④ 무전기

04 비상통화 장치를 설치해야 하는 곳이 아닌 곳은?

① 경비실 ② 전기실
③ 중앙 관리실 ④ 동대표

 비상 통화장치를 설치 해야할 장소
① 경비실 ② 전기실 ③ 중앙 관리실
④ 유지관리업체 ⑤ 자체 점검자

05 380V인 경우 절연저항 값으로 맞는 것은?

① 0.5MΩ 이상 ② 0.7MΩ 이상
③ 0.8MΩ 이상 ④ 1.0MΩ 이상

▶ **절연저항:** 전기회로나 장비의 절연상태를 평가하는데 사용되는 저항값

▶ $1MΩ = 10^6 Ω$

▶ SELV: 안전 초저압
PELV: 보호 초저압
FELV: 기능 초저압

절연저항: • SELV 및 PELV : 0.5MΩ 이상
• FELV, 500V 이하 : 1.0MΩ 이상
• 500V 초과 : 1.0MΩ 이상

정답 1② 2② 3① 4④ 5④

Chapter 04 기계 전기 기초

01 승강기 주요 기계 요소별 구조와 원리

1. 링크 기구

강성의 막대를 서로 회전할 수 있도록 핀으로 연결시킨 기구를 말하는데, 링크 기구의 링크는 최소 4개가 있어야 한다.

1) 링크의 특징

① 경쾌한 운동과 마찰에 따른 동력손실이 적다.
② 복잡한 운동을 간단한 장치로 해결할 수 있다.
③ 전동이 확실하다.
④ 조합에 제한이 없고 제작이 용이하다.

▶ **4절 링크:** 서로 다른 4개의 링크(Link)를 핀으로 연결한 것

4절 링크

2. 운동기구와 캠

1) 캠(Cam)

회전 운동을 직선·왕복운동 등으로 변환하는 기구

▶ **캠:** 내연기관의 밸브기구, 광물분쇄기 등에 사용된다.

(1) 캠의 종류

① 입체 캠
  ⓐ 단면 캠
  ⓑ 경사판 캠
  ⓒ 원통 캠
  ⓓ 구형 캠
  ⓔ 원추 캠

② 평면 캠
  ⓐ 접선 캠

▶ **단면캠:**

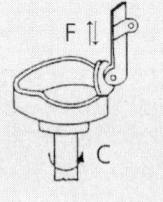

ⓑ 직동 캠
ⓒ 정면 캠
ⓓ 반대 캠
ⓔ 판자 캠

▶ 접선캠:

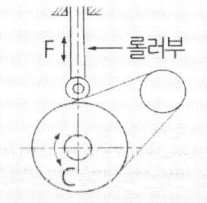

3. 도르래(활차) 장치

1) 단활차 : 도르래 1개만을 사용한다.

① 정활차 : 힘의 방향만 바꾼다. (P = W)
② 동활차 : 하중을 위로 올릴시 1/2의 힘으로 올릴 수 있다.
(W = 2P, P = 1/2W)

▶ 단활차
정활차(고정도르래): 힘의 방향만 변환시킨다.
동활차(이동도르래): 하중을 1/2의 힘으로 올릴 수 있다.

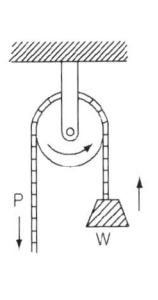
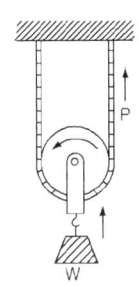

정활차   동활차

2) 복활차 : 정활차와 동활차를 사용하여 조합 활차를 만든 것으로서 작은 힘으로 몇 배의 하중도 올릴 수 있다.

$W = 2^n \times P$

여기서, W: 하중, P: 올리는 힘, n: 동활차의 수

▶ 복활차
정활차와 동활차의 조합

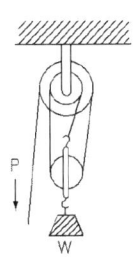 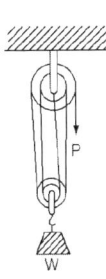 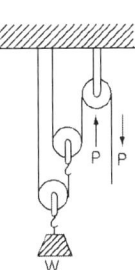 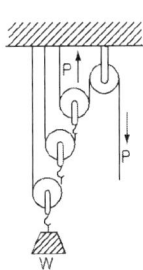

W=3P   W=4P $W = P \times 2^2$ $W = P \times 2^3$

4. 베어링

1) 베어링의 분류

(1) 하중에 의한 분류

① 스러스트(Thrust) 베어링

축방향 하중을 지지하도록 설계되었다.

② 레이디얼(Radial) 베어링

축과 직각 방향으로 작용하는 하중을 지지하는 베어링이다.

(2) 마찰 형태에 따른 분류

① 미끄럼 베어링

축과 축받이가 면 접촉을 하고 있고, 축의 회전과 함께 미끄럼이 발생하는 베어링. 속도가 느리고 가벼운 힘을 받는 곳에 사용된다.

② 구름 베어링

축과 베어링의 사이에 볼이나 롤러를 넣어, 구름 접촉을 하는 베어링.

(3) 미끄럼 베어링의 특징

① 진동과 소음이 작다
② 마찰 저항이 구름 베어링보다 크다
③ 가격이 저렴하다
④ 추력 하중을 받기 어렵다
⑤ 내 충격성이 작다
⑥ 고온에 비교적 강하다
⑦ 저속에 유리하다
⑧ 윤활 장치가 필요하다

(4) 구름 베어링의 특징

① 진동과 소음이 잘된다
② 마찰계수가 작다
③ 가격이 비싸다
④ 추력 하중을 용이하게 받는다
⑤ 내 충격성이 크다
⑥ 고온에 비교적 약하다
⑦ 고속에 유리하다
⑧ 그리스 윤활의 경우 윤활장치가 필요없다

▶**스러스트 베어링:** 마찰을 줄이기 위해 부품 사이를 회전하는 베어링으로, 수직 모터 등에 사용된다.

▶**레이디얼 베어링:** 자동차 엔진, 변속기, 감속기, 모터 등에 사용된다.

▶**미끄럼 베어링:** 대형 수차, 터빈 등에 사용된다.

▶**구름 베어링:** 각종 기계에 사용된다.

▶**추력:** 물체가 운동시 운동 방향으로 밀어붙이는 힘

▶**마찰계수:** 물체와 지면이 잘 미끄러지지 않는 정도

▶**내충격성:** 충격에 견디는 성질

5. 기어

1) 기어의 특징
① 전동 효율이 높다
② 큰 동력 전달이 된다
③ 회전비가 정확하다
④ 큰 감속이 가능하다
⑤ 소음과 진동이 발생한다
⑥ 충격 흡수에 약하다

▶ **전동**: 동력을 기계의 다른 부분 또는 다른 기계에 전달하는 일

2) 기어 이의 크기 표시방법

① 모듈 $m = \dfrac{\text{피치원의 지름[mm]}}{\text{잇수}} = \dfrac{D}{Z}$

② 원주 피치 $P = \dfrac{\text{피치원의 둘레}}{\text{잇수}} = \dfrac{\pi D}{Z} = \pi m$

▶ **모듈**: 이의 크기를 나타낸다.

▶ **피치원의 지름**: 기어의 지름을 말한다.

3) 기어의 회전비

$$i = \dfrac{N_2}{N_1} = \dfrac{Z_1}{Z_2} = \dfrac{D_1}{D_2}$$

여기서, N : 1쌍의 기어 회전수(rpm)
　　　　Z : 1쌍의 기어 잇수
　　　　D : 1쌍의 기어 피치원 지름(cm)

▶ **잇수**: 기어의 이빨 수

4) 두 기어의 중심거리

① 내접 기어인 경우(c)

$$\dfrac{D_1 - D_2}{2} = \dfrac{(Z_1 - Z_2)}{2} \times m$$

▶ **내접기어**: 원통의 내측에 이가 만들어져 있는 기어

② 외접 기어인 경우(c)

$$\dfrac{D_1 + D_2}{2} = \dfrac{(Z_1 + Z_2)}{2} \times m$$

여기서, Z : 잇수
　　　　m : 모듈
　　　　D : 피치원의 지름

02 승강기 동력원의 기초 전기

1. 정전기와 콘덴서

1) 정전용량

콘덴서가 전하를 축적할 수 있는 능력을 나타내는 상수

▶ **콘덴서:** 2개의 도체 사이에 전연물을 넣어서 정전용량을 가지게 한 소자

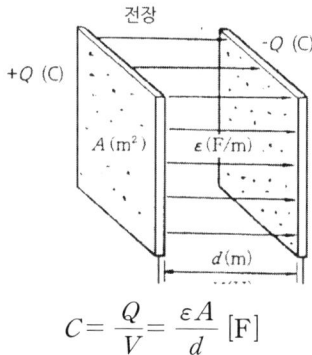

$$C = \frac{Q}{V} = \frac{\varepsilon A}{d} \,[\text{F}]$$

단, Q : 전하(전기량)[C], d : 극판의 간격[m], A : 극판의 면적[m²]
ε : 유전율[F/m], ε_0 : 진공(공기)의 유전율, ε_s : 비유전율
$\varepsilon = \varepsilon_0 \varepsilon_s \,(\text{F/m})$, $\varepsilon_0 = 8.855 \times 10^{-12} \,(\text{F/m})$
ε_s = 공기(진공), 진공의 비유전율은 약 1

▶ **전하:** 물질이 가지고 있는 전기양

2) 정전용량의 접속

① 직렬 접속

▶ **정전 용량의 단위:** 패럿 (Farad)

$$C = \frac{C_1 \cdot C_2}{C_1 + C_2}$$

▶ 유전율(ε) = 진공(공기)의 유전율(ε_0)×비유전율(ε_s)

▶ 유전율 = 절연율

② 병렬 접속

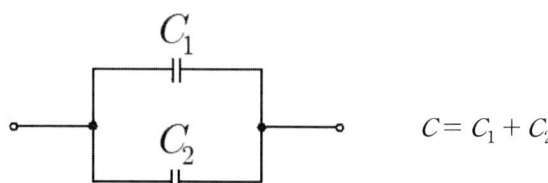

$$C = C_1 + C_2$$

3) 쿨롱의 법칙(Coulomb's law)

$$F = \frac{1}{4\pi\varepsilon} \cdot \frac{Q_1 Q_2}{r^2} = \frac{1}{4\pi\varepsilon_0} \cdot \frac{Q_1 Q_2}{\varepsilon_s r^2} = 9 \times 10^9 \frac{Q_1 Q_2}{\varepsilon_s r^2} \, [\text{N}]$$

단, $Q_1 Q_2$: 전하[C], ε : 유전율[F/m], r : 거리[m], F : 정전력[N]

4) 전장의 세기

전하 Q[C]로부터 r[m] 떨어진 점의 전장의 세기 E는

$$E = \frac{1}{4\pi\varepsilon} \cdot \frac{Q}{r^2} = \frac{1}{4\pi\varepsilon_0} \cdot \frac{Q}{\varepsilon_s r^2} = 9 \times 10^9 \frac{Q}{\varepsilon_s r^2} \, [\text{V/m}]$$

※ E[V/m]의 전장 중에 Q[C]의 전하를 놓으면 여기에 작용하는 힘 $F=QE$ [N]

▶ **전장** : 전기력선이 미치는 공간

5) 총 전기력선 수

$$N = \frac{Q}{\varepsilon} = \frac{Q}{\varepsilon_0 \varepsilon_s} \, (\text{개})$$

▶ **전기력선** : 전하에서 나오는 가상적인 선

6) 전속 밀도

전속의 단위면적당 세밀한(빽빽한) 정도를 말하며 단위는 (c/m²)이다.

$$D = \frac{Q}{4\pi r^2} (\text{c/m}^2), \; D = \varepsilon E = \varepsilon_0 \varepsilon_s E (\text{c/m}^2)$$

여기서, Q : 전하(c), r : 거리(m), E : 전장의 세기(V/m)

▶ 전속 = 전기력선의 다발(뭉치)

▶ 전속밀도 = 전하밀도

7) 전위의 계산

전하 Q(C)으로부터 r(m) 떨어진 점의 전위 V_0는

$$V_0 = \frac{Q}{4\pi\varepsilon r} = 9 \times 10^9 \frac{Q}{\varepsilon_s r} \, (\text{V})$$

▶ **전장** : 전기력선이 미치는 공간

▶ 전위 : 전기적인 위치 에너지(전기적인 압력)

8) 정전에너지(콘덴서에 전압을 가해 콘덴서 유전체에 축적된 에너지)

$$W = \frac{1}{2}QV = \frac{1}{2}CV^2 = \frac{Q^2}{2C} \, [\text{J}]$$

단, Q : 전하[C], V : 전압[V], C : 정전용량[F]

9) 단위체적 1m³당 저장되는 정전에너지(평행판 콘덴서 유전체 1m³당 축적된 에너지)

$$W_0 = \frac{1}{2}DE = \frac{1}{2}\varepsilon E^2 = \frac{D^2}{2\varepsilon} \;[\text{J/m}^3]$$

단, W_0 : 에너지 밀도[J/m³], E : 전계의 세기[V/m], D : 전속밀도[C/m³]
ε : 유전율[F/m], ε_0 : 진공의 유전율[F/m], ε_s : 비유전율

▶**전기력선**: 전하에서 발생한 힘을 가시화한 가상의 선

10) 전기력선의 성질

① 정(+)전하에서 시작하여 부(-)전하에서 끝난다.
② 전기력선의 접선 방향은 그 접점에서의 전계의 방향과 일치한다.
③ 단위 전하에서는 $1/\varepsilon_0$개의 전기력선이 출입한다.
④ 전기력선은 도체 표면(동전위면)에서 수직으로 출입한다.
⑤ 전하가 없는 곳에서는 전기력선의 발생, 소멸이 없고 연속적이다.
⑥ 그 자신만으로 폐곡선이 되지 않는다.
⑦ 전기력선은 서로 교차하지 않는다.

▶**접선**: 곡선 위의 한 점을 살짝 닿고 지나가는 선

▶**폐곡선**: 선이 중도에 열림이 없이 지속적으로 이어진 선

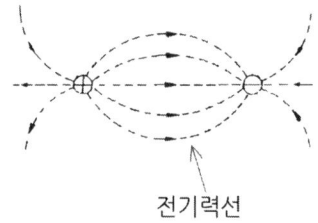

전기력선

11) 단위 면적당 정전 흡인력

$$F = \frac{1}{2}\varepsilon V^2 \;(\text{N/m}^2)$$

▶**단위 전하**: 1(C)의 전하

▶**단위면적**: 가로 1m, 세로 1m인 면적

▶**전계(전장)**: 전기력선이 미치는 공간

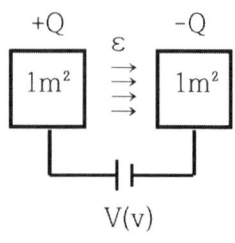

정전 흡인력

▶**정전 흡인력**: 단위 면적당 서로 잡아 당기는 힘. 단위는 (N/m²)

2. 직류 회로 및 교류 회로

1) 직류 회로

(1) 전류

① 전자의 흐름 또는 이동을 말한다.
② 어떤 도체를 t(sec) 동안에 Q(C)의 전기량이 이동하면 이때 흐르는 전류는

$$I = \frac{Q}{t} \text{ (A)}$$

▶전류의 단위: 암페어(A)

(2) 전압

① 전기적인 압력의 차
② 어떤 도체에 Q(C)의 전기량이 이동하여 W(J)의 일을 했을 때 전압(전위차)은

$$V = \frac{W}{Q} \text{ (V)}$$

▶전압의 단위: 볼트(V)

▶전하(Q): 물질이 가지고 있는 전기의 양. 단위는 쿨롱(C)

(3) 저항

전류의 흐름을 방해하는 정도를 나타내는 상수를 말한다.

▶저항의 단위: 오옴(Ω)

(4) 콘덕턴스(Conductance)

전류가 흐르기 쉬운 정도를 나타내는 상수를 말한다.

$$I = GV \text{ (A)}$$

여기서, G: 콘덕턴스(℧) V: 전압(V) I: 전류(A)

▶**콘덕턴스의 단위**: 모오(℧)

(5) 오옴의 법칙

도체에 흐르는 전류 I(A)는 전압 V(V)에 비례하고 저항 R(Ω)는 반비례한다.

$$I = \frac{V}{R} \text{ (A)}, \quad V = IR \text{ (V)}, \quad R = \frac{V}{I} \text{ (Ω)}$$

(6) 저항의 접속

① 직렬 접속

▶저항이 병렬로 연결되면 가해준 전압이 각 저항에 똑같이 걸린다

$$R_{ab} = R_1 + R_2 \text{ (Ω)}$$

▶ 브릿지 저항의 계산:

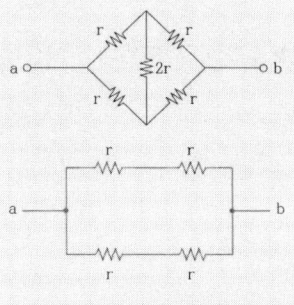

$$r_{ab} = \frac{2r \times 2r}{2r + 2r} = \frac{4r^2}{4r} = r$$

ab간의 합성저항 계산은 비례변끼리 곱하여, 값이 같으면 중심의 저항값은 없는 것으로 해, ab간을 계산한다.

▶ 직류(Direct current)

▶ 교류(Alternating current)

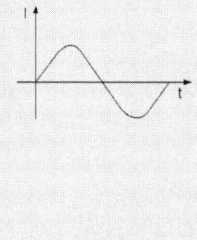

② 병렬 접속(2개의 저항)

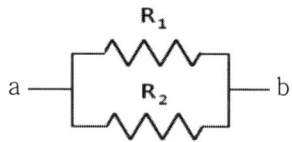

$$R_{ab} = \frac{1}{\frac{1}{R_1} + \frac{1}{R_2}} = \frac{R_1 \cdot R_2}{R_1 + R_2} \; (\Omega)$$

③ 병렬 접속(3개의 저항)

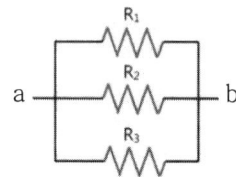

$$R_{ab} = \frac{1}{\frac{1}{R_1} + \frac{1}{R_2} + \frac{1}{R_3}} = \frac{R_1 \cdot R_2 \cdot R_3}{R_1 R_2 + R_2 R_3 + R_3 R_1} \; (\Omega)$$

(7) 직류

시간에 따라 크기와 방향이 일정한 전류

(8) 교류

시간에 따라 크기와 방향이 주기적으로 변화하는 전류

(9) 분류기

전류의 측정범위를 넓히기 위하여 전류계에 병렬로 접속하는 저항기

$$I = I_0 \left(1 + \frac{r_s}{R_s}\right)$$

R_s : 분류기 저항
r_s : 전류계 내부저항
I_0 : 전류계의 눈금
I : 측정하고자 하는 전류

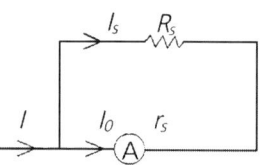

(10) 배율기

전압의 측정범위를 넓히기 위하여 전압계에 직렬로 접속하는 저항기

$$V = V_0\left(1 + \frac{R_\mathrm{m}}{r_\mathrm{a}}\right)$$

V : 측정하고자 하는 전압
V_o : 전압계의 눈금
r_a : 전압계 내부 저항
R_m : 배율기 저항

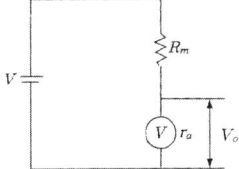

(11) 분로전로

$$I_1 = \frac{R_2}{R_1+R_2} \times I\,(\mathrm{A}) \qquad I_2 = \frac{R_1}{R_1+R_2} \times I\,(\mathrm{A})$$

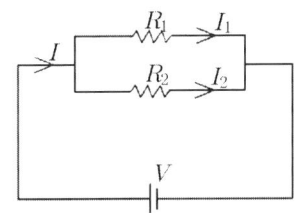

▶ **분로전류** : 병렬회로에서 두 방향으로 전류가 (나누어져) 흘러나간다

(12) 키르히호프의 법칙

① 제1법칙

회로망 중의 한 접속점에서 그 점에 들어 오는 전류의 총합과 나가는 전류의 총합은 같다.

$$\therefore \Sigma I = 0$$

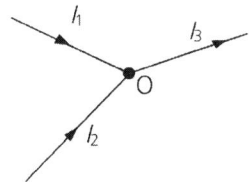

$I_1 + I_2 = I_3$ 이것은

$I_1 + I_2 - I_3 = 0, \quad \Sigma I = 0$

▶ 키르히호프의 제1법칙 = 전류 평형의 법칙

② 제2법칙

회로망에서 임의의 한 폐회로 중의 기전력의 대수합과 전압 강하의 대수합은 같다.

$$\therefore \Sigma E = \Sigma IR$$

▶ 키르히호프의 제2법칙 = 전압 평형의 법칙

▶ **대수합**: 덧셈과 뺄셈의 부호로 연결된 수식의 합

$$E_1 - E_2 = I_1R_1 - I_2R_2, \quad \Sigma E = \Sigma IR$$

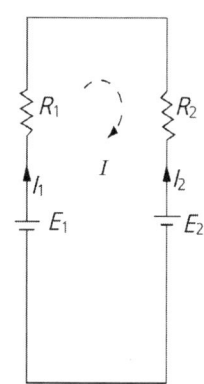

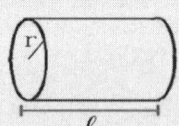

$$R = \rho\frac{\ell}{A} = \rho\frac{\ell}{\pi r^2} \ (\Omega)$$

▶ **부하**: 전기를 소비하는 장치
▶ **유효전력**: 단위는 와트(W)

(13) 전기 저항

길이 ℓ에 비례하고 단면적 A에 반비례한다.

$$R = \rho\frac{\ell}{A} \ (\Omega)$$

(14) 전력

① 부하가 1초 동안에 전기에너지를 소비하고 하는 일. 단위는 (W)이다.

② $P = VI = I^2R = \dfrac{V^2}{R}$ (W)

▶ 전력량 단위: $J = W \cdot S$

(15) 전력량

일정한 시간 동안 전기가 하는 일의 양을 말한다. 단위는 (J) 또는 (W.sec)로 표시하나 실용적으로는 (Wh), (kWh)를 사용한다.
전압 V(V)에서 전류 I(A)를 t(sec)동안 흘렸을 때의 전력량 W는

$$W = VIt = I^2Rt = Pt \ (J)$$

(16) 전지

▶ **분극 작용**: 성극 작용

▶ 분극 작용시의 감극제: 이산화망간으로 수소 발생을 막는다.

▶ 국부 작용시의 방전예방: 수은 도금

① **분극 작용**
  전지에 부하를 걸었을 때 양극에 수소가스가 나와 기전력이 감소되는 현상

② **국부 작용**
  전지의 전극(-극)에 사용하고 있는 아연판이 불순물에 의거 전지의 작용으로 자기 방전을 하는 현상

③ 전지의 직렬 접속

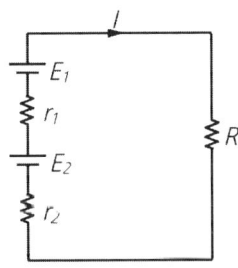

$$I = \frac{nE}{nr + R} \text{ (A)}$$

여기서, n : 전지의 연결 개수 E : 전지의 기전력 I : 전류 R : 부하저항

▶**축전지의 단위**: 암페어아워(Ah)

▶**기전력**: 전류를 흐르게 하는 원동력. 단위는 볼트(V)

(17) 주울의 법칙

저항 R(Ω)에 I(A)의 전류가 t(s)동안 흐를 때 발열량:

$$H = Pt = VIt = I^2 Rt \text{ (J)}$$

$$H = 0.24Pt = 0.24VIt = 0.24I^2 Rt \text{ (cal)}$$

▶1J = 0.24cal

▶**줄(Joule)**: 에너지 또는 일의 단위이다.

▶**1줄**: 1뉴턴의 힘으로 물체를 1m 이동하였을 때 한 일이나, 필요한 에너지

(18) 전기분해에 관한 패러데이의 법칙

① 전기분해에 의해서 석출되는 물질의 양은 전해액을 통과한 총 전기량에 비례한다.
② 전기량이 일정할 때 석출되는 물질의 양은 화학당량에 비례한다.

$$W = kQ = kIt \text{ (g)}$$

여기서, k : 전기화학당량(g/c) Q : 전기량(c) I : 전류(A) t : 시간(s)

▶**전기 화학 당량**: 1(C)의 전기량에 의해 석출되는 물질의 양

▶**전기분해**: 전해액에 전류가 흘러 화학 변화를 일으키는 현상

▶**전해액**: 전기를 전달하기 위해 사용되는 용액

2) 교류 회로

(1) 주기

1사이클의 변화에 요하는 시간

$$T = \frac{1}{f} \text{ (sec)}$$

▶**교류**: 시간에 따라 주기적으로 크기와 방향이 변하는 전류

(2) 주파수

1초 동안에 반복되는 사이클 수

▶**주파수의 단위**: 헤르츠(Hz)

▶ **각 주파수**: 각을 주파수로 표현한 것

▶ $w = 2\pi f = \dfrac{2\pi}{T}(\text{rad/sec})$

$f = \dfrac{w}{2\pi}(\text{Hz})$

$T = \dfrac{2\pi}{w}(\text{sec})$

▶ **공칭 전압**: 전부하시 송전단의 선간전압

▶ **사용전압**: 수전단의 선간전압

$\left(\text{사용전압} = \dfrac{\text{공칭전압}}{1.1}\right)$

▶ **위상**: 발전기에서 나온 하나의 에너지(전류, 전압) 파형

▶ **최대값**: 순시값 중에서 가장 큰 값

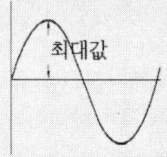

▶ **평균값**: 교류의 +, - 파형을 더한 후 2로 나눈값

(3) 각속도
① 어떤 물체가 1초 동안에 회전한 각도
② 1초 동안 1회전 하면 각속도 $w = 2\pi(\text{rad/sec})$이고, 1초 동안 n회전하면 $w = 2\pi n(\text{rad/sec})$이다.

(4) 각 주파수
1초 동안 1회전하면 1(Hz)이고, 1초 동안 n회전하면 f(Hz)이다. 그러므로 1초 동안 n회전한 각속도를 주파수로 나타내면 $w = 2\pi f(\text{rad/sec})$가 된다.

(5) 순시값
교류의 임의의 시간에 있어서 전압 또는 전류의 값

$$e = V_m \sin wt\,(\text{V})$$
$$i = I_m \sin wt\,(\text{A})$$

(6) 위상차
주파수가 동일한 2개 이상의 교류 사이의 시간적인 차이를 위상차라 한다.

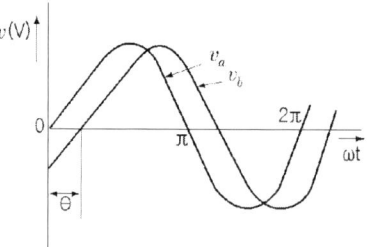

전압의 파형

$$v_a = V_m \sin \omega t\,(\text{V})$$
$$v_b = V_m \sin(\omega t - \theta)\,[\text{V}]$$

(7) 평균값
순시값의 반주기에 대한 평균한 값

$$V_{av} = \dfrac{2}{\pi} V_m = 0.637 V_m = 0.637 \times \sqrt{2}\ V\,(\text{V})$$

(8) 실효값

교류의 크기를 그것과 같은 일을 하는 직류의 크기로 바꿔놓은 값

$$V = \frac{V_m}{\sqrt{2}} \text{ (V)}$$

(9) 파형율

파의 기울기 정도 : 파형율 = $\frac{실효값}{평균값}$

▶ **구형파**: 파형율 1, 파고율 1

▶ **정현파**: 파형율 1.11, 파고율 1.414

(10) 파고율

파두의 날카로운 정도 : 파고율 = $\frac{최대값}{실효값}$

(11) 교류의 RLC회로

① **저항(R)만의 회로**

전압과 전류는 동상이다.

▶ **동상**: 전압과 전류의 위상차가 없다

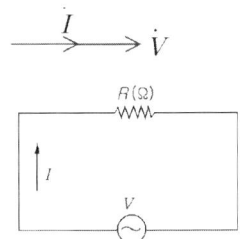

저항(R)만의 회로

② **인덕턴스(L)만의 회로**

전압이 전류보다 위상이 90° 앞선다.

▶ **인덕턴스**: 코일에 전류를 흘렸을 때 코일에서 나오는 자속의 능력 상수. 단위는 헨리(H)

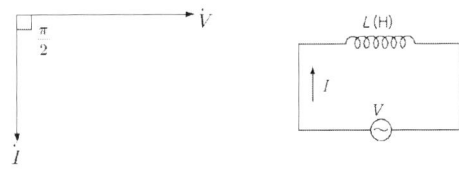

인덕턴스(L)만의 회로

▶ **유도 리액턴스**
$X_L = wL = 2\pi f L (\Omega)$

※ 유도 리액턴스(X_L): 코일의 유도작용에 의해 전류의 흐름을 방해하는 성분

▶ 용량 리액턴스
$X_C = \dfrac{1}{wC} = \dfrac{1}{2\pi fC} (\Omega)$

③ 정전용량(c)만의 회로

전압이 전류보다 위상이 90° 뒤진다.

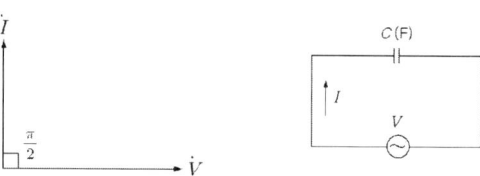

정전용량(c)만의 회로

※용량 리액턴스(X_C): 콘덴서의 충·방전 작용에 의해 전류의 흐름을 방해하는 성분

▶ RL임피던스(Z): R과 L 직렬에서 전류의 흐름을 방해하는 벡터적인 합성 저항 성분. 단위는 오옴(Ω)

④ RL직렬회로

ⓐ 임피던스 $Z = \sqrt{R^2 + X_L^2} = \sqrt{R^2 + (wL)^2}\ (\Omega)$

ⓑ V와 I의 위상차 $\theta = \tan^{-1}\dfrac{X_L}{R} = \tan^{-1}\dfrac{wL}{R}$ (rad)

ⓒ 역률 $\cos\theta = \dfrac{R}{Z} = \dfrac{R}{\sqrt{R^2 + X_L^2}}$

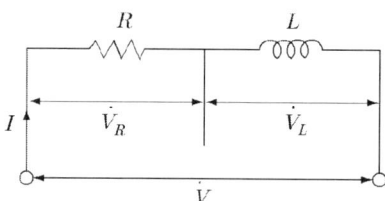

RL직렬회로

▶ RC임피던스(Z): R과 C 직렬에서 전류의 흐름의 방해하는 벡터적인 합성 저항 성분. 단위는 오옴(Ω)

⑤ RC직렬회로

ⓐ 임피던스 $Z = \sqrt{R^2 + X_C^2} = \sqrt{R^2 + (\dfrac{1}{wC})^2}\ (\Omega)$

ⓑ V와 I의 위상차 $\theta = \tan^{-1}\dfrac{X_C}{R} = \tan^{-1}\dfrac{\frac{1}{wC}}{R} = \tan^{-1}\dfrac{1}{wCR}$ (rad)

ⓒ $\cos\theta = \dfrac{R}{Z} = \dfrac{R}{\sqrt{R^2 + X_C^2}}$

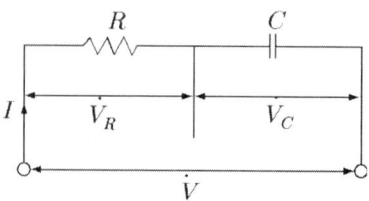

RC직렬회로

⑥ RLC직렬회로

　ⓐ 임피던스 $Z = \sqrt{R^2 + (X_L - X_C)^2}$ (Ω)
　　　　　　　$= \sqrt{R^2 + (wL - \dfrac{1}{wC})^2}$ (Ω)

　ⓑ V와 I의 위상차

$$\theta = \tan^{-1}\dfrac{X_L - X_C}{R} = \tan^{-1}\dfrac{wL - \dfrac{1}{wC}}{R} \text{ (rad)}$$

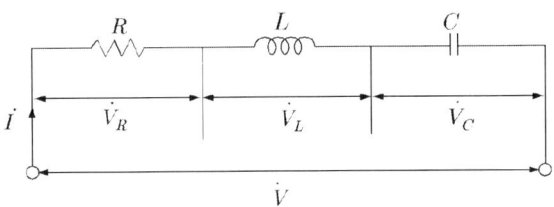

RLC직렬회로

　ⓒ 공진 조건

$$wL - \dfrac{1}{wC} = 0, \quad wL = \dfrac{1}{wC}, \quad w^2 LC = 1$$

　ⓓ 공진 주파수

$$f_0 = \dfrac{1}{2\pi\sqrt{LC}} \text{ (Hz)}$$

　ⓔ 리액턴스 성분의 주파수 특성

　　○ $wL > \dfrac{1}{wC}$: 유도성 회로

　　○ $wL < \dfrac{1}{wC}$: 용량성 회로

　　○ $wL = \dfrac{1}{wC}$: 공진 회로

(12) 기호법에 의한 교류회로 표시

① **허수**: 실수에 허수 $i(\sqrt{-1})$ 을 곱한 수를 말한다.
② **복소수**: 실수와 허수로 표시된 수
③ 복소수의 직각 좌표 표시

▶ **공진이 되면**: 회로에 흐르는 전류는 최대, 임피던스는 최소가 된다

▶ **어드미턴스**: $Y = \dfrac{1}{Z}$ (℧)

▶ **기호법**: 교류의 전압, 전류, 임피던스 등을 복소수를 사용하여 편리하게 계산하도록 한 방법

▶ 삼각함수

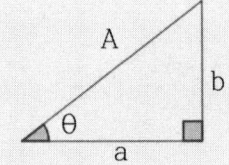

$\cos\theta = \dfrac{a}{A}$ 에서
$a = A\cos\theta$
$\sin\theta = \dfrac{b}{A}$ 에서
$b = A\sin\theta$

▶ 복소수 : 실수 + 허수

▶ $X_L = wL = 2\pi fL(\Omega)$

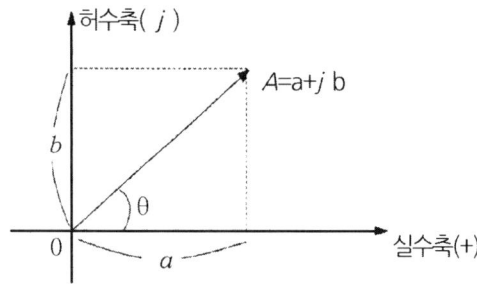

교류회로 표시

ⓐ 직각 좌표형
$A = a + jb (|A| = \sqrt{a^2 + b^2},\ \theta = \tan^{-1}\dfrac{b}{a})$

ⓑ 삼각 함수형
$A = |A|\cos\theta + j|A|\sin\theta = |A|(\cos\theta + j\sin\theta)$

ⓒ 극좌표형
$A = |A| \angle \theta$

④ 복소수의 계산

$$A_1 = a_1 + jb_1,\ A_2 = a_2 + jb_2\ \text{에서}$$

ⓐ 덧셈
$A = A_1 + A_2 = (a_1 + jb_1) + (a_2 + jb_2) = (a_1 + a_2) + j(b_1 + b_2)$

ⓑ 뺄셈
$A = A_1 - A_2 = (a_1 + jb_1) - (a_2 + jb_2) = (a_1 - a_2) + j(b_1 - b_2)$

ⓒ 곱셈
$A_1 = B_1 \angle \theta_1,\ A_2 = B_2 \angle \theta_2$ 에서
$A_1 \times A_2 = B_1 \angle \theta_1 \times B_2 \angle \theta_2 = B_1 B_2 \angle \theta_1 + \theta_2$

ⓓ 나눗셈
$A_1 = B_1 \angle \theta_1,\ A_2 = B_2 \angle \theta_2$ 에서
$\dfrac{A_1}{A_2} = \dfrac{B_1 \angle \theta_1}{B_2 \angle \theta_2} = \dfrac{B_1}{B_2} \angle \theta_1 - \theta_2$

⑤ RL직렬회로

$$Z = R + jX_L (\Omega)$$

⑥ RC직렬회로
$$Z = R - jX_C = R - j\frac{1}{wC} \,(\Omega)$$

⑦ RLC직렬회로
$$Z = R + jX_L - jX_C = R + j(wL - \frac{1}{wC})\,[\Omega]$$

▶ $X_C = \frac{1}{wC} = \frac{1}{2\pi fC}\,(\Omega)$

(13) 교류 전력

① 단상 교류전력

ⓐ 유효전력
$$P = VI\cos\theta \,(W)$$

여기서, V : 전압(V), I : 전류(A), $\cos\theta$: 역률

ⓑ 역률
$$\cos\theta = \frac{P}{VI}$$

ⓒ 피상전력
$$P_a = VI = \sqrt{P^2 + P_r^2}\,(VA)$$

여기서, P : 유효전력(W), P_r : 무효전력(Var)

▶ **피상전력(VI)** : 변압기나 콘덴서에서 부하에 공급하는 전력. 단위는 (VA)

▶ **역률** : 부하에 공급하는 피상 전력에 대하여 부하에 실제로 공급된 유효전력의 비

▶ **무효전력** : 부하에 공급된 피상전력에 대해 부하가 소비한 유효전력 이외의 전력

② 3상 교류전력

ⓐ 유효전력
$$P = \sqrt{3}\,V_\ell I_\ell \cos\theta \,(Var)$$

여기서, V_ℓ : 선간전압(V), I_ℓ : 선전류(A), $\cos\theta$: 역률

ⓑ 무효전력
$$P_r = \sqrt{3}\,V_\ell I_\ell \sin\theta \,(Var)$$

여기서, V_ℓ : 선간전압(V), I_ℓ : 선전류(A)

ⓒ 피상전력
$$P_a = \sqrt{P^2 + P_r^2}\,(VA)$$

여기서, P : 유효전력(W), P_r : 무효전력(Var)

▶ **유효전력 단위** : 와트(W)

▶ **무효전력 단위** : 바아(Var)

▶ **피상전력 단위** : 볼트 암페어(VA)

(14) 3상교류

3개의 교류 파형 V_a, V_b, V_c가 있을 때, 각 상간의 위상이 $\frac{2\pi}{3}$ (rad)만큼씩 차이가 나는 교류

$$V_a = \sqrt{2}\, V\sin wt\, [\text{V}]$$

$$V_b = \sqrt{2}\, V\sin(wt - \frac{2\pi}{3})\, [\text{V}]$$

$$V_c = \sqrt{2}\, V\sin(wt - \frac{4\pi}{3})\, [\text{V}]$$

▶ 3상 순시값의 합 및 벡터의 합은 0이다.

(15) 3상 교류의 결선법

① Y(성형)결선

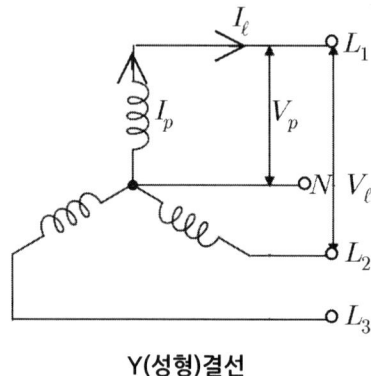

Y(성형)결선

여기서, V_ℓ: 선간전압(V), I_ℓ: 선전류(A), V_P: 상전압(V), I_P: 상전류(A)
※ V_ℓ은 V_P보다 $\frac{\pi}{6}$(rad) 앞선다.

▶ Y결선: $I_\ell = I_P$
$V_\ell = \sqrt{3}\, V_P$

② Δ(델타)결선

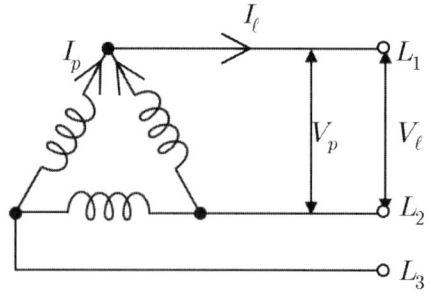

델타결선

여기서, V_ℓ: 선간전압(V), I_ℓ: 선전류(A), V_P: 상전압(V), I_P: 상전류(A)
※ I_ℓ은 I_P보다 $\frac{\pi}{6}$(rad) 뒤진다.

▶ △(델타)결선: $I_\ell = \sqrt{3}\, I_P$
$V_\ell = V_P$

▶ $\frac{\pi}{6}$(rad) : 30°

3. 자기 회로

(1) 자력선의 성질

① 자력선은 서로 교차하지 않는다.
② 자석의 N극에서 시작하여 S극에서 끝난다.
③ 자기장의 상태를 표시하는 선을 가상하여 자기장의 크기와 방향을 표시한다.
④ 자력선은 잡아당긴 고무줄과 같이 그 자신이 줄어들려고 하는 장력이 있으며 같은 방향으로 향하는 자력선은 서로 반발한다.

▶ **자력**: 자석이 금속을 끌어당기는 힘

▶ **자극**: 자석의 양 끝

▶ **자장(자계)**: 자력선이 미치는 공간

▶ **자화**: 쇠붙이를 자석으로 만드는 것

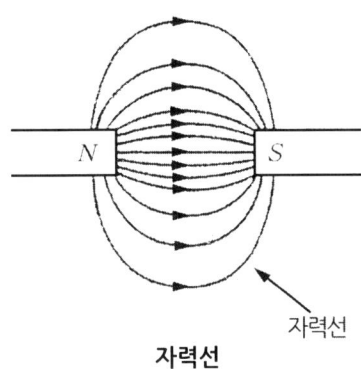

자력선

(2) 쿨롱의 법칙(Coulomb's law)

두 자극 사이에 작용하는 힘의 크기 F(N)은 두 자극의 세기 m_1, m_2(Wb)의 곱에 비례하고 두 자극 사이의 거리 r (m)의 제곱에 반비례한다.

$$F = \frac{1}{4\pi\mu} \frac{m_1 m_2}{r^2} = \frac{1}{4\pi\mu_0} \frac{m_1 m_2}{\mu_s r^2} = 6.33 \times 10^4 \times \frac{m_1 m_2}{\mu_s r^2} \text{ (N)}$$

여기서, μ : 투자율 ($\mu = \mu_0, \mu_s$(H/m))
μ_0 : 공기·진공의 투자율 ($\mu_0 = 4\pi \times 10^{-7}$(H/m))
μ_s : 매질의 비투자율 (공기·진공은 약1)

▶ **투자율**: 자력선이 얼마만큼 잘 뚫느냐를 나타낸다.

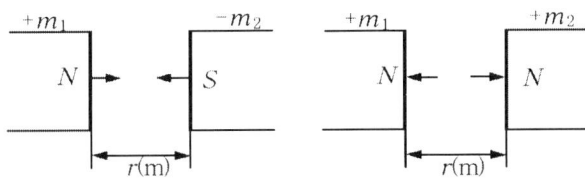

쿨롱의 법칙

(3) 자장의 세기

아래 그림과 같이 m_1(Wb)의 자극에서 r(m) 떨어진 점 P의 자장의 세기 H(AT/m)는

$$H = \frac{1}{4\pi\mu} \cdot \frac{m}{r^2} = \frac{1}{4\pi\mu_0} \cdot \frac{m}{\mu_s r^2} = 6.33 \times 10^4 \frac{m}{\mu_s r^2} \text{ (AT/m)}$$

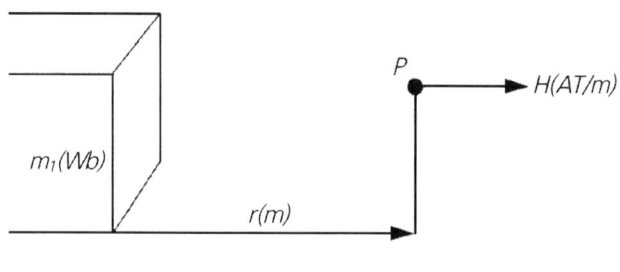

자장의 세기

※ 자장의 세기 H(AT/m)되는 자장안에 m(Wb)의 자극을 놓으면 작용하는 힘 F는

$$F = mH \text{ (N)}$$

▶ N: 힘의 단위 뉴튼

(4) 자기 모멘트

자극의 세기 m(Wb), 자축의 길이가 l(m)인 자석의 자기 모멘트 M은

$$M = ml \text{ (Wb·m)}$$

▶ **자기 모멘트**: 자석이 어떤 일을 할 수 있는 능력

(5) 막대 자석의 회전력(토크)

평등 자장중에 자극의 세기 m(Wb), 길이 l(m)인 막대 자석을 놓았을 때 막대 자석이 받는 토크는

$$T = MH\sin\theta = ml H\sin\theta \text{ (N·m)}$$

▶ **평등자장**: 자력선이 균일하게 형성된 형태

(6) 전류에 의한 자기 현상

① 직선 전류에 의한 자력선 방향

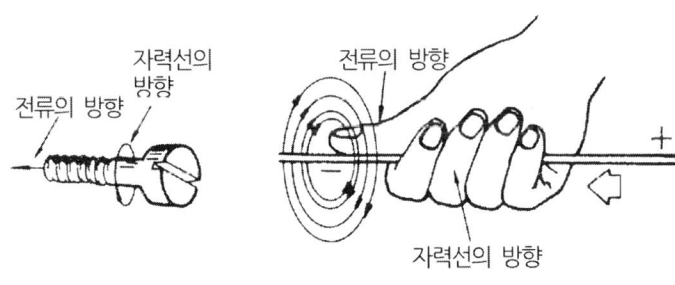

ⓐ 오른나사의 법칙   ⓑ 오른손 엄지손가락의 법칙

② 코일 전류에 의한 자력선 방향

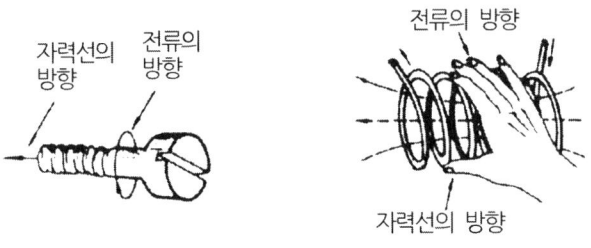

ⓐ 오른나사의 법칙   ⓑ 오른손 엄지손가락의 법칙

▶ **자력선**: 자장의 상태를 나타내기 위하여 표시한 가상의 선

(7) 비오·사바르의 법칙

전류에 의한 자장(자계)의 세기를 나타내는 법칙이다.

$$\Delta H = \frac{I \Delta l}{4\pi r^2} \sin\theta \, (\text{AT/m})$$

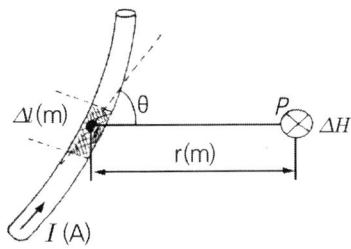

▶ **자장(자계)**: 자력선이 미치는 공간

(8) 원형 코일 중심의 자장 세기

$$H = \frac{I}{4\pi r^2}(\Delta \ell_1 + \Delta \ell_2 + \Delta \ell_3 + \cdots \Delta \ell_n)$$
$$= \frac{I}{4\pi r^2} \times 2\pi r = \frac{I}{2r} \text{ (AT/m)}$$

▶ 코일이 1개인 경우는
$H = \dfrac{I}{2r}$(AT/m) 이나,
2개 이상인 경우는
$H = \dfrac{IN}{2r}$(AT/m)

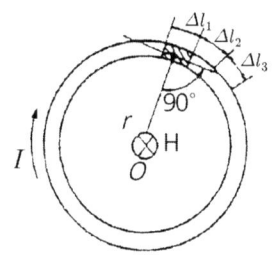

(9) 앙페르의 주회적분 법칙

"무한히 긴 직선 도체에 I(A)의 전류가 흐를 때 도선에서 r(m)떨어져있는 자력선의 총 길이 (ℓ)와 길이 전체 자장의 세기 곱(×)은 가해준 전류와 같다"라는 법칙

$$I = H\ell \text{ (A)}$$

▶ 도체가 1개인 경우는
$I = H\ell$(A) 이나,
2개 이상인 경우는
$IN = H\ell$(A)

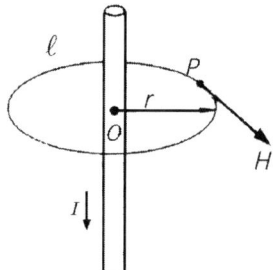

(10) 무한장 직선 전류에 의한 자장의 세기

무한히 긴 직선 도선에 I(A)의 전류가 흐를때 O점으로부터 r(m) 떨어진 점 P의 자장의 세기는

$$H = \frac{I}{2\pi r} \text{ (AT/m)}$$

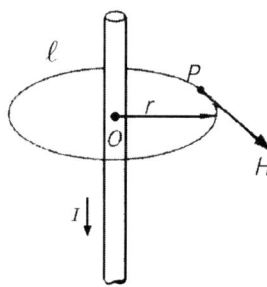

(11) 환상 솔레노이드 내부 자장의 세기

$$H = \frac{NI}{2\pi r} \text{(AT/m)}$$

> ▶ **환상 솔레노이드**: 코일을 원형으로 동일한 간격으로 감은 것
>
> ▶ 환상 솔레노이드 외부 자장의 세기: 0이다.

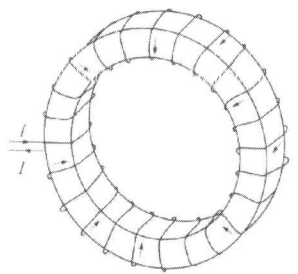 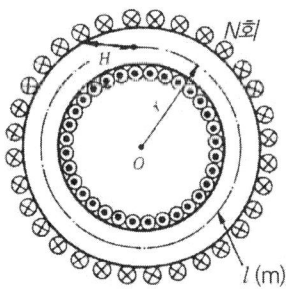

(12) 무한장 솔레노이드 내부 자장의 세기

$$H = N_0 I \text{(AT/m)}$$

여기서, N_0 : 1m당의 코일 감은 횟수

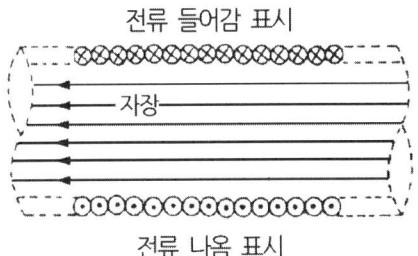

> ▶ **무한장 솔레노이드**: 끝도 없이 코일을 동일한 간격으로 감은 것
>
> ⊗ : 전류 들어감을 표시
> ⊙ : 전류가 나옴을 표시

(13) 자기 저항

$$R = \frac{\ell}{\mu A} = \frac{\ell}{\mu_0 \mu_s A} \text{ (AT/wb)}$$

여기서, μ : 투자율(H/m)
μ_0 : 공기(진공)의 투자율(H/m)
μ_s : 비투자율(공기,진공은 약1)
A : 단면적(m²)
ℓ : 자기회로의 길이(m)

> ▶ **자기저항**: 자속을 못 흐르게 하는 성분. 단위는(AT/wb)

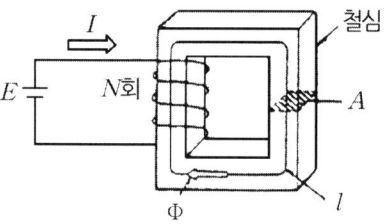

(14) 자속밀도

단위 면적을 통과하는 자속으로 정의한다. 단위는 (Wb/m^2)

$$B = \frac{\phi}{A} (Wb/m^2)$$

$$B = \mu H = \mu_0 \mu_S H (Wb/m^2)$$

여기서, B : 자속밀도 (Wb/m^2)
  ϕ : 자속 (Wb)
  A : 단면적 (m^2)
  H : 자장의 세기 (AT/m)

▶ **자속**: 자력선의 묶음

(15) 자극 m에서 나오는 총 자력선 수

$$N = \frac{m}{\mu} (개)$$

※ 공기중 자극 m에서 나오는 총 자력선 수는

$$N = \frac{m}{\mu_0 \mu_S} 에서 \frac{m}{\mu_0} (개) 이다.$$

▶ $\mu = \mu_0 \mu_s (H/m)$
  $\mu_0 = 4\pi \times 10^{-7}(H/m)$
  μ_s : 공기(진공)는 약 1

4. 전자력과 전자유도

1) 전자력

자장내에 있는 도체에 전류를 흘리면 힘이 작용하는데 그 힘을 전자력이라 한다

(1) 플레밍의 왼손 법칙

① 엄지: 힘의 방향
② 검지: 자장 방향
③ 중지: 전류 방향

▶ **플레밍의 왼손법칙**: 전동기의 회전 방향을 알고자 할 때 적용한다.

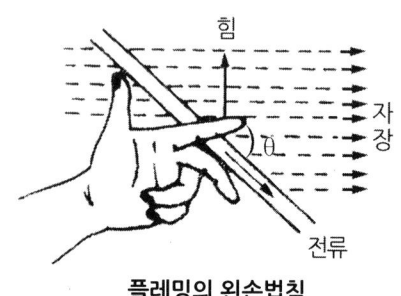

플레밍의 왼손법칙

(2) 전자력의 크기

자속밀도 $B(\text{Wb/m}^2)$의 평등자장속에 전류 $I(\text{A})$가 흐르는 도체를 놓았을 때 도체가 받는 힘 F는 $F = BIl\sin\theta\,(\text{N})$

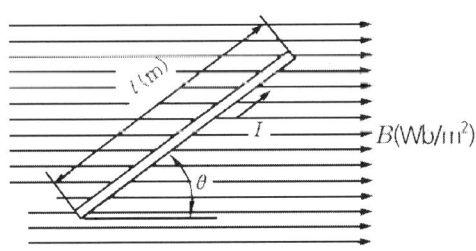

여기서, B : 자속밀도(Wb/m^2)
I : 도체에 흐르는 전류(A)
l : 자장 중에 놓여 있는 도체의 길이(m)
θ : 자장과 도체가 이루는 각

▶ **도체** : 전류가 잘 흐르는 물체

(3) 평행 도체 사이에 작용하는 힘

두 개의 도선이 평행으로 놓여 있고 여기에 전류가 흐르면 이들 도선 사이에는 전류의 방향에 따라 흡인 또는 반발하는 힘이 작용한다.

$$F = \frac{2I_1 I_2}{r} \times 10^{-7}\,(\text{N})$$

여기서, $I_1 I_2$: 도체에 흐르는 전류(A)
r : 두 도체간의 거리(m)

※ 전류가 동일 방향이면 흡인력이고 전류가 반대 방향이면 반발력이 작용한다.

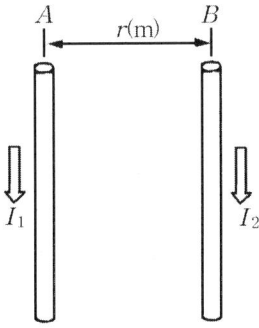

평행한 직선전류 사이에 작용하는 힘

▶**전자유도**: 코일 속을 통과하는 자속을 변화시킬 때 코일에 기전력이 발생되는 현상

2) 전자유도

(1) 렌츠의 법칙(Lenz's law)

"유도 기전력의 방향은 자속의 변화를 방해하려는 방향으로 발생한다"라는 법칙

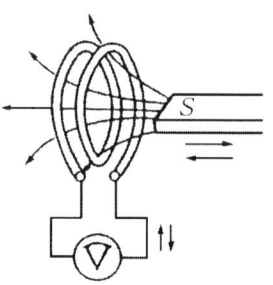

렌츠의 법칙

(2) 패러데이의 법칙(Faraday's law)

유도기전력의 크기는 코일을 지나는 자속의 매초 변화량과 코일의 권수에 비례한다.

$$e = -N\frac{d\phi}{dt} \text{ (V)}$$

여기서, dt : 시간의 변화량
$d\phi$: 자속의 변화량
N : 코일 권수

▶유도 기전력 = 유기 기전력

(3) 플레밍의 오른손 법칙

① 엄지: 도선의 운동방향
② 검지: 자장 방향
③ 중지: 유기 기전력 방향
※ 발전기의 유기 기전력 방향을 알고자 할 때 사용한다.

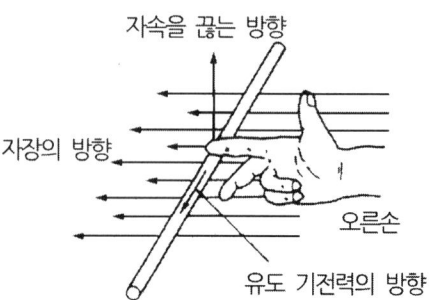

플레밍의 오른손 법칙

(4) 도체 운동에 의한 유기 기전력

그림과 같이 평등 자장내에서 도체가 자장과 θ의 각을 이루는 속도 v(m/s)로 이동할 때 유기기전력 e (V)는

$$e = Bv\ell \sin\theta \text{(V)}$$

여기서, B : 자속밀도(Wb/m²)
  ℓ : 도체의 길이(m)
  v : 도체의 이동속도(m/s)
  θ : 자장과 도체의 각도

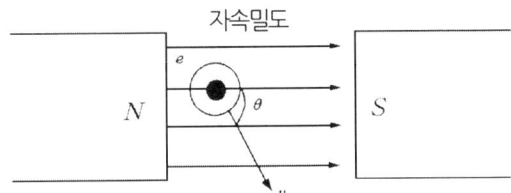

(5) 인덕턴스

① 환상코일의 자기 인덕턴스

$$L = \frac{\mu AN^2}{\ell} = \frac{\mu_0 \mu_s AN^2}{\ell} \text{(H)}$$

▶ 인덕턴스 단위 : 헨리(H)

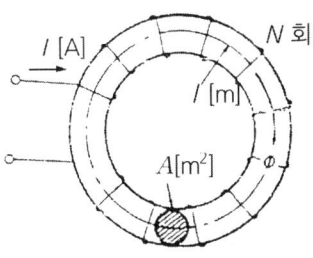

여기서, L : 자기(자체) 인덕턴스(H)
  μ : 투자율(H/m)
  A : 단면적(m²)
  N : 코일 권수
  ℓ : 평균 자로의 길이(m)

▶ **자기(자체)인덕턴스** : 전류가 코일에 흘러 만든 자속이, 그 코일을 얼마만큼 쇄교하는가를 나타내는 상수

▶ **상호유도**: 1차측의 전류 변화에 의한 2차측에 나타나는 유기 기전력의 크기를 나타내는 비례상수. 단위는 헨리(H)

▶ **결합계수**: 한쪽 코일의 자속이 다른 코일의 자속과 결합하는 비율

▶ **가동접속**: 1차 코일과 2차 코일의 감긴 방향이 동일

▶ **차동접속**: 1차 코일과 2차 코일의 감긴 방향이 반대

② 상호 인덕턴스

한 코일의 자속이 다른 코일과 결합하는 비율

$$M = k\sqrt{L_1 L_2} \ [\text{H}] \quad (\text{이상 결합시 } k=1)$$

여기서, M : 상호 인덕턴스(H)
　　　　k : 결합계수
　　　　$L_1 L_2$: 자기 인덕턴스(H)

③ 인덕턴스의 접속

ⓐ 가동접속

$$L_{ab} = L_1 + L_2 + 2M$$

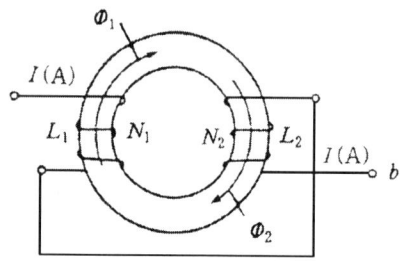

ⓑ 차동 접속

$$L_{ab} = L_1 + L_2 - 2M$$

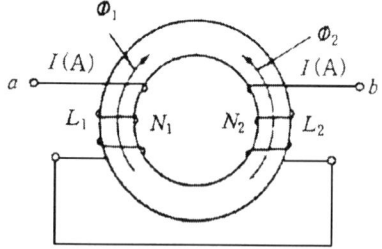

(6) 전자 에너지

① 코일에 축적되는 에너지

자기 인덕턴스가 $L(\text{H})$인 회로에 전류(I)가 흐르면 코일에는 $W = \dfrac{1}{2}LI^2(\text{J})$의 에너지가 축적된다.

② 단위 체적당 축적되는 에너지

$$W = \frac{1}{2}BH = \frac{1}{2}\mu H^2 = \frac{B^2}{2\mu} (\text{J/m}^3)$$

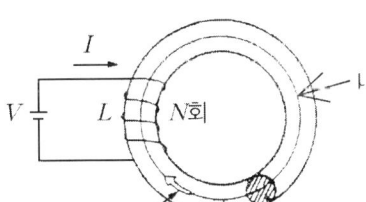

여기서, N : 코일 권수, μ : 투자율(H/m)
L : 인덕턴스(H), ϕ : 자속(Wb)
ℓ : 자기 회로의 길이(m)
A : 단면적(m^2), I : 전류(A)

5. 전기 보호 기기

1) 계전기의 종류

(1) 과전류 계전기(OCR)

일정한 값 이상의 전류가 흘렀을 때 동작한다.

▶ OCR : over current relay

(2) 과전압 계전기(OVR)

일정한 값 이상의 전압이 걸렸을 때 동작한다.

▶ OVR : over voltage relay

(3) 부족 전압 계전기(UVR)

일정한 값 이하로 전압이 떨어졌을 때 동작한다.

▶ UVR : under voltage relay

(4) 거리 계전기(ZR)

계전기 설치 위치로부터 고장점까지의 전기적 거리에 비례하여 한시로 동작한다.

▶ ZR : distance relay

(5) 지락 과전류 계전기(OCGR)

지락사고 발생시 설정한 전류값이 되면 동작한다.

▶ OCGR : over current ground relay

(6) 지락 과전압 계전기(OVGR)

지락사고 발생시 설정한 전압값이 되면 동작한다.

▶ OVGR : over voltage ground relay

(7) 모선 보호 차동 계전기(PDR)

기기 내부 고장을 기기 전·후단의 전류값 차이가 일정치 이상이 되면 동작한다.

▶ PDR : percentage differential relay

▶ 에너지 : 활동을 위해 필요한 능력, 힘을 의미한다.

▶ 체적(부피) : 넓이와 높이를 가진 물건이 공간에서 차지하는 크기

(8) 발전기용 차동 계전기(PDR)

  기기 내부 고장을 기기 전·후단의 전류값 차이가 일정치 이상이 되면 동작한다.

(9) 주 변압기 차동 계전기(PDR)

  기기 내부 고장을 기기 전·후단의 전류값 차이가 일정치 이상이 되면 동작한다.

03 승강기 구동 기계 기구 작동 및 원리

▶**전동기**: 전기적 입력을 기계적 출력으로 변화시키는 회전기기

1. 전동기의 종류 및 특성

1) 직류 전동기

(1) 분권 전동기

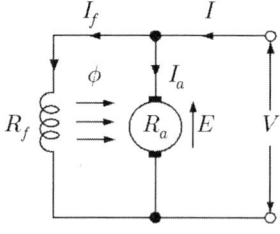

① 토크 $\tau = 9.55 \dfrac{P}{N}$ (N·m)

  $= 0.975 \dfrac{P}{N}$ (kg·m)

여기서, N: 속도(rpm)
  P: 출력(W)

▶ 1kg·m = 9.8N·m

▶ 토크(τ) = 회전력

② 속도 $N = k \dfrac{V - I_a R_a}{\phi}$ (rpm)

여기서, V: 단자전압 (V)
  I_a: 전기자 전류 (A)
  R_a: 전기자 저항 (Ω)
  ϕ: 자속 (Wb)
  k: 상수

▶ $V = E + I_a R_a$ (V)

▶ **분권 전동기의 용도**: 공작기계, 압연기 등

(2) 직권 전동기

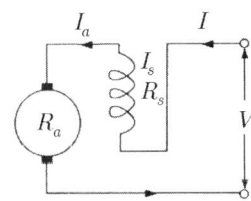

① 속도 $N = k \dfrac{V - I_a(R_a + R_s)}{\phi}$

여기서, V : 단자전압(V)
I : 부하전류(A)
R_a : 전기자 저항(Ω)
R_s : 계자저항(Ω)
ϕ : 자속(Wb)
k : 상수

▶ $V = E + I_a(R_a + R_s)[\text{V}]$

▶ **직권 전동기의 용도**: 전철, 크레인 등

(3) 부하 전류에 따른 회전수 특징

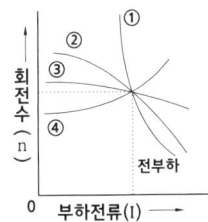

① 직권 전동기
② 가동 복권 전동기
③ 분권 전동기
④ 차동 복권 전동기

▶ **부하 전류**: 부하가 증가하면 부하 전류는 증가한다.

(4) 직류 전동기의 속도제어

① 전압 제어

단자 전압을 조정하여 제어하는 방법으로 정 토크 제어라고도 한다.

② 계자 제어

계자 자속을 조정하여 속도를 제어한다. 정출력 제어라고도 한다.

③ 저항제어

회전자(전기자)쪽의 저항을 조정하여 속도를 제어한다.

▶ $N = k \dfrac{V - I_a R_a}{\phi}$ (rpm)

▶ **정출력**: 출력이 일정한 것

2) 3상(교류)유도 전동기

(1) 농형 유도 전동기

① 기동 방법
ⓐ 전전압 기동(직입 기동)
5kw 이하에 적용된다.
ⓑ Y-Δ 기동
기동은 Y로 운전은 Δ로 한다. 5~15kw 이하에 적용된다.
ⓒ 리액터 기동
전동기 전원측에 전동기 기동시 직렬로 삽입한 리액터에서 발생하는 전압 강하를 이용하여 기동시킨다.
ⓓ 기동 보상기 기동
기동시 단권 변압기 중간 탭에 전동기를 접속하여 감압된 전압을 공급해 기동한다.

② 속도제어 방법
ⓐ 주파수 제어
ⓑ 극수 변환제어
ⓒ 전원 전압제어

③ 슬립
$$S = \frac{동기속도 - 회전자속도}{동기속도} = \frac{N_S - N}{N_S}$$

ⓐ 정지상태: S = 1
ⓑ 동기속도일 때: S = 0 (N_s = N)
ⓒ 슬립의 범위(부하 상태일 때): 0 < S < 1

④ 제동법
ⓐ 발전제동
회전 운동을 하고 있는 전동기를 전원에서 분리하고 발전기로 동작시켜 운동에너지를 전기적인 에너지로 변환해 제동하는 방법
ⓑ 역전제동
전동기 전원 2단자 접속을 바꾸어 역토크를 생기게 해, 제동하는 방법
ⓒ 회생제동
발전기로 동작시켜 그 발생 전력을 전원에 반환하면서 제동하는 방법

▶ **리액터**: 철심위에 코일을 동일 간격으로 감아 놓고 전류의 변화에 대하여 큰 저항을 나타나게 한 전기기기

▶ **회전자 속도**:
$N = N_S(1-S)$
$= \frac{120f}{P}(1-S)\,[\text{rpm}]$

▶ **전원 전압제어**:
토크$(\tau) \propto V^2$

▶ **동기속도**:
$N_S = \frac{120f}{P}\,(\text{rpm})$

▶ **슬립**: 회전자와 회전 자장의 차이

▶ **발전제동**: 운동에너지를 전기에너지로 변환하여 제동하는 방식(역토크 이용)

▶ **역전제동**: 급속 정지하고자 할때의 제동 방식이다.

(2) 권선형 유도 전동기

① 비례추이 원리를 이용하여 속도를 제어할 수 있다.
② 2차 저항을 증가시키면 슬립은 비례하여 증가한다. 또한 기동 토크(최대 토크는 일정)는 증가하며, 기동전류 및 속도는 감소한다.

▶비례추이 할 수 있는 것: 1차, 2차 전류, 역률, 동기와트

▶비례추이 할 수 없는 것: 출력, 2차 동손, 효율

04 승강기 제어 및 제어시스템의 원리 및 구성

1. 제어의 개념

어떤 대상에 대하여 원하는 목적에 적합하도록 소요의 조작을 가하는 것을 제어라 한다.

1) 자동 제어의 종류

(1) 시퀀스 제어

미리 정해진 순서에 따라 제어의 단계를 순서대로 진행시키는 제어

▶**시퀀스 제어**: 교통 신호등

(2) 되먹임 제어

폐회로를 형성해 출력 신호를 입력 신호로 되돌아 오도록 하게 하여, 되먹임에 의한 목표값에 따라 제어하는 것

▶**되먹임 제어**: 입력과 출력을 비교하는 장치가 있어야 한다.

2. 제어계의 요소 및 구성

1) 제어계의 요소

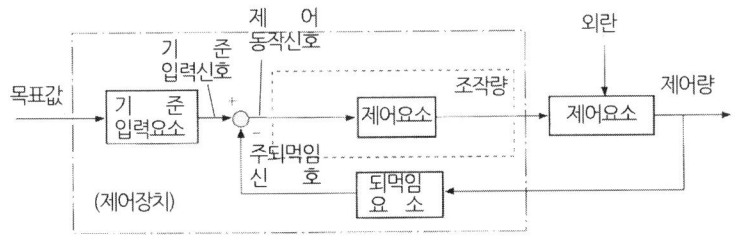

▶**외란**: 기준 입력신호 이외의 것

① **제어요소**
동작신호를 조작량으로 변환하는 요소
② **조작량**
제어량을 조정하기 위하여 제어대상에 주는 양

▶**제어요소**: 조절부와 조작부로 되어있다.

▶**조작부**: 조절부로부터 받은 신호를 조작량으로 바꾸는 부분

▶**되먹임 요소**: 검출부라고도 한다.

▶**검출부**: 제어량을 검출하고, 기준 입력신호와 비교시키는 부분

▶**조절부**: 기준 입력과 검출부 출력과의 차가 되는 신호를 받아서 제어계가 정해진 행동을 하는데 필요한 신호를 만들어 조작부에 보내는 부분

③ 제어대상
제어량을 발생시키는 부분

④ 되먹임 요소
제어량을 주 되먹임량으로 변환하는 요소이다. 검출부라고도 한다.

⑤ 주 되먹임 신호
기준 입력신호와 제어량을 비교하기 위하여, 기준 입력신호와 제어량과 일정한 관계를 가지고 되먹임되는 신호를 말한다.

3. 시퀀스 제어

미리 정해진 순서에 따라 제어의 각 단계를 점차로 진행해 나가는 제어(예: 교통 신호등, 자동 판매기, 세탁기 등)

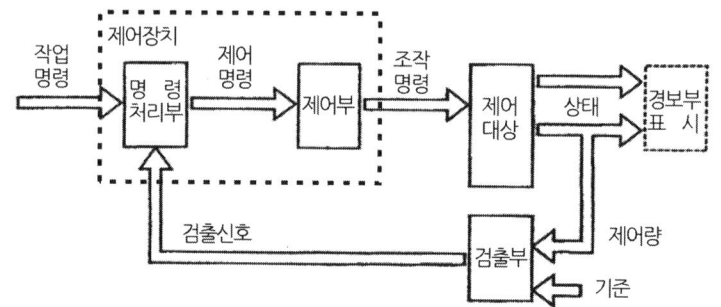

1) 부울 대수

임의의 회로에서 원하는 기능을 수행하기 위한 가장 최적의 방법을 결정하기 위한 방법

(1) 부울 대수의 정리

① $A+0=A \quad A \cdot 0=0$

② $A+1=1 \quad A \cdot 1=A$

③ $A+A=A \quad A \cdot A=A$

④ $A+\overline{A}=1 \quad A \cdot \overline{A}=0$

⑤ $A+B=B+A \quad AB=BA$ **(교환 법칙)**

⑥ $A+(B+C)=(A+B)+C \quad A(BC)=(AB)C$ **(결합 법칙)**

⑦ $A+AB=A \quad A+\overline{A}B=A+B$ **(흡수 법칙)**

▶**부울(Boole, G)**: 영국의 수학자, 디지털 논리회로의 기초가 되는 부울 대수학의 원리를 개발하였다.

▶**부울 대수**: 0과 1을 사용해 두 개의 값으로만 표현하고 연산하는 대수학으로 2진 변수와 논리동작을 취급하는 함수

(2) 드 모르간의 정리

$$\overline{(A+B)} = \overline{A} \cdot \overline{B} \quad \overline{(A \cdot B)} = \overline{A} + \overline{B}$$

4. 전자회로 및 반도체

1) 반도체 소자

① PN접합 다이오드

정류용 다이오드라 하는데 주로 실리콘 다이오드가 사용된다.

▶ **반도체**: 실리콘(Si), 게르마늄(Ge), 셀렌(Se)

② 제너 다이오드

정전압 전원 회로에 사용된다

▶ **N형 불순물 반도체**: 반도체에 5가 불순물 원자(As,Sb,P,Pb)를 도핑하여 만든다

③ 발광 다이오드(LED)

접합부에 전류가 흐르면 빛을 내는 금속간 화합물 접합 다이오드이다. 소자의 종류에 따라 다른 색깔의 빛을 얻을 수 있다.

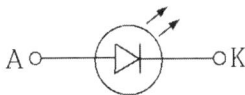

▶ **P형 불순물 반도체**: 반도체에 3가지 불순물 원자(B, Al, Ga, In)를 도핑하여 만든다

④ 더어미스터

주로 온도 보상용으로 사용된다.

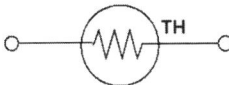

▶ **온도보상장치**: 동일한 조건에서 온도 변화에 대한 측정값이 결과값의 편차를 보상하여 주는 장치

⑤ SCR

단 방향 대전류 스위칭 소자로서 제어를 할 수 있는 정류 소자이다. 소전력용부터 대전력용까지 각종 제어 정류 소자로서 많이 사용되고 있다.

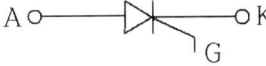

▶ **정류소자**: 교류를 직류로 변환하는 소자

⑥ **TRIAC**
양 방향성 스위칭 소자로서 SCR 2개를 역병렬로 접속한 것과 같다. 직류와 교류로 사용할 수 있다.

T_1 ○─────┤◁▷├─────○ T_2
                │G

⑦ **바리스터**
주로 서어지 전압에 대한 회로 보호용으로 사용된다.

⑧ **GTO**
게이트에 흐르는 전류를 점호할 때의 전류와 반대 방향으로 흐르게 하여 임의로 GTO를 소호시킬 수 있는 소자이다.

A ○─────┤▷├─────○ K
              $+G$

▶ **서지 전압**: 짧은 시간내에 심한 파형의 변화를 일으키는 전압

▶ **소호**: 스스로 off를 한다
▶ **점호**: 동작을 on시킴

CBT대비 4회 출제예상문제

01 크랭크 · 레버 · 슬라이더로 구성된 링크(link) 기구는 몇 개의 절로 구성되어야 하는가?

① 4절　② 5절　③ 6절　④ 7절

> 링크(link) : 강성의 막대를 서로 회전할 수 있도록 핀으로 연결시킨 기구를 링크장치라 한다. 링크장치의 링크는 최소한 4개가 있어야 한다.

02 캠은 다음 어느 경우에 가장 많이 사용하는가?

① 회전운동을 직선운동으로 할 때
② 왕복운동을 직선운동으로 할 때
③ 상하운동을 직선운동으로 할 때
④ 요동운동을 직선운동으로 할 때

> 캠은 회전운동을 직선 · 왕복 · 진동 운동으로 변환하는 기구로 2개를 조합하여 사용할 수 있다. 캠은 내연기관의 밸브기구, 광물분쇄기 등에 사용한다.

03 다음에서 설명하는 것 중 옳은 것은?

① 크랭크는 절이 회전하는 것이다.
② 레버는 절이 요동하는 것이다.
③ 슬라이더는 절이 왕복하는 것이다.
④ 레버는 절이 왕복하는 것이다.

04 다음에서 가장 많이 사용되는 캠은?

① 경사캠　② 판캠　③ 원통캠　④ 원뿔캠

05 다음 중 입체캠이 아닌 것은?

① 구면캠　② 원통캠　③ 단면캠　④ 반대캠

▶ **링크** : 기계에 전달된 동력을 여러 모양의 일개에 의해서 운동 부분으로 전달되어, 필요한 일을 히는데 이 동력을 운반하는 요소

▶ **레버** : 무거운 물건을 움직이는 데 사용되는 막대기

정답 1① 2① 3④ 4② 5④

① 평면캠의 종류 :
ⓐ 판캠 ⓑ 직동캠 ⓒ 정면캠 ⓓ 반대캠(역캠)
② 입체캠의 종류 :
ⓐ 원통캠 ⓑ 원추캠 ⓒ 구면캠 ⓓ 단면캠 ⓔ 경사판캠

▶**활차(도르래)**: 홈이 파인 바퀴에 밧줄이나 사슬을 걸어 물건을 움직이는 장치

06 다음 그림과 같은 활차장치의 설명으로 맞는 것은?

① 힘의 방향만 변환시키고, 크기는 P = W 이다.
② 힘의 방향만 변환시키고, 크기는 P = $\frac{W}{2}$ 이다.
③ 힘의 방향만 변환시키고, 크기는 P = $\frac{W}{3}$ 이다.
④ 힘의 방향만 변환시키고, 크기는 P = $\frac{W}{4}$ 이다.

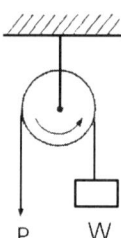

 단활차는 힘의 방향만 변환시킨다.

07 그림과 같은 활차장치의 설명으로 맞는 것은? (단, 그 활차의 직경은 같다.)

① 힘의 크기는 W = 2p이고, W의 속도는 P 속도의 $\frac{1}{2}$이다.
② 힘의 크기는 W = 2p이고, W의 속도는 P 속도의 $\frac{1}{4}$이다.
③ 힘의 크기는 W = p이고, W의 속도는 P 속도의 $\frac{1}{2}$이다.
④ 힘의 크기는 W = p이고, W의 속도는 P 속도의 $\frac{1}{4}$이다.

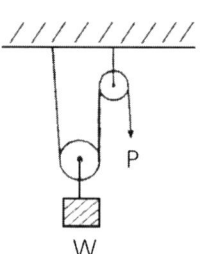

정답 6 ① 7 ①

동활차이다. 그러므로 하중을 위로 올릴 경우 $\frac{1}{2}$의 힘으로 올릴 수 있다. 또 W = 2P

08 동활차 3개와 정활차 1개로 구성된 복합활차를 이용하여 2,000kg의 하중을 들어 올릴 경우 얼마의 힘이 필요한가?

① 350kg   ② 300kg   ③ 250kg   ④ 200kg

 $P = \frac{1}{2^n} \times W = \frac{1}{2^3} \times 2,000 = 250$

▶ **복합 활차**: 여러 개의 정활차와 동활차의 합

09 정활차와 동활차 n개로 구성된 복합 활차의 하중 W와 올리는 힘 P와의 관계가 맞는 것은?

① $P = 2 \times W$ ② $P = \frac{1}{2} \times W$ ③ $P = 3 \times W$ ④ $P = \frac{1}{2^n} \times W$

 $W = 2^n \times P$, $P = \frac{1}{2^n} \times W$

▶ **동활차**: 움직이는 도르래
▶ **정활차**: 움직이지 않는 도르래

10 회전축에서 베어링과 접촉하고 있는 부분을 무엇이라고 하는가?

① 저널   ② 체인   ③ 베어링   ④ 핀

▶ **저널**: 축의 일부분으로 베어링에 의해 지지되는 축부

11 가장 널리 쓰이는 베어링 메탈(bearing metal)은?

① 화이트 메탈(white metal)   ② 합성수지
③ 목재   ④ 구리

 베어링 메탈로는 화이트 메탈이 가장 널리 사용된다. 메탈에는 주석계, 납계, 아연계 화이트 메탈이 있다.

12 이가 완전히 물렸을 때 한쪽 이와 상대기어의 이와의 간격을 무엇이라 하는가?

① 이뿌리면   ② 이사이
③ 백래시(Back lash)   ④ 지름피치

정답 8 ③ 9 ④ 10 ① 11 ① 12 ③

▶ **모듈**: 이의 크기를 나타내는 단위. 피치원의 지름을 잇수로 나눈 값

13 잇수 32, 피치원의 지름 320mm인 기어의 모듈은?

① 8   ② 9   ③ 10   ④ 11

$M = \dfrac{D}{Z} = \dfrac{320}{32} = 10$

14 다음은 기어의 특징이다. 맞지 않는 것은?

① 동력 전달이 확실하다.   ② 충격에 강하다.
③ 강도가 크다.   ④ 높은 정밀도를 얻을 수 있다.

기어는 충격에 약하다.

▶ **정전용량**: 전하의 형태로 전기에너지를 저장하는 능력의 크기. 단위는 F(Farad).

▶ $1F = 10^6 \mu F$

15 정전용량이 $10\mu F$인 콘덴서 2개를 병렬로 했을 때의 합성용량은 직렬로 했을 때의 합성용량의 몇 배인가?

① $\dfrac{1}{2}$ ② 1   ③ 2   ④ 4

직렬 합성용량: $C_0 = \dfrac{C}{2} = \dfrac{10}{2} = 5\mu F$

병렬 합성용량: $C_s = 2C = 2 \times 10 = 20\mu F$

∴ $\dfrac{C_s}{C_0} = \dfrac{20}{5} = 4$배

▶ **정전용량**: 콘덴서가 전기에너지를 채울 수 있는 능력상수. 단위는 패럿(F)

16 콘덴서를 그림과 같이 접속했을 때 C_x의 정전용량은? (단, $C_1 = 2\mu F$, $C_2 = 3\mu F$, ab간의 합성 정전용량은 $C_0 = 3.4\mu F$이다)

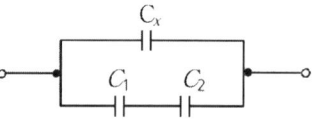

① $1.8\mu F$ ② $2.0\mu F$ ③ $2.2\mu F$ ④ $2.4\mu F$

$C_0 = \dfrac{C_1 \cdot C_2}{C_1 + C_2}$

정답 13 ③ 14 ② 15 ④ 16 ③

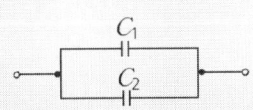

$C_0 = C_1 + C_2$

따라서,

$C_0 = C_x + \dfrac{C_1 C_2}{C_1 + C_2}$ 에서 $3.4 = C_x + \dfrac{2 \times 3}{2+3}$

$\therefore\ C_x = 3.4 - 1.2 = 2.2$

17 평행 평판의 정전용량은 간격을 d, 평행판의 면적을 S라 하면 콘덴서의 정전 용량식은? (단, ε는 유전율이다.)

① $C = \varepsilon S d$ ② $C = \dfrac{d}{\varepsilon S}$ ③ $C = \dfrac{S}{\varepsilon d}$ ④ $C = \dfrac{\varepsilon S}{d}$

▶ **콘덴서** : 전하(전기에너지)를 모으는 장치

18 1μF의 콘덴서에 100V의 전압을 가할 때 충전 전기량(C)는?

① 10^{-4} ② 10^{-5} ③ 10^{-6} ④ 10^{-7}

  $Q = CV = 1 \times 10^{-6} \times 100 = 10^{-4} \text{C}$

※ $1C = 10^6 \mu C$

▶ 전하량 = 전기량

19 100V/m의 전장에 어떤 전하를 놓으면 0.1N의 힘이 작용한다고 한다. 이때 전하의 양은 몇 C인가?

① 10 ② 1 ③ 0.1 ④ 0.001

  $F = QE(\text{N})$에서 $Q = \dfrac{F}{E} = \dfrac{0.1}{100} = 0.001\text{C}$

▶ **전장** : 전기력선이 미치는 공간

20 Q(C)의 전하에서 나오는 전기력선의 총수는?

① εQ ② $\dfrac{\varepsilon}{Q}$ ③ $\dfrac{Q}{\varepsilon}$ ④ Q

  $N = \dfrac{Q}{\varepsilon} = \dfrac{Q}{\varepsilon_0 \varepsilon_s}$

▶ **전기력선** : 전하 주위의 전기장을 시각적으로 나타낸 것

정답 17 ④ 18 ① 19 ④ 20 ③

21 어떤 콘덴서에 전압 $V=20V$를 가할 때 전하 $Q=800\mu C$ 축적되었다면 이때 축적되는 에너지를 구하면?

① 0.8J　　② 0.15J　　③ 0.008J　　④ 0.016J

$W = \dfrac{1}{2}VQ = \dfrac{1}{2} \times 20 \times 800 \times 10^{-6} = 0.008J$

※ $1C = 10^6 \mu C$

▶ **정전력**: 전하와 전하간에 작용하는 힘의 크기
▶ $1C = 10^6 \mu C$

22 진공 중 30cm의 거리에 2μC와 5μC의 정전하가 있을 때 이에 사용하는 정전력은 몇 N인가?

① 2　　② 0.2　　③ 1　　④ 0.1

$F = 9 \times 10^9 \dfrac{Q_1 Q_2}{r^2}(N)$　　$F = 9 \times 10^9 \dfrac{2 \times 10^{-6} \times 5 \times 10^{-6}}{(30 \times 10^{-2})^2} = 1(N)$

23 $C(F)$의 콘덴서에 100V의 직류전압을 가하였더니 축적된 에너지가 100J이었다면 콘덴서는 몇 F인가?

① 0.01　　② 0.02　　③ 0.03　　④ 0.05

$W = \dfrac{1}{2}CV^2(J)$ 에서
$C = \dfrac{2W}{V^2} = \dfrac{2 \times 100}{100^2} = 0.02(F)$

▶ **전위차**: 전압차와 같은 의미이다.

24 1C의 전기량이 2점 사이를 이동하여 24J의 일을 하였다면 이 2점 사이의 전위차는 몇 V인가?

① 12　　② 16　　③ 20　　④ 24

$V = \dfrac{W}{Q} = \dfrac{24}{1} = 24(V)$

▶ **합성저항**: 합한 저항을 말한다.

25 2Ω의 저항 3개, 5Ω의 저항 3개가 있다. 모두 직렬로 연결하면 합성저항(Ω)은?

① 20　　② 21　　③ 23　　④ 25

정답 21 ③　22 ③　23 ②　24 ④　25 ②

$R = (2 \times 3) + (5 \times 3) = 21 \Omega$

26 일정전압의 직류전원에 저항을 접속하고 전류를 흘릴 때 이 전류값을 20% 증가시키기 위한 저항값은 몇 배로 하여야 하는가?

① 약 0.76　② 약 0.83　③ 약 0.92　④ 약 1.04

$R_0 = \dfrac{1}{1.2} R \fallingdotseq 0.83R$

27 전압 1.5V, 내부저항 0.2Ω의 전지 5개를 직렬로 접속하면 전 전압은 몇 V인가?

① 4.3　② 5.6　③ 6.2　④ 7.5

$E_0 = nE = 5 \times 1.5 = 7.5 \text{V}$

28 20Ω의 저항에 1.2A의 전류를 흐르게 하려면 몇 V의 전압이 필요한가?

① 18　② 20　③ 22　④ 24

▶ **전압**: 전기적인 압력

$V = IR = 1.2 \times 20 = 24 \text{V}$

29 어느 도체의 단면을 1시간에 18000C의 전기량이 지났다면 전류의 크기(A)는 얼마인가?

① 3　② 5　③ 8　④ 10

$I = \dfrac{Q}{t} = \dfrac{18000}{1 \times 60 \times 60} = 5 \text{ A}$

30 전지를 직렬로 연결하면 어떻게 되는가?

① 출력 전압의 증가　② 전류 용량의 증가
③ 저항 용량의 증가　④ 소요되는 충전 전압의 감소

정답　26 ②　27 ④　28 ④　29 ②　30 ①

▶**축전지**: 전기에너지를 저장하는 장치

 병렬로 연결하면 전압은 불변, 용량은 축전지 개수만큼의 배수가 된다. 그런데 직렬 연결시의 용량은 1개일 때와 같다.

▶**배율기**: 전압계의 측정 범위를 확대하기 위하여 저항을 전압계에 직렬로 연결한 저항기기

31 전압계 및 전류계의 측정 범위를 넓히기 위하여 사용하는 배율기와 분류기의 접속 방법은?

① 배율기는 전압계와 병렬접속, 분류기는 전류계와 직렬접속
② 배율기는 전압계와 직렬접속, 분류기는 전류계와 병렬접속
③ 배율기 및 분류기 모두 전압계와 전류계에 직렬접속
④ 배율기 및 분류기 모두 전압계와 전류계에 병렬접속

▶**분류기**: 전류계의 측정 범위를 확대하기 위하여, 저항을 전류계에 병렬로 연결한 저항기기

32 100[V]의 전압계가 있다. 이 전압계를 써서 200[V]의 저압을 측정하려면 최소 몇 [Ω]의 저항을 외부에 접속해야 하는가?(단, 전압계의 내부저항은 5,000[Ω]이다.)

① 10,000　　② 5,000
③ 2,500　　　④ 1,000

 $V = V_0(1 + \dfrac{R_m}{r_a})$[V] 에서 $200 = 100(1 + \dfrac{R_m}{5,000})$
∴ $R_m = 5,000[\Omega]$

33 다음 회로에서 2Ω에 흐르는 전류(A)는?

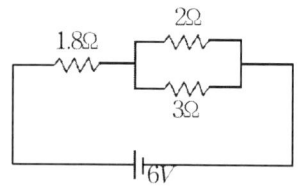

① 1.2　　② 1.8　　③ 2.0　　④ 2.2

 합성저항 $R = 1.8 + \dfrac{2 \times 3}{2+3} = 3\Omega$

전전류 $I = \dfrac{6}{3} = 2A$

2Ω에 저항에 흐르는 전류
$I_2 = \dfrac{3}{2+3} \times 2 = 1.2A$

정답 31 ②　32 ②　33 ①

34 200V의 전원에 접속하여 1kW의 전력을 소비하는 저항을 100V의 전원에 접속하면 소비되는 전력(W)은?

① 900   ② 750   ③ 500   ④ 250

$P = \dfrac{V^2}{R}$ (W)에서

$R = \dfrac{V^2}{P} = \dfrac{200^2}{100} = 40\,\Omega$

$P_0 = \dfrac{V^2}{R} = \dfrac{100^2}{40} = 250\,\text{W}$

▶ **피상전력**: 발전소에서 보내는 총 전력으로 단위는 VA

▶ **유효전력**: 저항에서 소비되는 전력으로 단위는 W

▶ **무효전력**: 부하에서 소비되지 않는 전력으로 단위는 Var

▶ **줄의 법칙**: 저항R(Ω)에 전류 I(A)가 흐르면 발열량
▶ $H = Pt(\text{J}) = 0.24Pt(\text{cal})$

35 5분 동안에 18000J의 일을 하였다. 이때 소비한 전력 W은 얼마인가?

① 60   ② 150   ③ 300   ④ 450

$P = \dfrac{W}{t}$ (W)에서 $P = \dfrac{18000}{5 \times 60} = 60\,\text{V}$

36 500Ω의 저항에 1A의 전류가 1분 동안 흐를 때에 발생하는 열량은 몇 cal인가?

① 2700   ② 5600   ③ 6200   ④ 7200

$H = 0.24 I^2 R t$ (cal) 에서
$H = 0.24 \times 1^2 \times 500 \times 1 \times 60 = 7200\,\text{cal}$

37 은 전량계에 1시간 동안 전류를 통과시켜 8.054g의 은이 석출되면 이때 흐른 전류의 세기는 약 얼마인가?(단, 은의 전기 화학 당량 k=0.001118g/c이다)

① 2A   ② 3A   ③ 4A   ④ 5A

$W = KQ = KIt$ (g) 에서
$I = \dfrac{W}{Kt} = \dfrac{8.054}{0.001118 \times 1 \times 60 \times 60} \fallingdotseq 2\text{A}$

▶ **전기화학 당량**: 전해 반응 시 1쿨롱의 전기량에서 전극으로 석출하는 원자 또는 원자단의 질량

정답 34 ④ 35 ① 36 ④ 37 ①

▶ **평균값**: 순시값의 반주기에 대하여 평균한 값

▶ **실효값**: 직류의 크기와 같은 일을 하는 교류 크기의 값

38 교류전류의 평균값과 실효값(I)의 관계로 옳은 것은?(단, I_m은 최대값이다)

① $I_{av} = \dfrac{\pi}{2} I_m$, $I = \dfrac{1}{\sqrt{2}} I_m$ ② $I_{av} = \dfrac{2}{\pi} I_m$, $I = \sqrt{2} I_m$

③ $I_{av} = \dfrac{2}{\pi} I_m$, $I = \dfrac{1}{\sqrt{2}} I_m$ ④ $I_{av} = \dfrac{\pi}{2} I_m$, $I = \sqrt{3} I_m$

39 최대값이 100(V)인 정현파 교류의 평균값(V)은?

① 63.7(V) ② $100\sqrt{2}$(V) ③ 200(V) ④ $200\sqrt{2}$(V)

$V_{av} = 0.637 V_m = 0.637 \times 100 = 63.7$(V)

▶ **RLC직렬 공진회로**:
$wL = \dfrac{1}{wC}$ 인 경우가 공진회로가 된다. 이때 회로에 흐르는 전류는 최대, 임피던스는 최소가 된다. 또한 그때 공진 주파수 $fr = \dfrac{1}{2\pi\sqrt{LC}}$ (Hz)

40 RLC 직렬 공진회로에서 공진 주파수는?

① $\dfrac{1}{\sqrt{LC}}$ ② $\dfrac{2}{\sqrt{LC}}$ ③ $\dfrac{2\pi}{\sqrt{LC}}$ ④ $\dfrac{1}{2\pi\sqrt{LC}}$

41 (VA)는 무엇의 단위인가?

① 피상전력 ② 무효전력 ③ 유효전력 ④ 효율

• 피상전력 : VA • 무효전력 : Var • 유효전력 : W

▶ **위상**: 발전기에서 출력된 하나의 에너지(sin) 파형

42 $e_1 = E_m \sin(\omega t + 60°)$와 $e_2 = E_m \cos(\omega t - 90°)$와의 위상차는?

① 30° ② 60° ③ 90° ④ 150°

$e_2 = E_m \cos(\omega t - 90°)$
$= E_m \sin(\omega t - 90° + 90°) = E_m \sin \omega t$[V]
그러므로 $\theta = 60° - 0° = 60°$

▶ **역률**: 피상 전력에 대한 유효 전력의 비

43 $R = 3\,\Omega$, $X = 4\,\Omega$의 병렬회로의 역률은?

① 0.4 ② 0.6 ③ 0.8 ④ 1.2

정답 38 ③ 39 ① 40 ④ 41 ① 42 ② 43 ③

$$\cos\theta = \frac{X}{\sqrt{R^2+X^2}} = \frac{4}{\sqrt{3^2+4^2}} = 0.8$$

44 8Ω의 저항과 6Ω의 리액턴스가 직렬로 된 회로의 역률은?

① 0.4 ② 0.6 ③ 0.8 ④ 1.2

$\cos\theta = \dfrac{R}{Z}$ 에서

$$\cos\theta = \frac{R}{\sqrt{R^2+X^2}} = \frac{8}{\sqrt{8^2+6^2}} = 0.8$$

45 임피던스의 역수는?

① 인덕턴스 ② 어드미턴스 ③ 콘덕턴스 ④ 리액턴스

▶ **임피던스**: 교류에서 전류가 흐를때의 전류의 흐름을 방해하는 RLC의 벡터적인 합

46 저항 R과 유도 리액턴스 X_L을 직렬 접속할 때 임피던스는 얼마인가?

① $R+X_L$
② $\sqrt{R+X_L}$
③ $R^2+X_L^2$
④ $\sqrt{R^2+X_L^2}$

저항 R과 유도 리액턴스 X_L이 직렬일 때 임피던스는
$$Z=\sqrt{R^2+X_L^2}\,(\Omega)$$

▶ **유도 리액턴스**: 코일이 갖는 저항(코일의 유도 작용에 의한 리액턴스)

▶ **리액턴스**: 교류에서 저항 이외에 전류의 흐름을 방해하는 작용을 하는 성분

47 R-L-C 직렬회로에서 전압과 전류가 동위상이 되기 위한 조건은?

① $\omega L^2 C^2 = 1$ ② $\omega^2 LC = 1$ ③ $\omega LC = 1$ ④ $\omega^2 = LC$

동위상이 되기 위한 조건은 $\omega L = \dfrac{1}{\omega C}$ 이다.
그러므로 $\omega^2 LC = 1$

48 대칭 3상 교류 전압에 있어서 각 상간의 위상차 rad는?

① $\dfrac{\pi}{6}$ ② $\dfrac{\pi}{4}$ ③ $\dfrac{\pi}{2}$ ④ $\dfrac{2\pi}{3}$

▶ **대칭 3상 교류**: 3상 기전력의 크기와 주파수가 같고, 각각의 위상차가 $\dfrac{2\pi}{3}$(rad)이다.

정답 44 ③ 45 ② 46 ④ 47 ② 48 ④

① 대칭 3상 기전력의 순시값의 합 및 백터의 합은 0이다.
② 대칭 3상 교류란 기전력의 크기가 같고 서로 120°의 위상차를 갖는 3상 교류를 말한다.

49 2전력계 법으로 3상 전력을 측정할 때 지시가 $P_1 = 200W$, $P_2 = 200W$이면 부하전력은 몇 W인가?

① 200   ② 300   ③ 400   ④ 500

$P = P_1 + P_2 = 200 + 200 = 400W$

▶ **전동기** : 전기에너지를 기계적인 에너지로 바꾸어, 회전운동을 일으켜 동력을 얻는 기기

50 전원의 전압 100V에 소형 전동기를 접속하였더니 2.5A의 전류가 흘렀다. 이때의 역률이 75%이었다. 전동기의 소비전력은?

① 250W   ② 225.5Q   ③ 187.5W   ④ 140W

$P = VI\cos\theta = 100 \times 2.5 \times 0.75 = 187.5W$

51 $e = 141.4\sin100\pi t$ (V)의 교류전압이 있다. 이 교류의 실효값을 구하면?

① 60V   ② 70V   ③ 100V   ④ 141.4V

$e = E_m \sin\omega t$ (V)
여기서, E_m은 최대값을 나타낸다.
따라서, $E = \dfrac{E_m}{\sqrt{2}} = \dfrac{141.4}{\sqrt{2}} = 100V$

52 일반적으로 교류 전압계의 지시는?

① 최대값   ② 순시값   ③ 평균값   ④ 실효값

▶ **순시값** : 교류 파형에 있어 순간 순간 전압이 얼마인지 변하고 있는 모든 값을 표현하는 방식

실효값 : 교류의 크기를 그것과 같은 일을 하는 직류의 크기로 바꿔놓은 값

정답 49 ③ 50 ③ 51 ③ 52 ④

53 역률 80%의 부하의 유효전력이 80kW이면 무효전력 P_r은 몇 KVar인가?

① 50　　② 60　　③ 70　　④ 80

$P = VI\cos\theta(W)$에서 $VI = \dfrac{P}{\cos\theta} = \dfrac{80}{0.8} = 100(KVA)$

$P_r = VI\sin\theta = 100 \times 0.6 = 60(KVar)$

54 피상전력이 400kVA, 유효전력 300kW일 때 역률은?

① 0.56　　② 0.67　　③ 0.75　　④ 0.85

$\cos\theta = \dfrac{P}{VI} = \dfrac{300}{400} = 0.75$

55 $Z = 3 + j4$의 절대값 Z은?

① 7　　② 5　　③ 3　　④ 1

$|Z| = \sqrt{3^2 + 4^2} = 5$

▶ **절대값**: 수직선 위에서 한 수가 원점(0)에서 떨어진 거리

56 $e = 141\sin\left(120\pi t - \dfrac{\pi}{3}\right)$인 파형의 주파수는 몇 Hz인가?

① 120Hz　② 60Hz　③ 30Hz　④ 20Hz

$f = \dfrac{1}{T} = \dfrac{1}{\frac{2\pi}{\omega}} = \dfrac{\omega}{2\pi}$

그러므로 $\omega = 2\pi f(\text{rad/s})$에서 $f = \dfrac{\omega}{2\pi} = \dfrac{120\pi}{2\pi} = 60Hz$

※ $f = \dfrac{\omega}{2\pi}(Hz)$, $T = \dfrac{2\pi}{\omega}(\sec)$

57 어떤 평형 3상 부하에 220V의 3상을 가하니 전류는 8.6A였다. 역률 0.8일 때 전력 W은?

① 2583　② 2872　③ 2962　④ 3241

▶ **평형 3상 부하**: 3상 전원에 걸리는 부하가 동일한 것

정답　53 ②　54 ③　55 ②　56 ②　57 ①

$P = \sqrt{3}\,VI\cos\theta = \sqrt{3} \times 220 \times 8.6 \times 0.8 ≒ 2583\text{W}$

58 두 자극 $m_1 = 4 \times 10^{-3}$(Wb), $m_2 = 6 \times 10^{-3}$(Wb), $r = 5$(cm)이면 자극 m_1, m_2 사이에 작용하는 힘은 얼마인가?

① 2.24N ② 3.08N ③ 5.52N ④ 6.08N

$F = 6.33 \times 10^4 \dfrac{m_1 m_2}{r^2}$ (N) 에서

$F = 6.33 \times 10^4 \dfrac{4 \times 10^{-3} \times 6 \times 10^{-3}}{(5 \times 10^{-2})^2} ≒ 6.08\text{N}$

59 비오 · 사바르의 법칙 (Bio-savart's law)은 어떤 관계를 나타내는가?

① 전류와 자장의 세기 ② 기자력과 전속
③ 전위와 자장의 세기 ④ 기자력과 자장

▶ **기자력**: 자속을 흐르게 하는 힘

비오 · 사바르의 법칙:
$\Delta H = \dfrac{I \Delta \ell}{4\pi r^2} \sin\theta$ (AT/m)

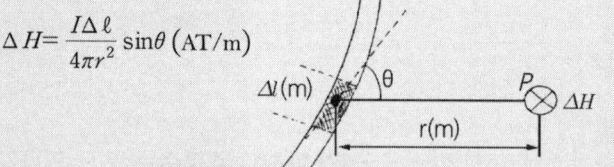

60 전자유도현상에 의하여 생기는 유도기전력의 크기를 정의하는 법칙은?

① 렌쯔의 법칙 ② 패러데이의 법칙
③ 앙페르의 법칙 ④ 플레밍의 왼손 법칙

▶ 유도 기전력: 코일에 자속의 변화에 의해 발생된 전압

① 렌쯔의 법칙 : 코일 중의 자속이 변화할 때는 코일내에 기전력이 발생하며, 그 방향은 기전력에 의한 전류가 만드는 자속이 원래 자속의 증감을 방해하는 방향이 된다.
② 패러데이의 법칙 : 전자유도에 의해 생긴 유기 기전력의 크기는 이 회로와 쇄교하는 자속수에 비례한다.

정답 58 ④ 59 ① 60 ②

③ 앙페르의 오른나사 법칙 : 전류의 방향과 자장의 방향은 각각 나사의 진행방향과 회전방향에 일치한다.
④ 플레밍의 오른손법칙: 집게손가락 : 자속방향
　　　　　　　　　　엄지손가락 : 도체의 운동방향
　　　　　　　　　　가운데손가락 : 유기 기전력의 방향

※ 오른손 법칙은 발전기에, 왼손법칙은 전동기에 적용한다.

▶ **전위**: 시간에 따라 변하지 않는 전장내에서 단위전하가 갖는 전기적 위치에너지

61 공기 중에서 m(Wb)의 자극으로부터 나오는 자력선의 총수는 얼마인가?

① m 　　② $\dfrac{\mu_0}{m}$ 　　③ $\mu_0 m$ 　　④ $\dfrac{m}{\mu_0}$

$N = H \times 4\pi r^2 = \dfrac{m}{4\pi \mu_0 r^2} \times 4\pi r^2 = \dfrac{m}{\mu_0}$

▶ **자력선**: 자장의 상태를 나타내기 위한 가상의 선

62 자기회로의 길이 l, 단면적 A, 투자율 μ일 때 자기저항 R을 나타낸 것은?

① $R = \dfrac{\mu l}{A}$ (AT/Wb)　　② $R = \dfrac{A^2}{\mu l}$ (AT/Wb)

③ $R = \dfrac{l}{\mu A}$ (AT/Wb)　　④ $R = \dfrac{\mu A}{l}$ (AT/Wb)

▶ **자기저항**: 자속의 흐름을 저지하는 성분. 단위는 AT/Wb)

63 유기 기전력은 다음의 어느 것에 관계되는가?

① 쇄교 자속수의 변화에 비례한다.
② 시간에 비례한다.
③ 쇄교 자속수에 비례한다.
④ 쇄교 자속수의 2승에 반비례한다.

$e = N \dfrac{\Delta \phi}{\Delta t}$ (V)

64 무한장 직선도체에 5A의 전류가 흐르고 있을 때 생기는 자장의 세기가 10(AT/m)인 점은 도체로부터 약 몇 cm 떨어졌는가?

① 6　　② 7　　③ 8　　④ 9

▶ **무한장**: 끝이 없는

정답 61 ④　62 ③　63 ①　64 ③

$$H = \frac{I}{2\pi r} \text{ (AT/m)}$$

그러므로 $r = \frac{I}{2\pi H} = \frac{5}{2 \times 3.14 \times 10} ≒ 8\text{cm}$

65 단면적 $A(\text{m}^2)$, 자로의 길이 $l(\text{m})$, 투자율 μ, 권수 N회인 환상 철심의 자체 인덕턴스의 식은 다음 중 어느 것인가?

① $\frac{\mu A N^2}{l}$ ② $\frac{Al N^2}{4\pi\mu}$

③ $\frac{4\pi\mu A N^2}{l}$ ④ $\frac{\mu l N^2}{A^2}$

$$L = \frac{\mu A N^2}{l} = \frac{4\pi\mu_s A N^2}{l} \times 10^{-7}\text{(H)}$$

※ $\mu = \mu_0 \mu_s \text{(H/m)}$

$\mu_0 = 4\pi \times 10^{-7}\text{(H/m)}$

66 권선 수 50인 코일에 5A의 전류가 흘렀을 때 10^{-3} Wb의 자속이 코일 전체를 쇄교하였다면 이 코일의 자체 인덕턴스(mH)는?

① 10 ② 20 ③ 30 ④ 40

$$L = \frac{N\phi}{I} \text{(H)} \text{ 에서}$$

$$L = \frac{50 \times 10^{-3}}{5} = 10^{-2}\text{(H)} = 10\text{(mH)}$$

67 자장 내에 어떤 철심을 넣으니 철 내부의 자장의 세기가 500AT/m이었다. 이때 철 내부의 자속밀도가 $3.14 \times 10^{-1}\text{(Wb/m}^2)$라면 철의 비투자율은 얼마인가?

① 약 300 ② 약 400 ③ 약 500 ④ 약 600

$$B = \mu H = \mu_0 \mu_s H \text{(Wb/m}^2)$$

그러므로 $\mu_s = \frac{B}{\mu_0 H} = \frac{3.14 \times 10^{-1}}{4\pi \times 10^{-7} \times 500} ≒ 500$

▶ **환상 철심**: 원형 철심

▶ **자체 인덕턴스**: 코일에 전류를 흘려 생긴 자속이, 자속을 발생시킨 코일을 쇄교하는 능력상수. 단위는 헨리(H)

▶ **자속밀도**: 임의의 물체의 단위 면적당 수직으로 통해 나가는 자속. 단위는 Wb/m²

▶ **비투자율**: 물질이 자장에 얼마나 잘 자화(자석)되는지를 나타내는 물리량

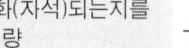 65 ① 66 ① 67 ③

68 자체 인덕턴스 10mH의 코일에 전류 10A를 흘렸을 때 코일에 저축되는 에너지(J)은 얼마인가?

① 0.1 ② 0.5 ③ 0.8 ④ 1.2

$W = \frac{1}{2}LI^2 = \frac{1}{2} \times 10 \times 10^{-3} \times 10^2 = 0.5 \text{J}$

69 플레밍의 오른손 법칙에서 셋째 손가락 방향은?

① 운동방향 ② 자속밀도 방향
③ 유도기전력 방향 ④ 자력선 방향

▶**플레밍의 오른손 법칙**: 발전기의 유기 기전력 방향을 알고자 할대 적용한다

▶**플레밍의 왼손 법칙**: 전동기의 회전 방향을 알고자 할 때 적용한다

① 엄지 손가락 : 운동 방향
② 집게 손가락 : 자장의 방향
③ 가운데 손가락 : 전압의 유도 방향

70 평형한 두 도체에 같은 방향의 전류가 흘렀을 때 도체 사이에 작용하는 힘은?

① 반발력 ② 힘이 작용하지 않는다.
③ 흡인력 ④ $\frac{1}{2r}$의 힘

전류가 동일방향이면 흡인력이고, 반대방향이면 반발력이 작용한다.

71 공기 중에서 자속밀도 3Wb/m²의 평등 자장 속에 길이 10cm의 직선 도선을 자장의 방향과 직각으로 놓고 여기에 4A의 전류를 흐르게 했을 때 도선에 받는 힘 N은?

① 1.2 ② 2.4 ③ 3.6 ④ 4.8

$F = BIl \sin\theta \text{ (N)}$ 에서
$F = 3 \times 4 \times 10 \times 10^{-2} \times \sin 90°$
$= 3 \times 4 \times 10 \times 10^{-2} \times 1 = 1.2 \text{(N)}$

정답 68 ② 69 ③ 70 ③ 71 ①

▶ **자기 모멘트**: 자석이 어떤 일을 할 수 있는 능력

▶ **보호계전기**: 전력 시스템의 이상 상태를 신속하게 감지하여 설비의 파손을 방지하고, 전력계통의 안전성을 확보한다.

▶ **토크**: 회전력을 말하며 단위는 (N·m) 또는 (kg·m)

72 전동기 회전방향을 알기 위한 법칙은?

① 플레밍의 오른손 법칙　　② 플레밍의 왼손 법칙
③ 비오 사바르의 법칙　　　④ 앙페르의 오른나사 법칙

① 전동기의 회전방향 : 플레밍의 왼손법칙
② 발전기의 유기기전력 방향 : 플레밍의 오른손 법칙

73 자극 세기 10Wb, 길이 20cm의 막대자석의 자기 모멘트는 얼마나 되겠는가?

① 4Wb·cm　② 40Wb·cm　③ 2Wb·m　④ 20Wb·m

$M = ml = 10 \times 20 \times 10^{-2} = 2 \, (\text{Wb} \cdot \text{m})$

74 다음에서 보호 계전기가 아닌 것은?

① 과전류 계전기　　② 과전압 계전기
③ 부족전압 계전기　④ 과저항 계전기

75 직류 전동기에서 자속이 감소되면 회전수는 어떻게 되는가?

① 상승　② 감소　③ 정지　④ 불편

회전수 $N = K \dfrac{(V - I_a R_a)}{\phi}$ rpm

76 5kW, 1700rpm으로 회전하는 전동기의 토크(kg.m)는?

① 약 3　② 약 5　③ 약 7　④ 약 9

$\tau = 0.975 \dfrac{P}{N} = 0.975 \times \dfrac{5 \times 10^3}{1700} \fallingdotseq 3 \, (\text{kg} \cdot \text{m})$

77 부하 변화에 대하여 속도변동이 가장 작은 전동기는 어느 것인가?

① 직류분권　　　② 직류직권
③ 직류차동복권　④ 직류가동복권

정답 72 ②　73 ③　74 ④　75 ①　76 ①　77 ③

직권 > 가동복권 > 분권 > 차동복권

78 부하 변동에 따라 속도변동이 심해, 전차, 권상기, 크레인 등에 사용되는 직류 전동기는 어느 것인가?

① 직권 ② 가동복권 ③ 차동복권 ④ 분권

① 직권 전동기 : 직권 전동기의 기동 토크는 I_a의 제곱에 비례하기 때문에, 전동차나 크레인과 같이 부하 변동이 심하고, 기동 토크가 큰 것을 요구하는 것에 적합하며, 전기 철도용 전동기로 많이 사용된다.
② 가동 복권 전동기 : 가동 복권 전동기는 크레인, 엘리베이터, 공작기계, 공기 압축기 등에 사용되며, 차동 복권 전동기는 특수한 경우 이외에는 거의 사용하지 않는다.

▶ **권상기** : 무거운 짐을 움직이거나 끌어올리는데 사용하는 기계

79 다음에서 정속도 전동기에 속하는 것은?

① 분권전동기 ② 직권전동기
③ 타여자 전동기 ④ 가동복권전동기

① 분권 전동기 : 분권 전동기는 계자 저항기로 쉽게 회전속도를 조정할 수 있으므로 공작기계, 압연기 등에 적당하나, 정속도성의 전동기로는 거의 동일한 특성이 있는 3상 유도 전동기가 있으므로 많이 사용하지 않는다.

▶ **정속도 전동기** : 속도가 일정한 전동기

80 단상 유도 전동기의 기동방법 중 기동 토크가 큰 것은?

① 콘덴서 기동형 ② 반발 기동형
③ 반발 유도형 ④ 분상 기동형

단상 유도 전동기의 기동토크 :

반발 기동형 > 반발 유도형 > 콘덴서 기동형 > 분상 기동형

▶ **단상 유도 전동기** : 전압선과 중성선의 단상 2선식에 의해 운전되는 전동기

81 다음 전동기중 회전방향을 바꿀 수 없는 전동기는?

① 반발 기동형 ② 세이딩 코일형
③ 콘덴서 기동형 ④ 분상 기동형

정답 78 ① 79 ① 80 ② 81 ②

① 세이딩 코일형 : 세이딩 코일형 전동기는 기동토크가 대단히 작고, 운전 중에도 세이딩 코일에 전류가 흐르기 때문에 역율과 효율이 낮고 속도변동율이 크다. 그러나, 구조가 간단하고 견고하기 때문에 전축, 선풍기, 수10W 이하의 소형 전동기에 널리 사용된다.
② 반발 기동형 : 반발 기동형은 다른 단상 유도전동기에 비하여 기동토크를 크게 할 수 있기 전에는 펌프용, 공기압축기용으로 사용하였으나 값이 비싸고 정류자의 보수가 어려워 최근에는 콘덴서 기동형을 사용하는 경향이 있다.
③ 분상 기동형 : 기동토크가 적고 원심스위치가 사용되기 때문에 근간에는 거의 사용하지 않는다.

▶**원심 스위치** : 회전자의 속도가 세팅속도에 도달하면 원심력에 의해 작동하는 스위치

82 직류 전동기의 속도 제어법이 아닌 것은 어느 것인가?

① 저항제어　② 계자제어　③ 전압제어　④ 공극제어

 직류 전동기의 속도 제어에는 저항제어, 계자제어, 전압제어가 있다.

83 다음은 권선형 3상 유도 전동기에 관한 사항이다. 맞지 않는 것은?

① 기동 특성이 좋다.　　　② 농형에 비하여 효율이 떨어진다.
③ 비례추이를 할 수 있다.　④ 속도 조정이 어렵다.

▶**권선형 3상 유도 전동기** : 비례추이를 이용한 전동기이다. 2차 저항을 가감해 속도를 제어한다.

속도 조정이 용이하다.

84 농형 회전자에 비뚤어진 홈을 쓰는 이유이다. 맞지 않는 것은?

① 파형개선　　　　② 소음경감
③ 속도조절 용이　　④ 기동특성개선

 농형 회전자는 회전자의 홈이 축방향에 평행하지 않고 조금씩 비뚤어져 있는 홈으로 소음 발생을 억제하는 효과가 있다. 농형 유도 전동기는 회전자의 구조가 간단하고, 튼튼하며, 취급하기 쉽고, 운전중일 때의 성능은 우수하나 기동할 때의 성능은 떨어진다.

85 6극 60Hz의 3상 유도 전동기의 동기속도 rpm은 얼마인가?

① 900　　② 1,000　　③ 1,100　　④ 1,200

$N_s = \dfrac{120f}{P} = \dfrac{120 \times 60}{6} = 1200\,\text{rpm}$

▶ **동기속도**: 항상 동일한 속도

86 유도 전동기의 동기 속도를 N_s, 회전속도를 N라 하면, 슬립 s는?

① $s = \dfrac{N_s - N}{N_s} \times 100$　　② $s = \dfrac{N - N_s}{N_s} \times 100$

③ $s = \dfrac{N - N_s}{N} \times 100$　　④ $s = \dfrac{N_s - N}{N} \times 100$

▶ **슬립**: 동기속도와 회전자 속도와의 비

87 엘리베이터에 사용되는 전동기는?

① 3상 유도 전동기　　② 변압기
③ 동기 전동기　　④ 단상유도 전동기

88 권선형 3상 유도 전동기의 기동법은?

① 2차 저항법　　② 콘덴서 이동법
③ 기동 보상기법　　④ Y-Δ기동법

2차 저항법
2차 회로에 가변 저항기를 접속하고, 비례 추이의 원리에 의하여 큰 기동 토크를 얻고, 기동 전류도 억제된다.

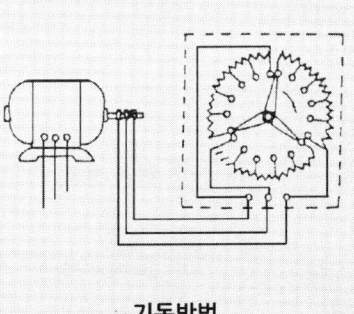
기동방법

▶ **가변 저항기**: 저항을 크게 또는 작게 할 수 있는 저항기

▶ **비례추이**: 권선형 유도 전동기에 2차저항을 증가시키면 슬립은 비례하여 증가하고, 기동 토크는 커지며 기동전류는 작아지는 등의 원리

정답 85 ④　86 ①　87 ①　88 ①

▶ **3상 유도 전동기**: 3상 전원에 의해 운전되는 전동기

89 3상 유도 전동기의 회전방향을 바꾸려면 어떻게 해야 하는가?

① 전원에 접속된 3개의 단자중 임의의 2개를 바꾸어 접속한다.
② 전원의 주파수를 바꾼다.
③ 직류를 사용한다.
④ 전동기의 극수를 바꾼다.

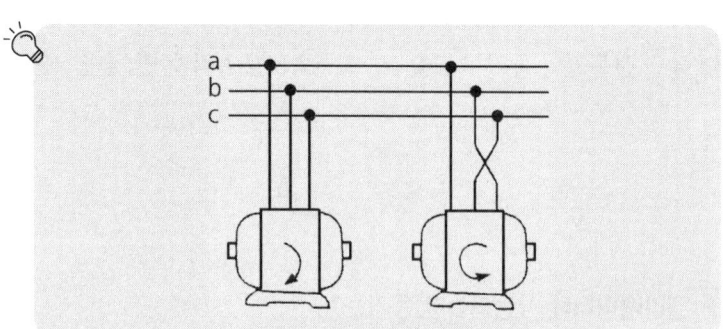

90 무조종사인 엘리베이터의 자동제어는?

① 정치제어 ② 비율제어
③ 추종제어 ④ 프로그래밍 제어

▶ **프로그램 제어**: 목표값에 미리 정해진 시간적 변화를 하는 경우 제어량을 그것에 추종시키기 위한 제어

91 되먹임 제어계 중 물체의 위치, 방위, 자세 등의 기계적 변위를 제어량으로 하는 것은?

① 서보 기구 ② 프로그램 제어
③ 프로세스 제어 ④ 자동조정

 서보 기구는 물체의 위치, 방위, 자세 등의 기계적 변위를 제어량으로 해서 목표값의 임의 변화에 추종하도록 구성된 제어

▶ **추종제어**: 미지의 시간적 변화를 하는 목표값에 제어량을 추종시키기 위한 제어

▶ **공정제어**: 공정에서 선택한 변수들을 조절해 공정을 원하는 상태로 유지하는데 필요한 조작

92 제어량이 온도, 압력, 유량 및 액면 등과 같은 일반 공업량일 때의 제어는?

① 프로그램 제어 ② 추종제어
③ 시퀀스 제어 ④ 프로세스 제어

 프로세스 제어는 제어량이 온도, 유량, 압력, 액위, 농도, 밀도 등의 플랜트나 생산공정 중의 상태량을 제어량으로 하는 공정제어

정답 89 ① 90 ④ 91 ① 92 ④

93 피드백 제어에서 반드시 필요한 장치는 어느 것인가?

① 구동장치
② 안정도를 좋게 하는 장치
③ 응답 속도를 빠르게 하는 장치
④ 입력과 출력을 비교하는 장치

> 피드백 제어는 출력 신호를 입력 신호로 되돌려서 입력과 출력을 비교함으로써 정확한 제어가 가능하다.

▶ **피드백 제어**: 결과에 대한 원인을 시작점에 반영하여 조정하는 제어

94 무인 커피 판매기는 무슨 제어인가?

① 서보제어　　　② 프로세스 제어
③ 자동 조정　　　④ 시퀀스 제어

> 시퀀스 제어: 미리 정해진 순서에 따라 각 단계가 순차적으로 진행되는 제어(예: 무인 커피 판매기, 교통 신호기)

▶ **서보**: 목표치의 임의 변화에 추종하도록 구성된 제어계

▶ **프로세스 제어**: 제어하는 양이 공업 프로세스에 있어서 상태함수인 입력, 온도, 유량 등일 때의 제어방식

95 논리식 $A \cdot (A+B)$를 간단히 하면?

① A　　② B　　③ A+B　　④ A·B

> $A \cdot (A+B) = AA + AB = A + AB = A(1+B) = A$

▶ $AA = A$

▶ $A + 1 = 1$

96 다음 중 SCR의 심벌은?

① 　　②

③ 　　④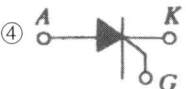

① DIAC　　② TRIAC
③ 바리스터　　④ SCR

▶ **SCR**: 정류 기능을 갖는 단일 방향성 3단자 소자이다

정답　93 ④　94 ④　95 ①　96 ④

▶ **TRIAC**: 양 방향으로 제어가 가능하다. AC를 모두 제어할 수 있다

97 다음 중 TRIAC의 심벌은?

① 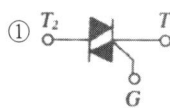   ②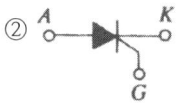

③ 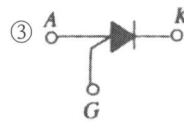   ④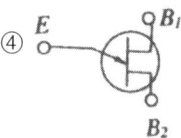

98 TRIAC에 대하여 옳지 않은 것은?

① 역병렬의 2개의 보통 SCR과 유사하다
② 쌍방향성 3단자 사이리스터이다
③ AC전력의 제어용이다
④ DC전력의 제어용이다

 TRIAC은 AC 전력의 제어용이다.

▶ **트라이악 용도**: 교류로 사용하는 가정용 기구, 선풍기, 세탁기, 등의 전동기 회전수 제어

99 SCR에 관한 설명으로 적당하지 않은 것은?

① PNPN 소자이다
② 직류, 교류, 전력 제어용으로 사용된다
③ 스위칭 소자이다
④ 쌍방향성 사이리스터이다

 SCR은 단방향 대전류 스위칭 소자로서 제어를 할 수 있는 정류 소자이다.

▶ **SCR 용도**: 계전기 제어, 시간지연 회로, 모터제어, 전압 조정, 위상제어 등에 사용

정답 97 ① 98 ④ 99 ④

Chapter 05 에스컬레이터(무빙워크) 설치 및 부품 교체

01 에스컬레이터 부품 상태 진단하기

1. 에스컬레이터 부품의 노후 · 마모 상태 진단

1) 에스컬레이터의 구조

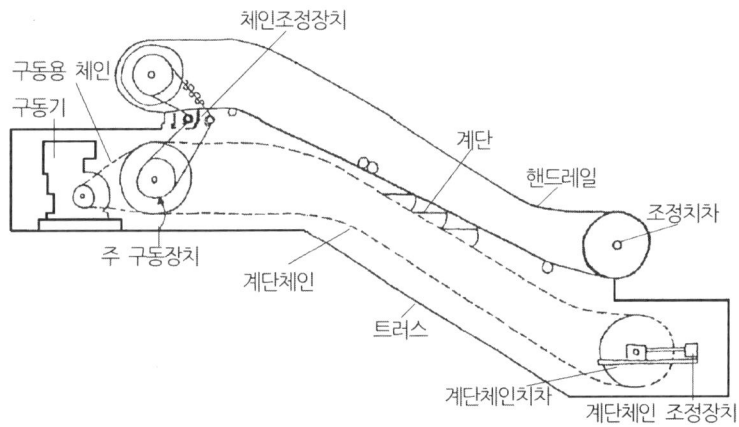

▶ **트러스**: 에스컬레이터의 기본 구조

▶ **치차(기어, gear)**: 바퀴에 일정한 간격으로 톱니를 낸 것

2) 에스컬레이터의 외형

02 현장 확인 양중하기

1. 에스컬레이터 설치도면

1) 설비 계획상의 요건

① 교통량을 계산하여 그 빌딩의 수요에 적합하여야 한다.
② 여러 대를 설치시 건물 중심으로 배치한다.
③ 이용자의 대기 시간이 정확하도록 한다.
④ 군관리 운전시 서비스층은 최상층과 최하층을 일치시킨다.
⑤ 초고층 빌딩의 경우 서비스층의 분할을 고려한다.
⑥ 교통 수요에 따라 시발층을 어느 하나의 층으로 한다.

▶ **양중**: 무거운 것을 들어올리는 것

▶ **군관리 방식**: 3~8대의 엘리베이터를 병설하여 합리적으로 운행·관리하는 방식

2) 에스컬레이터의 배열

(1) 배열시 유의사항

① 바닥의 점유면적을 적게 할 것
② 승객의 보행거리를 줄일 것
③ 건물의 지지보, 기둥의 위치를 고려해 하중을 균등하게 분산할 것

(2) 배열의 종류

① **단열 승계형**
상층으로 고객을 유도하기 용이하며, 바닥에서는 교통이 연속적이다. 그러나 바닥면적의 점유면적이 크다.

▶ **승계형**: 앞에 것을 이어서 행하는 형태

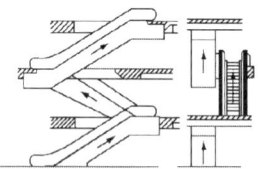

② **단열 겹침형**
설치 면적이 적으며, 쇼핑객의 시야를 트이게 한다. 그러나 바닥과 바닥 간의 교통은 연속적이지 못하다.

▶ **겹침형**: 어떤 부분이 다른 부분과 겹침 형태

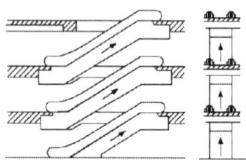

③ 복열 승계형
전매장이 보이며, 에스컬레이터의 위치도 보인다. 또한 오르고 내림의 교통을 분할할 수도 있으며, 오름 내림방향 모두 바닥에서 바닥으로 연속적으로 운반한다.

▶ **복열**: 서로 위아래가 교차한다는 의미

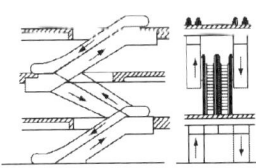

④ 교차 승계형
오름 내림의 교통이 떨어져 있어 승강구에서 혼잡이 적으며, 오름 내림이 모두 바닥에서 바닥으로 연속적으로 운반한다. 단점으로는 쇼핑객의 시야가 적으며, 에스컬레이터의 위치 표시를 하기 어렵다.

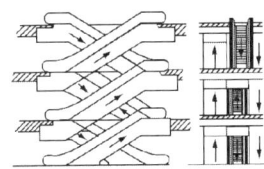

(3) 에스컬레이터의 배치
① 건물의 정면 출입구와 엘리베이터 설치 위치와의 중간에 한다.
② 백화점에서는 눈에 잘 띄는 곳에 설치하고, 탑승객이 바닥면을 잘 볼 수 있도록 한다.
③ 기존의 빌딩에서는 벽, 기둥, 보를 고려한다.
④ 1층에서는 사람의 움직임이 많은 곳에 설치한다. 바닥의 점유면적을 적게 할 것

▶ **보**: 중력 방향에 가로로 놓여 휘어지는 힘을 받고, 기둥과 벽체로 수직하중을 전달한다.

3) 기계실에서 행하는 점검
① **기계실 내**
  ⓐ 상부 덥개 및 상부 덥개 부착부의 마모, 손실, 부식이 심하지 않아야 한다.
  ⓑ 기계실 브레이크 개방용 레버의 관리상태 및 각 부품의 이상 유무를 육안으로 확인한다.
  ⓒ 각종 볼트, 너트의 이상 유무를 확인한다.

▶ **레버**: 밀거나 당겨 기계를 조작하는 작은 막대기

▶ **수전반**: 수전에 필요한 계기, 제어 개폐기, 보호 계전기 등을 설치한 배전반

▶ 전동기 = 모터

▶ **라이닝**: 기계의 속도를 늦추는 브레이크 패드 내부의 마찰재

▶ **구동기**: 시스템을 움직이거나 제어하는 용도로 쓰이며, 전기나 유압, 공압 등을 이용하는 원동 구동장치를 이르는 말

▶ **신율**: 장력상태에서 시편의 길이가 늘어나는 것

▶ **스프로켓(Sprocket)**: 사슬이나 궤도 등과 맞물려 움직이는 톱니를 가진 바퀴

▶ **치차(기어, gear)**: 둘레에 일정한 간격으로 톱니를 내어 만든 바퀴

② **수전반, 제어반**
 ⓐ 발열 및 진동이 없어야 한다.
 ⓑ 고정이 양호하여야 한다.
 ⓒ 각 접점 및 고정부의 이상이 없어야 한다.

③ **전동기**
 ⓐ 이상 발열 및 소음이 없어야 한다.
 ⓑ 회전이 심하게 저하되지 않아야 한다.
 ⓒ 단자대의 결선이 잘되어 있어야 한다.

④ **브레이크**
 ⓐ 라이닝의 마모가 현저하지 않아야 한다.
 ⓑ 제동력이 승강기 검사 기준에 적합해야 한다.

⑤ **구동기 베어링 및 감속기어**
 ⓐ 구동기 베어링에 현저한 소음 및 진동이 발생되지 않아야 한다.
 ⓑ 윤활유가 부족하거나 노화되지 않아야 한다.
 ⓒ 기어 이의 마모가 심하지 않아야 한다.
 ⓓ 베어링의 일부 파손 및 발열이 없어야 한다.

⑥ **구동체인, 안전스위치, 역주행 방지 장치**
 ⓐ 구동체인 절단 검출장치의 작동은 안정적이어야 한다.
 ⓑ 검출 동작은 양호하고 역주행 방지 장치가 정상적이어야 한다.

⑦ **디딤판 구동장치, 팔레트 구동장치**
 ⓐ 구동체인의 신율, 핀, 스프로켓의 이의 마모가 심하지 않아야 한다.
 ⓑ 스프로켓에 균열이나 치차의 결함이 없어야 한다.

⑧ **손잡이 구동장치**
 ⓐ 체인의 신율, 핀, 스프로켓의 이의 마모가 심하지 않아야 한다.
 ⓑ 스프로켓에 균열이나 치차의 결함이 없어야 한다.

4) 상부 승강장에서 하는 검사

① 끼임방지 빗(Comb)
끼임방지 빗이 현저하게 마모되지 않아야 한다.

▶ **끼임방지 빗**: 상부나 하부에서 계단이나 팔레트가 빗처럼 생긴 부분, 4mm 이상일 것

② 끼임방지 빗과 디딤판 그리고 팔레트의 물림이 양호하여야 한다.

▶ **팔레트**: 무빙워크의 니딤판

③ 손잡이
ⓐ 손잡이의 절단 또는 손가락이 끼일 염려가 없어야 한다.
ⓑ 손잡이는 디딤판 또는 팔레트와의 속도차가 −0~+2% 이내이어야 한다.
ⓒ 손잡이는 하강 운전시 상부의 승차하는 곳에서 약 15(N)의 인력으로 수평으로 당겨도 멈추지 않아야 한다.

④ 손잡이 가드
ⓐ 손잡이 가드의 손상, 기능 불량 등으로 손가락이 들어갈 염려가 없어야 한다.

⑤ 비상 정지 버튼
버튼이 정상 작동되어야 한다.

▶ 에스컬레이터의 비상정지버튼 사이 거리는 30m 이하일 것

⑥ 기동 스위치
일부 파손으로 인한 감전의 염려가 없어야 한다.

▶ 무빙워크의 비상정지버튼 사이 거리는 40m 이하일 것

⑦ 경보 부저 스위치
경보음이 명확히 작동되어야 한다.

5) 중간부에서 하는 검사

① 내측판
내측판면의 손상, 늘어짐 또는 부식이 현저하지 않아야 한다.

② 디딤판 및 팔레트의 라이저
디딤판 및 팔레트 라이저의 녹, 부식 또는 유철이 현저하지 않을 것

▶ **디딤판 라이저**: 디딤판의 가장자리를 따라 하향 절곡된 부분으로 디딤판을 수직·수평으로 한다

③ 디딤판 및 팔레트 체인
ⓐ 디딤판 및 팔레트 체인의 일부 결함이나 균열이 없어야 한다.

ⓑ 디딤판 및 팔레트 체인의 늘어짐으로 디딤판 및 팔레트의 좌우 또는 상호간 틈새가 현저하지 않아야 한다.

④ **디딤판 및 팔레트 롤러 레일**
  ⓐ 디딤판 및 팔레트 롤러 레일의 마모가 현저하지 않아야 한다.
  ⓑ 디딤판 및 팔레트의 각 롤러 및 베어링의 마모 손상이 현저하지 않아야 한다.
  ⓒ 롤러 고정이 확실해야 한다.

6) 하부 승강장에서 하는 검사
① **끼임방지 빗(Comb)**
끼임방지 빗이 현저하게 마모되지 않아야 한다.

② 끼임방지 빗과 팔레트의 물림, 끼임방지 빗과 디딤판 그리고 팔레트의 물림이 양호해야 한다.

③ **손잡이 가드**
손잡이 가드 손상, 기능 불량 등으로 손가락이 들어갈 염려가 없어야 한다.

④ **비상 정지 버튼**
버튼이 정상 작동되어야 한다.

⑤ **기동 스위치**
  ⓐ 기동 스위치의 일부 파손으로 감전의 우려가 없어야 한다.
  ⓑ 기동 스위치의 표시가 명확해야 한다.

⑥ **경보 부저 스위치**
  ⓐ 경보음이 명확히 작동해야 한다.
  ⓑ 스위치가 정상 작동해야 한다.

⑦ **디딤판 및 팔레트 체인 안전장치**
  ⓐ 스위치 자체 및 그 부착부에 늘어짐, 변형, 녹, 부식이 없어야 한다.
  ⓑ 스위치가 정상 작동하여야 한다.
  ⓒ 각종 볼트, 너트 조임을 확인한다.

▶ **롤러**: 회전하는 바퀴

▶ **끼임방지 빗(Comb)**: 상부나 하부에서 디딤판이나 팔레트가 빗처럼 생긴 부분

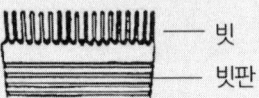
― 빗
― 빗판

▶ **비상정지장치**: 에스컬레이터는 30m 이하, 무빙워크는 40m 이하에 설치

2. 에스컬레이터 양중

1) 에스컬레이터의 적재하중

$$G = 270\sqrt{3}\ WH = 270A\ (\text{kg})$$

여기서, G : 에스컬레이터의 적재하중(kg)
　　　　A : 에스컬레이터 디딤판면 수평 투영면적(m^2)
　　　　W : 디딤판 폭(m)
　　　　H : 층고(m)

▶ **양중** : 무거운 것을 들어올리는 것

▶ **수평투영면적** : 하늘에서 아래로 내려다 보았을 때 보이는 면적

2) 구동 전동기의 용량

$$P = \frac{GV\sin\theta}{6{,}120\eta} \times \beta\ (\text{kW})$$

여기서, P : 구동전동기 용량(kW)
　　　　V : 에스컬레이터의 속도(m/min)
　　　　θ : 경사각도(°)
　　　　G : 에스컬레이터의 적재하중
　　　　η : 에스컬레이터의 총효율 (예: 0.6)
　　　　β : 승객 승입률

▶ **승입률** : 탑승 가능율

3) 최대 수송인원

스텝/팔레트 폭[m]	공칭 속도 v[m/s]		
	0.5	0.65	0.75
0.6	3,600명/h	4,400명/h	4,900명/h
0.8	4,800명/h	5,900명/h	6,600명/h
1	6,000명/h	7,300명/h	8,200명/h

※ 쇼핑용 손수레와 화물용 카트의 사용은 대략 수용력의 80%가 감소한다.

▶ **화물용 카트** : 화물을 운반할 수 있게 4개의 바퀴가 달린 기구

4) 하강시 정지거리

공칭속도 V	정지거리
30m/min(0.50m/s)	0.2m에서 1.0m사이
39m/min(0.65m/s)	0.3m에서 1.3m사이
45m/min(0.75m/s)	0.4m에서 1.5m사이

03 트러스 조립하기

▶**트러스**: 앵글강, 형강 등을 용접하여 만든다

1. 트러스 조립

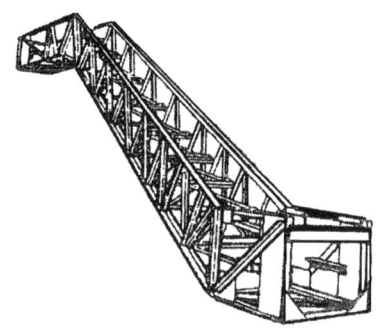

에스컬레이터 트러스

1) 에스컬레이터의 경사도 및 속도
① 에스컬레이터의 경사도는 30°를 초과하지 않아야 한다.
② 층고가 6m 이하이고 공칭 속도가 0.5(m/s) 이하인 경우에는 35°까지 증가시킬 수 있다.
③ 경사도는 현장 설치 여건에 따라 최대 1°까지 초과될 수 있다.
④ 경사도 30°이하인 에스컬레이터는 0.75(m/s) 이하이어야 한다.
⑤ 에스컬레이터의 속도는 공칭전압과 공칭 주파수에서 공칭속도 ±5% 이내이어야 한다.

▶**공칭**: 공통으로 부르는

▶**공칭전압**: 공통으로 부를 수 있는 전압

2) 무빙워크의 경사도 및 속도
① 무빙워크의 경사도는 12° 이하이어야 한다.
② 무빙워크의 공칭속도는 0.75(m/s) 이하이어야 한다.
③ 수평으로 주행하는 구간이 1.6m 이상이고 팔레트 폭이 1.1m 이하인 경우 무빙워크의 속도는 0.9m까지 허용된다.

▶**무빙워크**: 사람이나 화물이 자동적으로 이동할 수 있게 만든 컨베이어 벨트의 일종으로, 수평 버전 에스컬레이터

2. 레일 조립

1) 구동기
디딤판 또는 팔레트를 구동시키는 장치로 감속기, 전동기, 전자브레이크, 스프로켓으로 구성되어 있다.

▶**스프로켓**: 기어의 일종으로 체인 휠이라고도 한다.

2) 손잡이 구동장치

① 손잡이 구동장치는 디딤판 구동장치와 연동되어 구동된다.
② 디딤판과 손잡이의 속도 허용오차는 −0(%)에서 +2(%)이내 이어야 한다.
③ 디딤판과 손잡이의 속도 편차가 5~15내에 ±15(%)이상일 때 는 에스컬레이터 또는 무빙워크를 정지시켜야 한다.

3. 데크, 스커트 가드 등 설치

1) 스커트

① 스커트는 수직이고 평탄하며 맞대기 이음이어야 한다.
② 스커트는 $2500mm^2$의 사각이나 원형 면적을 사용하여 수직으로 가장 약한 지점의 표면에 1500N의 집중하중을 가할 때 휨량은 4mm 이하이어야 한다.

▶ **스커트 패널**: 하부의 디딤판과 접하는 부분

▶ **데크보드**: 난간의 상부

▶ **스커트 디플렉터**: 디딤판과 스커트 사이 끼임의 위험을 최소화하기 위해 돌출부와 브러시를 이용해 접근을 제한하는 장치

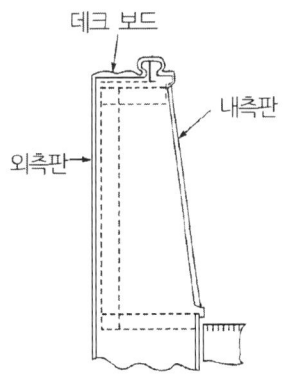
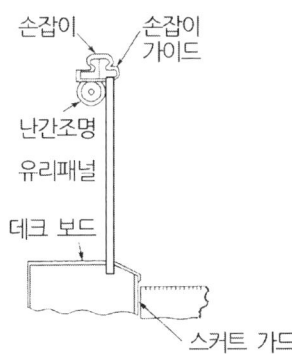

04 디딤판

1. 디딤판 설치

1) 디딤판

① 에스컬레이터의 디딤판 높이는 0.24m 이하, 깊이 0.38m 이상, 폭 0.58m 이상 1.1m 이하이어야 한다.
② 경사도가 6°이하인 무빙워크의 폭은 1.65m까지 허용된다.
③ 디딤판 그리고 팔레트의 측면 변위는 4mm 이하, 양 측면에서 측정된 틈새의 합은 7mm 이하이어야 한다.

▶ 디딤판=스텝이라고도 한다.

④ 연속되는 2개의 스텝 그리고 팔레트 사이의 틈새는 6mm 이하이어야 한다.

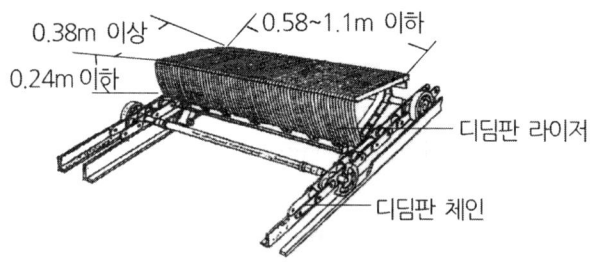

에스컬레이터 디딤판

2) 디딤판 경계틀

계단의 좌우와 전방 끝에 경고색으로 도장을 하였거나, 플라스틱을 끼워 테두리를 한 것

2. 디딤판 교체

1) 디딤판 및 팔레트의 구동

① 에스컬레이터 디딤판 체인은 무한 피로 수명으로 설계되어야 한다.
② 체인은 지속적으로 인장되어야 한다.
  ⓐ 에스컬레이터 및 무빙워크는 인장장치가 ±20mm를 초과하여 동작하기 전에 자동적으로 정지되어야 한다.
  ⓑ 스프링으로 인장되는 것은 인장장치로 허용되지 않는다.

2) 디딤판 및 팔레트의 교체

디딤판, 롤러, 디딤판 경계틀 등이 현저하게 오염되었거나 마모된 경우 교체하여야 한다.

3. 디딤판의 보수

1) 디딤판, 팔레트 또는 벨트와 스커트 사이의 틈새

① 에스컬레이터 또는 무빙워크의 스커트는 디딤판 및 팔레트의 수평 틈새가 4mm 이하이어야 하며, 반대되는 두 지점의 양 측면에서 측정된 틈새의 합은 7mm 이하이어야 한다.

▶ **무빙워크 팔레트**: 무빙워크 디딤판

▶ **디딤판 라이저**: 디딤판의 한쪽 가장자리를 따라 절곡되어 벽면을 이루는 부분

▶ **도장**: 도료를 칠하거나 바름

▶ **인장**: 잡아 당김

▶ **디딤판 경계틀**: 계단의 좌우와 전방 끝에 경고색인 황색으로 도장을 하거나 플라스틱을 끼운 것

▶ **스커트 패널**: 에스컬레이터 내측 패널 하부가 디딤판과 접하는 부분

05 손잡이 설치 및 부품 교체

1. 손잡이 설치

1) 에스컬레이터

(1) 경사부에서 수평부로 전환되는 천이 구간의 곡률 반경

① 상부 천이 구간의 곡률 반경
 ⓐ 공칭속도 0.5m/s 이하(최대 경사도 35°) : 1m 이상
 ⓑ 0.5m/s < 공칭속도 ≤ 0.65m/s (최대 경사도 30°) : 1.5m 이상
 ⓒ 공칭속도 0.65m/s 초과 (최대 경사도 30°) : 2.6m 이상

② 하부 천이 구간의 곡률 반경
 ⓐ 공칭속도 0.65m/s 이하 : 1m 이상
 ⓑ 공칭속도 0.65m/s 초과 : 2m 이상

▶ **곡률**: 곡선의 구부러지는 정도

▶ **천이구간**: 디딤판이 수평으로 움직이다가 경사가 생기는 구간

▶ **곡률반경**: 곡선의 각 점에서 그 곡선이 구부러진 정도를 표시하는 값

2) 무빙워크

벨트식인 경우 경사부에서 수평부로 전환되는 천이 구간의 곡률반경은 0.4m 이상이어야 한다.

▶ **작업 공간의 조도**: 200lx 이상이어야 한다.

3) 에스컬레이터 및 무빙워크의 비상정지 버튼 사이의 거리

에스컬레이터는 30m 이하, 무빙워크는 40m 이하이어야 한다.

2. 손잡이 장력

손잡이는 정상 운행중 운행 방향의 반대편에서 450N의 힘으로 당겨도 정지되지 않아야 한다.

3. 난간 상부의 손잡이 가이드

손잡이는 정상운행 동안 손잡이 가이드로부터 이탈되지 않는 방법으로 인장되어야 한다.

06 체인 설치 및 부품 교체

1. 체인 설치

구동체인, 디딤판 체인, 손잡이 체인은 지속적으로 인장되도록 설치한다.

▶ **손잡이**: 핸드레일(Handrail)이라고도 한다.

▶ **구동체인 안전율**: 5 이상

2. 체인의 규격

① 에스컬레이터의 디딤판은 디딤판 측면에 각각 1개 이상 설치된 2개 이상의 체인에 의해 구동되어야 한다.
② 체인은 지속적으로 인장되어야 하며, 스프링으로 인장되어서는 안된다.

07 전기장치 조립하기

1. 모터, 감속기, 브레이크

1) 모터

에스컬레이터 한 대당 한 대의 전동기만을 설치해야 한다.

▶ **모터**: 주로 3상모터가 사용된다.

2) 감속기

(1) 과속감지

에스컬레이터 속도가 공칭속도의 1.2배를 초과하기 전에 과속을 감지할 수 있는 장치를 설치해야 한다.

▶ **감속도**: 브레이크 시스템이 작동하는 동안 1m/s² 이하이어야 한다.

3) 브레이크

(1) 보조 브레이크

① 에스컬레이터 역주행을 방지하기 위해 보조 브레이크를 설치한다.

② 보조 브레이크의 작동 조건은 다음과 같다.
 ⓐ 공칭 속도의 1.4배가 초과하기 전
 ⓑ 디딤판이 현재 운행 바향과 바뀔 때

③ 보조 브레이크의 종류
 ⓐ 기계적 마찰형식이어야 한다.
 ⓑ 종류에는 디스크 웨지 방식, 디스크 브레이크 방식, 폴 래칫 방식이 있다.

▶ **디스크 방식**: 차측에 원판형 로터를 부착하고 양쪽에서 패드를 누르는 방식

▶ **디스크 웨지 방식**: 브레이크 패드를 디스크에 압착하여 제동하는 방식

▶ **폴 래칫 방식**: 래칫 휠과 폴을 사용하여 기계적인 브레이크를 하는 방식

2. 손잡이 구동장치 조립

1) 손잡이(Hand rail) 구동장치

① 디딤판 구동장치와 연동되어 구동된다.
② 디딤판과 손잡이의 속도 허용 오차는 −0(%)에서 +2(%)이내이어야 한다.

▶ **연동**: 한 부분이 움직이면 다른 부분이 더불어 움직이는 것

3. 각종 전기 안전장치 조립

1) 에스컬레이터 안전장치

(1) 구동체인 안전장치

체인이 늘어나거나 절단될 경우 즉시 에스컬레이터를 안전하게 정지시켜 사고를 예방하는 장치이다.

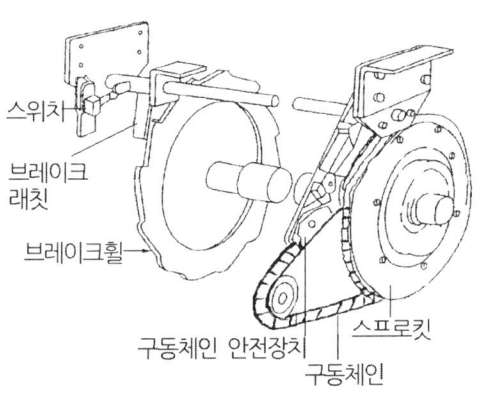

구동체인의 구조

▶ **래칫**: 간헐적인 회전운동을 전달하거나 축이 한쪽 방향으로만 회전하도록 하는 기계장치

(2) 디딤판체인 안전장치

계단 체인이 파단되거나 과도하게 늘어날 때 즉시 작동하여 에스컬레이터를 정지시키는 장치이다.

▶ **디딤판 체인 안전장치**: 하부 기계실에 설치하며, 좌우에 각각 1개씩 설치한다.

(3) 손잡이 안전장치

손잡이에 손이나 다른 물체가 끼었을 경우 자동으로 에스컬레이터를 정지시킨다.

(4) 스커트 가드 안전장치

디딤판과 스커트 가드 사이에 이물질 및 어린이의 신발 등이 끼이면 그 압력에 의해 스위치가 동작, 에스컬레이터를 정지시키며 상하부 곡선부 좌우에 설치한다.

▶ **디딤판과 스커트 가드 간격**: 양면 포함 7mm 이내로 한다.

▶ **비상정지 스위치**: 스위치 커버를 설치해야 한다.

(5) 비상 정지 스위치
에스컬레이터를 운행시키거나 즉시 정지시켜야 할 경우 사용된다.

(6) 손잡이 인입구 안전장치
손잡이 인입구에 손 또는 이물질이 끼었을 때 즉시 작동되어 에스컬레이터를 정지시킨다.

▶ **손잡이 인입구 안전장치** = 인레트 스위치라고도 한다.

08 설치 조정하기

1. 프레임과 건물 중심선 작업

1) 건축물과 공유 영역 안전장치

(1) 삼각부 안전 보호판
사람이 에스컬레이터를 타고 윗층으로 올갈 때 신체의 일부가 끼는 사고를 예방하기 위해 설치한다.

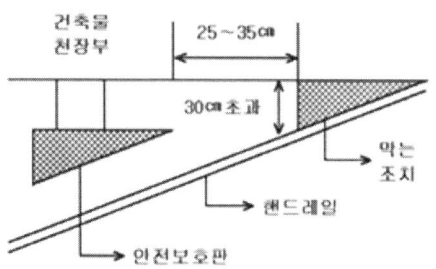

(2) 방화셔터 연동 정지 장치
방화셔터가 손잡이 반환부의 선단에서 2m 이내에 설치된 경우, 방화셔터가 닫히기 시작할 때 연동되어 에스컬레이터를 정지시킨다.

▶ **방화셔터**: 화재시 연기 및 열을 감지하여 자동 폐쇄되는 것

▶ **연동**: 연결되어 함께 동작함

(3) 진입 방지대
높이는 900mm에서 1100mm 사이이어야 한다.

2. 상·하부 터미널 기어 조정

1) 에스컬레이터와 무빙워크의 제동부하

공칭 폭	0.4m 길이 당 제동부하
0.6m 이하	50kg
0.6m 초과 0.8m 이하	75kg
0.8m 초과 1.1m 이하	100kg
1.10m 초과 1.40m 이하	125kg
1.40m 초과 1.65m 이하	150kg

▶**제동부하**: 에스컬레이터가 운행을 멈추거나 정지시, 브레이크 시스템이 감속하고 정지하는데 필요한 힘

CBT대비 5회 출제예상문제

01 에스컬레이터의 경사도는 몇 도를 초과하지 않아야 하는가?

① 25°이하 ② 30°이하 ③ 35°이하 ④ 40°이하

 에스컬레이터의 경사도는 30°를 초과하지 않아야 한다. 단, 높이가 6m 이하로 속도 30m/min 이하는 35°까지 가능하다.

▶ **비상정지장치**: 에스컬레이터의 경우에는 30m 이하에 설치

02 에스컬레이터에 관한 설명이다. 맞지 않는 것은?

① 경사각도는 30°를 초과하지 않아야 한다.
② 정지스위치는 승강구 하구의 잘 보이는 곳에만 설치한다.
③ 핸드 레일은 계단 표면에서 수직방향으로 0.9~1.1m 이하이어야 한다.
④ 속도는 30°이하인 경우 45m/min 이하이어야 한다.

 정지스위치는 승강구 상·하구의 잘 보이는 곳에 설치한다.

03 에스컬레이터 모든 구성품의 안전율은?

① 2 이상 ② 5 이상 ③ 8 이상 ④ 10 이상

04 에스컬레이터에 있어서 고양정은 몇 m 이상을 말하는가?

① 10 ② 8 ③ 6 ④ 5

· 보통 양정: 6m까지
· 중 양정: 10m까지
· 고 양정: 10m 이상

05 디딤판 사이의 높이는 몇 mm 이하인가?

① 100 ② 150 ③ 200 ④ 240

정답 1 ② 2 ② 3 ② 4 ① 5 ④

06 디딤판의 진행방향 깊이는 몇 mm 이상인가?

① 200 이상 ② 380 이상 ③ 600 이상 ④ 800 이상

07 에스컬레이터는 몇 개의 스텝 체인을 설치해야 하는가?

① 2 ② 3 ③ 4 ④ 5

 좌우에 설치한다.

08 다음 중 건축물의 안전시설은 어느 것인가?

① 삼각부 가드   ② 조속기
③ 균형추   ④ 케이지

▶ **삼각부 안전보호판**: 막는 조치 끝에서 수평거리 250~300mm 전방에 설치

09 손잡이 인입구에 이물질이 끼었을 때 작동되어 에스컬레이터를 즉시 정지시키는 장치는 무엇인가?

① 구동체인 안전장치   ② 손잡이 인입구 안전장치

③ 균형추   ④ 정지스위치

- 구동체인 안전장치(driving chain safety device)
  체인이 늘어나거나 절단될 경우 즉시 에스컬레이터를 안전하게 정지시켜 사고를 예방하는 장치이다.
- 손잡이 안전장치
  손잡이에 손이나 다른 물체가 끼었을 경우 자동으로 에스컬레이터를 정지시킨다.

10 난간폭 1,200형 에스컬레이터에서 디딤판 면의 수평투영면적이 10m²일 때 구조물이 받는 하중은 얼마인가?

① 2100kg ② 2700kg ③ 3600kg ④ 4100kg

▶ **수평투영면적**: 하늘에서 아래로 보았을 때 보이는 면적

 $G = 270\,A = 270 \times 10 = 2700\text{kg}$

정답 6 ② 7 ① 8 ① 9 ② 10 ②

▶ **승입률**: 탑승 가능률

11 시간당 9,000명을 수송하는 경사도 30°, 속도 30m/min인 에스컬레이터가 있다. 디딤판 폭이 1.0m, 수직고가 3.6m, 종합효율이 0.9이라면 소요동력은 얼마인가?(단, 승객 승입율은 0.8로 한다)

① 5.8KW ② 4.6KW ③ 3.7KW ④ 2.8KW

$G = 270\sqrt{3}\,HW = 270\sqrt{3} \times 3.6 \times 1 ≒ 1684(\text{kg})$

$P = \dfrac{GV\sin\theta}{6120\eta} \times \alpha = \dfrac{1684 \times 30 \times \sin30°}{6120 \times 0.9} \times 0.80 ≒ 3.7(\text{kW})$

12 에스컬레이터의 손잡이는 하강 운전 중 얼마의 힘으로 잡아 당겨도 멈추지 않아야 되는가?

① 450N ② 500N ③ 550N ④ 600N

13 에스컬레이터 공칭속도가 0.5m/s일 때 정지거리는?

① 0.2m~1.0m 사이 ② 0.3m~1.3m 사이
③ 0.4m~1.5m 사이 ④ 1.6m~2.0m 사이

공칭속도	정지거리
30m/min(0.50m/s)	0.2m에서 1.0m 사이
39m/min(0.65m/s)	0.3m에서 1.3m 사이
45m/min(0.75m/s)	0.4m에서 1.5m 사이

▶ **공칭속도**: 제조업체에 의해 정해진 속도

14 손잡이는 디딤판 또는 팔레트와의 속도차가 얼마 이내이어야 하는가?

① 0~2% ② 3~5%
③ 7~10% ④ 12~15%

정답 11 ③ 12 ① 13 ① 14 ①

15 무빙워크의 경사도는 얼마 이하이어야 하는가?

① 10° ② 12° ③ 15° ④ 20°

▶ **무빙워크**: 수평 보행기. 공칭속도는 0.75m/s 이하이어야 한다.

16 디딤판 그리고 팔레트의 측면 변위는 4mm 이하, 양 측면에서 측정된 틈새의 합은 얼마이어야 하는가?

① 5mm 이하 ② 6mm 이하
③ 7mm 이하 ④ 8mm 이하

▶ **팔레트**: 무빙워크 디딤판

정답 15 ② 16 ③

PART 02
유지관리

Chapter

01 엘리베이터 점검
02 에스컬레이터(무빙워크) 점검

Chapter 01 엘리베이터 점검

01 기계실 및 기계류 공간에서의 점검

1. 기계실 환경 점검

1) 일반사항

① 기계실에는 엘리베이터 이외 용도의 덕트, 케이블 또는 어떤 장치도 설치되지 않아야 한다.
② 실온은 +5℃에서 +40℃ 사이에서 유지되어야 한다.
③ 기계실 내장은 준불연재료 이상으로 마감되어야 한다.
④ 기계실 바닥면에서 200lx 이상 비출수 있는 영구적으로 설치된 전기조명이 있어야 한다.
⑤ 기계실에는 1개 이상의 콘센트가 있어야 한다.

▶ **불연재료**: 불에 타지 않는 성질을 가진 재료

▶ **준 불연재료**: 불연재료에 준하는 성질을 가진 재료

2. 기계실 기계, 전기 부품 및 장치

1) 과속 조절기(Governor)

카와 같은 속도로 움직이는 과속 조절기 로프에 의해 회전하고, 항상 카의 과속도를 검출한다.

▶ **과속 조절기**: 카가 정격속도 이상으로 과속시, 미리 설정된 속도에서 동작하여 카를 안전하게 정지시킨다.

(1) 과속 조절기의 작동 속도

추락방지안전장치의 작동을 위한 과속 조절기는 정격속도의 115% 이상의 속도 그리고 다음과 같은 속도 미만에서 작동되어야 한다.
① 고정된 롤러 형식의 추락방지안전장치: 1m/s 미만
② 고정된 롤러 형식을 제외한 즉시 작동형 추락방지안전장치: 0.8m/s 미만
③ 정격속도 1m/s 이하에 사용되는 점차 작동형 추락방지안전장치: 1.5m/s 미만
④ 정격속도가 1m/s를 초과하는 엘리베이터에 사용되는 점차 작동형 추락방지안전장치: $1.25V + \frac{0.25}{V}$ [m/sec] 미만

(2) 과속 조절기의 종류

① 디스크(Disk)형
과속 조절기의 도르래가 빠르면 원심력에 의해 웨이터가 벌어

▶ **디스크형 과속 조절기**: 중저속용 엘리베이터에 적용된다.

지고, 웨이터는 과속조절기를 동작시킨다.

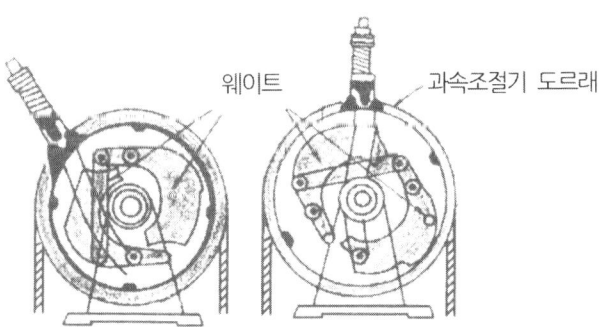

디스크형

② 플라이볼(Fly ball)형
과속 조절기의 도르래 회전을 베벨 기어에 의해 수직축의 회전으로 변환하고, 진자에 작용하는 원심력으로 추락방지 안전장치를 작동시킨다.

▶ **플라이볼 형 과속 조절기**: 고속 엘리베이터에 적용된다.

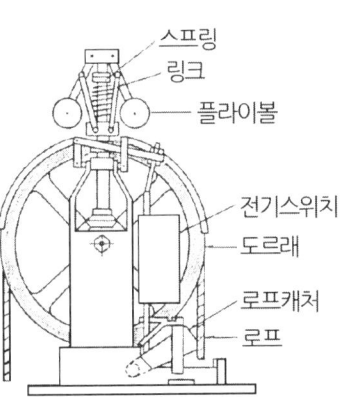

③ 롤 세이프티(Roll safety)형
과속 조절기 도르래 홈과 로프 사이의 마찰력으로 추락방지 안전장치를 작동시킨다.

▶ **롤 세이프티 형**: 저속 엘리베이터에 사용된다.

(3) 과속 조절기에 사용하는 로프
안전율은 8 이상, 공칭 지름은 6mm 이상이어야 한다.

02 카에서의 점검

1. 카의 주행상태

1) 제동기(Brake)

제동기의 코일이 여자되면 플런저를 밀고 내려와 제동 슈(brake shoe)가 드럼을 조이지 못하지만, 솔레노이드 코일이 소자되면 즉시 제동이 걸린다.

▶ **여자**: 철심에 코일을 일정하게 감아, 코일에 전류를 흘려주어 철심이 전자석이 되는 것

▶ **소자**: 전자석이던 철심이 전자석 성질을 잃는 것

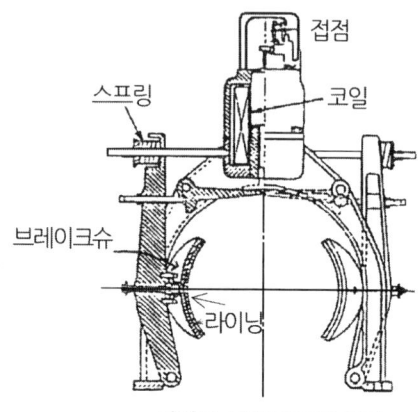

권상기 브레이크의 구조

① 제동시간
- 제동시간(t):

$$t = \frac{120d}{V}(\text{s})$$

여기서, V : 엘리베이터의 속도(m/min)
d : 제동 후 이동거리(m)

② 제동능력
- 제동기는 정격하중의 125%를 싣고 하강 중, 전속 하강 중의 카를 위험 없이 감속·정지시킬 수 있어야 한다.
- 감속도는 $0.1g_n$ 정도로 한다.

▶ **브레이크**: 밴드 브레이크는 사용 불가이며, 라이닝은 불연성일 것

▶ g_n: 중력 가속도(9.81m/s²)

2) 카의 속도

가속 및 감속구간을 제외하고 카의 주행로 중간에서 정격하중에 50%를 싣고, 정격 주파수와 정격전압이 공급될 때 상승 및 하강하는 카의 속도는 정격 속도의 92% 이상, 105% 이하이어야 한다.

2. 카 내부, 상부 점검 및 조정 능력

1) 카 내부에서 점검

(1) 정격 하중

① **화물용 엘리베이터**
 카의 면적 $1m^2$당 250kg으로 계산한 값 이상으로 한다.
② **자동차용 엘리베이터**
 카의 면적 $1m^2$당 150kg으로 계산한 값 이상으로 한다.

(2) 정원

$$정원 = \frac{정격하중}{75}$$

(3) 카 문

① 카 문에는 구멍이 없어야 한다.
② 수직 개폐식의 화물용은 수평으로 10mm 이하, 수직으로 60mm 이하의 구멍을 허용한다.
③ 카 문이 닫혀 있을 때 문짝 사이의 틈새 또는 문짝과 문설주 사이의 틈새는 6mm 이하이어야 한다. 단, 마모될 경우에는 10mm까지 허용될 수 있다.

(4) 카 문의 개방

① 엘리베이터가 어떤 이유로 승강장 근처에서 정지한 경우, 카 문의 개방은 잠금 해제 구간에서만 가능하여야 하는데, 그때 문을 개방하는데 필요한 힘은 300N을 넘지 않아야 한다.
② 엘리베이터가 운행중 일 때 카 문의 개방은 50N 이상의 힘이 요구되어야 한다.
③ 엘리베이터가 잠금 해제구간 밖에 있을 때 카 문은 1000N의 힘으로 50mm 이상 열리지 않아야 한다.

(5) 카 비상 구출문

① 비상 구출문이 천장에 있는 경우 크기는 0.4m × 0.5m 이상이어야 한다.
② 2대 이상의 엘리베이터가 동일 승강로에 설치되어 인접한 카에서 구출할 수 있도록 카 벽에 비상 구출문이 설치된 경우에는 크기가 폭 0.4m 이상, 높이 1.8m 이상이어야 한다.

▶ **카 천장의 비상 구출문**: 외부로 열려야 한다.

▶ **동일 승강로에 2대 이상의 엘리베이터 비상 구출문**: 내부로 열려야 한다.

(6) 카의 조명

① 조명 장치에는 2개 이상의 등이 병렬로 연결되어야 한다.
② 카 조작반 및 카 벽에서 100mm 이상 떨어진 카 바닥위로 1m 모든 지점에 100lx 이상으로 비추는 전기 조명 장치가 영구적으로 설치되어야 한다.
③ 카에는 자동으로 재충전되는 비상전원공급 장치에 의해 5lx 이상의 조도로 1시간 동안 전원이 공급되는 비상등이 있어야 한다.
④ 비상등의 설치 장소
 · 카 바닥 위 1m 지점의 카 중심부
 · 카 내부 및 카 지붕에 있는 비상통화장치의 작동 버튼
 · 카 지붕 바닥 위 1m 지점의 카 지붕 중심부

(7) 카의 환기

① 환기 구멍은 직경 10mm의 곧은 강철봉이 카 내부에서 카 벽을 통해 통과될 수 없는 구조이어야 한다.
② 카에는 아랫 부분과 윗 부분에 환기 구멍이 있어야 한다.
③ 환기 구멍의 유효면적은 카 유효면적의 1% 이상이어야 한다.

2) 카 상부에서 점검

(1) 피난 공간

① 카가 최고 위치에 있을 때 피난 공간을 수용할 수 있는 유효 구역이 1개 이상 카 지붕에 있어야 한다.
② 피난 공간이 2개 이상인 경우 각 피난 공간들은 같은 유형이어야 하고, 서로 간섭되지 않아야 한다.
③ 상부 공간의 피난공간 크기

자세	그림	피난공간 크기	
		수평거리(m×m)	높이(m)
서 있는 자세		0.4×0.5	2
웅크린 자세		0.5×0.7	1

기호 설명: ① 검은색 ② 노란색 ③ 검은색

▶ **비상전원 공급장치**: 배터리

▶ **비상등**: 상용전원 정전시 카 내부에 점등되는 예비조명 장치

▶ **비상통화장치**: 승강기 고장으로 인한 위급상황이나 건물 관리인 부재 등에 대비해 사용하기 위한 통화장치

(2) 카가 최고 위치에 있을 때 승강로 천장의 가장 낮은 부분과 다음 구분에 따른 카 지붕 설비 사이의 유효거리는 다음과 같아야 한다.

① 카 지붕에 고정된 설비 중 가장 높은 부분: 0.5m 이상(수직거리, 성사거리 포함)

② 카의 투영부분에서 수평거리 0.4m 이내의 가이느 슈/롤러, 로프 단말처리부 및 수직 개폐식 문의 헤더 도는 부품의 가장 높은 부분: 0.1m 이상(수직거리)

③ 난간의 가장 높은 부분
- 카의 투영부분에서 수평거리 0.4m 이내와 난간 외부 수평거리 0.1m 이내 부분: 0.3m 이상(수직거리)
- 카의 투영부분에서 수평거리 0.4m 바깥 부분: 0.5m 이상(경사거리)

④ 유압식 엘리베이터는 승강로 천장의 가장 낮은 부분과 상승방향으로 주행하는 램-헤드 조립체의 가장 높은 부분 사이의 유효 수직거리는 0.1m 이상이어야 한다.

(3) **권상 구동 엘리베이터의 주행안내 레일 길이**

주행안내 레일 길이는 카 또는 균형추가 최고 위치에 있을 때 가이드슈/롤러 위로 각각 0.1m 이상 연장되어야 한다.

▶ **권상**: 감아올리고 내리는 타입

3. 안전 장치

1) 추락방지 안전장치

(1) 추락방지 안전장치의 사용 조건

① 카의 추락방지 안전장치는 점차 작동형이어야 하나, 정격속도가 0.63m/s 이하는 즉시 작동형도 가능하다.

② 카, 균형추 등에 여러 개의 추락방지 안전장치가 있는 경우에는 모두 점차 작동형이어야 한다.

③ 정격 속도가 1m/s를 초과한 경우에는 균형추 또는 평형추의 추락방지 안전장치는 점차 작동형이어야 한다. 단, 정격속도가 1m/s 이하인 경우에는 즉시 작동형일 수 있다.

④ 점차 작동형 추락방지 안전장치의 평균 감속도는 $0.2g_n$에서 $1g_n$ 사이에 있어야 한다.

▶ **균형추측 추락방지 안전장치 설치**: 피트 하부에 사람이 거주 또는 통로로 사용시

▶ **추락방지 안전장치 작동 시 카 바닥 기울기**: 5% 이하

(2) 점차 작동형 추락방지 안전장치

① F·G·C(flexible guide clamp)형

레일을 죄는 힘이 동작에서 정지까지 일정하다. 이 방식은 구조가 간단하고, 복구가 쉬워 널리 사용되고 있다.

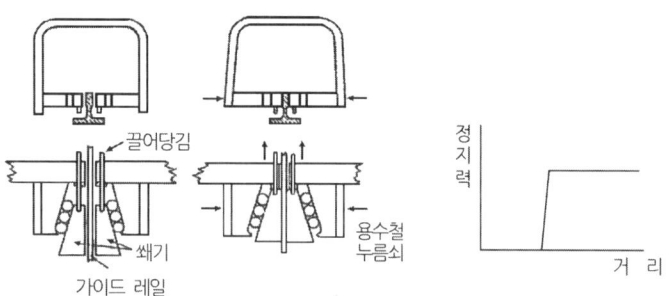

FGC형 비상정지장치

② F·W·C(flexible wedge clamp)형

레일을 죄는 힘이 동작 초기에는 약하나 점점 강해진 후 일정하다.

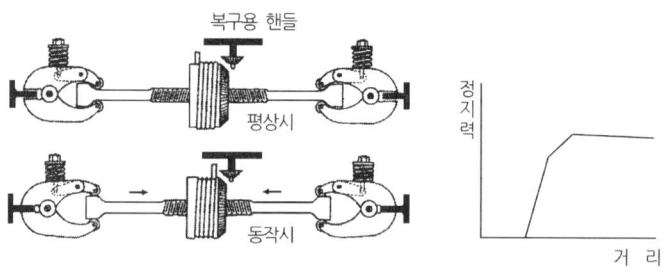

FWC형 비상정지장치

▶ **슬랙 로프 세이프티**: 즉시 작동형 추락방지 안전장치의 일종으로 과속 조절기가 필요 없다.

(3) 슬랙 로프 세이프티(Slack rope safety)

로프에 걸리는 장력이 없어져 로프의 처짐 현상이 생기면, 추락방지 안정장치를 작동시킨다. 주로 저속 및 유압 엘리베이터에 사용된다.

03 승강로에서의 점검

1. 승강로 벽의 균열, 누수 등 청결 상태

1) 전기장치의 물에 대한 보호

① 승강장 문을 포함하는 최상층 승강장 아래 승강로 벽으로부터 1m 이내에 위치한 승강로 내부의 전기기기, 카 지붕 및 카 벽면의 외부를 둘러싼 전기설비는, 상부 승강장에서 떨어지는 물과 튀는 물로부터 보호되거나, IPX3 이상의 등급으로 보호되어야 한다.

② 피트 바닥 위로 1m 이내에 위치한 전기장치는 IP67 이상의 등급으로 보호되어야 한다.

③ 콘센트 및 승강로에서 가장 낮은 조명의 전구위치는 허용 가능한 피트 내부의 최대 누수 수준위로 0.5m 이상이어야 한다.

▶ **IP**: 국제 전기기술 위원회

▶ IP + 방진등급 + 방수등급 (예: IP57)

2. 승강로 기계, 전기부품 및 장치

1) 일반 사항

① 엘리베이터의 균형추, 평형추는 카와 동일한 승강로에 있어야 한다.
② 승강로에 설치되는 돌출물은 안정상 지장이 없어야 한다.
③ 승강로에는 각 층을 나타내는 표기가 있어야 한다.
④ 승강로는 누수가 없고 청결상태가 유지되는 구조이어야 한다.
⑤ 승강로의 구획은 불연재료 또는 내화구조의 벽, 바닥 및 천장이나 충분한 공간으로 이루어지면 된다.
⑥ 밀폐식 승강로는 구멍이 없는 벽, 바닥 및 천장으로 완전히 둘러싸인 구조이어야 한다. 단, 다음과 같은 개구부는 허용된다.
 · 환기구
 · 승강장문을 설치하기 위한 개구부
 · 승강로의 가스 및 연기의 배출을 위한 통풍구
 · 엘리베이터 운행을 위해 필요한 기계실 또는 풀리실과 승강로 사이의 개구부
⑦ 폭 0.15m 이상의 승강로 내부 벽, 수평 돌출부 또는 수평 빔에는 사람이 서 있지 못하도록 보호조치를 해야 한다.

▶ **불연재료**: 불에 타지 않는 재료

▶ **내화구조**: 불에(화재)에 견디는 구조

▶ **개구부**: 환기, 채광 출입을 위해 벽을 치지 않는 부분

3. 각종 매다는 장치 및 체인

1) 매다는 장치의 권상

(1) 매다는 장치의 권상 3가지 적합성

① 카는 정격하중이 125%로 적재될 때 승강장 바닥 높이에서 미끄러짐이 없이 정지 상태가 유지되어야 한다.

② 빈 카 또는 정격하중의 카가 비상 제동될 때, 카는 행정거리가 줄어든 완충기를 포함하여 완충기의 설계된 속도 이하로 확실하게 감속되어야 한다.

③ 카 또는 균형추가 완충기를 누르고 있는 위험한 위치에 정지해 있는 경우, 빈 카 또는 균형추를 들어올리는 것이 가능하지 않아야 한다. 또한 다음중 어느 하나와 같아야 한다.
  · 매다는 장치 권상 도르래에서 미끄러져야 한다.
  · 구동기는 전기 안전장치에 의해 정지되어야 한다.

(2) 포지티브 구동 엘리베이터의 매다는 장치 감김

① 드럼은 나선형으로 홈이 있어야 하고, 그 홈은 매다는 장치에 적합해야 한다.

② 카가 완전히 압축된 완충기 위에 정지하고 있을 때 드럼의 홈에는 한바퀴 반의 매다는 장치가 남아있어야 한다.

③ 매다는 장치는 한 겹으로만 감겨야 한다.

④ 홈에 대한 장치의 편향각은 4°를 초과하지 않아야 한다.

▶ **권상** : 감아 올리고 내리는 것

▶ **구동기** : 에너지를 사용하여 기계적인 일을 하는 기구

▶ **포지티브** : 통에 감는 타입

▶ **편향각** : 후미각

04 승강장에서의 점검

1. 승강장 문 및 장치

1) 일반사항

① 승강장 문에는 구멍이 없어야 한다.

② 승강장 문이 닫혔을 때 필수적인 틈새를 제외하고 승강장 출입구를 완전히 닫아야 한다.

③ 경첩이 달린 카 문에는 그 문이 카 외부로 열리는 것을 방지하기 위한 장치가 있어야 한다.

④ 승강장 문이 닫혀 있을 때 문짝간 틈새나 문짝과 문틀(측면) 또는 문턱 사이의 틈새는 6mm 이하이어야 한다.

▶ **승강장 조명** : 자연조명 또는 인공조명은 50lx 이상

▶ **자동차용 엘리베이터 승강장 조명** : 150lx 이상

⑤ 승강장문 관련 부품이 마모된 경우에는 10mm까지 문짝간 틈새나 문짝과 문틀(측면) 사이의 틈새가 허용된다.
⑥ 수직 개폐식 승강장문이 닫혀 있을 때 문짝간 틈새나 문짝과 문틀(측면) 사이의 틈새는 10mm까지 허용(마모된 경우에는 14mm까지 허용)된다.

2. 승강장 버튼 및 표시기

1) 승강장 버튼

(1) 승강장 문 잠금장치
① 잠금 부품이 7mm 이상 물리지 않으면 작동되지 않아야 한다.
② 잠금 부품의 결합은 문이 열리는 방향으로 300N의 힘을 가할 때, 잠금 효과를 감소시키지 않는 방식으로 이루어져야 한다.
③ 잠금 작용은 중력, 영구자석 또는 스프링에 의해 이루어지고 유지되어야 한다.

▶**승강장 문**: 승강기를 타고 내리기 위해 승강장에 설치된 문

(2) 신호 장치
① 인디케이터(Indicator)
승강장 또는 카 내에서 현재 카의 위치를 알려주는 장치이다.
② 홀랜턴(Hall lantern)
엘리베이터 군관리 방식에서 사용되고 있는데, 카가 도착하면 차임벨 소리와 더불어 카의 이동 방향의 램프가 점등된다.

▶**인디케이터**: 인디케이터 기호

▶**홀랜턴**: 카의 올라감과 내려감을 나타내는 방향등 기호

05 피트에서의 점검

1. 피트 기계, 전기부품 및 장치
① 피트 깊이가 1.6m 이하인 경우에는, 최하층 승강장 바닥에서 수직위로 최소 0.4m 이내 및 피트 바닥에서 수직위로 최대 2m 이내에 정지장치가 있어야 한다.
② 피트 깊이가 1.6m 초과인 경우에는
  ⓐ 상부 정지 스위치는 최하층 승강장 바닥에서 수직위로 최소 1m 이내 및 승강장문 안쪽 문틀에서 수평으로 최대 0.75m 이내
  ⓑ 하부 정지 스위치는 피트 바닥에서 수직위로 최대 1.2m 이내 및 피난 공간에서 조작이 가능한 위치

▶**피트**: 카가 정지하는 최하층의 바닥면에서 승강로의 바닥면까지의 완충용 공간

(2) 피트 바닥의 수직력

① 카 측
피트 바닥은 전 부하 상태의 카가 완충기에 작용하였을 때 카 완충기 지지대 아래에 부과되는 정하중의 4배를 지지할 수 있어야 한다.

$$F = 4 \cdot g_n \cdot (P+Q)$$

여기서, F : 전체 수직력[N]
g_n : 중력 가속도(9.81[m/s²])
P : 카 자중 및 이동케이블, 보상 로프/체인 등 카에 의해 지지되는 부품의 중량[kg]
Q : 정격하중[kg]

▶ **정하중**: 정지된 상태에서의 하중

▶ **정격**: 기기가 정상적으로 작동할 수 있는 범위나 한도

② 균형추 측
피트 바닥은 균형추가 완충기에 작용하였을 때 균형추 완충기 지지대 아래에 부과되는 정하중의 4배를 지지할 수 있어야 한다.

$$F = 4 \cdot g_n \cdot (P + q \cdot Q)$$

여기서, F : 전체 수직력[N]
g_n : 중력 가속도(9.81[m/s²])
P : 카 자중 및 이동케이블, 보상 로프/체인 등 카에 의해 지지되는 부품의 중량[kg]
Q : 정격하중[kg]
q : 균형추에 의해 보상되는 밸런스율

(3) 피트 출입수단
① 피트 깊이가 2.5m를 초과하는 경우: 피트 출입문
② 피트 깊이가 2.5m 이하인 경우: 피트 출입문 또는 승강장문에서 쉽게 접근할 수 있는 승강로 내부의 사다리

▶ **피트 출입문**: 폭 0.7m×높이 1.8m 이상

(4) 피트의 피난 공간
① 카가 최저 위치에 있을 때 피난 공간이 1개 이상 있어야 한다.
② 피난 공간이 두 개 이상인 경우 그 피난 공간들은 같은 유형이어야 하고, 서로 간섭되지 않아야 한다.

③ 피트의 피난공간 크기

자세	그림	피난공간 크기	
		수평거리(m×m)	높이(m)
서 있는 자세		0.4×0.5	2
웅크린 자세		0.5×0.7	1
누운 자세		0.7×1	0.5

기호 설명: ① 검은색 ② 노란색 ③ 검은색

(5) 피트의 조명

피트 바닥에서 수직 위로 1m 떨어진 곳에서 50lx 이상 되어야 한다.

(6) 피트 바닥과 카의 가장 낮은 부분 사이의 유효 수직거리: 0.5m 이상이어야 한다.

(7) 피트에 고정된 가장 높은 부분과 카의 가장 낮은 부분 사이의 유효 수직거리: 0.3m 이상이어야 한다.

(8) 카 상부 및 피트의 피난공간: 비상통화장치가 설치되어야 한다.

2. 피트 누수

1) 일반사항

① 피트 바닥위로 1m 이내에 위치한 전기장치는 IP 67로 보호되어야 한다.
② 콘센트 및 승강로에서 가장 낮은 조명 전구의 위치는 허용가능한 피트 내부의 최대 누수 수준위로 0.5m 이상이어야 한다.

▶ **IP**: 국제 전기기술위원회

▶ **IP57**: 5는 방진등급, 7은 방수등급

▶ **승강로**: 카나 균형추가 오르고 내리는 통로

CBT대비 6회 출제예상문제

01 다음에서 기계실에 설치되어 있지 않는 장치는?

① 전동기　　② 제어반
③ 권상기　　④ 레일

 기계실에는 전동기, 권상기, 과속조절기, 제어반, 전자제동기 등이 설치되어 있다.

02 다음은 기계실의 조명과 온도에 관한 설명이다. 맞는 것은?

① 조명 200lx 이상, 온도 40℃ 이하
② 조명 200lx 이상, 온도 40℃ 이상
③ 조명 120lx 이상, 온도 30℃ 이하
④ 조명 120lx 이상, 온도 30℃ 이상

 기계실의 조도는 200럭스 이상이 되어야 하고, 온도는 5℃ 이상 40℃ 이하가 되어야 한다.

03 다음 중 기계실에 관한 내용으로 맞지 않는 것은?

① 기계실의 온도는 10℃~40℃이어야 한다.
② 바닥면의 조도는 200lx 이상이어야 한다.
③ 작업구역에서의 높이는 2.1m 이상 되어야 한다.
④ 유효공간으로 접근하는 통로의 폭은 0.5m 이상이어야 한다.

 기계실의 온도는 5℃~40℃이어야 한다.

04 다음 중 플라이볼 과속조절기를 적용하는 승강기는?

① 저속 승강기　　② 중속 승강기
③ 고속 승강기　　④ 초고속 승강기

정답 1 ④　2 ①　3 ①　4 ③

디스크 과속조절기는 저·중속 엘리베이터에, 플라이볼 과속조절기는 고속 엘리베이터에 사용한다.

▶ **과속 조절기에 사용하는 로프**: 공칭 지름 6mm 이상

05 카 추락방지안전장치의 작동을 위한 과속조절기는 정격속도의 몇 % 이상시 작동되어야 하는가?

① 100 ② 105 ③ 110 ④ 115

06 과속조절기가 작동시 과속조절기에 의해 생성되는 과속조절기 로프의 인장력에 대한 설명으로 맞는 것은?

① 400N 또는 최소한 추락방지안전장치가 물리는 데 필요한 값의 2배 중 큰 값
② 400N 또는 최소한 추락방지안전장치가 물리는 데 필요한 값의 3배 중 큰 값
③ 300N 또는 최소한 추락방지안전장치가 물리는 데 필요한 값의 3배 중 큰 값
④ 300N 또는 최소한 추락방지안전장치가 물리는 데 필요한 값의 2배 중 큰 값

▶ **인장력**: 물체 양끝에서 당겨지는 단위 면적당 힘

07 제동코일의 여자전류로 적당한 것은?

① 직류 ② 단락전류 ③ 과도전류 ④ 공진전류

▶ 단락전류 = 합선전류

08 승강기 정격속도가 120m/min이고 제동거리가 1m인 승강기가 있다. 제동을 건 후 몇 초 후에 정지하는가?

① 1초 ② 2초 ③ 3초 ④ 4초

$t = \dfrac{120d}{v}$ (초), $t = \dfrac{120 \times 1}{120} = 1$ (초)

정답 5 ④ 6 ④ 7 ① 8 ①

09 다음 그림의 명칭 중 잘못 기재된 명칭은?

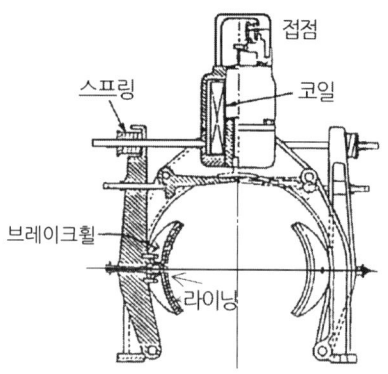

① 접점
② 스프링(spring)
③ 코일
④ 브레이크 휠(brake wheel)

 브레이크 휠은 브레이크 슈로 정정되어야 한다.

▶제동기 = 브레이크

10 제동기는 정격하중의 얼마를 싣고 하강중, 전속 하강중의 카를 위험없이 감속·정지시킬 수 있어야 하는가?

① 100% ② 115% ③ 125% ④ 140%

11 제동기의 감속도로 맞는 것은?

① $0.1g_n$ ② $0.3g_n$ ③ $0.5g_n$ ④ $1.0g_n$

12 카의 정원 공식에서 ( )에 들어갈 적당한 숫자는?

$$정원 = \frac{정격하중(kg)}{(\ \ )}$$

① 60 ② 65 ③ 70 ④ 75

정답 9 ④ 10 ③ 11 ① 12 ④

13 잠금 해제 구간에서 카 내에 승객이 갇혀 있을 때, 카 문을 개방하는데 필요한 힘은?

① 50N 초과하지 않을 것
② 120N 초과하지 않을 것
③ 200N 초과하지 않을 것
④ 300N 초과하지 않을 것

14 운행 중인 엘리베이터 카 문의 개방은 몇 N 이상이어야 하는가?

① 60   ② 50   ③ 40   ④ 30

15 승강장 문의 도어가 닫힌 상태에서 틈 사이의 거리는 얼마 이내이어야 하는가?

① 5mm 이내   ② 6mm 이내   ③ 7mm 이내   ④ 8mm 이내

16 카 천장의 비상 구출문의 크기로 맞는 것은?

① 0.4m × 0.5m 이상   ② 0.4m × 0.7m 이상
③ 0.5m × 0.6m 이상   ④ 0.5m × 0.8m 이상

17 2대 이상의 엘리베이터가 동일 승강로에 설치시, 카 벽에 설치된 비상구출문의 크기로 맞는 것은?

① 0.4m × 1.8m 이상   ② 0.4m × 1.9m 이상
③ 0.5m × 2.1m 이상   ④ 0.5m × 2.2m 이상

18 카에는 카 바닥 위로 1m 모든 지점에, 몇 lx 이상으로 비추는 전기조명 장치가 있어야 하는가?

① 50lx   ② 100lx
③ 150lx   ④ 200lx

19 정전시 카 내부에서 비상등 밝기는 얼마 이상 되어야 하는가?

① 2lux 이상   ② 3lux 이상   ③ 5lux 이상   ④ 10lux 이상

▶ **비상등**: 5lx 이상의 조도로 1시간동안 전원이 공급되어야 한다.

정답 13 ④ 14 ② 15 ② 16 ① 17 ① 18 ② 19 ③

20 카 상부 피난공간(서있는 자세)의 수평거리 크기로 맞는 것은?

① 0.4m × 0.5m ② 0.4m × 0.6m
③ 0.5m × 0.7m ④ 0.5m × 0.8m

자세	그림	피난공간 크기	
		수평거리(m×m)	높이(m)
서 있는 자세		0.4×0.5	2
웅크린 자세		0.5×0.7	1

기호 설명: ① 검은색 ② 노란색 ③ 검은색

21 비상정지장치 작동시 카 바닥의 기울기는 정상위치에서 몇 %를 초과하여 기울어지지 않아야 하는가?

① 2   ② 3   ③ 5   ④ 7

카 추락방지안전장치가 작동될 때, 부하가 없거나 부하가 균일하게 분포된 카의 바닥은 정상적인 위치에서 5%를 초과하여 기울어지지 않아야 한다. 추락방지안전장치가 작동된 후 정상 복귀는 전문가(유지보수업자)에 의해 복귀되어야 한다.

22 플렉시블 가이드 클램프(FGC:Flexible Guide Clamp)형의 추락방지안전장치를 설명한 것 중 맞는 것은?

① 점진식 추락방지안전장치의 일종으로 카가 정지할 때까지 레일을 죄는 힘이 처음에는 약하다가 하강함에 따라서 강해지다가 얼마 후 일정해진다.
② 순간식 추락방지안전장치의 일종으로 카가 정지할 때까지 레일을 죄는 힘이 처음에는 약하다가 하강함에 따라서 강해지다가 얼마 후 일정해진다.

▶ **FGC형**: 레일을 죄는 힘이 동작에서 정지까지 일정

▶ **FWC형**: 레일을 죄는 힘이 동작 초기에는 약하나 점점 강해진 후 일정

정답 20 ① 21 ③ 22 ③

③ 점진식 추락방지안전장치의 일종으로 카가 정지할 때까지 레일을 죄는 힘이 일정하다.
④ 순간식 추락방지안전장치의 일종으로 카가 정지할 때까지 레일을 죄는 힘이 일정하다.

23 FGC(Flexible Guide Clamp)형 추락방지안전장치의 장점으로 옳은 것은?

① 정격속도의 1.3배에서 작동하여 순간적으로 정지시킨다.
② 베어링을 사용하기 때문에 접촉이 확실하다.
③ 작동 후 복구가 쉽다.
④ 레일을 죄는 힘이 초기에는 약하나, 하강에 따라 강해진다.

24 다음 추락방지안전장치의 설명으로 맞지 않는 것은?

① 점진식 추락방지안전장치는 플랙시블 가이드 클램프와 플랙시블 웨지 클램프형이 있다.
② 추락방지안전장치의 정지거리에서 최소치는 평균 감속도를 1G 이하로, 최대치는 평균 감속도를 0.2G 이하로 억제한다.
③ 정격 속도 37.8m/min를 초과하지 않을시 순간정지식 추락방지안전장치가, 정격 속도 60m/min 초과인 엘리베이터에서는 점진식 추락방지안전장치가 적용된다.
④ 추락방지안전장치의 정지거리는 1m 이하이다.

1. 점진식 추락방지안전장치: 중·고속 엘리베이터(60m/min 초과)에 적용된다.
   ① F·G·C(flexible guide clamp)형 : 레일을 죄는 힘이 동작에서 정지까지 일정하다. 이 방식은 구조가 간단하고, 복구가 쉬워 널리 사용되고 있다.
   ② F·W·C(flexible wedge clamp)형 : 레일을 죄는 힘이 동작 초기에는 약하나 점점 강해진 후 일정하다.
2. 즉시 작동형 추락방지 안전장치
   ① 정격속도가 1m/s를 초과하지 않는 경우: 완충효과가 있는 즉시 작동형
   ② 정격속도가 0.63m/s를 초과하지 않는 것은: 즉시 작동형

▶ **추락방지 안전장치 감속도**:
$0.2g_n$ 이상 $1g_n$ 이하

정답 23 ③ 24 ④

25 승강장문의 마모된 경우 몇 mm까지 문짝간 틈새가 허용되는가?

① 8mm ② 9mm ③ 10mm ④ 12mm

▶ **승강장 문**: 카 운행중 카문의 개방은 50N 이상의 힘이 필요

26 승강장문은 잠금부품이 얼마 이상 물리지 않으면 작동되지 않아야 하는가?

① 5mm ② 6mm ③ 7mm ④ 8mm

▶ **정하중**: 정지 상태의 하중

27 피트 바닥은 전 부하상태의 카가 완충기에 작용시, 카 완충기 지지대 아래에 부과되는 정하중의 얼마를 지지할 수 있어야 하는가?

① 4배 ② 5배 ③ 6배 ④ 7배

$$F = 4g_n(P+Q)$$

여기서, F : 전체수직력(N)
g_n : 중력가속도(9.8m/s²)
P : 카 자중과 이동 케이블, 보상로프/체인 등 카에 의해 지지되는 부품의 중량(kg)
Q : 정격 하중(kg)

▶ **정격**: 기기가 정상적으로 작동할 수 있는 범위나 한도

28 카가 정격하중의 50%를 싣고 운행시 상승 및 하강하는 경우의 정격속도로 맞는 것은?

① 90% 이상 100% 이하 ② 92% 이상 105% 이하
③ 95% 이상 110% 이하 ④ 98% 이상 115% 이하

정답 25 ③ 26 ③ 27 ① 28 ②

Chapter 02 에스컬레이터 (무빙워크) 점검

01 구동부 점검하기

1. 구동기, 구동체인, 구동장치

1) 무빙워크의 정지거리

공칭속도	정지거리
30m/min(0.50m/s)	0.2m에서 1.0m 사이
39m/min(0.65m/s)	0.3m에서 1.3m 사이
45m/min(0.75m/s)	0.4m에서 1.5m 사이

▶ **구동기**: 시스템을 움직이거나 제어하는 용도로 사용되는 장치

2) 구동기 무부하 시험

① 무부하로 2시간 이상 연속적으로 구동기를 정·역회전 작동시켰을 때 이상이 없어야 한다.
② 제조사가 제시한 구동기의 출력 측 속도값의 ±3% 이내에 있어야 한다.
③ 진동을 측정하였을 때 최대 진폭값이 0.014mm 이하이어야 한다.
④ 소음 측정시 구동기로부터 1m의 거리에서 70dB 이하가 되어야 한다.
⑤ 온도 상승시험
  무부하로 2시간 이상 연속 운전하였을 측정부의 온도는 다음과 같아야 한다.
   ⓐ 베어링 부위: 온도 상승기준 55℃ 이하
   ⓑ 전동기 권선: 온도 상승기준 105℃ 이하
   ⓒ 브레이크 코일: 온도 상승기준 70℃ 이하
   ⓓ 프레임 부: 온도 상승기준 55℃ 이하

▶ **무부하**: 부하가 없는 상태

▶ **dB**: 소음 측정 단위 (데시벨)

3) 절연저항 시험

직류 500V의 절연 저항계로 충전부와 비충전부 사이를 측정한 절연저항은 100MΩ 이상이어야 한다.

▶ $1MΩ = 10^6 Ω$

▶ **내전압**: 전압을 가했을 때 견디는 전압

▶ **내전압시험**: 시험 전압까지 상승시켜 1분간 유지한 후 측정

4) 내전압 시험

① 충전부와 비충전부 사이
- 직류·교류 30V 초과 60V 이하: 시험전압은 250V(교류실효치)
- 직류·교류 60V 초과 125V 이하: 시험전압은 500V(교류실효치)
- 직류·교류 125V 초과 250V 이하: 시험전압은 1000V(교류실효치)
- 직류·교류 250V 초과: 2E + 1000V(교류실효치)

※ E는 기기의 정격전압을 말한다.

2. 브레이크 시스템

1) 전자-기계 브레이크

① 전자-기계 브레이크 정상 개방은 지속적인 전류의 흐름에 의해야 한다.
② 브레이크는 브레이크 회로가 개방되면 즉시 작동되어야 한다.
③ 제동력은 안내되는 압축 스프링에 의해 발휘되어야 한다.

▶ **브레이크의 종류**: 드럼형, 디스크형, 밴드형

2) 보조 브레이크

① 하강 방향으로 움직일 때 측정한 감속도는 모든 작동 조건 아래에서 $1m/s^s$ 이하이어야 한다.
② 보조 브레이크는 기계적(마찰) 형식이어야 한다.
③ 에스컬레이터의 역주행 방지를 위해 설치한다.

▶ **보조 브레이크 작동 조건**: 공칭속도의 1.4배 값을 초과하기 전

02 안전장치 점검하기

1. 기계적·전기적 안전장치

1) 과속감지

속도가 공칭 속도의 1.2배를 초과하기 전에 과속을 감지할 수 있는 장치가 제공되어야 한다.

▶ **공칭속도**: 무부하 상태에서 움직이는 속도

▶ **정격속도**: 정격하중 상태에서 움직이는 속도

2) 의도되지 않은 운행 방향의 역전 감지

에스컬레이터와 경사형($a \geq 6°$)무빙워크의 의도되지 않은 역전을 즉시 감지할 수 있는 장치가 제공되어야 한다.

3) 보조 브레이크의 미작동 감지

4) 디딤판을 직접 구동하는 부품의 파손 또는 과도한 늘어짐 감지

5) 인장 장치의 움직임 감지

6) 끼임방지 빗(Comb) 끼인 감지

7) 연속되는 에스컬레이터 및 무빙워크의 정지 감지

8) 손잡이 입구에서의 끼임 감지

9) 디딤판 또는 팔레트 처짐 감지

10) 브레이크의 미작동 감지

11) 손잡이의 속도 편차 감지

12) 점검용 덮개 열림 감지

13) 추락방지 안전장치 작동 감지

14) 점검 등 유지관리 업무를 위한 정지장치 감지

2. 출입구 근처의 안전표시

1) 주의 표시
80mm × 100mm 이상의 크기로 하여야 한다.

2) 주의 문구
① 대: 19pt (흑색)
② 소: 14pt (적색)

3. 트러스 외부의 기계류 공간

1) 기계류 공간
① 잠글 수 있어야 하고 자격자만이 접근할 수 있어야 한다.
② 영구적으로 설치된 전기 조명장치가 다음과 같이 있어야 한다.
 • 작업 구역의 바닥에서 200lx 이상
 • 작업 구역으로 접근하는 통로의 바닥에서 50lx 이상
③ 작업 구역에서 유효높이는 2m 이상이어야 한다.

▶ **비상정지장치 사이의 거리**: 에스컬레이터는 30m 이하, 무빙워크는 40m 이하이어야 한다.

▶ **트러스**: 에스컬레이터의 기본구조

④ 움직임을 위한 통로의 높이는 1.8m 이상이어야 한다(이동을 위한 통로의 폭은 0.5m 이상이어야 한다.)
⑤ 기계류 공간의 유효높이는 2.0m 이상이어야 한다.
⑥ 진입 방지대의 높이는 900mm에서 1100mm 사이이어야 한다.
⑦ 진입 방지대 및 고정장치는 높이 200mm에서 3000N의 수평력을 견뎌야 한다.

03 손잡이 점검하기

1. 손잡이 및 구성품

1) 손잡이 외형

① 손잡이 폭은 70mm와 100mm 사이이어야 한다.
② 손잡이와 난간 끝부분 사이의 거리는 50mm 이하이어야 한다.
③ 뉴얼안에 들어가는 손잡이 입구의 최하점은 마감된 바닥으로부터 0.1m 이상 0.25m 이하의 거리에 있어야 한다.
④ 손잡이 중심선 사이의 거리는 스커트 사이의 거리보다 0.45m를 초과하지 않아야 한다.
⑤ 손잡이가 도달되는 가장 먼 지점과 뉴얼안에 들어가는 입구 사이의 수평거리는 0.3m 이상이어야 한다.

▶ **뉴얼(Newel)**: 에스컬레이터 또는 무빙워크에서 난간이 승강구에서 반원형태로 돌출하여 핸드레일이 뒤집히는 부분

▶ **스커트 가드**: 에스컬레이터 또는 무빙워크의 내측판 하부에 있는데, 디딤판 측면과의 작은 틈새를 보호한다

2. 디딤판과 손잡이 속도 측정

1) 디딤판과 손잡이의 속도

(1) 일반사항

① 디딤판의 속도와 −0%에서 +2%의 허용오차로 같은 방향과 속도로 움직이는 손잡이가 설치되어야 한다.
② 손잡이는 정상 운행중 운행 방향의 반대편에서 450N의 힘으로 당겨도 정지되지 않아야 한다.
③ 손잡이는 인접 표면으로부터 수평으로 80mm 이상, 수직으로 25mm 이상 떨어져야 한다.

▶ **뉴턴(N)**: 질량 1kg의 물체를 $1m/s^2$의 가속도로 움직이게 하는 힘

04 상부 기계실 점검하기

1. 디딤판, 트레드, 스커트 가드

1) 디딤판 및 트레드

① 에스컬레이터의 이용자 운송구역에서 디딤판 트레드는 운행방향에 ±1°의 공차로 수평해야 한다.
② 디딤판 라이저는 클리트되어야 하고, 클리트 표면은 매끄러워야 한다.
③ 디딤판 트레드 홈 폭은 5mm 이상 7mm 이하이어야 한다.
④ 홈의 깊이는 10mm 이상이어야 한다.

▶**디딤판 트레드**: 디딤판의 밟는 부분

▶**디딤판 클리트**: 에스컬레이터의 디딤판 홈 옆(돌출된 부분)부분

▶**디딤판 라이저**: 디딤판의 배면 (라이저 밑 부분)

2) 스커트 가드

① 스커트는 평탄한 수직면의 맞대기 이음이어야 한다.
② 스커트는 2500mm^{2}의 정사각 또는 원형 면적에 수직으로 가장 약한 지점의 표면에 대해 1500N의 집중하중을 가할 때 휨량은 4mm 이하이어야 한다.
③ 스커트 디플렉터는 모서리가 둥글게 설계되어야 한다.
④ 스커트 디플렉터의 말단 끝부분은 콤 교차선에서 최소 50mm 이상, 최대 150mm 앞에서 마감되어야 한다.

▶**스커트 디플렉터**: 스커트에 칫솔형태로 설치해 놓은 것을 말하는데, 디딤판과 스커트 사이 끼임을 방지하기 위해 설치한다

2. 제어반

1) 전기고장에 대한 보호

(1) 예상되는 고장

① 전압 부재
② 전압강하
③ 전도체의 연속성 상실
④ 회로의 접지 결함
⑤ 저항, 캐패시터, 램프 등과 같은 전기부품의 기능저하
⑥ 접점의 개로 불능
⑦ 접점의 폐로 불능
⑧ 접촉기 또는 릴레이의 움직이는 전기자의 융착

▶**전도체**: 에너지(전류, 열 등)를 전해주는 물질

▶**개로**: 길을 열음
▶**폐로**: 길을 닫음

▶**캐패시터**: 전기를 모으고 방출하기 위해 사용되는 부품

▶**단락**: 합선

(2) 전동기의 보호

단락에 대해 보호되어야 한다.

(3) 안전 스위치의 작동

접점의 확실한 기계적 분리에 의해 작동되어야 한다.

05 하부 기계실 점검하기

1. 디딤판 체인 상태 및 장력

1) 일반사항

▶ 스텝과 스텝사이 간격: 6mm 이상

① 안전율은 5 이상이어야 한다.
② 체인은 인장 시험이 수행되어야 한다.
③ 디딤판 체인은 지속적으로 인장되어야 한다.
④ 인장방식의 스프링은 인장장치로 허용되지 않는다.
⑤ 2개 이상의 체인이 사용될 때 하중은 모든 체인에 균등하게 분포되는 것으로 가정한다.

2. 콤, 오일받이

1) 일반사항

▶ 콤(Comb)의 구조

① 콤은 승강장에 설치되어야 한다.
② 콤은 쉽게 교체될 수 있어야 한다.
③ 콤 빗살은 디딤판의 홈에 맞물려야 한다.
④ 콤 빗살의 폭은 트레드 표면에서 측정하여 2.5mm 이상이어야 한다.
⑤ 콤의 끝은 둥글게 해야한다.
⑥ 콤 빗살 끝의 반경은 2mm 이하이어야 한다.
⑦ 트레드 홈에 맞물리는 콤 깊이는 4mm 이상이어야 한다.

▶ 트레드: 밟는 부분

2) 오일받이

에스컬레이터 하부의 기름받이를 말한다. 넘치지 않도록 자주 비워주어야 한다.

CBT대비 7회 출제예상문제

01 무빙워크의 공칭속도가 0.5m/s일 때, 정지거리로 맞는 것은?

① 0.2m부터 1.0m까지　② 0.3m부터 1.2m까지
③ 0.4m부터 1.3m까지　④ 0.5m부터 1.4m까지

▶ **공칭속도**: 무부하 상태에서 움직이는 속도

공칭속도	정지거리
0.50%	0.20m에서 1.00m 사이
0.65%	0.30m에서 1.30m 사이
0.75%	0.40m에서 1.50m 사이
0.90%	0.55m에서 1.70m 사이

02 에스컬레이터 브레이크의 종류가 아닌 것은?

① 드럼형　② 디스크형　③ 밴드형　④ 슬립형

에스컬레이터 브레이크 종류에는 드럼형, 디스크형, 밴드형이 있다.

03 에스컬레이터 무부하 시험시 정격속도는 제조사가 제시한 구동기의 출력측 속도값의 몇 %이내에 있어야 하는가?

① ±1%　② ±2%　③ ±3%　④ ±4%

▶ **무부하**: 부하가 없는 상태

04 에스컬레이터 무부하 시험시 소음측정을 할 때 구동기로부터 1m의 거리에서 측정한 값이 얼마 이하가 되어야 하는가?

① 50dB　② 60dB　③ 70dB　④ 80dB

05 에스컬레이터의 보조 브레이크 형식으로 맞는 것은?

① 기계적　② 전자적　③ 반도체적　④ 모멘트적

정답 1① 2④ 3③ 4③ 5①

에스컬레이터의 보조 브레이크는 기계적(마찰)형식이어야 한다.

06 에스컬레이터와 무빙워크는 공칭속도의 얼마의 값을 초과하기 전에 자동으로 정지되도록 설치되는가?

① 1.1배 ② 1.2배 ③ 1.3배 ④ 1.4배

 속도가 공칭속도의 1.2배의 값을 초과하기 전에 전원이 차단되어야 한다.

07 에스컬레이터와 무빙워크의 출입구 근처 주의표시 규격으로 맞는 것은?

① 80mm × 100mm 이상   ② 80mm × 120mm 이상
③ 90mm × 100mm 이상   ④ 90mm × 120mm 이상

 주의표시 규격은 80mm × 100mm 이상이어야 한다. 주의표지는 견고한 재질로 만들어져야 하며, 승강장에서 잘 보이는 곳에 확실히 부착하여야 한다.

08 에스컬레이터 주의 문구(소) 기준규격과 색상으로 맞는 것은?

① 12pt, 적색   ② 12pt, 녹색   ③ 14pt, 청색   ④ 14pt, 적색

1. 주의문구
① 대
· 기준규격 19pt이상, 색상 검정색
② 소
· 기준규격 14pt이상, 색상 적색

2. 안전, 위험
기준규격 10mm × 10mm 이상, 색상 검정색

09 에스컬레이터 트러스 외부의 구동기 작업공간 바닥에서의 조도로 맞는 것은?

① 100lux 이상   ② 200lux 이상
③ 300lux 이상   ④ 400lux 이상

트러스 외부의 구동기 작업공간 바닥에서의 조도는 200lux 이상이어야 하며, 작업공간으로 접근하는 통로의 바닥은 50lux 이상이어야 한다.

▶ **트러스**: 에스컬레이터 기본 구조로 앵글강, 형강 등을 용접하여 만든다.

10 에스컬레이터 구동기 작업공간의 높이는?

① 1m 이상   ② 1.5m 이상
③ 2.0m 이상   ④ 2.5m 이상

11 에스컬레이터 트러스 외부의 움직임을 위한 통로의 높이로 맞는 것은?

① 1.5m 이상   ② 1.8m 이상
③ 2.1m 이상   ④ 2.5m 이상

움직임을 위한 통로의 높이는 1.8m 이상 그리고 통로의 폭은 0.5m 이상(움직이는 부품이 없으면 0.4m 이상)이어야 한다.

12 에스컬레이터 손잡이 폭은 규격으로 맞는 것은?

① 70mm와 100mm 사이   ② 70mm와 120mm 사이
③ 80mm와 100mm 사이   ④ 80mm와 120mm 사이

에스컬레이터 손잡이 폭은 70mm와 100mm 사이이어야 하며, 손잡이와 난간 끝부분 사이의 거리는 50mm 이하이어야 한다.

13 에스컬레이터 디딤판 속도와 손잡이 속도의 허용오차로 맞는 것은?

① −0%에서 +2%   ② −0%에서 +5%
③ −2%에서 +2%   ④ −2%에서 +5%

에스컬레이터 디딤판 속도와 손잡이 속도의 허용오차는 −0%에서 +2% 이어야 한다.

정답 10 ③ 11 ② 12 ① 13 ①

14 에스컬레이터 손잡이는 정상 운행중 운행 방향의 반대편에서 얼마의 힘으로 당겨도 정지되지 않아야 하는가?

① 300N　② 350N　③ 400N　④ 450N

15 끼임방지 빗(Comb) 빗살의 폭은 트레드 표면에서 측정하여 얼마 이상이어야 하는가?

① 2.0mm　② 2.5mm　③ 3.0mm　④ 3.5mm

16 에스컬레이터 끼임방지 빗(Comb)홈에 맞물리는 끼임방지 빗 깊이는 얼마 이상이어야 하는가?

① 2mm　② 3mm　③ 4mm　④ 5mm

▶ **스커트 디플렉터**: 디딤판과 스커트 사이에 끼임의 위험을 최소화하기 위한 장치. 스커트에 수직으로 부착되어 디딤판쪽으로 칫솔형태로 돌출되어 있다.

17 스커트 디플렉터의 말단 끝부분은 콤 교차선에서 최소 얼마 이상, 최대 얼마 앞에서 마감되어야 하는가?

① 최소 50mm 이상, 최대 150mm
② 최소 60mm 이상, 최대 160mm
③ 최소 70mm 이상, 최대 160mm
④ 최소 80mm 이상, 최대 170mm

 스커트 디플렉터(스커트 패널의 수직면으로부터 수평방향으로 최소 33mm, 최대 50mm 돌출)의 말단 끝부분은 콤 교차선에서 최소 50mm 이상, 최대 150mm 앞에서 마감되어야 한다.

▶ **에스컬레이터 디딤판 체인**: 좌, 우에 각 1개씩 있다.

18 디딤판 체인의 안전율로 맞는 것은?

① 3 이상　② 4 이상　③ 5 이상　④ 7 이상

 에스컬레이터 디딤판 체인의 안전율은 5 이상 되어야 한다.

19 에스컬레이터 끼임방지 빗(Comb) 빗살 끝의 반경으로 맞는 것은?

① 1mm 이하　② 2mm 이하
③ 3mm 이하　④ 4mm 이하

정답　14 ④　15 ②　16 ③　17 ①　18 ③　19 ②

PART 03
안전관리

Chapter

01 승강기 안전관리
02 승강기 안전검사 수검

Chapter 01 승강기 안전관리

01 안전관리 장구 준비하기

1. 안전장비, 장구, 용품

1) 보호구

양호하지 못한 작업조건에서 작업자가 입을 수 있는 재해나 건강장해를 방지하기 위한 목적으로 작업자의 신체 일부 또는 전부에 장착하는 보조기구

(1) 보호구의 구분

① 안전 보호구
  ⓐ 안전모
  ⓑ 안전화
  ⓒ 안전장갑
  ⓓ 안전대

(2) 위생 보호구

① 보안경
② 방음 보호구(귀마개)
③ 보호복
④ 방진마스크
⑤ 방독마스크

▶ **위생 보호구**: 건강장해 방지가 목적이다.

(3) 보호구의 구비 조건

① 재료의 품질이 우수할 것
② 착용이 간편할 것
③ 작업에 방해 요소가 되지 않을 것
④ 유해·위험요소에 대한 방호성능이 완전할 것
⑤ 외관이 보기 좋을 것

(4) 보호구의 용도

| 안전모 | 물체가 떨어지거나 날아올 위험 또는 근로자가 추락할 위험이 있는 작업에 사용 |

안전대	높이 2m 이상의 추락할 위험이 있는 장소에서 하는 작업에 사용
안전화	물체의 낙하·충격, 물체에의 끼임, 감전 등의 작업에 사용
보안경	물체가 흩날릴 위험이 있는 작업에 사용
보안면	용접시 불꽃이나 물체가 흩날릴 위험이 있는 작업에 사용
절연용 보호구	감전의 위험이 있는 작업에 사용
방열복	고열에 의한 화상 등의 위험이 있는 작업에 사용
방진마스크	분진(粉塵)이 심하게 발생하는 장소의 작업에 사용

▶ **분진**: 먼지

2) 안전 장갑

(1) 내전압용 절연장갑

① 절연장갑의 등급

등급	최대사용전압		등급별 색상
	교류(V, 실효값)	직류(V)	
00	500	750	갈색
0	1,000	1,500	적색
1	7,500	11,250	흰색
2	17,000	25,500	황색
3	26,500	39,750	녹색
4	36,000	54,000	등색(橙色)

▶ **내전압용**: 전압에 견디는

3) 방진마스크

(1) 방진마스크의 구비조건

① 여과(분집, 포집 효율) 효율이 좋을 것
② 시야가 넓을 것
③ 안면 밀착성이 좋을 것
④ 흡기 및 배기저항이 맞을 것
⑤ 중량이 가벼울 것
⑥ 피부 접촉 부위의 고무질이 좋을 것

▶ **방진**: 먼지가 들어오지 못하게 하는 것

02 전기 안전 준수하기

1. 전기 안전 용품

1) 절연 안전모

> ▶ **절연 안전모**: 전압 7000V 이하에 사용

물체의 낙하추락 등에 의한 위험을 방지하고, 작업자 머리 부분을 감전으로부터 보호하기 위해 전압 7,000V 이하에 사용한다.

(1) 절연 안전모의 사용 범위
① 건설현장 등 낙하물이 있는 장소
② 전기 마크 또는 폭발에 의한 화상
③ 충전부에 근접하여 머리에 전기적 충격을 받을 우려가 있는 장소

(2) 절연 안전모의 종류
① 낙하물 방지용 안전모(A)
  물체의 낙하 및 비래에 의한 위험물 방지 또는 경감시키기 위한 것
② 낙하 추락 방지용 안전모(AB)
  물체의 낙하 또는 비래, 추락에 의한 위험을 방지하기 위한 것

> ▶ **AE**: 모체 재질은 합성수지

③ 낙하, 감전 방지용 안전모(AE)
  물체의 낙하 및 비래에 의한 위험물 방지 또는 머리부위 감전에 의한 위험을 방지하기 위한 것

> ▶ **ABE**: 모체 재질은 합성수지
> ▶ **비래**: 날아서 옴

④ 다목적용 안전모(ABE)
  물체의 낙하 또는 비래 및 추락에 의한 위험을 방지, 경감시키고, 머리부위 감전에 의한 위험을 방지하기 위한 것

2) 절연 고무장갑(절연 장갑)

(1) 절연 고무장갑의 사용범위

> ▶ **절연 고무장갑의 검사**: 최소 6개월에 1회 이상

① 습기가 많은 장소에서 개폐기를 개방·투입시
② 충전부의 점검 및 보수등의 작업을 할 때

> ▶ **활선**: 선로에 전기가 통하고 있는 상태

③ 활선 상태의 배전용 지지물에 누실전류의 발생 우려가 있을 때
④ 활선공구를 사용하여 충전선로 작업을 할 때

(2) 절연 고무장갑의 종류

종별	사용 전압
A종	300V를 초과하고 교류 600V 또는 직류 750V 이하의 작업에 사용한다.
B종	600V 또는 직류 750V를 초과하고 3,500V 이하의 작업에 사용한다.
C종	3,500V를 초과하고 7,000V 이하의 작업에 사용한다.

3) 절연화

교류 600V 이하(직류는 750V 이하)의 저압전기를 취급하는 작업자는 감전방지를 위해 절연화를 착용해야 한다.

(1) 절연화의 종류

① 절연화

물체의 낙하 및 날카로운 물체에 의한 찔림으로부터 보호하고 또한 저압의 전기에 의한 감전을 방지하기 위한 것

② 절연 장화

고압에 의한 감전방지 그리고 방수를 겸했다.

▶ **전기용 안전화**: 7000V 이하에 사용

▶ **절연화 내전압 성능**: 14000V에 1분간 견디고, 충전 전류는 5mA 이하일 것

▶ **절연장화의 성능**: 내전압 성능은 20000V에 1분간 견디고, 이때 충격 전류는 20mA 이하일 것

4) 절연복

고압 활선작업 또는 고압 활선 근접작업 시 감전으로부터 작업자의 인체를 보호하기 위하여 착용한다.

03 환경 관리하기

1. 환경 검사 장비

1) 환경 측정기기(간이 측정기)

(1) 정도 검사 대상 장비

① 대기 분야

ⓐ 대기 연속 자동측정기와 그 부속기기
- 이산화탄소
- 질소산화물

▶ **간이 측정기**: 간편하게 설비하여 이용하기 쉽게 한 측정기

▶ **정도 검사**: 환경 측정기기를 사용하는 자가 측정데이터의 신뢰성 확보를 위해 형식 승인한 내용대로 구조와 성능이 유지 되는지를 확인하는 검사

- 오존
- 일산화탄소
- 미세먼지
- 초미세먼지

ⓑ 대기질 시료 채취 장치와 그 부속기기
- 미세먼지
- 초미세먼지

(2) 성능 인증 대상 간이 측정기

① 대기분야 측정기기
  ⓐ 이산화질소 측정기기
  ⓑ 일산화탄소 측정기기
  ⓒ 오존 측정기기

② 실내 공기질 분야 측정기기
  ⓐ 이산화탄소 측정기기
  ⓑ 라돈 측정기기

2. 안전 작업 절차

1) 적정 조명 수준

작업의 종류	작업면 조도
초정밀작업	750럭스(lux) 이상
정밀작업	300럭스(lux) 이상
보통작업	150럭스(lux) 이상
그 밖의 작업	75럭스(lux) 이상

2) 조명 방법

(1) 직접 조명

① 광속의 90~100%가 아래로 향하는 방식이다.
② 눈부심 현상이 크고 그림자가 뚜렷하다.

▶ **라돈(Rn)**: 원자번호 86, 공기보다 무거우며, 자연에서는 우라늄과 토륨의 자연 붕괴에서 일어난다.

▶ **광속**: 사람의 눈이 인지할 수 있는 가시광선의 총량. 단위는 루멘(lm)

(2) 간접 조명
① 광속의 90~100%를 위로 향하게 비추어 천장 또는 벽면에서 반사·확산시켜 조도를 얻는 방식
② 눈부심 현상이 없고 균일한 조명을 얻을 수 있다.

(3) 전반 조명
① 실내 전체가 똑같은 조명방식이다.
② 눈의 피로가 적어 재해가 낮아지는 방식이다.

(4) 국소 조명
작업면 상의 필요한 장소만 높은 조도를 취하는 방식인데, 눈의 피로가 크다.

3) 조도
어떤 물체나 표면에 도달하는 빛의 단위 면적당 밀도를 말한다.

$$E = \frac{I}{r^2} \, (\text{lx})$$

여기서, E : 조도(lx), I : 광도(cd), r : 거리(m)

▶ **광도** : 단위 면적당 표면에서 반사 또는 방출되는 빛의 양, 단위는 칸델라(cd)

4) 소음
소음성 난청을 유발할 수 있는 값은 85데시벨(dB) 이상이다.

(1) 소음으로 인해 성능이 저하되는 작업
① 복잡한 정신 작업을 하는 경우
② 경계 임무를 하는 경우
③ 고도의 인식 능력을 요하는 작업을 하는 경우
④ 기술과 속도를 요하는 작업을 하는 경우

(2) 강한 소음으로 인해 생리적 변화
① 부신피질 기능 저하
② 동공, 맥박강도 등의 변화
③ 말초 순환계의 혈관 수축
④ 혈압상승, 신진대사 증가, 발한 촉진

▶ **부신피질** : 신장 위에 있는 부신의 바깥쪽 층으로, 스테로이드 호르몬을 분비하는 기관

▶ **말초 순환계** : 심장에서 나온 혈액이 몸 전체로 퍼져나가는 혈관과 혈액순환

Chapter 02 승강기 안전검사 수검

01 안전검사 수검

▶**승강기 자체점검**: 월 1회이상

▶**절연저항**: 절연물이 가지고 있는 저항

▶**안전 초저압**: 1차와 2차가 절연된 회로에 사용되는 초저압

▶**보호 초저압**: 1차와 2차가 절연된 회로로서 2차가 접지된 회로에 사용되는 초저압

▶**기능 초저압**: 1차와 2차가 절연되지 않은 회로에 사용되는 초저압

▶**제어반**: 기계장치의 원격조작을 위해 설비된 기계류 및 스위치 등을 모아놓은 곳

1. 승강기 부품의 기능별 점검(전기, 제어, 기계)

1) 전로의 절연저항 값

공칭회로전압(V)	시험전압/직류(V)	절연저항값(MΩ)
SELV 및 PELV 100[VA]	250	≥ 0.5
≤ 500 FELV 포함	500	≥ 1.0
> 500	1,000	≥ 1.0

- SELV: 안전 초저압(Safety Extra Low Voltage)
- PELV: 보호 초저압(Protective Extra Low Voltage)
- FELV: 기능 초저압(functional Extra Low Voltage)
※ 초저압: DC 120[V] 이하, AC 50[V] 이하

2) 보수 점검의 항목

(1) 기계실

① 권상기
 ⓐ 소음의 유무 및 이상 진동 유무상태
 ⓑ 각 베어링의 손상 유무상태
 ⓒ 주 로프의 도르래에서 미끄럼 유무상태
 ⓓ 도르래의 홈 마모상태
 ⓔ 브레이크 라이닝 및 드럼의 마모상태
 ⓕ 각 부의 볼트, 너트의 조립상태
 ⓖ 웜기어의 마모상태
 ⓗ 감속기의 노화 유무상태
 ⓘ 분할핀 결여의 유무상태

② 제어반
 ⓐ 절연저항을 측정하여 양호상태 확인
 ⓑ 소음의 유무상태 확인

ⓒ 제어반 각 부품의 체결상태 확인
　　ⓓ 배선의 정리상태 확인
　　ⓔ 각 스위치, 릴레이 등의 동작상태 확인

　③ 과속 조절기
　　ⓐ 과속 조절기 로프의 미끄럼 유무상태 확인
　　ⓑ 동작속도의 정상상태 확인
　　ⓒ 운전시 소음의 발생여부 상태 확인
　　ⓓ 과속 조절기 로프의 크립 체결상태 확인
　　ⓔ 과속 조절기 접점의 양호상태 확인
　　ⓕ 오일의 적정량 확인
　　ⓖ 볼트 및 너트의 이완여부 확인

▶ **과속 조절기**: 카와 같은 속도로 움직이는 과속 조절기 로프에 의해 회전되어 항상 카의 속도를 감지, 그 속도를 검출하는 장치

(2) 카와 카틀

　① 카 실내
　　ⓐ 조작반 각층 버튼 작동상태 양호 확인
　　ⓑ 도어 개폐버튼 양호상태 확인
　　ⓒ 조명등 부착 이완 및 파손상태 확인
　　ⓓ 안전 스위치 작동상태 확인
　　ⓔ 외부 연락장치, 전화장치의 정상여부 확인
　　ⓕ 카 위치 표시기 점등상태 확인

　② 카 상부
　　ⓐ 카 도어 스위치 동작상태 확인
　　ⓑ 카 도어 각 롤러의 작동 및 마모상태 확인
　　ⓒ 카 도어 모터의 작동상태 확인
　　ⓓ 카 도어 모터의 벨트, 체인 작동상태 확인
　　ⓔ 비상 구출구의 스위치 동작상태 확인
　　ⓕ 착상 스위치 작동상태 확인
　　ⓖ 카 상부의 가이드슈 설치상태 확인

▶ **착상**: 카의 바닥면이 승강장 바닥면과 평행 상태가 되도록 함

　③ 카 하부
　　ⓐ 추락방지 안전장치의 블록 조립상태 확인
　　ⓑ 밸런스 체인 체결상태 확인
　　ⓒ 이동 케이블 고정상태 확인
　　ⓓ 오버로프 스위치 고정 및 이완 여부상태 확인
　　ⓔ 체대볼트 조립 및 이완 여부상태 확인

▶ **체대**: 카의 기본틀로 상부 프레임, 중 프레임, 하부 프레임으로 구성된다.

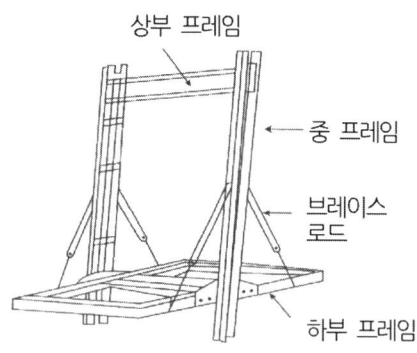

카틀의 구조

2. 오버 밸런스율

1) 균형추의 오버밸런스율을 적당히 설정하면 트랙션비가 개선되어, 로프가 도르래에서 미끄러지기 어렵다.

2) 권상식 엘리베이터에서 50%가 효율이 제일 높다.

3) 균형추의 무게

$$W = 카 하중 + (정격하중 \times 오버밸런스율)$$

▶ **오버밸런스율**: 적재하중에 더해 주어야 할 값(%)

CBT대비 8회 출제예상문제

01 다음에서 안전보호구가 아닌 것은?

① 안전모 ② 안전화
③ 인진장갑 ④ 방진마스크

안전 보호구의 종류
① 안전모 ② 안전화
③ 안전장갑 ④ 안전대

▶**안전 보호구**: 재해방지를 목적으로 한다.

02 다음에서 위생 보호구가 아닌 것은?

① 방독마스크 ② 방진마스크
③ 송기마스크 ④ 안전화

위생 보호구의 종류
① 방독마스크
② 방진마스크
③ 송기마스크
④ 보호복
⑤ 보안경
⑥ 방음보호구(귀마개)

▶**위생 보호구**: 건강장해 방지를 목적으로 한다.

03 보호구의 구비조건으로 맞지 않는 것은?

① 착용이 간편할 것
② 재료의 품질이 우수할 것
③ 작업에 방해요소가 되지 않을 것
④ 반드시 방수가 될 것

보호구의 구비조건
① 착용이 간편할 것
② 재료의 품질이 우수할 것
③ 작업에 방해요소가 되지 않을 것
④ 구조 및 표면가공이 우수할 것
⑤ 유해 및 위험요소에 대한 방호성능이 우수할 것

▶**방호성능**: 외부의 충격이나 폭발, 화염 등에 대해 얼마나 잘 견딜 수 있는가를 나타내는 수치

정답 1 ④ 2 ④ 3 ④

▶**절연 장갑**: 전기 작업자의 필수 보호구로 저압은 1년마다, 고압 이상은 6개월마다 점검해야 한다.

04 1등급의 절연장갑 색깔은?

① 갈색   ② 적색   ③ 흰색   ④ 황색

① 00등급: 갈색   ② 0등급: 적색
③ 1등급: 흰색   ④ 2등급: 황색
⑤ 3등급: 녹색   ⑥ 4등급: 등색

05 절연 안전모는 전압 얼마 이하에 사용되는가?

① 5000V   ② 6000V   ③ 7000V   ④ 8000V

▶**전기절연용 안전모**: 전기 전도성을 최소화한 특수 소재로 제작한다.

06 다음에서 절연 안전모의 종류가 아닌 것은?

① 낙하물 방지용 안전모(A)
② 낙하 추락 방지용 안전모(AB)
③ 낙하, 감전 방지용 안전모(AE)
④ 분진 및 내수 방지용 안전모(AR)

절연 안전모의 종류
• A형: 낙하물 등 충격 보호 기능이 주된 목적
• AB형: A형과 동일하게 충격 보호를 제공하며, 통풍구가 있어 더운 환경에서도 편리하다.
• AE형: 충격 보호와 더불어 전기 절연 기능을 제공한다.
• ABE형: 충격 보호, 전기절연, 통풍 기능을 제공한다.

07 정밀 작업시 작업면 조도로 맞는 것은?

① 100럭스(lx) 이상   ② 200럭스(lx) 이상
③ 300럭스(lx) 이상   ④ 400럭스(lx) 이상

• 보통작업: 150럭스(lx) 이상
• 정밀작업: 300럭스(lx) 이상
• 초정밀작업: 750럭스(lx) 이상

정답 4 ③ 5 ③ 6 ④ 7 ③

08 직접 조명은 광속의 얼마가 아래로 향하는 방식인가?

① 60~70%   ② 70~80%
③ 80~90%   ④ 90~100%

 직접 조명은 광속의 90~100%가 아래로 향하는 방식이다.

09 소음성 난청을 유발할 수 있는 값은?

① 60데시벨 이상   ② 75데시벨 이상
③ 85데시벨 이상   ④ 90데시벨 이상

10 교류 380V의 전로 절연저항 값으로 맞는 것은?

① 0.5MΩ 이상   ② 1.0MΩ 이상
③ 1.5MΩ 이상   ④ 2.0MΩ 이상

▶ **절연저항**: 전기설비의 절연 상태를 나타내는 저항값

- SELV 및 PELV: 0.5MΩ 이상
- FELV 및 500V 이하: 1.0MΩ 이상
- 500V 초과: 1.0MΩ 이상

11 권상기에서의 보수점검 항목이 아닌 것은?

① 도르래의 홈 마모상태
② 브레이크 라이닝 상태
③ 브레이크 드럼의 마모상태
④ 조명등 파손상태

 조명등 파손상태는 카 실내에서 행한다.

12 권상식 엘리베이터에서 오버밸런스율은 얼마가 효율이 제일 높은가?

① 20%   ② 45%   ③ 50%   ④ 65%

▶ **권상식**: 카와 균형추를 로프로 연결하고, 도르래를 이용하여 끌어올리는 방식

정답 8 ④ 9 ③ 10 ② 11 ④ 12 ③

PART 04
과년도 문제 및 CBT 복원문제

Chapter

01 과년도 문제 (2015~2016)
02 CBT 복원문제 (2017~2020)
03 CBT 과년도 문제 (2021~2024)

2015. 1. 25 과년도 문제

01 상승하던 에스컬레이터가 갑자기 하강방향으로 움직일 수 있는 상황을 방지하는 안전장치는?

① 디딤판 체인
② 손잡이
③ 구동체인 안전장치
④ 스커트가드 안전장치

- 구동체인 안전장치(driving chain safety device): 체인이 늘어나거나 절단될 경우 즉시 에스컬레이터를 안전하게 정지시켜 사고를 예방하는 장치이다.
- 스커트가드 안전장치(skirt guard safety device): 계단과 스커트가드 사이에 이물질 및 어린이의 신발 등이 끼이면 그 압력에 의해 스위치가 동작, 에스컬레이터를 정지시키며 상하부 곡선부 좌우에 설치한다.

02 교류 엘리베이터의 제어방식이 아닌 것은?

① 교류 1단 속도 제어방식
② 교류귀환 전압 제어방식
③ 가변전압 가변주파수(VVVF) 제어방식
④ 교류상환 속도 제어방식

① 교류 엘리베이터의 제어방식
- 교류 1단 제어방식
- 교류 2단 제어방식
- 교류 귀환 제어방식
- 가변전압 가변주파수(VVVF) 제어방식
② 직류 엘리베이터의 제어방식
- 워드 레오나드 방식
- 정지 레오나드 방식

03 승강기에 사용되는 전동기의 소요 동력을 결정하는 요소가 아닌 것은?

① 정격적재하중 ② 정격속도
③ 종합효율   ④ 건물길이

엘리베이터용 전동기의 출력:
$$P = \frac{LV(1-F)}{6120\eta}(\text{kW})$$

여기서, L: 정격하중(kg)
V: 정격속도(m/min)
F: 오버밸런스율(%)
η: 종합효율

04 카가 최상층 및 최하층을 지나쳐 주행하는 것을 방지하는 것은?

① 리미트 스위치 ② 균형 추
③ 인터록 장치   ④ 정지스위치

리미트 스위치: 엘리베이터가 운행시 최상·최하층을 지나치지 않도록 하는 장치이다. 리미트 스위치가 작동되지 않을 경우에 대비하여 리미트 스위치를 지난 적당한 위치에, 카가 현저히 지나치는 것을 방지하기 위해 파이널 리미트 스위치를 설치해야 한다.

05 승객용 엘리베이터에서 일반적으로 균형체인 대신 균형로프를 사용하는 정격속도의 범위는?

① 180m/min 초과 ② 180m/min 미만
③ 150m/min 초과 ④ 150m/min 미만

정답 1 ③ 2 ④ 3 ④ 4 ① 5 ①

06 전기식 엘리베이터 기계실의 실온 범위는?

① 5~70℃ ② 5~60℃
③ 5~50℃ ④ 5~40℃

07 무빙워크의 경사도는 몇 도 이하이어야 하는가?

① 30 ② 20 ③ 15 ④ 12

- 무빙워크(수평보행기)의 경사도는 12° 이하이어야 한다.
- 무빙워크의 공칭속도는 45m/min (0.75m/s) 이하이어야 한다.

08 수직순환식 주차장치를 승입방식에 따라 분류할 때 해당되지 않는 것은?

① 하부승입식 ② 중간승입식
③ 상부승입식 ④ 원형승입식

수직순환식 주차장치의 종류
- 상부승입식
- 중간승입식
- 하부승입식

09 엘리베이터의 가이드레일에 대한 치수를 결정할 때 유의해야 할 사항이 아닌 것은?

① 안전장치가 작동할 때 레일에 걸리는 좌굴하중을 고려한다.
② 수평진동에 의한 레일의 휘어짐을 고려한다.
③ 케이지에 회전모멘트가 걸렸을 때 레일이 지지할 수 있는지 여부를 고려한다.
④ 레일에 이물질이 끼었을 때 배출을 고려한다.

10 유압 엘리베이터의 동력전달 방법에 따른 종류가 아닌 것은?

① 스크류식 ② 직접식
③ 간접식   ④ 팬터 그래프식

유입 엘리베이터의 종류:
① 직접식 ② 간접식 ③ 팬터 그래프식

11 사람이 탑승하지 않으면서 적재용량 300kg 이하의 소형화물 운반에 적합하게 제작된 엘리베이터는?

① 덤웨이터
② 화물용 엘리베이터
③ 비상용 엘리베이터
④ 승객용 엘리베이터

덤웨이터는 사람이 탑승하지 않으면서 적재용량 300kg 이하 정격속도가 60m/min 이하인 소형화물의 운반에 적합하게 제작된 엘리베이터(단, 바닥면적이 0.5m² 이하, 높이가 0.6m 이하인 것은 제외)를 말한다.

12 승강장 문의 유효 출입구 높이는 몇 m 이상이어야 하는가? (단, 자동차용 엘리베이터는 제외)

① 1 ② 1.5 ③ 2 ④ 2.5

13 카의 실제 속도와 속도지령장치의 지령속도를 비교하여 사이리스터의 점호각을 바꿔 유도전동기의 속도를 제어하는 방식은?

① 사이리스터 레오나드 방식
② 교류귀환 전압제어 방식
③ 가변전압 가변주파수 방식
④ 워드 레오나드 방식

정답 6 ④ 7 ④ 8 ④ 9 ④ 10 ① 11 ① 12 ③ 13 ②

① 직류 제어 방식
- 워드 레오나드(ward leonard) 방식: 직류 발전기의 출력단을 직접 직류 전동기 전기자에 연결시키고, 발전기의 계자 전류를 조정하여 발전전압을 엘리베이터 속도에 대응하여 연속적으로 공급시키는 방식이다.
- 정지 레오나드 방식: 사이리스터를 사용하여 교류를 직류로 변환하여 전동기에 공급하고, 사이리스터의 점호각을 제어하여 직류 전압을 가변시켜, 전동기의 속도를 제어하는 방식이다.

② 교류 제어 방식
- 교류 1단 속도제어: 가장 간단한 제어 방식인데 3상 유도 전동기에 전원을 투입함으로써 기동과 정속운전을 하고, 정지는 전원을 차단한 후, 제동기에 의해 기계적으로 브레이크를 거는 방식이다.
- 교류 2단 속도제어: 2단 속도 모터(motor)를 사용하여 기동과 주행은 고속권선으로 행하고 감속시는 저속권선으로 감속하여 착상하는 방식이다.
- 교류 귀환제어: 이 방식은 케이지의 실속도와 지령속도를 비교하여 사이리스터의 점호각을 바꿔, 유도전동기의 속도를 제어하는 방식이다.
- V.V.V.F.(Variable Voltage Variable Frequency : 가변전압 가변주파수)제어: 유도 전동기에 인가되는 전압과 주파수를 동시에 변환시켜 직류 전동기와 동등한 제어 성능을 갖는다. 이 방식은 소비전력이 절감된다.

14 다음 중 승강기 제동기의 구조에 해당되지 않는 것은?

① 브레이크 슈　　② 라이닝
③ 코일　　　　　④ 워터슈트

워터슈트 : 놀이공원이나 유원지 등에서 가파른 비탈에 궤도를 설치하고, 높은 곳에서 사람들을 태운 보트를 미끄러지게 하여, 재미를 느끼게 하는 시설이나 기구를 말한다.

15 전기식 엘리베이터에서 카 추락방지안전장치는 과속조절기 정격속도 몇 % 이상의 속도에서 작동되어야 하는가? (단, 13년 개정 전 과속스위치는 1.3배 이하에서 작동)

① 220　　② 200　　③ 115　　④ 100

과속 조절기는 카의 속도가 정격속도의 115% 이상시 작동하여, 추락방지 안전장치를 작동시킨다.

16 다음 중 승강기 도어시스템과 관계없는 부품은?

① 브레이스 로드　　② 연동 로프
③ 캠　　　　　　　④ 행거

브레이스 로드는 카 바닥이 수평을 유지하도록 카 틀의 하부(바닥) 프레임과 카 틀의 종 프레임을 연결한 연결선을 말한다.

17 유압 엘리베이터의 유압 파워유니트와 압력배관에 설치되며, 이것을 닫으면 실린더의 기름이 파워유니트로 역류되는 것을 방지하는 밸브는?

① 스톱 밸브　　② 럽쳐 밸브
③ 체크 밸브　　④ 릴리프 밸브

정답　14 ④　15 ③　16 ①　17 ①

- 스톱 밸브(Stop Valve) : 이 밸브를 닫으면 실린더의 기름이 파워유니트로 역류하는 것을 방지한다. 유압장치의 보수, 점검 또는 수리 등을 할 때 사용된다.
- 럽쳐 밸브(Rupture Valve) : 오일이 실린더로 들어가는 곳에 설치하는데, 압력배관이 파손되었을 때 자동적으로 밸브를 닫아 카가 급격히 떨어지는 것을 방지하는 밸브로, 한번 동작되면 수동으로 재조작하기 전에는 닫힌 상태를 유지한다.
- 체크 밸브(Check Valve) : 한쪽 방향으로만 기름이 흐르도록 하는 밸브인데 상승방향으로는 흐르나 역방향으로는 흐르지 않는다. 이것은 정전이나 어떤 원인으로 펌프의 토출압력이 떨어져서 실린더의 기름이 역류, 카가 자유낙하하는 것을 방지한다. 전기식(로프식) 엘리베이터의 전자브레이크와 유사하다.
- 안전 밸브(Relief Valve) : 회로의 압력이 상용압력의 125% 이상 될 때 작동하는 압력조정밸브이다.

18 와이어로프의 꼬는 방법 중 보통꼬임에 해당하는 것은?

① 스트랜드의 꼬는 방향과 로프의 꼬는 방향이 반대인 것
② 스트랜드의 꼬는 방향과 로프의 꼬는 방향이 같은 것
③ 스트랜드의 꼬는 방향과 로프의 꼬는 방향이 일정구간 같았다가 반대이었다가 하는 것
④ 스트랜드의 꼬는 방향과 로프의 꼬는 방향이 전체 길이의 반은 같고 반은 반대인 것

보통꼬임은 스트랜드(소선을 꼰 밧줄가닥)의 꼬는 방향과 로프의 꼬는 방향이 반대이고, 랭꼬임은 스트랜드의 꼬는 방향과 로프의 꼬는 방향이 동일하다.

19 인체에 통전되는 전류가 더욱 증가되면 전류의 일부가 심장부분을 흐르게 된다. 이때 심장이 정상적인 맥동을 못하며 불규칙적으로 세동을 하게 되어 결국 혈액의 순환에 큰 장애를 일으키게 되는 현상(전류)을 무엇이라 하는가?

① 심실세동전류   ② 고통한계전류
③ 가수전류   ④ 불수전류

- 심실세동전류 : 전류가 심장으로 흐를 때 심장이 정상적인 맥동을 못하여 불규칙적으로 세동, 혈액 순환의 장애를 일으키게 되는 전류를 말한다.
- 가수전류 : 인간의 근육 제어능력으로 감전물체로부터 자력으로 이탈할 수 있는 전류를 말한다.
- 불수전류 : 감전되어 마비한계 전류를 말한다.

20 에스컬레이터의 이동용 손잡이에 대한 안전점검 사항이 아닌 것은?

① 균열 및 파손 등의 유무
② 손잡이의 안전마크 유무
③ 디딤판과의 속도차 유지 여부
④ 손잡이가 드나드는 구멍의 보호장치 유무

21 감전사고로 의식불명이 된 환자가 물을 요구할 때의 방법으로 적당한 것은?

① 냉수를 주도록 한다.
② 온수를 주도록 한다.
③ 설탕물을 주도록 한다.
④ 물을 천에 묻혀 입술에 적시어만 준다.

정답 18 ① 19 ① 20 ② 21 ④

22 다음 중 안전사고 발생 요인이 가장 높은 것은?

① 불안전한 상태와 행동
② 개인의 개성
③ 환경과 유전
④ 개인의 감정

 재해의 원인 중 직접 원인에는 인적 원인(불안전한 행동)과 물적 원인(불안전한 상태)이 있다. 이것들이 안전사고 발생 요인이 가장 높다.

23 설비재해의 물적 원인에 속하지 않는 것은?

① 교육적 결함(안전교육의 결함, 표준작업방법의 결여 등)
② 설비나 시설에 위험이 있는 것(방호 불충분 등)
③ 환경의 불량(정리정돈 불량, 조명 불량 등)
④ 작업복, 보호구의 불량

 물적 원인(불안전한 상태):
① 빈약한 조명
② 빈약한 환기
③ 지나친 소음
④ 불충분한 지지 또는 방호
⑤ 결함이 있는 공구, 장치 또는 자재
⑥ 작업장소의 밀집
⑦ 불충분한 경보시스템
⑧ 화재 또는 폭발 위험성
⑨ 빈약한 장비

24 작업감독자의 직무에 관한 사항이 아닌 것은?

① 작업감독 지시
② 사고보고서 작성
③ 작업자 지도 및 교육 실시
④ 산업재해시 보상금 기준 작성

 산업재해시 보상금 산정은 산업재해 보상법에 따른다.

25 승강기 자체점검의 결과, 결함이 있는 경우 조치가 옳은 것은?

① 즉시 보수하고, 보수가 끝날 때까지 운행을 중지
② 주의 표지 부착 후 운행
③ 점검결과를 기록하고 운행
④ 제한적으로 운행하고 보수

26 산업재해 중에서 다음에 해당하는 경우를 재해형태별로 분류하면 무엇인가?

> 전기 접촉이나 방전에 의해 사람이 충격을 받은 경우

① 감전   ② 전도   ③ 추락   ④ 화재

• 감전 : 전기가 통하고 있는 물체에 몸이 닿아 충격을 받음
• 전도 : 위치나 차례가 거꾸로 뒤바뀜

27 추락을 방지하기 위한 2종 안전대의 사용법은?

① U자걸이 전용
② 1개걸이 전용
③ 1개걸이, U자걸이 전용
④ 2개걸이 전용

 1종은 U자걸이 전용, 2종은 1개걸이 전용이다.

정답 22 ① 23 ① 24 ④ 25 ① 26 ① 27 ②

28 전기(로프)식 엘리베이터의 안전장치와 거리가 먼 것은?

① 추락방지안전장치
② 과속조절기
③ 도어 인터록
④ 스커트 가드

- 추락방지 안전장치: 엘리베이터의 속도가 규정속도 이상일 때 작동하여 카를 정지시킨다. 이 장치는 매다는 장치인 경우 또는 간접식 유압 엘리베이터에서는 카 측에 설치한다.
- 과속 조절기: 항상 카의 속도를 검출하여 카의 속도가 정격속도의 115% 이상시 작동하여, 추락방지 안전장치를 작동시키는 역할을 한다.
- 도어 인터록: 도어록과 도어스위치로 구성된다. 동작은 도어록 장치가 걸린 후 도어스위치가 들어가고, 도어스위치가 끊어진 후 도어록이 열리는 구조이다.
- 스커트 가드: 에스컬레이터 디딤판(발판) 측면벽을 말한다.

29 공칭속도 0.5㎧ 무부하 상태의 에스컬레이터 및 하강방향으로 움직이는 제동부하 상태의 에스컬레이터의 정지거리는?

① 0.1m에서 1.0m 사이
② 0.2m에서 1.0m 사이
③ 0.3m에서 1.3m 사이
④ 0.4m에서 1.5m 사이

공칭속도 V	정지거리
0.50 ㎧	0.20m에서 1.00m 사이
0.65 ㎧	0.30m에서 1.30m 사이
0.75 ㎧	0.40m에서 1.50m 사이
0.90 ㎧	0.55m에서 1.70m 사이

30 로프식(전기식) 엘리베이터용 조속기의 점검사항이 아닌 것은?

① 진동소음상태 ② 베어링 마모상태
③ 캣치 작동상태 ④ 라이닝 마모상태

 라이닝은 브레이크 슈에 부착된다.

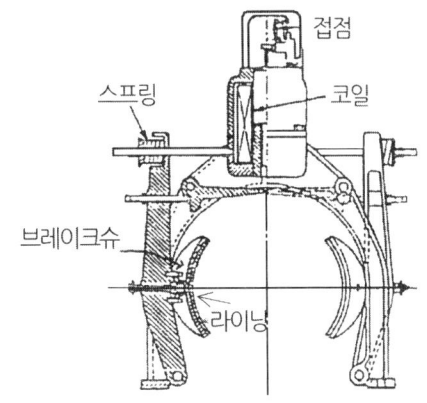

브레이크의 구조

31 카 도어록이 설치되어 사람의 힘으로 열 수 없는 경우나 화물용 엘리베이터의 경우를 제외하고 엘리베이터의 카 바닥 앞부분과 승강로 벽과의 수평거리는 일반적인 경우 그 기준을 몇 mm 이하로 하도록 하고 있는가?

① 30mm ② 55mm
③ 100mm ④ 150mm

정답 28 ④ 29 ② 30 ④ 31 ④

32 엘리베이터에서 와이어로프를 사용하여 카의 상승과 하강을 전동기를 이용한 동력장치는?

① 권상기 ② 조속기
③ 완충기 ④ 제어반

33 로프식(전기식) 엘리베이터에 있어서 기계실내의 조명, 환기상태 점검 시에 운전을 중지하고 긴급수리를 해야 하는 경우는?

① 천정, 창 등에 우수가 침입하여 기기에 악영향을 미칠 염려가 있는 경우
② 실내에 엘리베이터 관계 이외의 물건이 있는 경우
③ 조도, 환기가 부족한 경우
④ 실온 0℃ 이하 또는 40℃ 이상인 경우

34 엘리베이터 전동기에 요구되는 특성으로 옳지 않은 것은?

① 충분한 제동력을 가져야 한다.
② 운전상태가 정숙하고 고진동이어야 한다.
③ 카의 정격속도를 만족하는 회전특성을 가져야 한다.
④ 높은 기동빈도에 의한 발열에 대응하여야 한다.

엘리베이터용 전동기에 요구되는 특성
① 충분한 제동력이 있어야 한다.
② 카의 정격속도를 만족하는 회전특성이 있어야 한다.
③ 운전상태가 정숙, 저진동이어야 한다.
④ 많은 기동빈도에 의한 발열에 대응되어야 한다.

35 전자접촉기 등의 조작회로를 접지하였을 경우, 당해 전자접촉기 등이 폐로될 염려가 있는 것의 접속방법으로 옳은 것은?

① 코일과 접지측 전선 사이에 반드시 개폐기가 있을 것
② 코일의 일단을 접지측 전선에 접속할 것
③ 코일의 일단을 접지하지 않는 쪽의 전선에 접속할 것
④ 코일과 접지측 전선 사이에 반드시 퓨즈를 설치할 것

전자접촉기 회로 : 전자접촉기 등의 조작회로를 접지하였을 경우, 전자접촉기 등이 폐로될 우려가 있는 것은 아래 사항과 같이 하여야 한다.
① 코일의 일단을 접지측의 전선에 접속하여야 한다.
② 코일과 접지측의 전선 사이에는 개폐기가 없어야 한다.
③ 과전류 또는 과부하시 동력을 차단시키는 과전류 방지장치를 개별 전동기마다 설치하여야 한다.

36 스텝과 스커트 사이에 끼임의 위험을 최소화하기 위한 장치는?

① 콤 ② 뉴얼
③ 스커트 ④ 스커트 디플렉터

37 전기식 엘리베이터의 카내 환기시설에 관한 내용 중 틀린 것은?

① 구멍이 없는 문이 설치된 카에는 카의 위·아래 부분에 환기구를 설치한다.
② 구멍이 없는 문이 설치된 카에는 반드시 카의 윗부분에만 환기구를 설치한다.
③ 카의 윗부분에 위치한 자연 환기구의 유효면적은 카의 허용면적의 1% 이상이어야 한다.
④ 카의 아랫부분에 위치한 자연 환기구의 유효면적은 카의 허용면적의 1% 이상이어야 한다.

구멍이 없는 문이 설치된 카에는 위·아래 부분에 환기구를 설치해야 한다.

38 승강기의 트랙션비를 설명한 것 중 옳지 않은 것은?

① 카 측 로프가 매달고 있는 중량과 균형추 측 로프가 매달고 있는 중량의 비율
② 트랙션비를 낮게 선택해도 로프의 수명과는 전혀 관계가 없다.
③ 카측과 균형추측에 매달리는 중량의 차를 적게 하면 권상기의 전동기 출력을 적게 할 수 있다.
④ 트랙션비는 1.0 이상의 값이 된다.

 트랙션비가 낮으면 소비전력이 낮아지고 로프의 수명은 길어진다.

39 장애인용 엘리베이터의 경우 호출버튼에 의하여 카가 정지하면, 몇 초 이상 문이 열린 채로 대기하여야 하는가?

① 8초 이상   ② 10초 이상
③ 12초 이상 ④ 15초 이상

40 과부하 감지장치에 대한 설명으로 틀린 것은?

① 과부하 감지장치가 작동하는 경우 경보음이 울려야 한다.
② 엘리베이터 주행 중에는 과부하 감지장치의 작동이 무효화되어서는 안 된다.
③ 과부하 감지장치가 작동한 경우에는 출입문의 닫힘을 저지하여야 한다.
④ 과부하 감지장치는 초과하중이 해소되기 전까지 작동하여야 한다.

 과부하 경보장지 : 케이지내에 정원을 초과하여 승차를 하였다든가, 정격하중 이상의 물건을 적재하면 케이지 바닥 밑에 설치한 풋 스위치(foot switch)가 작동하여 경보 부저가 울리고 동시에 경보등이 점등되고 전동기 전원을 차단시켜 엘리베이터 동작을 금지시킨다. 보통 적재하중의 105~110%로 설정한다.

41 급유가 필요하지 않은 곳은?

① 호이스트 로프(hoist rope)
② 조속기 로프(governor rope)
③ 가이드 레일(guide rail)
④ 웜 기어(worm gear)

42 T형 레일의 13K 레일 높이는 몇 mm 인가?

① 35   ② 40   ③ 56   ④ 62

 T형 레일의 높이
· 8K : 56mm(폭은 78mm)
· 13K : 62mm(폭은 89mm)
· 18K : 89mm(폭은 114mm)
· 24K : 89mm(폭은 127mm)
· 30K : 108mm(폭은 140mm)

43 유압식 엘리베이터에서 고장수리를 할 때 가장 먼저 차단해야 할 밸브는?

① 체크 밸브   ② 스톱 밸브
③ 복합 밸브   ④ 다운 밸브

 스톱 밸브(stop valve) : 유압 파워유니트에서 실린더로 통하는 배관 도중에 설치되는 수동조작밸브이다. 이 밸브를 닫으면 실린더의 오일이 탱크로 역류하는 것을 방지한다. 이 밸브는 유압장치의 보수, 점검, 수리시에 사용되는데 게이트 밸브(gate valve)라고도 한다.

정답 38 ② 39 ② 40 ② 41 ② 42 ④ 43 ②

44 3상 유도전동기에 전류가 전혀 흐르지 않을 때의 고장 원인으로 볼 수 있는 것은?

① 1차측 전선 또는 접속선 중 한 선이 단선되었다.
② 1차측 전선 또는 접속선 중 2선 또는 3선이 단선되었다.
③ 1차측 또는 2차측 전선이 접지되었다.
④ 전자접촉기의 접점이 한 개 마모되었다.

45 무빙워크 이용자의 주의표시를 위한 표시판 또는 표지내에 표시되는 내용이 아닌 것은?

① 손잡이를 꼭 잡으세요.
② 카트는 탑재하지 마세요.
③ 걷거나 뛰지 마세요.
④ 안전선 안에 서 주세요.

46 유압식 엘리베이터에서 바닥맞춤 보정장치는 몇 mm 이내에서 작동상태가 양호하여야 하는가?

① 25 ② 50 ③ 75 ④ 90

47 직류 분권전동기에서 보극의 역할은?

① 회전수를 일정하게 한다.
② 기동토크를 증가시킨다.
③ 정류를 양호하게 한다.
④ 회전력을 증가시킨다.

 보극은 전기자 반작용을 경감시키고 양호한 정류를 얻는 데 효과적이다.

48 일감의 평행도, 원통의 진원도, 회전체의 흔들림 정도 등을 측정할 때 사용하는 측정기기는?

① 버니어 캘리퍼스 ② 하이트 게이지
③ 마이크로미터 ④ 다이얼 게이지

- 버니어 캘리퍼스 : 바깥지름, 안지름, 깊이를 측정할 때 사용한다.
- 하이트 게이지 : 정반 위에 설치하여 금긋기, 높이 측정에 사용한다.
- 마이크로미터 : 내경, 외경, 깊이를 측정할 때 사용한다.
- 다이얼 게이지 : 평면도, 원통의 진원도, 회전체의 흔들림 정도 등을 측정할 때 사용한다.

49 그림과 같은 지침형(아날로그형) 계기로 측정하기에 가장 알맞은 것은? (단, R은 지침의 0점을 조절하기 위한 가변저항이다.)

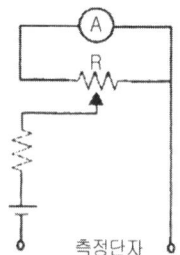

① 전압 ② 전류 ③ 저항 ④ 전력

50 엘리베이터의 권상기 시브 직경이 500mm이고 매다는 장치 직경이 12mm이며 1:1 로핑방식을 사용하고 있다면 권상기 시브의 회전속도가 1분당 약 56회일 경우 엘리베이터 운행속도는 약 몇 m/min가 되겠는가?

① 45 ② 60 ③ 90 ④ 120

$$V = \frac{\pi DN}{1000} = \frac{3.14 \times (500+12) \times 56}{1000}$$
$$\fallingdotseq 90.03 \fallingdotseq 90\,m/min$$

정답 44 ② 45 ② 46 ③ 47 ③ 48 ④ 49 ③ 50 ③

51 전동기를 동력원으로 많이 사용하는데 그 이유가 될 수 없는 것은?

① 안전도가 비교적 높다.
② 제어조작이 비교적 쉽다.
③ 소손사고가 발생하지 않는다.
④ 부하에 알맞은 것을 쉽게 선택할 수 있다.

 전동기는 소손사고가 종종 발생한다.

52 그림과 같은 활차장치가 옳은 설명은? (단, 그 활차의 직경은 같다.)

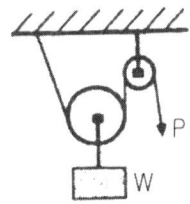

① 힘의 크기는 W=P이고, W의 속도는 P속도의 ½이다.
② 힘의 크기는 W=P이고, W의 속도는 P속도의 ¼이다.
③ 힘의 크기는 W=2P이고, W의 속도는 P속도의 ½이다.
④ 힘의 크기는 W=2P이고, W의 속도는 P속도의 ¼이다.

53 유도전동기의 동기속도가 n_s, 회전수가 n이라면 슬립(s)은?

① $\dfrac{n_s - n}{n} \times 100$ ② $\dfrac{n_s - n}{n_s} \times 100$
③ $\dfrac{n_s}{n_s - n} \times 100$ ④ $\dfrac{n_s}{n_s + n} \times 100$

54 다음 강도 중 상대적으로 값이 가장 작은 것은?

① 파괴강도 ② 극한강도
③ 항복응력 ④ 허용응력

- 파괴강도 : 재료가 외력에 의해 파괴될 때의 최대강도
- 극한강도 : 부재나 구조물의 파괴 직전의 최대내력
- 항복응력 : 재료의 응력이 한도를 넘어서 가해질시, 재료의 변형 일부는 원상으로 되돌아오지 않고 영원히 남게 되는데 이와 같이 소성변형을 일으키게 하는 응력
- 허용응력 : 구성품이 파괴되지 않고 계속적으로 기능을 발휘하면서 허용되는 응력의 한계

55 권수 N의 코일에 $I(A)$의 전류가 흘러 권선 1회의 코일에서 자속 $\Phi(Wb)$가 생겼다면 자기인덕턴스(L)는 몇 H인가?

① $L = \dfrac{\phi I}{N}$ ② $L = IN\phi$
③ $L = \dfrac{N\phi}{I}$ ④ $L = \dfrac{IN}{\phi}$

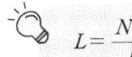 $L = \dfrac{N\phi}{I}(H)$

56 저항이 50Ω인 도체에 100V의 전압을 가할 때 그 도체에 흐르는 전류는 몇 A 인가?

① 2   ② 4   ③ 8   ④ 10

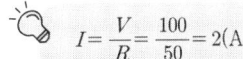 $I = \dfrac{V}{R} = \dfrac{100}{50} = 2(A)$

57 시퀀스 회로에서 일종의 기억회로라고 할 수 있는 것은?

① AND회로   ② OR회로
③ NOT 회로 ④ 자기유지회로

정답 51 ③ 52 ③ 53 ② 54 ④ 55 ③ 56 ① 57 ④

① AND회로   ② OR회로

③ NOT 회로   ④ 자기유지회로

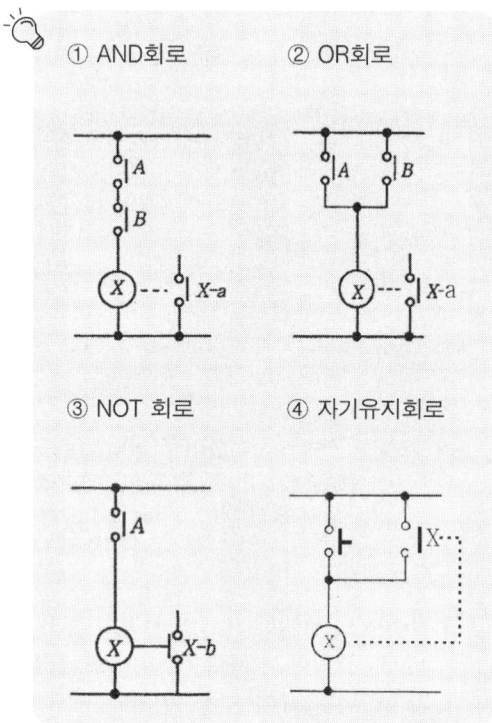

58 정전용량이 같은 두 개의 콘덴서를 병렬로 접속하였을 때의 합성용량은 직렬로 접속하였을 때의 몇 배인가?

① 2   ② 4   ③ $\frac{1}{2}$ ④ $\frac{1}{4}$

① 직렬로 했을 때:

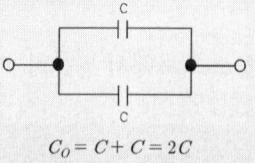

$$C_O = \frac{C \cdot C}{C+C} = \frac{C^2}{2C} = \frac{C}{2}$$

② 병렬로 했을 때:

$$C_O = C + C = 2C$$

∴ 병렬로 했을 때는 직렬로 했을 때의 4배

59 물체에 외력을 가해서 변형을 일으킬 때 탄성한계 내에서 변형의 크기는 외력에 대해 어떻게 나타나는가?

① 탄성한계 내에서 변형의 크기는 외력에 대하여 반비례한다.
② 탄성한계 내에서 변형의 크기는 외력에 대하여 비례한다.
③ 탄성한계 내에서 변형의 크기는 외력과 무관하다.
④ 탄성한계 내에서 변형의 크기는 일정하다.

60 A, B는 입력, X를 출력이라 할 때 OR회로의 논리식은?

① $\overline{A} = X$ ② $A \cdot B = X$
③ $A + B = X$ ④ $\overline{A \cdot B} = X$

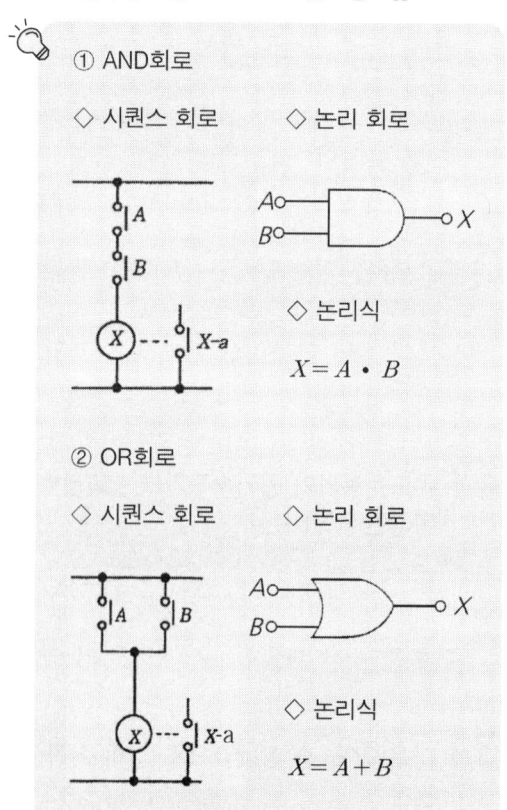

정답   58 ②   59 ②   60 ③

2015. 4. 4 과년도 문제

01 카의 문을 열고 닫는 도어머신에서 성능상 요구되는 조건이 아닌 것은?

① 작동이 원활하고 정숙하여야 한다.
② 카 상부에 설치하기 위하여 소형이며 가벼워야 한다.
③ 어떠한 경우라도 수동조작에 의하여 카 도어가 열려서는 안 된다.
④ 작동 회수가 승강기 기동 회수의 2배이므로 보수가 쉬워야 한다.

 도어 머신이 갖추어야 할 조건
① 가격이 저렴해야 한다.
② 카 위에 설치되므로 소형이고 가벼워야 한다.
③ 소음이 없고 동작이 원활해야 한다.
④ 동작횟수가 엘리베이터 기동 횟수의 2배가 되므로 동작 빈도에 따른 내구성이 좋아야 한다.

02 공칭속도 0.5m/s 무부하 상태의 에스컬레이터 및 하강 방향으로 움직이는 제동부하 상태의 에스컬레이터의 정지거리는?

① 0.1m에서 1.0m 사이
② 0.2m에서 1.0m 사이
③ 0.3m에서 1.3m 사이
④ 0.4m에서 1.5m 사이

공칭속도 V	정지거리
0.50 m/s	0.20m에서 1.00m 사이
0.65 m/s	0.30m에서 1.30m 사이
0.75 m/s	0.40m에서 1.50m 사이
0.90 m/s	0.55m에서 1.70m 사이

03 승강장 도어가 닫혀 있지 않으면 엘리베이터 운전이 불가능 하도록 하는 것은?

① 승강장 도어 스위치
② 승강장 도어행거
③ 도어 인터록
④ 도어슈

• 도어 스위치 : 승장 도어가 닫혀 있지 않으면 운행을 불가능하게 한다.
• 도어 인터록 : 도어록과 도어 스위치로 구성된다. 도어 인터록 장치에서 중요한 것은 도어록 장치가 확실히 걸린 후 도어 스위치가 들어가고, 도어 스위치가 끊어진 후 도어록이 열리는 구조로 하는 것이다.
• 도어슈 : 승강기 문이 이탈되는 것을 막아준다.

04 유압장치의 보수, 점검 또는 수리 등을 할 때에 사용되는 것은?

① 안전 밸브   ② 유량제어 밸브
③ 스톱 밸브   ④ 필터

정답 1③ 2② 3③ 4③

- 안전 밸브 : 일종의 압력조정 밸브인데 회로의 압력이 설정값에 도달하면 밸브를 열어 오일을 탱크로 돌려보냄으로써 압력이 과도하게 상승(상승압력의 125%에 설정)하는 것을 방지한다.
- 스톱 밸브 : 유압 파워유니트에서 실린더로 통하는 배관 도중에 설치되는 수동조작 밸브이다. 이 밸브를 닫으면 실린더의 오일이 탱크로 역류하는 것을 방지한다. 이 밸브는 유압장치의 보수, 점검, 수리시에 사용되는데 게이트 밸브(gate valve)라고도 한다.
- 필터 : 유압장치에 쇳가루, 모래 등의 고형 이물질 혼입을 막기 위해 설치하는데, 펌프의 흡입구와 배관중간에 설치한다.

05 매다는 장치 도르래의 구조와 특징에 대한 설명으로 틀린 것은?

① 도르래의 직경은 매다는 장치 직경의 50배 이상으로 하여야 한다.
② 매다는 장치가 벗겨질 우려가 있을시 이탈방지장치를 설치해야 한다.
③ 도르래 홈의 형상에 따라 마찰계수의 크기는 U홈 < 언더컷홈 < V홈의 순이다.
④ 마찰계수는 도르래 홈의 형상에 따라 다르다.

도르래의 직경은 주로프 직경의 40배 이상으로 하여야 한다.

06 단식 자동 방식(single automatic)에 관한 설명 중 맞는 것은?

① 같은 방향의 호출은 등록된 순서에 따라 응답하면서 운행한다.
② 승강장 버튼은 오름, 내림 공용이다.
③ 주로 승객용에 사용된다.
④ 1개 호출에 의한 운행 중 다른 호출 방향이 같으면 응답한다.

단식 자동 방식(single automatic type): 승강장 버튼은 오름, 내림 공용인데, 먼저 눌러진 호출에 응답하고, 운행 중 다른 호출에는 응답하지 않는다. 자동차용 및 화물용에 적용된다.

07 V.V.V.F 제어란?

① 전압을 변환시킨다.
② 주파수를 변환시킨다.
③ 전압과 주파수를 변환시킨다.
④ 전압과 주파수를 일정하게 유지시킨다.

V.V.V.F 제어 : 유도 전동기에 인가되는 전압과 주파수를 동시에 변환시켜 직류 전동기와 동등한 제어 성능을 갖는다. 이 방식은 소비전력이 절감된다. 적용 엘리베이터의 속도는 고속범위까지 가능하다.

08 승강장의 문이 열린 상태에서 모든 제약이 해제되면 자동적으로 닫히게 하여 문의 개방상태에서 생기는 2차 재해를 방지하는 문의 안전장치는?

① 시그널 컨트롤 ② 도어 컨트롤
③ 도어 클로저   ④ 도어 인터록

① 시그널 컨트롤 방식 : 기동은 운전원이 조작반의 버튼 조작으로 하며, 정지는 조작반의 목적층 버튼을 누르는 것과 승강장으로부터의 호출신호로 층의 순서대로 자동으로 정지한다. 반전은 어느 층에서도 할 수 있는 최고 호출 자동반전장치(最高呼出 自動反轉裝置)가 붙어 있다.

② 도어 클로저 : 승장 도어가 열려있을 시 자동으로 닫히게 하는 장치. 스프링 방식과 중력방식이 있다.
③ 도어 인터록 : 도어 인터록 장치에서 중요한 것은 도어록 장치가 확실히 걸린 후 도어 스위치가 들어가고, 도어 스위치가 끊어진 후에 도어록이 열리는 구조로 하는 것이다. 이 장치는 도어록과 도어 스위치로 구성된다.
※ 도어록 : 카가 정지하고 있지 않는 층계의 승강장문은 전용 열쇠를 사용하지 않으면 열리지 않도록 하는 장치
※ 도어 스위치 : 문이 닫혀있지 않으면 운전이 불가능하도록 하는 장치

09 카가 어떤 원인으로 최하층을 통과하여 피트에 도달했을 때 카에 충격을 완화시켜 주는 장치는?

① 완충기 ② 비상정지장치
③ 조속기 ④ 리미트 스위치

- 완충기 : 카가 어떤 원인으로 최하층을 통과하여 피트로 떨어질 때 충격을 완화시킨다.
- 추락방지안전장치 : 엘리베이터의 속도가 규정속도 이상으로 하강하는 경우에 대비하여 추락방지안전장치를 설치한다. 이 장치는 승강로 피트 하부가 사무실이나 통로로 사용되어, 사람이 출입하는 곳이면 균형추에도 설치해야 한다.
- 과속조절기 : 언제나 카의 속도를 확인하여 카가 과속이 될 시, 추락방지안전장치를 작동시킨다.
- 리미트 스위치 : 카가 운행시, 최상·최하층을 지나치지 않도록 하는 장치이다.

10 카 문턱 끝과 승강로 벽과의 간격으로 알맞은 것은?

① 11.5cm 이하 ② 15cm 이하
③ 18cm 이하   ④ 20cm 이하

11 승강로의 벽 일부에 한국산업표준에 알맞은 유리를 사용할 경우 다음 중 적합한 것은?

① 망유리   ② 강화유리
③ 접합유리 ④ 감광유리

카 벽 전체 또는 일부에 사용되는 유리는 KSL 2004에 적합한 접합유리이어야 한다.

12 가이드 레일의 역할에 대한 설명 중 틀린 것은?

① 카와 균형추를 승강로 평면 내에서 일정 궤도상에 위치를 규제한다.
② 일반적으로 가이드 레일은 H형이 가장 많이 사용된다.
③ 카의 자중이나 화물에 의한 카의 기울어짐을 방지한다.
④ 비상 멈춤이 작동할 때의 수직하중을 유지한다.

① 레일 호칭은 마무리 가공전 소재의 1m당 중량으로 한다.
② 보통 T형 레일을 사용하는데 공칭은 8K, 13K, 18K, 24K이나 대용량 엘리베이터에서는 37K, 50K 등도 사용된다.
③ 레일의 표준길이는 5m이다.

정답 9 ① 10 ② 11 ③ 12 ②

13 에스컬레이터에 관한 설명 중 틀린 것은?

① 에스컬레이터의 높이가 6m 이하이고, 공칭속도가 30m/min 이하는 경사도 35까지 가능하다.
② 정격속도는 30m/min 이하로 되어 있다.
③ 승강 양정(길이)에서 고양정은 10m 이상이다.
④ 경사도는 수평으로 25° 이내이어야 한다.

① 에스컬레이터의 경사도는 30°를 초과하지 않아야 한다. 다만 높이가 6m 이하이고 공칭속도가 30m/min 이하인 경우에는 경사도를 35°까지 증가시킬 수 있다.
② 에스컬레이터 공칭속도는 경사도가 30° 이하인 경우는 45m/min 이하이어야 한다. 경사도가 30°를 초과하고 35° 이하인 경우는 30m/min 이하이어야 한다.
③ 6m까지의 양정을 보통 양정, 10m까지의 양정을 중양정, 10m 이상의 양정을 고양정이라 한다.

14 전동 덤웨이터와 구조적으로 가장 유사한 것은?

① 무빙워크   ② 엘리베이터
③ 에스컬레이터   ④ 간이 리프트

① 무빙워크 : 수평이나 약간 경사진 통로에 설치하여, 많은 승객의 보행을 돕는 목적으로 사용되고 있다.
· 스텝이 금속제인 팔레트식과 고무벨트식이 있다.
· 경사도는 12° 이하이어야 한다.
· 공칭속도는 45m/min(0.75㎧) 이하이어야 한다.

② 간이 리프트 : 바닥면적은 $1m^2$ 이하, 천정 높이는 1.2m 이하로서, 동력을 사용하여 가이드레일을 따라 움직이는 운반구를 매달아 소형화물 운반만을 주목적으로 한다.
③ 전동 덤웨이터 : 사람이 탑승하지 않으면서 적재용량 300kg 이하, 정격속도 60m/min 이하인 소형화물의 운반에 적합하게 제작된 엘리베이터이다.

15 유압식 엘리베이터의 특징으로 틀린 것은?

① 기계실을 승강로와 떨어져 설치할 수 있다.
② 플런저에 스토퍼가 설치되어 있기 때문에 오버헤드가 작다.
③ 적재량이 크고 승강행정이 짧은 경우에 유압식이 적당하다.
④ 소비전력이 비교적 작다.

유압식 엘리베이터는 균형추를 사용하지 않기 때문에 전동기의 소요 동력이 크다.

16 과부하 감지장치의 용도는?

① 속도 제어용   ② 과하중 경보용
③ 속도 변환용   ④ 종점 확인용

카 바닥 하부 또는 와이어로프 단말에 설치하여 카 내부의 승차인원 또는 적재하중을 감지하여 정격하중 초과시 경보음을 울려 카내에 적재하중이 초과되었음을 알려주는 동시에 출입구 도어의 닫힘을 저지하여 카를 출발시키지 않도록 하는 장치로써 정격하중의 105~110%의 범위에 설정되어 진다.

17 중속 엘리베이터의 속도는 몇 m/s 이하인가?

① 2 ② 3
③ 4 ④ 5

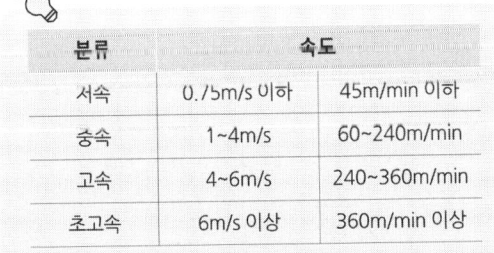

분류	속도	
저속	0.75m/s 이하	45m/min 이하
중속	1~4m/s	60~240m/min
고속	4~6m/s	240~360m/min
초고속	6m/s 이상	360m/min 이상

18 승강기의 과속조절기란?

① 카의 속도를 검출하는 장치이다.
② 비상정지장치를 뜻한다.
③ 균형추의 속도를 검출한다.
④ 플런저를 뜻한다.

조속기: 케이지와 같은 속도로 움직이는 조속기 로프에 의해서 회전되고, 언제나 케이지의 속도를 조사하여 과속도를 검출하는 장치이다.

19 안전사고의 발생요인으로 볼 수 없는 것은?

① 피로감 ② 임금 ③ 감정 ④ 날씨

 임금은 안전사고의 발생요인이 아니다.

20 작업의 특수성으로 인해 발생하는 직업병으로서 작업 조건에 의하지 않은 것은?

① 먼지   ② 유해가스
③ 소음   ④ 작업 자세

21 승강기 설치·보수작업에서 발생되는 위험에 해당되지 않는 것은?

① 물리적 위험   ② 접촉적 위험
③ 화학적 위험   ④ 구조적 위험

 화학적 위험은 승강기 설치, 보수작업에서 발생되는 위험에 해당되지 않는다.

22 안전사고의 통계를 보고 알 수 없는 것은?

① 사고의 경향
② 안전업무의 정도
③ 기업이윤
④ 안전사고 감소 목표 수준

23 승강기 관리주체가 행하여야 할 사항으로 틀린 것은?

① 안전(운행)관리자를 선임하여야 한다.
② 승강기에 관한 전반적인 관리를 하여야 한다.
③ 안전(운행)관리자가 선임되면 관리주체는 별다른 관리를 할 필요가 없다.
④ 승강기의 유지보수에 대한 위임 용역 및 감독을 하여야 한다.

24 인체의 전기저항에 대한 것으로 피부저항은 피부에 땀이 나 있을 경우, 건조시에 비해 피부저항이 어떻게 되는가?

① 2배 증가   ② 4배 증가
③ 1/12~1/20 감소 ④ 1/25~1/30 감소

25 재해 조사의 요령으로 바람직한 방법이 아닌 것은?

① 재해 발생 직후에 행한다.
② 현장의 물리적 증거를 수집한다.
③ 재해 피해자로부터 상황을 듣는다.
④ 의견 충돌을 피하기 위하여 반드시 1인이 조사하도록 한다.

정답 17 ③ 18 ① 19 ② 20 ④ 21 ③ 22 ③ 23 ③ 24 ③ 25 ④

재해조사 방법 5가지:
① 재해조사는 재해발생 직후에 실시한다.
② 현장의 물리적 흔적을 수집 및 보관한다.
③ 재해현장의 상황을 기록하고 사진을 촬영한다.
④ 목격자 및 현장 관계자의 진술을 확보한다.
⑤ 재해 피해자와 면담(사고 직전의 상황 청취등)

26 전기감전에 의하여 넘어진 사람에 대한 중요 관찰사항과 거리가 먼 것은?

① 의식 상태 ② 호흡 상태
③ 맥박 상태 ④ 골절 상태

골절은 고소 추락시 발생되는 상해이다.

27 사업장에서 승강기의 조립 또는 해체작업을 할 때 조치하여야 할 사항과 거리가 먼 것은?

① 작업을 지휘하는 자를 선임하여 지휘자의 책임 하에 작업을 실시할 것
② 작업할 구역에는 관계근로자외의 자의 출입을 금지시킬 것
③ 기상상태의 불안정으로 인하여 날씨가 몹시 나쁠 때에는 그 작업을 중지시킬 것
④ 사용자의 편의를 위하여 야간작업을 하도록 할 것

야간작업은 재해를 발생시킬 우려가 있어 지양해야 한다.

28 재해원인의 분류에서 불안전한 상태(물적 원인)가 아닌 것은?

① 안전방호장치의 결함
② 작업환경의 결함
③ 생산공정의 결함
④ 불안전한 자세 결함

1. 인적 원인(불안전한 행동)
① 부적당한 속도로 장치를 운전한다.
② 허가 없이 장치를 운전한다.
③ 잘못된 방법으로 장치를 운전한다.
④ 결함이 있는 장치를 사용한다.
⑤ 안전장치가 작동하지 않게 한다.
⑥ 공동 작업자에게 경고하지 않는다. 또는 준비를 충분히 하지 않는다.
⑦ 개인 보호구를 사용하지 않는다.
⑧ 장치 또는 자재의 부적당한 하적 또는 배치
⑨ 잘못된 작업위치를 취한다.
⑩ 물건을 잘못 올린다.
⑪ 가동 중인 장치를 정비한다.

2. 물적 원인(불안전한 상태)
① 불충분한 지지 또는 방호
② 결함이 있는 공구, 장치 또는 자재
③ 작업장소의 밀집
④ 불충분한 경보시스템
⑤ 화재 또는 폭발 위험성
⑥ 빈약한 장비
⑦ 위험성이 있는 대기상태(가스, 먼지, 증기 등)
⑧ 지나친 소음
⑨ 빈약한 조명
⑩ 빈약한 환기
⑪ 빈약한 노출

정답 26 ④ 27 ④ 28 ④

29 간접식 유압엘리베이터의 특징이 아닌 것은?

① 실린더를 설치하기 위한 보호관이 필요하지 않다.
② 실린더 점검이 용이하다.
③ 추락방지안전장치가 필요없다.
④ 로프의 늘어짐과 작동유의 압축성 때문에 부하에 의한 카 바닥의 빠짐이 비교적 적다.

① 직접식 유압엘리베이터
 · 추락방지안전장치가 필요없다.
 · 실린더(cylinder)를 설치하기 위한 보호관을 땅에 묻어야 하기 때문에 설치가 어렵다.
 · 해당 승강로 평면이 작아도 되고 구조가 간단하다.
 · 부하에 대한 케이지 응력이 작아진다.
② 간접식 유압엘리베이터
 · 추락방지안전장치가 필요하다.
 · 로프의 이완(늘어남)과 기름의 압축성 때문에 부하로 인한 바닥 침하가 있다.
 · 실린더 보호관이 필요 없다.
 · 실린더 점검이 용이하다.

30 승강기의 문(Door)에 관한 설명 중 틀린 것은?

① 문 닫힘 도중에도 승강장의 버튼을 동작시키면 다시 열려야 한다.
② 문이 완전히 열린 후 최소 일정 시간 이상 유지되어야 한다.
③ 착상구역 이외의 위치에서는 카 내의 문 개방 버튼을 동작시켜도 절대로 개방되지 않아야 한다.
④ 문이 일정 시간 후 닫히지 않으면 그 상태를 계속 유지하여야 한다.

문이 닫히고 있을 때에 충돌하거나 또는 끼이든가 하면 부상을 입을 수 있으므로, 문의 선단에 이물질 검출장치를 설치하여 닫히는 문을 멈추게 한 후 반전시킨다.

31 로프식 엘리베이터의 카 틀에서 브레이스 로드의 분담 하중은 대략 어느 정도 되는가?

① $\frac{1}{8}$ ② $\frac{3}{8}$ ③ $\frac{1}{3}$ ④ $\frac{1}{16}$

32 승강장 도어 문턱과 카 문턱과의 수평거리는 몇 mm 이하이어야 하는가?

① 125   ② 120   ③ 50   ④ 35

33 에스컬레이터의 다딤판과 스커트 가드와의 틈새는 양쪽 모두 합쳐서 최대 얼마이어야 하는가?

① 5mm 이하   ② 7mm 이하
③ 9mm 이하   ④ 10mm 이하

34 과속 조절기의 작동상태를 잘못 설명한 것은?

① 카가 하강 과속하는 경우에는 일정 속도를 초과하기 전에 과속 조절기 스위치가 동작해야 한다.
② 과속 조절기 캣치는 일단 동작하고 난 후 자동으로 복귀되어서는 안된다.
③ 과속 조절기의 스위치는 작동 후 자동 복귀된다.
④ 과속 조절기 로프가 장력을 잃게 되면 전동기의 주 회로를 차단시키는 경우도 있다.

과속 조절기의 스위치는 작동 후 수동으로 복귀시킨다.

35 다음 중 엘리베이터 감시반에 필요하지 않은 장치는?

① 현재 엘리베이터의 하중 표시장치
② 현재 엘리베이터의 운행방향 표시장치
③ 현재 엘리베이터의 위치 표시장치
④ 엘리베이터의 이상 유무 확인 표시장치

 엘리베이터 감시반에 하중 표시장치는 필요없다.

36 과속조절기의 보수점검 등에 관한 사항과 거리가 먼 것은?

① 층간 정지시, 수동으로 돌려 구출하기 위한 수동핸들의 작동검사 및 보수
② 볼트, 너트, 핀의 이완 유무
③ 조속기 시브와 로프 사이의 미끄럼 유무
④ 과속스위치 점검 및 작동

 운행 중 어떤 이유로 승객이 카 내에 갇혔을 때 구출하는 방법에는 천장의 비상구출구를 이용하는 방법이 있고, 또 수동으로 카를 정지층의 승강장으로 유도한 후 도어를 열고 구출하는 방법이 있다. 그런데 과속조절기는 항상 카의 속도를 확인하고 과속시 추락방지안전장치를 작동시킨다.

37 비상용승강기는 화재발생시 화재 진압용으로 사용하기 위하여 고층빌딩에 많이 설치하고 있다. 비상용승강기에 반드시 갖추지 않아도 되는 조건은?

① 비상용 소화기
② 예비전원
③ 전용 승강장 이외의 부분과 방화구획
④ 비상운전 표시등

38 정전 시 램프중심부로부터 1m 떨어진 수직면상의 조도는 몇 lux 이상이어야 하는가?

① 100   ② 50   ③ 5   ④ 2

 비상등의 밝기는 호출버튼과 비상통화장치 표시부 및 램프 중심부로부터 1m 떨어진 수직면상에서 5lux 이상의 밝기이어야 한다.

39 에스컬레이터 승강장의 주의표지판에 대한 설명 중 옳은 것은?

① 주의표지판은 충격을 흡수하는 재질로 만들어야 한다.
② 주의표지판은 영문으로 읽기 쉽게 표기되어야 한다.
③ 주의표지판의 크기는 80mm×80mm 이하의 그림으로 표시되어야 한다.
④ 주의표지판의 바탕은 흰색, 도안은 흑색, 사선은 적색이다.

 주의표지판은 견고한 재질로 만들어야 하며, 잘 보이는 곳에 부착하여야 한다. 그리고 주의표지판은 국문으로 읽기 쉽게 표기하거나, 크기 80mm×80mm 이상의 그림으로 표시하여야 한다. 또한 색상은 흰색 바탕에 도안은 흑색, 사선은 적색으로 하여야 한다.

40 실린더를 검사하는 것 중 해당되지 않는 것은?

정답 35 ① 36 ① 37 ① 38 ③ 39 ④ 40 ④

① 패킹으로부터 누유된 기름을 제거하는 장치
② 공기 또는 가스의 배출구
③ 더스트 와이퍼의 상태
④ 압력 배관의 고무호스는 여유가 있는지의 상태

41 가이드 레일의 보수 점검 항목이 아닌 것은?

① 브래킷 취부의 앵커 볼트 이완상태
② 레일 및 브래킷의 오염상태
③ 레일의 급유상태
④ 레일길이의 신축상태

가이드레일의 신축은 여름과 겨울에 일어나는데, 시설시 감안하여 시설하고 있다.

42 보수 기술자의 올바른 자세로 볼 수 없는 것은?

① 신속, 정확 및 예의바르게 보수 처리한다.
② 보수를 할 때는 안전기준보다는 경험을 우선시한다.
③ 항상 배우는 자세로 기술향상에 적극 노력한다.
④ 안전에 유의하면서 작업하고 항상 건강에 유의한다.

보수를 할 때는 안전기준을 우선시 해야 한다.

43 과속조절기 로프의 공칭직경은 몇 mm 이상이어야 하는가?

① 5   ② 6   ③ 7   ④ 8

과속조절기 로프의 공칭직경은 6mm 이상, 매다는 장치의 공칭직경은 8mm 이상 되어야 한다.

44 유압잭의 부품이 아닌 것은?

① 사일렌서   ② 플런저
③ 패킹   ④ 더스트 와이퍼

사일렌서(Siloncor)는 자동차의 미플러와 같이 작동유의 압력맥동을 흡수하여 진동·소음을 감소시키는 역할을 한다

45 전기식 엘리베이터에서 자체점검주기가 가장 긴 것은?

① 권상기의 감속기어
② 권상기 베어링
③ 수동조작핸들
④ 고정 도르래

• 감속기어: 3개월에 1회
• 베어링·도르래: 6개월에 1회
• 고정 도르래: 1년에 1회

46 정격속도 60m/min를 초과하는 엘리베이터에 사용되는 추락방지안전장치의 종류는?

① 점차 작동형   ② 즉시 작동형
③ 디스크 작동형   ④ 플라이볼 작동형

카의 추락방지안전장치:
① 엘리베이터의 정격속도가 60m/min를 초과하는 경우 점차 작동형이어야 한다.
  그러나 다음의 경우에는 그렇지 않다.
·정격속도가 60m/min를 초과하지 않는 경우: 완충효과가 있는 즉시 작동형
·정격속도가 37.8m/min를 초과하지 않는 경우: 즉시 작동형
② 카에 여러 개의 추락방지안전장치가 설치된 경우에는 모두 점차 작동형이어야 한다.

정답 41 ④ 42 ② 43 ② 44 ① 45 ④ 46 ①

47 운동을 전달하는 장치로 옳은 것은?

① 절이 왕복하는 것을 레버라 한다.
② 절이 요동하는 것을 슬라이더라 한다.
③ 절이 회전하는 것을 크랭크라 한다.
④ 절이 진동하는 것을 캠이라 한다.

- 크랭크: 돌아가면서 다른 부분의 운동방향이나 시간을 바꿀 수 있는 굽은 굴대를 말한다.
- 레버: 당기거나 밀거나 하여 기계를 조작하는 작은 막대기 모양의 장치를 말한다.
- 캠: 기계의 회전운동을 왕복운동 또는 진동 등으로 바꾸기 위한 장치를 말한다.

48 헬리컬 기어의 설명으로 적절하지 않은 것은?

① 진동과 소음이 크고 운전이 정숙하지 않다.
② 회전시에 축압이 생긴다.
③ 스퍼기어보다 가공이 힘들다.
④ 이의 물림이 좋고 연속적으로 접촉한다.

헬리컬 기어: 평행인 두 축 사이에서 회전운동을 전달하는 원통형 기어를 말한다. 진동과 소음이 적어 큰 하중과 고속의 전동에 사용된다.

헬리컬기어

49 평행판 콘덴서에 있어서 콘덴서의 정전용량은 판 사이의 거리와 어떤 관계인가?

① 반비례 ② 비례 ③ 불변 ④ 2배

$C = \dfrac{\varepsilon A}{d}(\text{F})$

50 복활차에서 하중 W인 물체를 올리기 위해 필요한 힘(P)은? (단, n은 동활차의 수이다.)

① $P = W + 2^n$ ② $P = W - 2^n$
③ $P = W \times 2^n$ ④ $P = W/2^n$

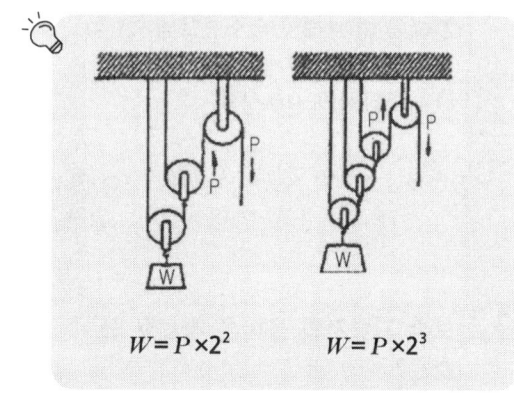

$W = P \times 2^2$ $W = P \times 2^3$

51 유도전동기의 동기 속도는 무엇에 의하여 정하여지는가?

① 전원의 주파수와 전동기의 극수
② 전력과 저항
③ 전원의 주파수와 전압
④ 전동기의 극수와 전류

$N_S = \dfrac{120f}{P}(\text{rpm})$

52 반지름 r(m), 권수 N의 원형 코일에 I(A)의 전류가 흐를 때 원형 코일 중심점의 자기장의 세기(AT/m)는?

① $\dfrac{NI}{r}$ ② $\dfrac{NI}{2r}$ ③ $\dfrac{NI}{2\pi r}$ ④ $\dfrac{NI}{4\pi r}$

정답 47 ③ 48 ① 49 ① 50 ④ 51 ① 52 ②

원형코일 중심 자장의 세기
$H = \dfrac{NI}{2r}$ (AT/m)

53 유도전동기에서 슬립이 1이란 전동기이 어느 상태인가?

① 유도 제동기의 역할을 한다.
② 유도 전동기가 전부하 운전 상태이다.
③ 유도 전동기가 정지 상태이다.
④ 유도 전동기가 동기속도로 회전한다.

• 정지상태일 때: $S = 1$
• 동기속도로 회전할 때: $S = 0$
• 정격부하로 운전할 때: $0 < S < 1$

54 물체에 하중이 작용할 때, 그 재료 내부에 생기는 저항력을 내력이라 하고 단위면적당 내력의 크기를 응력이라 하는데 이 응력을 나타내는 식은?

① $\dfrac{단면적}{하중}$ ② $\dfrac{하중}{단면적}$
③ 단면적×하중   ④ 하중 – 단면적

응력 = $\dfrac{하중}{단면적}$

55 유도전동기의 속도제어방법이 아닌 것은?

① 전원 전압을 변화시키는 방법
② 극수를 변화시키는 방법
③ 주파수를 변화시키는 방법
④ 계자저항을 변화시키는 방법

유도전동기의 속도제어 방법에는 극수 변환법, 주파수 변환법, 1차 전압(전원) 제어법, 2차 저항 제어법 등이 있다.

56 다음 중 교류전동기는?

① 분권 전동기   ② 타여자 전동기
③ 유도 전동기   ④ 차동복권 전동기

1. 직류 전동기이 종류
① 타여자 전동기   ② 분권 전동기
③ 직권 전동기   ④ 가동복권 전동기
⑤ 차동복권 전동기

2. 교류 전동기의 종류
① 단상유도 전동기   ② 3상유도 전동기

57 자동제어계의 상태를 교란시키는 외적인 신호는?

① 제어량   ② 외란
③ 목표량   ④ 피드백 신호

외란: 제어량을 목표값으로부터 이탈시키려는 제어계의 외부로부터 오는 영향을 말한다.

58 50μF의 콘덴서에 200V, 60Hz의 교류전압을 인가했을 때 흐르는 전류(A)는?

① 약 2.56   ② 약 3.77
③ 약 4.56   ④ 약 5.28

$I = \dfrac{V}{X_C} = \dfrac{V}{\dfrac{1}{wc}} = wcV = 2\pi fcV$
$= 2 \times 3.14 \times 60 \times 50 \times 10^{-6} \times 200$
$\fallingdotseq 3.77(A)$

59 영(Young)율이 커지면 어떠한 특성을 보이는가?

① 안전하다.   ② 위험하다.
③ 늘어나기 쉽다.   ④ 늘어나기 어렵다.

정답 53 ③   54 ②   55 ④   56 ③   57 ②   58 ②   59 ④

> 영률 = $\dfrac{\text{변형력}}{\text{변형률}}$

60 와이어 로프의 사용 하중이 5000kgf이고, 파괴하중이 25000kgf 일 때 안전율은?

① 2.5 ② 5.0 ③ 0.2 ④ 0.5

> 안전율 = $\dfrac{\text{파괴하중}}{\text{사용하중}} = \dfrac{25000}{5000} = 5$

정답 60 ②

2015. 7. 19 과년도 문제

01 가변 선압 가변 수파수(VVVF) 제어방식에 관한 설명 중 틀린 것은?

① 고속의 승강기까지 적용 가능하다.
② 저속의 승강기에만 적용하여야 한다.
③ 직류 전동기와 동등한 제어 특성을 낼 수 있다.
④ 유도 전동기의 전압과 주파수를 변환시킨다.

 VVVF 제어방식: 유도 전동기에 인가되는 전압과 주파수를 동시에 변환시켜 제어한다. 고속 엘리베이터에도 유도 전동기를 적용하여 보수가 용이하고 전력회생을 통하여 전력소비도 줄일 수 있다.

02 엘리베이터 완충기에 대한 설명으로 적합하지 않은 것은?

① 정격속도 1m/s 이하의 엘리베이터에 에너지 축적형 완충기를 사용하였다.
② 정격속도 1m/s 초과 엘리베이터에 에너지 분산형 완충기를 사용하였다.
③ 에너지 축적형 완충기(선형특성)의 행정은 65mm 이상이어야 한다.
④ 에너지 분산형 완충기에서 $2.5g_n$을 초과하는 감속도는 0.4초 이하이어야 한다.

 에너지 분산형 완충기에서 $2.5g_n$을 초과하는 감속도는 0.04초 이하이어야 한다.

03 엘리베이터 기계실에 관한 설명으로 틀린 것은?

① 기계실이 정상부에 위치할 경우 꼭대기 틈새의 높이는 2m 이상의 높이를 두어야 한다.
② 기계실의 크기는 승강로 수평투영면적의 2배 이상으로 하는 것이 적합하다.
③ 기계실의 위치는 반드시 정상부에 위치하지 않아도 된다.
④ 기계실이 있는 경우 기계실의 크기는 승강로의 크기와 같아야 한다.

 기계실의 크기는 승강로 수평투영면적의 2배 이상으로 하는 것이 적합하다.

04 기계실의 작업구역에서 유효 높이는 몇 m 이상으로 하여야 하는가?

① 1.8 ② 2.1 ③ 2.5 ④ 3

기계실 작업구역에서 유효 높이는 2.1m 이상 되어야 한다.

05 균형로프(Compensating Rope)의 역할로 적합한 것은?

① 카의 낙하를 방지한다.
② 균형추의 이탈을 방지한다.
③ 주 로프와 이동 케이블의 이동으로 변화된 하중을 보상한다.
④ 주 로프가 열화되지 않도록 한다.

 균형로프: 카의 위치변화에 의거 주 로프와 이동 케이블의 변화된 하중을 보상한다. 카의 속도가 120m/min 이상일 때 사용된다.

정답 1② 2④ 3④ 4② 5③

06 교류 2단 속도제어에 관한 설명으로 틀린 것은?

① 기동시 저속권선 사용
② 주행시 고속권선 사용
③ 감속시 저속권선 사용
④ 착상시 저속권선 사용

 교류 2단 속도제어: 2단 속도 모터(motor)를 사용하여 기동과 주행은 고속권선으로 행하고 감속시는 저속권선으로 감속하여 착상하는 방식이다. 이 방식은 교류 1단 속도제어에 비하여 착상이 우수한데, 주로 화물용(30m/min~60m/min)에 사용된다.

07 승객용 엘리베이터의 적재하중 및 최대정원을 계산할 때 1인당 하중의 기준은 몇 kg인가?

① 63   ② 65   ③ 67   ④ 75

 정원 = 정격하중 / 75

08 평면의 디딤판을 동력으로 오르내리게 한 것으로, 경사도가 12°이하로 설계된 것은?

① 에스컬레이터   ② 무빙워크
③ 경사형 리프트   ④ 덤웨이터

 무빙워크는 경사도가 12°이하이어야 한다.

09 레일의 규격호칭은 소재 1m 길이당 중량을 라운드 번호로 하여 레일에 붙여 쓰고 있다. 일반적으로 쓰이고 있는 T형 레일의 공칭이 아닌 것은?

① 8K 레일   ② 13K 레일
③ 16K 레일   ④ 24K 레일

① 레일 호칭은 마무리 가공전 소재의 1m당 중량으로 한다.
② 보통 T형 레일을 사용하는데 공칭은 8K, 13K, 18K, 24K이나 대용량 엘리베이터에서는 37K, 50K 등도 사용된다.
③ 레일의 표준길이는 5m이다.

10 다음 중 엘리베이터 도어용 부품과 거리가 먼 것은?

① 행거롤러   ② 업트러스트롤러
③ 도어레일   ④ 가이드롤러

도어머신 장치:
행거롤러
도어레일
업트러스트롤러

11 유압식 승강기의 종류를 분류할 때 적합하지 않은 것은?

① 직접식   ② 간접식
③ 팬터그래프식   ④ 밸브식

 유압식 승강기의 종류에는 직접식, 간접식, 팬터그래프식이 있다.

12 주차구획을 평면상에 배치하여 운반기의 왕복 이동에 의하여 주차를 행하는 방식은?

① 평면 왕복식   ② 다층 순환식
③ 승강기식   ④ 수평 순환식

정답 6 ① 7 ④ 8 ② 9 ③ 10 ④ 11 ④ 12 ①

① 평면 왕복식: 각 층에 평면으로 배치된 고정 주차구획에, 운반기로 자동차를 이동시켜 주차시키는 방식
② 다층순환식: 다수의 운반기를 1열, 2층 또는 그 이상으로 배열하여 임의의 두 층간의 양단에서 운반기를 승강 이동하여 순환 이동시키는 방식
③ 승강기식: 여러 층으로 배치되어 있는 고정 주차구획에, 상하로 이동할 수 있는 운반기를 사용하여 자동차를 이동시켜 주차시키는 방식
④ 수평 순환식: 주차구획에 자동차를 들어가게 한 후 그 주차구획을 수평으로 순환 이동하여 자동차를 주차시키는 방식

13 정지로 작동시키면 승강기의 버튼 등록이 정지되고 자동으로 지정 층에 도착하여 운행이 정지되는 것은?

① 리미트 스위치 ② 슬로다운 스위치
③ 파킹 스위치 ④ 피트 정지 스위치

① 리미트 스위치: 엘리베이터가 운행시 최상·최하층을 지나치지 않도록 하는 장치로서 카를 감속 제어하여 정지시킬 수 있도록 배치되어 있다. 또한, 리미트 스위치가 작동되지 않을 경우에 대비하여 리미트 스위치를 지난 적당한 위치에 카가 현저히 지나치는 것을 방지하는 파이널 리미트 스위치(Final Limit Switch)를 설치한다.
② 슬로다운 스위치: 카가 어떤 원인으로 감속하지 않고 최상·최하층을 지나칠 경우 이를 검출하여 강제적으로 감속, 정지시키는 장치로서 리미트 스위치 전에 설치한다.

③ 파킹 스위치: 카를 휴지시키고자 할 때 사용된다. 주로 기준층의 승강장에 키 스위치를 설치하여 승강장에서 카를 휴지 또는 재가동 시킬 때 사용한다.
④ 피트 정지 스위치: 보수점검 및 검사를 위하여 피트 내부로 들어가기 전 이 스위치를 '정지'위치로 하여 작업중 카가 움직이는 것을 방지한다.

14 승강기에 사용하는 가이드 레일 1본의 길이는 몇 m로 정하고 있는가?

① 1 ② 3 ③ 5 ④ 7

① 레일 호칭은 마무리 가공전 소재의 1m당 중량으로 한다.
② 보통 T형 레일을 사용하는데 공칭은 8K, 13K, 18K, 24K이나 대용량 엘리베이터에서는 37K, 50K 등도 사용된다.
③ 레일의 표준길이는 5m이다.
※ 가이드레일 규격 결정사항: 좌굴하중, 수평진동, 회전모멘트

15 매다는 장치의 이탈 방지 장치를 설치하는 목적으로 부적절한 것은?

① 급제동시 진동에 의해 매다는 장치가 벗겨질 우려가 있는 경우
② 지진의 진동에 의해 매다는 장치가 벗겨질 우려가 있는 경우
③ 기타의 진동에 의해 매다는 장치가 벗겨질 우려가 있는 경우
④ 매다는 장치의 파단으로 이탈할 경우

16 에스컬레이터 손잡이(Hand Rail)의 속도는 어떻게 하고 있는가?

① 30m/min 이하로 하고 있다.
② 45m/min 이하로 하고 있다.
③ 디딤판 속도의 ⅔ 정도로 하고 있다.
④ 디딤판 속도와 같게 하고 있다.

 손잡이와 디딤판 속도(속도차가 0~2% 이하)는 같아야 한다.
손잡이 폭: 70mm와 100mm 사이

17 에스컬레이터의 역회전 방지장치가 아닌 것은?

① 구동체인 안전장치
② 기계 브레이크
③ 과속조절기
④ 스커트 가드

 스커트 가드(Skirt guard): 에스컬레이터 내측판의 스텝에 인접한 부분을 말하는데, 스테인리스 판으로 되어있다.

18 유압 엘리베이터에서 압력 릴리프 밸브는 압력을 전부하 압력의 몇 %까지 제한하도록 맞추어 조절해야 하는가?

① 115   ② 125   ③ 140   ④ 150

 안전밸브: 일종의 압력조정 밸브인데 회로의 압력이 설정값에 도달하면 밸브를 열어 오일을 탱크로 돌려보냄으로써 압력이 과도하게 상승(상승압력의 125%에 설정)하는 것을 방지한다. 이 밸브는 전부하 압력의 140%까지 제한하도록 맞추어 조절되어야 한다.

19 전류의 흐름을 안전하게 하기 위하여 전선의 굵기는 가장 적당한 것으로 선정하여 사용하여야 한다. 전선의 굵기를 결정하는 요인으로 다음 중 거리가 가장 먼 것은?

① 전압 강하   ② 허용 전류
③ 기계적 강도   ④ 외부 온도

 전선의 굵기를 결정하는 요인:
① 허용 전류
② 전압 강하
③ 기계적 강도

20 감전의 위험이 있는 장소의 전기를 차단하여 수선, 점검 등의 작업을 할 때에는 작업 중 스위치에 어떤 장치를 하여야 하는가?

① 접지장치   ② 복개장치
③ 시건장치   ④ 통전장치

21 높은 열로 전선의 피복이 연소되는 것을 방지하기 위해 사용되는 재료는?

① 고무   ② 석면
③ 종이   ④ PVC

22 재해원인의 분석방법 중 개별적 원인 분석은?

① 각각의 재해원인율 규명하면서 하나하나 분석하는 것이다.
② 사고의 유형, 기인물 등을 분류하여 큰 순서대로 도표화하는 것이다.
③ 특성과 요인관계를 도표로 하여 물고기 모양으로 세분화 하는 것이다
④ 월별 재해 발생수를 그래프화 하여 관리선을 선정하여 관리하는 것이다.

23 승강기 관리주체의 의무사항이 아닌 것은?

① 승강기 완성검사를 받아야 한다.
② 자체점검을 받아야 한다.
③ 승강기의 안전에 관한 일상관리를 하여야 한다.
④ 승강기의 안전에 관한 보수를 하여야 한다.

승강기 관리 주체: 승강기를 안전하게 유지 관리할 책임과 권한을 가진 사람.

24 카내에 승객이 갇혔을 때 조치할 내용 중 부적절한 것은?

① 우선 인터폰을 통해 승객을 안심시킨다.
② 카의 위치를 확인한다.
③ 층 중간에 정지하여 구출이 어려운 경우에는 기계실에서 정지층에 위치하도록 권상기를 수동으로 조작한다.
④ 반드시 카 상부의 비상구출구를 통해서 구출한다.

카내에 승객이 갇혔을 때는 카를 정지층으로 유도한 후 수동으로 열고 구출하여도 된다.

25 방호장치에 대하여 근로자가 준수할 사항이 아닌 것은?

① 방호장치에 이상이 있을 때 근로자가 즉시 수리한다.
② 방호장치를 해체하고자 할 경우에는 사업주의 허가를 받아 해체한다.
③ 방호장치의 해체 사유가 소멸된 때에는 지체 없이 원상으로 회복시킨다.
④ 방호장치의 기능이 상실된 것을 발견하면 지체 없이 사업주에게 신고한다.

방호장치에 이상이 생기면 사업주에게 신고하고 즉시 수리하여 원상 회복시켜야 한다.
• 방호장치: 기계, 기구 및 설비를 사용할 경우 작업자에게 상해를 입힐 우려가 있는 부분을 일시적 또는 영구적으로 설치하는 안전장치.

26 승강기 안전점검에서 신설, 변경 또는 고장 수리 등 작업을 한 후에 실시하는 것은?

① 사전점검   ② 특별점검
③ 수시점검   ④ 정기점검

• 승강기 정기검사: 검사주기 1년
• 승강기 자체점검: 월 1회 이상
• 승강기 정밀검사: 설치검사를 받은 날로부터 15년이 지난 경우

27 합리적인 사고의 발견방법으로 타당하지 않은 것은?

① 육감진단   ② 예측진단
③ 장비진단   ④ 육안진단

28 작업표준의 목적이 아닌 것은?

① 작업의 효율화   ② 위험요인의 제거
③ 손실요인의 제거   ④ 재해책임의 추궁

29 승강기의 주로프 로핑(Roping) 방법에서 로프의 장력은 부하측(카 및 균형추) 중력의 ½이 되며, 부하측의 속도가 로프 속도의 ½이 되는 로핑 방법은 어느 것인가?

정답 23 ① 24 ④ 25 ① 26 ② 27 ① 28 ④ 29 ②

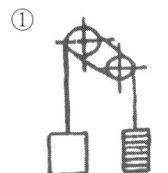 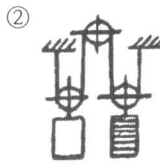

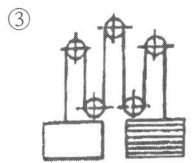 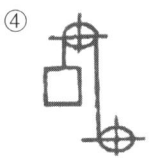

30 로프식 엘리베이터에서 도르래의 직경은 로프 직경의 몇 배 이상으로 하여야 하는가?

① 25 ② 30 ③ 35 ④ 40

 권상기의 시브 직경은 주로프 직경의 40배 이상 되어야 한다.

31 기계식 주차장치에 있어서 자동차 중량의 전륜 및 후륜에 대한 배분비는?

① 6:4 ② 5:5 ③ 7:3 ④ 4:6

32 카 및 승강장 문의 유효 출입구의 높이(m)는 얼마 이상이어야 하는가?

① 1.8 ② 1.9 ③ 2.0 ④ 2.1

33 피트에서 하는 검사가 아닌 것은?

① 완충기의 설치상태
② 하부 파이널 리미트 스위치류 설치상태
③ 균형로프 및 부착부 설치상태
④ 비상구출구 설치상태

 비상구출구 설치상태의 점검은 카 상부에서 하는 검사이다.

34 유압식 승강기의 특징으로 틀린 것은?

① 기계실의 배치가 자유롭다.
② 실린더를 사용하기 때문에 행정거리와 속도에 한계가 있다.
③ 과부하방지가 불가능하다.
④ 균형추를 사용하지 않기 때문에 모터의 출력과 소비전력이 크다.

 유압 엘리베이터의 특징:
① 기계실의 배치가 자유롭다.
② 건물 꼭대기 부분에 하중이 걸리지 않는다.
③ 실린더를 사용하기 때문에 행정거리와 속도에 한계가 있다.
④ 균형추를 사용하지 않기 때문에 전동기의 소요 동력이 커지는 등의 단점이 있어, 최근에는 기계실이 없는 엘리베이터가 많이 설치되고 있다.

35 다음 중 과속조절기의 형태가 아닌 것은?

① 롤 세이프티(Roll Safety)형
② 디스크(Disk)형
③ 플라이 볼(Fly Ball)형
④ 카(Car)형

 과속조절기의 종류에는 롤 세이프티형, 디스크형, 플라이 볼형이 있다.

36 승강기의 파이널 리미트 스위치(Final Limit Switch)의 요건 중 틀린 것은?

정답 30 ④ 31 ① 32 ③ 33 ④ 34 ③ 35 ④ 36 ④

① 반드시 기계적으로 조작되는 것이어야 한다.
② 작동 캠(Cam)은 금속으로 만든 것이어야 한다.
③ 이 스위치가 동작하게 되면 권상전동기 및 브레이크 전원이 차단되어야 한다.
④ 이 스위치는 카가 승강로이 완충기에 충돌된 후에 작동되어야 한다.

파이널 리미트 스위치:
① 완충기에 충돌되기 전에 작동하여야 하며, 슬로다운 스위치에 의하여 정지되면 작용하지 않도록 설정되어야 한다.
② 파이널 리미트 스위치는 카 또는 균형추가 완전히 압축된 완충기 위에 닿을 때까지 작동을 계속하여야 한다.
※ 슬로다운 스위치: 카가 어떤 이상 원인으로 감속되지 못하고 최상·최하층을 지나칠 경우 이를 검출하여 강제로 감속, 정지시키는 장치로서 리미트 스위치(Limit Switch) 전에 설치한다.

37 에스컬레이터(무빙워크 포함) 자체점검 중 구동기 및 순환 공간에서 하는 점검에서 B(요주의)로 하여야 할 것이 아닌 것은?

① 전기안전장치의 기능을 상실한 것
② 운전, 유지보수 및 점검에 필요한 설비 이외의 것이 있는 것
③ 상부 덮개와 바닥면과의 이음부분에 현저한 차이가 있는 것
④ 구동기 고정 볼트 등의 상태가 불량한 것

전기 안전장치의 기능을 상실한 것은 긴급수리(C) 해야 한다.
에스컬레이터(무빙워크 포함) 월별 점검 상태: A (양호), B (요주의), C (긴급수리 및 요수리)

38 엘리베이터의 트랙션 머신에서 시브 풀리의 홈마모 상태를 표시하는 길이 H는 몇 mm이하로 하는가?

① 0.5 ② 2 ③ 3.5 ④ 5

39 전기식 엘리베이터 자체점검 중 카 위에서 하는 점검항목 장치가 아닌 것은?

① 비상구출구
② 도어잠금 및 잠금해제 장치
③ 카 위 안전스위치
④ 문닫힘 안전장치

문닫힘 안전장치는 카 내부에서의 점검사항이다.

40 유압승강기에 사용되는 안전밸브의 설명으로 옳은 것은?

① 승강기의 속도를 자동으로 조절하는 역할을 한다.
② 압력배관이 과열되었을 때 작동하여 카의 낙하를 방지한다.
③ 카가 최상층으로 상승할 때 더 이상 상승하지 못하게 하는 안전장치이다
④ 작동유의 압력이 정격압력 이상이 되었을 때 작동하여 압력이 상승하지 않도록 한다.

안전밸브: 일종의 압력조정 밸브인데 회로의 압력이 설정값에 도달하면 밸브를 열어 오일을 탱크로 돌려보냄으로써 압력이 과도하게 상승(상승압력의 125%에 설정)하는 것을 방지한다.

정답 37 ① 38 ② 39 ④ 40 ④

41 다음 중 에스컬레이터의 일반구조에 대한 설명으로 틀린 것은?

① 일반적으로 경사도는 30도 이하로 하여야 한다.
② 손잡이의 속도가 디딤판과 같은 속도를 유지하도록 한다.
③ 디딤판의 정격속도는 30m/min를 초과하여야 한다.
④ 물건이 에스컬레이터의 각 부분에 끼이거나 부딪치는 일이 없도록 안전한 구조이어야 한다.

 에스컬레이터의 속도 및 경사도:
- 에스컬레이터의 공칭속도는 경사도가 30° 이하인 경우는 45m/min 이하이어야 한다.
- 경사도가 30°를 초과하고 35° 이하인 경우는 30m/min 이하이어야 한다.
- 에스컬레이터의 경사도는 30°를 초과하지 않아야 한다. 다만 높이가 6m이하이고 공칭속도가 30m/min 이하인 경우에는 경사도를 35°까지 증가시킬 수 있다.
- 디딤판과 손잡이 속도 편차: 5~15초 내에 편차가 ±15% 이상시에는 운전을 정지할 것

42 승객용 엘리베이터에서 자동으로 동력에 의해 문을 닫는 방식에서의 문닫힘 안전장치의 기준에 부적합한 것은?

① 문닫힘 동작시 사람 또는 물건이 끼일 때 문이 반전하여 열려야 한다.
② 문닫힘 안전장치 연결전선이 끊어지면 문이 반전하여 닫혀야 한다.
③ 문닫힘 안전장치의 종류에는 세이프티 슈, 광전장치, 초음파장치 등이 있다
④ 문닫힘 안전장치는 카 문이나 승강장 문에 설치되어야 한다.

 문닫힘 안전장치 연결전선이 끊어지면 문이 닫히지 않고 그대로 있어야 한다.

43 승강기에 설치할 방호장차가 아닌 것은?

① 가이드 레일   ② 출입문 인터록
③ 과속조절기   ④ 파이널 리미트 스위치

 가이드 레일:
① 엘리베이터의 움직이는 경로를 일정하게 한다.
② 카와 균형추의 승강로 평면 내의 위치를 규제한다.
③ 카의 자중이나 화물에 의한 카의 기울어짐을 방지한다.
④ 비상 멈춤이 작동할 때의 수직 하중을 유지한다.

44 레일을 싸고 있는 모양의 클램프와 레일 사이에 강체와 가까이 롤러를 물려서 정지시키는 추락방지 안전장치의 종류는?

① 즉시 작동형 추락방지 안전장치
② 플렉시블 가이드 클램프형 추락방지 안전장치
③ 플렉시블 웨지 클램프형 추락방지 안전장치
④ 점차 작동형 추락방지 안전장치

45 전기식 엘리베이터 자체점검 항목 중 점검주기가 가장 긴 것은?

① 권상기 감속기어의 윤활유(Oil) 누설유무 확인
② 추락방지 안전장치 스위치의 기능상실 유무 확인
③ 승장버튼의 손상 유무 확인
④ 이동케이블의 손상 유무 확인

정답 41 ③ 42 ② 43 ① 44 ① 45 ④

감속기어는 3월에 1회 이상, 스위치류는 월1회 이상, 이동케이블은 6월에 1회 이상 점검하여야 한다.

46 T형 가이드레일의 규격은 마무리 가공전 소재의 ( )m 당 중량을 반올림한 정수에 'K 레일'을 붙여서 호칭한다. 빈칸에 맞는 것은?

① 1   ② 2   ③ 3   ④ 4

 레일의 규격:
① 레일 호칭은 마무리 가공전 소재의 1m당 중량으로 한다.
② 보통 T형 레일을 사용하는데 공칭은 8K, 13K, 18K, 24K이나 대용량 엘리베이터에서는 37K, 50K 등도 사용된다.
③ 레일의 표준길이는 5m이다.

47 유도전동기의 속도를 변화시키는 방법이 아닌 것은?

① 슬립 s를 변화시킨다.
② 극수 P를 변화시킨다.
③ 주파수 f를 변화시킨다.
④ 용량을 변화시킨다.

 $N_s = \dfrac{120f}{P}(1-s)[rpm]$

여기서, P: 극수, f: 주파수, s: 슬립

48 '회로망에서 임의의 접속점에 흘러 들어오고 흘러 나가는 전류의 대수합은 0이다'라는 법칙은?

① 키르히호프의 법칙
② 가우스의 법칙
③ 줄의 법칙
④ 쿨롱의 법칙

- 키르히호프의 제1법칙(전류 평형의 법칙): 회로망 중의 한 접속점에서 그 점에 들어오는 전류의 총합과 나가는 전류의 총합은 같다.

$$\sum I = 0$$

- 가우스의 발산정리: 임의의 폐곡선에서 발생하는 전기력선의 총수는 미소체적에서 발산하는 전기력선의 총수와 같다.
- 줄의 법칙(Joule's law): $I(A)$의 전류가 저항이 $R(\Omega)$인 도체를 $t(sec)$ 동안 흐를 때 저항에서 소비되는 전기에너지 $W = I^2Rt(J)$는 모두 열로 된다는 법칙
- 쿨롱의 법칙: 두 자극 사이에 작용하는 힘의 크기 $F(N)$은 두 자극의 세기 m_1, $m_2(Wb)$의 곱에 비례하고 두 자극 사이의 거리 $r(m)$의 제곱에 반비례한다.

$$F = \dfrac{1}{4\pi\mu}\dfrac{m_1m_2}{r^2} = \dfrac{1}{4\pi\mu_0}\dfrac{m_1m_2}{\mu_s r^2}$$
$$= 6.33 \times 10^4 \times \dfrac{m_1m_2}{\mu_s r^2}(N)$$

49 유도전동기에서 슬립이 1이란 전동기의 어느 상태인가?

① 유도 제동기의 역할을 한다.
② 유도 전동기가 전부하 운전 상태이다.
③ 유도 전동기가 정지 상태이다.
④ 유도 전동기가 동기속도로 회전한다.

- 정지상태 $N=0$: $S=1$
- 동기 속도로 회전 $N=N_s$: $S=0$
- 정격 부하 운전 : $0 < S < 1$

정답 46 ① 47 ④ 48 ① 49 ③

50 어떤 백열전등에 100V의 전압을 가하면 0.2A의 전류가 흐른다. 이 전등의 소비전력은 몇 W인가? (단, 부하의 역률은 1이다)

① 10 ② 20 ③ 30 ④ 40

 $P = VI\cos\theta = 100 \times 0.2 \times 1 = 20\,(A)$

51 웜기어의 특징에 관한 설명으로 틀린 것은?

① 가격이 비싸다.
② 부하용량이 작다.
③ 소음이 적다.
④ 큰 감속비를 얻는다.

 웜기어는 기어의 직경에 따른 감속비 설계가 가능하다.

52 대형 직류전동기의 토크를 측정하는데 가장 적당한 방법은?

① 와전류전동기
② 프로니 브레이크법
③ 전기동력계
④ 반환부하법

 직류전동기의 토크 측정 방법:

① 보조 발전기법: 소형기에 적용
② 프로니 브레이크법: 소형기에 적용
③ 전기동력계법: 대형기에 적용

프로니 브레이크법: 회전축에 브레이크를 적용하여 발생하는 회전력을 측정하는 방법.
반환부하법: 전력을 소비하지 않고 철손과 구리손만을 공급하여 시험하는 방법.

53 다음 설명 중 링크의 특징이 아닌 것은?

① 경쾌한 운동과 동력의 마찰손실이 크다.
② 제작이 용이하다.
③ 전동이 매우 확실하다.
④ 복잡한 운동을 간단한 장치로 할 수 있다.

 링크는 링크 체인을 구성하는 고리를 말한다. 링크는 전동이 확실하고 동력의 마찰손실이 적다.

54 다음 중 OR회로의 설명으로 옳은 것은?

① 입력신호가 모두 '0'이면 출력신호에 '1'이 됨
② 입력신호가 모두 '0'이면 출력신호에 '0'이 됨
③ 입력신호가 '1'과 '0'이면 출력신호에 '0'이 됨
④ 입력신호가 '0'과 '1'이면 출력신호에 '0'이 됨

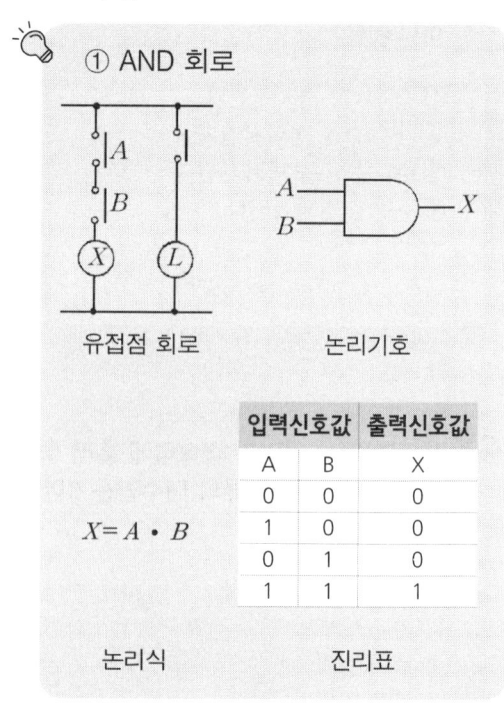

정답 50 ② 51 ② 52 ③ 53 ① 54 ②

② OR 회로

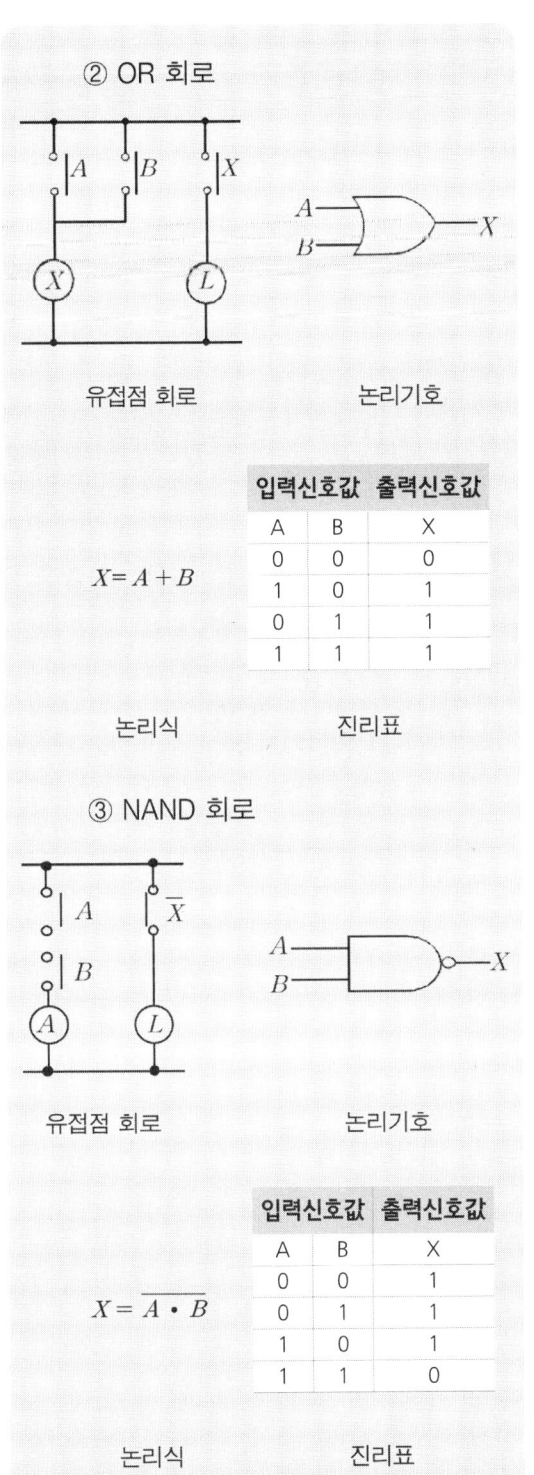

③ NAND 회로

④ NOR 회로

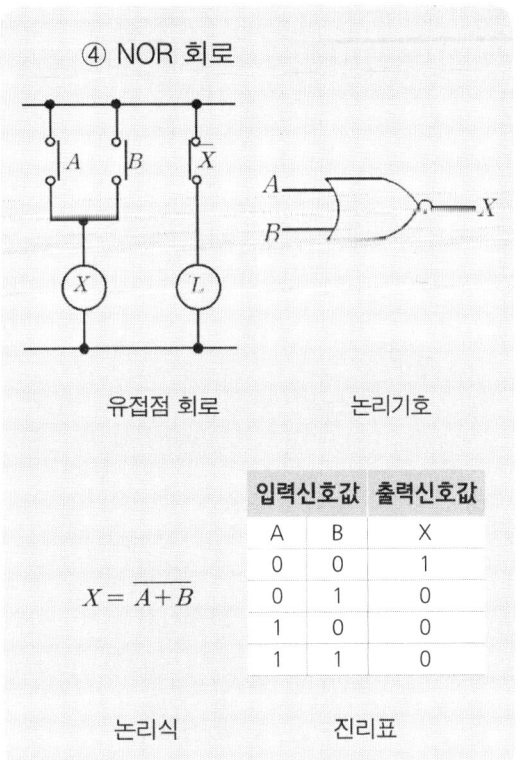

55 재료에 하중이 작용하면 재료를 구성하는 원자사이에서 위치의 변화가 일어나고, 그 내부에 응력이 생기며, 외적으로는 변형이 나타난다. 이 변형량과 원 치수와의 비를 변형률이라 하는데, 변형률의 종류가 아닌 것은?

① 세로 변형률　　② 가로 변형률
③ 전단 변형률　　④ 중량 변형률

변형률의 종류: ① 가로 변형률
　　　　　　　② 세로 변형률
　　　　　　　③ 전단 변형률

정답 55 ④

56 진공 중에서 m(Wb)의 자극으로부터 나오는 총 자력선의 수는 어떻게 표현되는가?

① $\dfrac{m}{4\pi\mu_0}$ ② $\dfrac{m}{\mu_0}$ ③ $\mu_0 m$ ④ $\mu_0 m^2$

m(Wb)의 자극에서 나오는 자력선

$N = \dfrac{m}{\mu} = \dfrac{m}{\mu_0 \mu_s}$ (개)

그런데 진공중에서 $\mu_s \fallingdotseq 1$ 이므로

$N = \dfrac{m}{\mu_0}$ (개)

57 변형률이 가장 큰 것은?

① 비례한도 ② 인장 최대하중
③ 탄성한도 ④ 항복점

재료의 인장시험에서 시험편이 파단할 때까지의 하중을 인장 최대하중이라 한다.

58 주전원이 380V인 엘리베이터에서 110V전원을 사용하고자 강압 트랜스를 사용하던 중 트랜스가 소손되었다. 원인 규명을 위해 회로시험기를 사용하여 전압을 확인하고자 할 경우, 회로시험기의 전압 측정범위 선택 스위치의 최초 선택위치로 옳은 것은?

① 회로시험기의 110V 미만
② 회로시험기의 110V 이상 220V 미만
③ 회로시험기의 220V 이상 380V 미만
④ 회로시험기의 가장 큰 범위

59 2진수 001101과 100101을 더하면 합은 얼마인가?

① 101010 ② 110010
③ 011010 ④ 110100

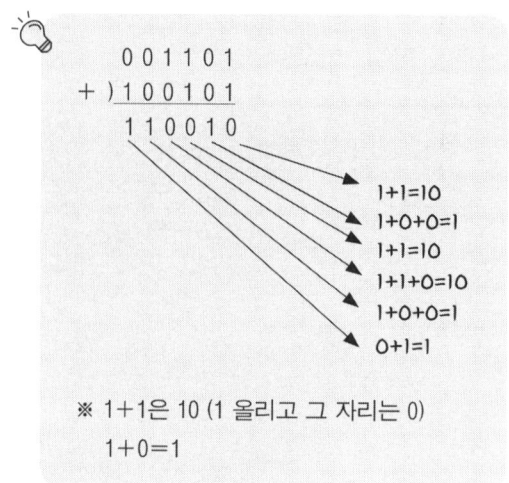

※ 1+1은 10 (1 올리고 그 자리는 0)
1+0=1

60 다음 중 전압계에 대한 설명으로 옳은 것은?

① 부하와 병렬로 연결한다.
② 부하와 직렬로 연결한다.
③ 전압계는 극성이 없다.
④ 교류 전압계에는 극성이 있다.

• 전압계: 부하와 병렬로 연결
• 전류계: 부하와 직렬로 연결

정답 56 ② 57 ② 58 ④ 59 ② 60 ①

2015. 10. 10 과년도 문제

01 과속조절기의 설명에 관한 사항으로 틀린 것은?

① 과속조절기 로프의 공칭 직경은 8mm 이상이어야 한다.
② 과속조절기는 과속조절기 용도로 설계된 로프에 의해 구동되어야 한다.
③ 과속조절기에는 추락방지 안전장치의 작동과 일치하는 회전방향이 표시되어야 한다.
④ 과속조절기 로프 풀리의 피치 직경과 과속조절기 로프의 공칭 직경 사이의 비는 30 이상이어야 한다.

 과속조절기 로프: 로프 직경은 6mm 이상, 안전율은 8 이상일 것

02 전기식 엘리베이터 기계실의 구조에서 구동기의 회전부품 위로 몇 m 이상의 유효 수직거리가 있어야 하는가?

① 0.2   ② 0.3   ③ 0.4   ④ 0.5

03 균형추의 중량을 결정하는 계산식은? (단, 여기서 L은 정격 하중, F는 오버밸런스율이다.)

① 균형추의 중량 = 카 자체하중 + (L×F)
② 균형추의 중량 = 카 자체하중 × (L×F)
③ 균형추의 중량 = 카 자체하중 + (L+F)
④ 균형추의 중량 = 카 자체하중 + (L−F)

 균형추의 중량 = 카 자체하중 + L·F

오버밸런스율: 엘리베이터에서 카와 균형추의 무게가 동일하게 하기 위하여 정격하중에 곱하여 주는 값

04 승강기가 최하층을 통과했을 때 주전원을 차단시켜 승강기를 정지시키는 것은?

① 완충기
② 과속조절기
③ 비상정지장치
④ 파이널 리미트 스위치

 파이널 리미트 스위치(final limit switch): 리미트 스위치가 동작하지 않을 경우에 대비, 종단계(최상층 또는 최하층)를 현저하게 지나치지 않도록 하기 위해 설치한다.

05 엘리베이터의 정격속도 계산 시 무관한 항목은?

① 감속비   ② 편향도르래
③ 전동기 회전수 ④ 권상도르래 직경

속도 $V = \dfrac{\pi \cdot D \cdot N}{1000} \cdot i \, (m/min)$

단, D : 권상기 도르래의 지름(mm)
　　N : 전동기의 회전수(r.p.m)
　　i : 감속기의 감속비

06 엘리베이터용 도어머신에 요구되는 성능이 아닌 것은?

정답 1① 2② 3① 4④ 5② 6④

① 가격이 저렴할 것
② 보수가 용이할 것
③ 작동이 원활하고 정숙할 것
④ 기동회수가 많으므로 대형일 것

도어 머신(door machine)에 요구되는 성능
① 작동이 원활하고, 정숙할 것
② 소형, 경량일 것
③ 동작 회수가 엘리베이터 기동회수의 2배가 되므로 보수가 용이할 것
④ 가격이 저렴할 것

07 여러 층으로 배치되어 있는 고정된 주차구획에 아래·위로 이동할 수 있는 운반기에 의하여 자동차를 자동으로 운반 이동하여 주차하도록 설계한 주차장치는?

① 2단식　　② 승강기식
③ 수직순환식　　④ 승강기 슬라이드식

- 2단식: 주차구획을 아래·위 또는 수평으로 이동하여 주차하도록 설계한 주차장치
- 승강기식: 여러 층의 고정된 주차구획에 상하로 움직일 수 있는 운반기에 의거 자동차를 주차시키는 방식
- 수직순환식: 주차구획에 자동차를 넣고, 그 주차구획을 수직으로 순환이동하여 자동차를 주차시킨다.
- 승강기 슬라이드식: 대지가 넓은 곳에 운반하여 종횡 방향으로 이동해 주차시키는 방식이다.

08 다음 중 도어 시스템의 종류가 아닌 것은?

① 2짝문 상하열기 방식
② 2짝문 가로열기(2S) 방식
③ 2짝문 중앙열기(CO) 방식
④ 가로열기와 상하열기 겸용방식

도어 시스템의 종류
① 가로 열기식 문(사이드 오픈방식): 종류에는 1S, 2S, 3S 등이 있다.
② 중앙 열기식 문(센터 오픈방식): 종류에는 2CO, 4CO 등이 있다.
③ 상하열기식 문
④ 스윙식 문

09 전기식 엘리베이터의 속도에 의한 분류방식 중 고속 엘리베이터의 기준은?

① 2m/s 이상　　② 2m/s 초과
③ 3m/s 이상　　④ 4m/s 초과

10 에스컬레이터의 구동체인이 규정치 이상으로 늘어났을 때 일어나는 현상은?

① 안전레버가 작동하여 브레이크가 작동하지 않는다.
② 안전레버가 작동하여 하강은 되나 상승은 되지 않는다.
③ 안전레버가 작동하여 안전회로 차단으로 구동되지 않는다.
④ 안전레버가 작동하여 무부하시는 구동되나 부하시는 구동되지 않는다.

11 승강기 정밀 안전검사시 과부하 방지장치의 작동치는 정격 적재하중의 몇 %를 권장치로 하는가?

① 95~100　　② 105~110
③ 115~120　　④ 125~130

과부하 방지장치: 케이지 내에 정원을 초과하여 승차를 하였다든가, 정격하중 이상의 물건을 적재하면 케이지 바닥 밑에 설치한 풋스위치(foot switch)가 작동하여 경보 부저가 울리고 동시에 경보등

정답 7 ②　8 ④　9 ④　10 ③　11 ②

이 점등되고 전동기 전원을 차단시켜 엘리베이터 동작을 금지시킨다. 보통 적재하중의 105~110%로 설정한다.

12 사이리스터의 점호각을 바꿈으로써 회전수를 제어하는 것은?

① 궤환제어   ② 일단 속도제어
③ 주파수변환제어   ④ 정지 레오나드제어

- 궤환제어 : 이 방식은 케이지의 실속도와 지령속도를 비교하여 사이리스터의 점호각을 바꿔, 유도전동기의 속도를 제어하는 방식이다 이 방식은 속도 45m/min에서 105m/min 이하에 적용된다. 감속시는 모터에 직류를 흐르게 하여 제동 토크를 발생해 제동한다.
- 일단 속도제어 : 가장 간단한 제어방식인데 3상 유도 전동기에 전원을 투입함으로써 기동과 정속운전을 하고, 정지는 전원을 차단한 후, 제동기에 의해 기계적으로 브레이크를 거는 방식이다.
- V.V.V.F.(Variable Voltage Variable Frequency : 가변전압 가변주파수) 제어 : 유도 전동기에 인가되는 전압과 주파수를 동시에 변환시켜 직류 전동기와 동등한 제어 성능을 갖는다. 이 방식은 소비전력이 절감된다. 적용 엘리베이터의 속도는 고속범위까지 가능하다.
- 정지 레오나드제어 : 사이리스터를 사용하여 교류를 직류로 변환하여 전동기에 공급하고, 사이리스터의 점호각을 제어하여 직류 전압을 가변시켜, 전동기의 속도를 제어하는 방식이다. 이 방식은 워드 레오나드 방식에 비하여 손실이 적고, 유지 보수가 용이하다. 고속 엘리베이터에 적용된다.

13 와이어로프 가공방법 중 효과가 가장 우수한 것은?

① 24mm 95%   ② 40~50%
③ 12mm 86%   ④ 75~80%

14 실린더에 이물질이 흡입되는 것을 방지하기 위하여 펌프의 흡입측에 부착하는 것은?

① 필터   ② 사일렌서
③ 스트레이너   ④ 더스트와이퍼

- 필터 : 유압장치에 쇳가루, 모래 등의 고형 이물질 혼입을 막기 위해 설치하는데, 펌프의 흡입구와 배관중간에 설치한다.
- 사일렌서(silencer) : 유압 엘리베이터의 소음과 진동을 흡수하기 위한 장치이다. 자동차의 머플러에 해당된다.
- 스트레이너 : 실린더에 이물질을 제거하기 위해 필터를 설치하는데, 펌프의 흡입측에 부착되는 것을 말한다.

15 직류 가변전압식 엘리베이터에서는 권상전동기에 직류 전원을 공급한다. 필요한 발전기용량은 약 몇 kW인가? (단, 권상전동기의 효율은 80%, 1시간 정격은 연속정격의 56%, 엘리베이터용 전동기의 출력은 20kW이다.)

① 11   ② 14   ③ 17   ④ 20

$$P = \frac{20 \times 10^3}{0.8} \times 0.56 = 14\,kW$$

정답 12 ①, ④ 13 ① 14 ③ 15 ② (12번 복수정답은 산업인력공단 발표)

16 교류 엘리베이터의 제어 방식이 아닌 것은?

① 교류일단 속도제어방식
② 교류귀환 전압제어방식
③ 워드레오나드방식
④ VVVF 제어방식

① 교류 엘리베이터 제어방식
・교류 1단 속도제어
・교류 2단 속도제어
・교류 귀환제어
・VVVF 제어
② 직류 엘리베이터 제어방식
・워드 레오나드 제어
・정지 레오나드 제어

17 추락방지 안전장치 작동을 위한 과속조절기의 정격속도는 몇 % 이상의 속도일 때인가?

① 105　② 110　③ 115　④ 120

추락방지 안전장치의 작동을 위한 과속조절기의 정격속도는 115% 이상일 때이다.

18 간접식 유압엘리베이터의 특징으로 틀린 것은?

① 실린더의 점검이 용이하다.
② 추락방지 안전장치가 필요없다.
③ 실린더를 설치하기 위한 보호관이 필요하지 않다.
④ 승강로는 실린더를 수용할 부분만큼 더 커지게 된다.

① 간접식 엘리베이터
・추락방지 안전장치가 필요하다.
・로프의 이완(늘어남)과 기름의 압축성 때문에 부하로 인한 바닥 침하가 있다.
・실린더(cylinder) 보호관이 필요 없다.
・실린더(cylinder) 점검이 용이하다.
② 직접식 엘리베이터
・추락방지 안전장치가 필요없다.
・실린더(cylinder)를 설치하기 위한 보호관을 땅에 묻어야 하기 때문에 설치가 어렵다.
・해당 승강로 평면이 작아도 되고 구조가 간단하다.
・부하에 대한 케이지 응력이 작아진다.

19 전기기기의 외함 등이 절연이 나빠져서 전류가 누설되어도 감전사고의 위험이 적도록 하기 위하여 어떤 조치를 하여야 하는가?

① 접지를 한다.
② 도금을 한다.
③ 퓨즈를 설치한다.
④ 영상변류기를 설치한다.

영상변류기(CT): 지락전류(누전되어 땅으로 흐르는 전류)발생시 각상 (L1, L2, L3상)의 전류 불평형을 감지하여 지락전류 검출에 사용된다.

20 재해 누발자의 유형이 아닌 것은?

① 미숙성 누발자　② 상황성 누발자
③ 습관성 누발자　④ 자발성 누발자

재해 누발자의 유형
① 미숙성 누발자　② 상황성 누발자
③ 습관성 누발자　④ 소질성 누발자

정답　16 ③　17 ③　18 ②　19 ①　20 ④

21 카 내에 갇힌 사람이 외부와 연락할 수 있는 장치는?

① 차임벨　　② 인터폰
③ 리미트 스위치　　④ 위치표시램프

22 추락에 의한 위험방지 중 유의사항으로 틀린 것은?

① 승강로 내 작업시에는 작업공구, 부품 등이 낙하하여 다른 사람을 해하지 않도록 할 것
② 카 상부 작업시 중간층에는 균형추의 움직임에 주의하여 충돌하지 않도록 할 것
③ 카 상부 작업시에는 신체가 카 상부 보호대를 넘지 않도록 하며 로프를 잡을 것
④ 승강장 도어 키를 사용하여 도어를 개방할 때에는 몸의 중심을 뒤에 두고 개방하여 반드시 카 유무를 확인하고 탑승할 것

23 안전보호기구의 점검, 관리 및 사용방법으로 틀린 것은?

① 청결하고 습기가 없는 장소에 보관한다.
② 한번 사용한 것은 재사용을 하지 않도록 한다.
③ 보호구는 항상 세척하고 완전히 건조시켜 보관한다.
④ 적어도 한 달에 1회 이상 책임있는 감독자가 점검한다.

 한번 사용한 것은 잘 보관하여 재사용하는데 문제가 없어야 한다.

24 작업장에서 작업복을 착용하는 가장 큰 이유는?

① 방한　　② 복장 통일
③ 작업능률 향상　　④ 작업 중 위험 감소

25 재해원인 중 생리적인 원인은?

① 작업자의 피로
② 작업자의 무지
③ 안전장치의 고장
④ 안전장치 사용의 미숙

26 기계운전 시 기본안전수칙이 아닌 것은?

① 작업범위 이외의 기계는 허가 없이 사용한다.
② 방호장치는 유효 적절히 사용하며, 허가 없이 무단으로 떼어놓지 않는다.
③ 기계가 고장이 났을 때에는 정지, 고장표시를 반드시 기계에 부착한다.
④ 공동 작업을 할 경우 시동할 때에는 남에게 위험이 없도록 확실한 신호를 보내고 스위치를 넣는다.

 작업범위 이외의 기계는 허가를 받은 후 사용해야 한다.

27 승강기 보수 작업시 승강기의 카와 건물의 벽 사이에 작업자가 끼인 재해의 발생 형태에 의한 분류는?

① 협착　　② 전도　　③ 방심　　④ 접촉

 협착은 물건에 사람의 신체 일부가 끼워지거나 말려든 상태를 말하며, 전도는 사람이 평면상으로 넘어졌을 때를 말한다.

28 감전 상태에 있는 사람을 구출할 때의 행위로 틀린 것은?

① 즉시 잡아당긴다.
② 전원 스위치를 내린다.
③ 절연물을 이용하여 떼어 낸다.
④ 변전실에 연락하여 전원을 끈다.

정답 21 ② 22 ③ 23 ② 24 ④ 25 ① 26 ① 27 ① 28 ①

감전 상태에 있는 사람을 구출할 때에는 필요한 조치를 한 후 구해야 재해를 당하지 않는다.

29 운행 중인 에스컬레이터가 어떤 요인에 의해 갑자기 정지하였다. 점검해야 할 에스컬레이터 안전장치로 틀린 것은?

① 승객 검출장치
② 인레트 스위치
③ 스커트 가드 안전 스위치
④ 스텝체인 안전장치

- 인레트 스위치 : 핸드레일의 인입구에 설치하는데 핸드레일이 난간 하부로 들어갈 때, 어린이의 손가락이 빨려 들어가는 사고가 발생시 운행을 정지시킨다.
- 스커트 가드 안전 스위치 : 계단과 스커트 가드 사이에 이물질 및 어린이의 신발 등이 끼이면 그 압력에 의해 스위치가 동작, 에스컬레이터를 정지시키며 상하부 곡선부 좌우에 설치한다.
- 스텝체인 안전장치 : 계단 체인이 파단되거나 과도하게 늘어날 때 즉시 작동하여 에스컬레이터를 정지시키는 장치이다.

30 승강기 완성검사시 에스컬레이터의 공칭속도가 0.5m/s인 경우 제동기의 정지거리는 몇 m이어야 하는가?

① 0.20m에서 1.00m 사이
② 0.30m에서 1.30m 사이
③ 0.40m에서 1.50m 사이
④ 0.55m에서 1.70m 사이

제동기의 정지거리

공칭속도	정지거리
30m/min(0.50m/s)	0.20m에서 1.00m 사이
39m/min(0.65m/s)	0.30m에서 1.30m 사이
45m/min(0.75m/s)	0.40m에서 1.50m 사이

공칭속도: 무부하 상태에서의 속도
정격속도: 정격하중 상태에서의 속도

31 로프식 승용승강기에 대한 사항 중 틀린 것은?

① 카 내에는 외부와 연락되는 통화장치가 있어야 한다.
② 카 내에는 용도, 적재하중(최대 정원) 및 비상시 조치 내용의 표찰이 있어야 한다.
③ 카바닥 끝단과 승강로 벽사이의 거리는 150mm를 초과하여야 한다.
④ 카바닥은 수평이 유지되어야 한다.

 카바닥 끝단과 승강로 벽사이의 거리는 150mm 이하이어야 한다.

32 버니어캘리퍼스를 사용한 와이어로프의 직경 측정방법으로 알맞은 것은?

①    ②

③    ④

와이어로프의 정확한 측정법

33 전기식 엘리베이터 자체점검 항목 중 피트에서 완충기점검 항목 중 B로 하여야 할 것은?

① 완충기의 부착이 불확실한 것
② 에너지 축적식에서는 스프링이 손상되어 있는 것
③ 전기안전장치가 불량한 것
④ 에너지 분산형으로 유량이 부족한 것

 점검항목 평가: A는 양호, B는 요주의, C는 요수리 또는 긴급수리

34 과속조절기 로프 공칭 지름은 얼마 이상이어야 하는가?

① 6   ② 8   ③ 10   ④ 12

 과속조절기 로프 공칭 지름은 6mm 이상 되어야 한다.

35 가이드 레일의 규격(호칭)에 해당되지 않는 것은?

① 8K   ② 13K   ③ 15K   ④ 18K

 가이드 레일: 보통 T형 레일을 사용하는데 공칭은 8K, 13K, 18K, 24K이나 대용량 엘리베이터에서는 37K, 50K 등도 사용된다.

36 승강기 완성 검사시 전기식 엘리베이터에서 기계실의 조도는 기기가 배치된 바닥면에서 몇 lx 이상인가?

① 50   ② 100   ③ 150   ④ 200

 기계실의 구조:
① 바닥면의 조도는 200lx 이상일 것
② 유효공간으로 접근하는 통로의 폭은 0.5m 이상일 것
③ 작업구역에서 유효높이는 2.1m 이상일 것

37 유압식 엘리베이터의 제어방식에서 펌프의 회전수를 소정의 상승속도에 상당하는 회전수로 제어하는 방식은?

① 가변전압 가변주파수 제어
② 미터인회로 제어
③ 블리드오프회로 제어
④ 유량밸브 제어

38 베어링(bearing)에 가압력을 주어 축에 삽입할 때 가장 올바른 방법은?

① 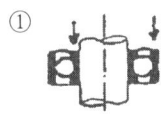   ②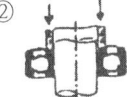

③ 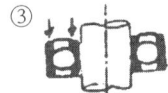   ④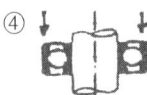

39 도어시스템(열리는 방향)에서 S로 표현되는 것은?

① 중앙열기 문   ② 가로열기 문
③ 외짝문 상하열기   ④ 2짝문 상하열기

정답 33 ④ 34 ① 35 ③ 36 ④ 37 ① 38 ② 39 ②

- 가로열기식 문 : 1S, 2S 등이 있다.
- 중앙열기식 문 : 2CO, 4CO 등이 있다.

40 다음 중 카 상부에서 하는 검사가 아닌 것은?

① 비상구출구 스위치의 작동상태
② 도어개폐장치의 설치상태
③ 과속조절기 로프의 설치상태
④ 과속조절기 로프 인장장치의 작동상태

과속조절기 로프 인장장치의 작동상태 검사는 피트에서 실시한다.

41 디스크형 과속조절기의 점검방법으로 틀린 것은?

① 로프잡이의 움직임은 원활하며 지점부에 발청이 없으며 급유상태가 양호한지 확인한다.
② 레버의 올바른 위치에 설정되어 있는지 확인한다.
③ 플라이 볼을 손으로 열어서 각 연결 레버의 움직임에 이상이 없는지 확인한다.
④ 시브홈의 마모를 확인한다.

과속조절기의 종류에는 디스크형, 롤세이프티형, 플라이볼형이 있다.
플라이볼형 과속조절기: 초고속 엘리베이터에 적합.

42 감속기의 기어 치수가 제대로 맞지 않을 때 일어나는 현상이 아닌 것은?

① 기어의 강도에 악영향을 준다.
② 진동 발생의 주요 원인이 된다.
③ 카가 전도할 우려가 있다.
④ 로프의 마모가 현저히 크다.

43 전기식 엘리베이터 자체점검 중 피트에서 하는 점검항목에서 과부하 감지장치에 대한 점검주기(회/월)는?

① 1/1   ② 1/3   ③ 1/4   ④ 1/6

44 도르래의 로프홈에 언더컷(Under Cut)을 하는 목적은?

① 로프의 중심 균형   ② 윤활 용이
③ 마찰계수 향상   ④ 도르래의 경량화

언더컷 홈은 U홈과 V홈의 중간적 특성을 갖는 홈형으로 가장 일반적으로 사용되고 있다. 언더컷 홈은 마찰계수가 크다.

45 비상용 엘리베이터의 운행속도는 몇 m/min 이상으로 하여야 하는가?

① 30   ② 45   ③ 60   ④ 90

비상용 엘리베이터는 높이 31m를 초과하는 건축물에 설치하여야 하며, 속도는 60m/min 이상이어야 한다.

46 에스컬레이터의 스텝 폭이 1m이고 공칭속도가 0.5m/s인 경우 수송능력(명/h)은?

① 5000   ② 5500   ③ 6000   ④ 6500

디딤판 폭	공칭속도(m/s)		
	0.5	0.65	0.75
0.6m	3,600 명/h	4,400 명/h	4,900 명/h
0.8m	4,800 명/h	5,900 명/h	6,600 명/h
1m	6,000 명/h	7,300 명/h	8,200 명/h

정답 40 ④ 41 ③ 42 ④ 43 ① 44 ③ 45 ③ 46 ③

47 유도전동기의 속도제어법이 아닌 것은?

① 2차 여자제어법　② 1차 계자제어법
③ 2차 저항제어법　④ 1차 주파수제어법

유도전동기의 속도제어법
① 전원 주파수 제어
② 극수 변환
③ 1차 전압제어
④ 2차 저항제어
⑤ 2차 여자

48 그림과 같이 자기장 안에서 도선에 전류가 흐를 때, 도선에 작용하는 힘의 방향은? (단, 전선 가운데 점 표시는 전류의 방향을 나타낸다)

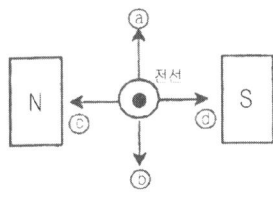

① ⓐ방향　② ⓑ방향　③ ⓒ방향　④ ⓓ방향

플레밍의 왼손법칙을 적용하면 ⓐ의 방향으로 힘이 발생한다.
※ 플레밍의 왼손법칙
 · 엄지 : 힘의 방향
 · 검지 : 자장의 방향
 · 중지 : 전류의 방향

49 6극, 50Hz의 3상 유도전동기의 동기속도(rpm)는?

① 500　② 1000　③ 1200　④ 1800

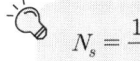 $N_s = \dfrac{120f}{p} = \dfrac{120 \times 50}{6} = 1000(\text{rpm})$

50 다음 중 역률이 가장 좋은 단상 유도전동기로서 널리 사용되는 것은?

① 분상기동형　② 반발기동형
③ 콘덴서기동형　④ 셰이딩코일형

① 분상기동형:
 · 가격이 싸니 기동토크가 작다.
 · 큰 기동전류 때문에 세탁기, 펌프, 냉장고 등에 사용된다.
② 반발기동형:
 · 낮은 기동전류와 높은 기동토크를 갖는다.
 · 농사용 펌프에 사용된다.
③ 콘덴서기동형:
 · 기동전류가 작고 기동토크가 크다.
 · 단상 유도전동기 중에서 역률이 가장 좋다.
 · 세탁기, 냉동기, 선풍기 등에 사용된다.
④ 셰이딩코일형:
 · 기동 토크가 매우 작고 역률과 효율이 낮으며 속도 변동률이 크다. 선풍기, 전축 등에 사용된다.
※ 기동토크의 크기: 반발기동형 > 콘덴서 기동형 > 분상기동형 > 셰이딩 코일형

51 Q(C)의 전하에서 나오는 전기력선의 총수는?

① Q　② εQ　③ $\dfrac{\varepsilon}{Q}$　④ $\dfrac{Q}{\varepsilon}$

 $N = \dfrac{Q}{\varepsilon}$ (개)

정답　47 ②　48 ①　49 ②　50 ③　51 ④

52 그림에서 지름 400mm의 바퀴가 원주방향으로 25kg의 힘을 받아 200rpm으로 회전하고 있다. 이때 전달되는 동력은 몇 kg·m/sec 인가? (단, 마찰계수는 무시한다)

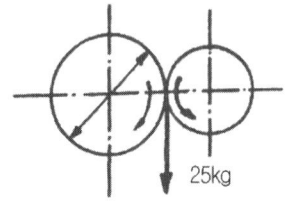

① 10.47 ② 78.5 ③ 104.7 ④ 785

전달동력 계산식
$$P = T \times \omega = F \times r \times 2\pi N$$
P : 전달동력(F · r)(kgf · m/sec)
ω : 각속도(2πN)
F : 힘(kgf)
r : 반지름(m)
N : 초당 회전수(rps)

① $F = 25\text{kgf}$,
$r = \dfrac{d}{2} = \dfrac{400\text{mm}}{2} = 200\text{mm} = 0.2\text{m}$

② $N = 200\text{rpm}(회/분)$
$= \dfrac{200}{60}\text{rps}(회/초)$

③ $\omega = 2\pi N = 2 \times \pi \times \dfrac{200}{60}$

④ $P = T \times \omega = F \times r \times 2\pi N$식에 대입

⑤ $P = 25 \times 0.2 \times 2 \times \pi \times \dfrac{200}{60}$
$= 104.72\text{kgf} \cdot \text{m/sec}$

53 다음 중 다이오드의 순방향 바이어스 상태를 의미하는 것은?

① P형 쪽에 (−), N형 쪽에 (+) 전압을 연결한 상태
② P형 쪽에 (+), N형 쪽에 (−) 전압을 연결한 상태
③ P형 쪽에 (−), N형 쪽에도 (−) 전압을 연결한 상태
④ P형 쪽에 (+), N형 쪽에도 (+) 전압을 연결한 상태

순방향 바이어스 상태

다이오드 : 전류를 한쪽 방향으로 흐르게 하고, 역방향으로는 못 흐르게 하는 성질을 가진 반도체

54 요소와 측정하는 측정 기구의 연결로 틀린 것은?

① 길이 : 버니어캘리퍼스
② 전압 : 볼트미터
③ 전류 : 암미터
④ 접지저항 : 메거

접지저항은 어스테스터(earth tester)로 측정한다.

55 교류 회로에서 전압과 전류의 위상이 동상인 회로는?

① 저항만의 조합회로
② 저항과 콘덴서의 조합회로
③ 저항과 코일의 조합회로
④ 콘덴서와 콘덴서만의 조합회로

정답 52 ③ 53 ② 54 ④ 55 ①

- R만의 회로: 전압과 전류의 위상이 동상이다.
- L만의 회로: 전류가 전압보다 위상이 90°뒤진다.
- C만의 회로: 전류가 전압보다 위상이 90°앞선다.

56 아래의 회로도와 같은 논리기호는?

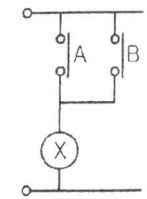

① AND 회로
- 유접점 회로 • 논리기호

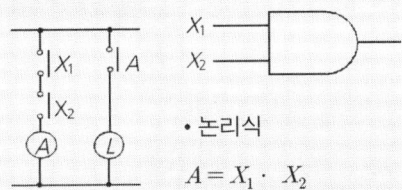

- 논리식
$A = X_1 \cdot X_2$

② OR 회로
- 유접점 회로 • 논리기호

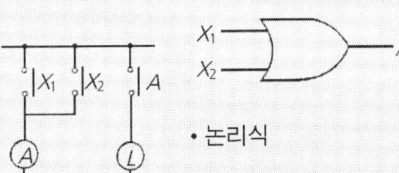

- 논리식
$A = X_1 + X_2$

③ NAND 회로
- 유접점 회로 • 논리기호

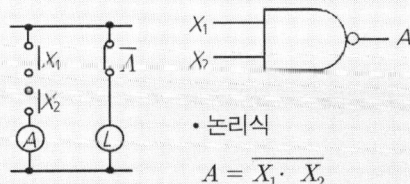

- 논리식
$A = \overline{X_1 \cdot X_2}$

④ NOR 회로
- 유접점 회로 • 논리기호

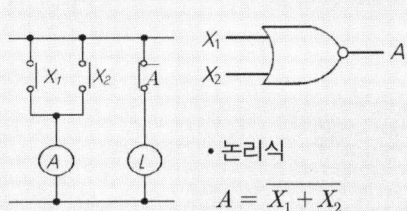

- 논리식
$A = \overline{X_1 + X_2}$

57 구름베어링의 특징에 관한 설명으로 틀린 것은?

① 고속회전이 가능하다.
② 마찰저항이 작다.
③ 설치가 까다롭다.
④ 충격에 강하다.

구름베어링은 충격에 약하다.

58 전선의 길이를 고르게 2배로 늘리면 단면적은 ½로 된다. 이때의 저항은 처음의 몇 배가 되는가?

① 4배　② 3배　③ 2배　④ 1.5배

$R = \rho \dfrac{\ell}{A}(\Omega)$ 이므로

$R_0 = \rho \dfrac{2\ell}{\dfrac{A}{2}} = 4\rho \dfrac{\ell}{A} = 4R$

정답　56 ④　57 ④　58 ①

59 응력(stress)의 단위는?

① kcal/h ② %
③ kgf/cm² ④ kg·cm

 응력의 단위:
N/m², kgf/cm², Pa(파스칼)

60 동력을 수시로 이어주거나 끊어주는 데 사용할 수 있는 기계요소는?

① 클러치 ② 리벳 ③ 키이 ④ 체인

정답 59 ③ 60 ①

2016. 1. 24 과년도 문제

01 엘리베이터의 유압식 구동방식에 의한 분류로 틀린 것은?

① 직접식 ② 간접식
③ 스크류식 ④ 팬터그래프식

02 메인 시브의 지름은 매다는 장치 지름의 몇 배 이상 되어야 하는가?

① 20배 ② 30배 ③ 40배 ④ 50배

03 가이드 레일의 사용목적으로 틀린 것은?

① 집중하중 작용 시 수평하중을 유지
② 추락방지안전장치 작동 시 수직하중을 유지
③ 카와 균형추의 승강로 평면내의 위치 규제
④ 카의 자중이나 화물에 의한 카의 기울어짐 방지

 가이드 레일의 사용 목적
  ① 카와 균형추의 승강로 평면내의 위치 규제
  ② 카의 자중이나 화물에 의한 카의 기울어짐 방지
  ③ 추락방지안전장치 작동 시 수직하중을 유지

04 아파트 등에서 주로 야간에 카내의 범죄활동 방지를 위해 설치하는 것은?

① 파킹스위치
② 슬로다운 스위치
③ 록다운 비상정지 장치
④ 각층 강제 정지운전 스위치

• 파킹스위치: 카를 유지시키기 위한 스위치로서, 보통 기준층의 승강장에 키 스위치를 설치한다.
• 슬로다운 스위치: 리미트 스위치 전에 설치한다. 카가 어떤 이상 원인으로 감속되지 못하고 최상·최하층을 지나칠 경우, 이를 검출하여 강제적으로 감속, 정지시키는 장치이다.
• 록다운 비상정지 장치: 이 장치는 순간 정지식이어야 하며, 속도 210m/min 이상의 엘리베이터에는 반드시 설치되어야 한다. 고층건물의 경우는 와이어로프 자중에 의한 불평형하중을 보상하기 위하여 카하부에서 균형추하부까지 균형로프 또는 체인을 거는데 로프를 적용하는 경우 피트에서 지지하는 도르래는 바닥에 견고히 고정되어야 하며, 록 다운장치를 부착하여 카의 추락방지안전장치 작동 시, 이 장치에 의해 균형추, 와이어로프 등이 관성에 의해 튀어오르지 못하도록 하여야 한다.
• 각층 강제 정지운전 스위치: 아파트 등에서 카안의 범죄활동을 방지하기 위하여 설치하는데, 스위치를 ON 시키면 각층에 정지하면서 목적층까지 주행한다.

05 다음 중 주유를 해서는 안 되는 부품은?

① 균형추 ② 가이드슈
③ 가이드레일 ④ 브레이크 라이닝

정답 1 ③ 2 ③ 3 ① 4 ④ 5 ④

브레이크 라이닝은 모터를 잡는 부분인데, 이 부분에 주유를 하면 모터를 제대로 잡을 수 없다.

06 중앙 개폐방식의 승강장 도어를 나타내는 기호는?

① 2S ② CO ③ UP ④ SO

- S : 측면 개폐
- CO : 중앙 개폐
- UP : 상승 개폐
- UD : 상하 개폐

07 레일의 규격을 나타낸 그림이다. 빈칸 ⓐ, ⓑ에 맞는 것은 몇 kg인가?

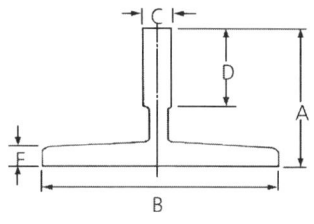
(단위 : mm)

기호 치수	8K	ⓐ	18K	ⓑ	30K
A	56	62	89	89	108
B	78	89	114	127	140
C	10	16	16	16	19
D	26	32	38	50	51
E	6	7	8	12	13

① ⓐ 10, ⓑ 26 ② ⓐ 12, ⓑ 22
③ ⓐ 13, ⓑ 24 ④ ⓐ 15, ⓑ 27

가이드 레일의 규격 (단위 : mm)

기호 치수	8K	13K	18K	24K	30K
A	56	62	89	89	108
B	78	89	114	127	140
C	10	16	16	16	19
D	26	32	38	50	51
E	6	7	8	12	13

08 압력맥동이 적고 소음이 적어서 유압식 엘리베이터에 주로 사용되는 펌프는?

① 기어 펌프 ② 베인 펌프
③ 스크류 펌프 ④ 릴리프 펌프

 스크류 펌프 : 압력맥동이 적고 소음이 적어서 유압식 엘리베이터에 주로 사용된다.

09 에스컬레이터의 역회전 방지장치로 틀린 것은?

① 과속조절기 ② 스커트 가드
③ 기계 브레이크 ④ 구동체인 안전장치

- 과속조절기 : 과부하나 전원의 결상이 있을 때 속도에 문제가 발생되는데, 그때 동작하여 에스컬레이터를 세운다.
- 스커트 가드 : 에스컬레이터나 무빙워크 내측판 하부에 볼록 튀어나온 부분을 말하는데, 발판의 측면과 작은 틈새를 보호하는 역할을 한다.
- 구동체인 안전장치 : 체인이 늘어나거나 절단될 경우 즉시 에스컬레이터를 안전하게 정지시켜 사고를 예방하는 장치이다.

10 엘리베이터 도어 사이에 끼이는 물체를 검출하기 위한 안전장치로 틀린 것은?

① 광전 장치 ② 도어클로저
③ 세이프티 슈 ④ 초음파 장치

도어 닫힘 안전장치:
① 광전 장치: 투광(投光)기와 수광(受光)기로 구성되며, 도어의 양단에 설치해 광선(beam)이 차단될 때 도어의 닫힘은 중단되고 열린다. 라이트 레이(light ray)라고도 한다.
② 도어클로저: 승장 도어가 열려있을 시 자동으로 닫히게 하는 장치이다.
③ 세이프티 슈: 문의 선단에 이물질 검출장치를 설치하여 사람이나 물질이 접촉되면 도어의 닫힘은 중단되고 열린다.
④ 초음파 장치: 초음파로 승장쪽에 접근하는 사람이나 물건을 검출해(유모차, 휠체어 등) 도어의 닫힘을 중단시키고 열리게 한다.

11 기계실을 승강로의 아래쪽에 설치하는 방식은?

① 정상부형 방식 ② 횡인 구동 방식
③ 베이스먼트 방식 ④ 사이드머신 방식

기계실의 위치
① 정상부: 승강로 최상부에 설치하는 방식
② 베이스먼트(하부 측면부) 방식: 승강로 하부 측면에 설치하는 방식
③ 사이드머신(상부 측면부) 방식: 승강로 상부 측면에 설치하는 방식

12 기계식 주차설비를 할 때 승강기식인 경우 시브 또는 드럼의 직경은 매다는 장치 직경의 몇 배 이상으로 하는가?

① 10 ② 15 ③ 20 ④ 30

13 가장 먼저 누른 호출버튼에 응답하고 운전이 완료될 때까지 다른 호출에 응답하지 않는 운전방식은?

① 승합 전자동식 ② 단식 자동방식
③ 카 스위치방식 ④ 하강 승합 전자동식

• 승합 전자동식: 승강장의 누름버튼은 상하 2개가 있고 동시에 기억시킬 수 있다. 카 진행방향의 누름버튼과 승강장의 누름버튼에 응답하면서 오르고 내린다. 1대의 승용 엘리베이터는 이 방식을 채용하고 있다.
• 단식 자동방식: 승강장 버튼은 오름, 내림 공용인데, 먼저 눌러진 호출에 응답하고, 운행 중 다른 호출에는 응하지 않는다. 자동차용 및 화물용에 적용된다.
• 카 스위치방식: 기동 및 정지가 운전원의 조작에 의해 이루어지는 방식이다.
• 하강 승합 전자동식: 2층 이상의 승강장에는 내림방향의 버튼밖에 없다. 중간층에서 위 방향으로 올라갈 때에는 1층까지 내려와서 카 버튼으로 목적층을 등록시켜 올라가야 한다.

14 트랙션 권상기의 특징으로 틀린 것은?

① 소요동력이 작다.
② 행정거리의 제한이 없다.
③ 주로프 및 도르래의 마모가 일어나지 않는다.
④ 권과(지나치게 감기는 현상)를 일으키지 않는다.

정답 10 ② 11 ③ 12 ④ 13 ② 14 ③

트랙션 권상기의 특징
① 소요동력이 작다.
② 행정거리의 제한이 없다.
③ 지나치게 감기는 현상이 일어나지 않는다.
※ 트랙션식: 로프를 이용하여 카를 상하로 이동시키는 구동방식

15 정지 레오나드 방식 엘리베이터의 내용으로 틀린 것은?

① 워드 레오나드 방식에 비하여 손실이 적다.
② 워드 레오나드 방식에 비하여 유지보수가 어렵다.
③ 사이리스터를 사용하여 교류를 직류로 변환한다.
④ 모터의 속도는 사이리스터의 점호각을 바꾸어 제어한다.

정지 레오나드 방식: 사이리스터를 사용하여 교류를 직류로 변환하여 전동기에 공급하고, 사이리스터의 점호각을 제어하여 직류 전압을 가변시켜, 전동기의 속도를 제어하는 방식이다. 이 방식은 워드 레오나드 방식에 비하여 손실이 적고, 유지 보수가 용이하다. 고속 엘리베이터에 적용된다.

16 작동유의 압력맥동을 흡수하여 진동, 소음을 감소시키는 것은?

① 펌프   ② 필터
③ 사일렌서   ④ 역류제지 밸브

사일렌서(silencer): 유압 엘리베이터의 소음과 진동을 흡수하기 위한 장치이다. 자동차의 머플러에 해당된다.

압력맥동: 펌프운전중 압력이 주기적으로 흔들리는 현상.

17 에스컬레이터 각 난간의 꼭대기에는 정상 운행 조건하에서 디딤판, 팔레트 또는 벨트의 실제 속도와 관련하여 동일방향으로 몇 %의 공차가 있는 속도로 움직이는 손잡이가 설치되어야 하는가?

① 0~2   ② 4~5   ③ 7~9   ④ 10~12

이동식 손잡이의 경우, 운행 전구간에서 디딤판과 손잡이의 속도차는 0~2% 이하이어야 한다.

18 3상 유도전동기의 회전 방향을 바꾸는 방법으로 옳은 것은?

① 3상 전원의 주파수를 바꾼다.
② 3상 전원 중 1상을 단선시킨다.
③ 3상 전원 중 2상을 단락시킨다.
④ 3상 전원 중 임의의 2상의 접속을 바꾼다.

3상 유도전동기의 회전 방향을 바꾸려면 3상 전원 중 2상의 접속을 바꾸면 된다.

19 화재 시 조치사항에 대한 설명 중 틀린 것은?

① 비상용 엘리베이터는 소화활동 등 목적에 맞게 동작시킨다.
② 빌딩 내에서 화재가 발생할 경우 반드시 엘리베이터를 이용해 비상탈출을 시켜야 한다.
③ 승강로에서의 화재 시 전선이나 레일의 윤활유가 탈 때 발생되는 매연에 질식되지 않도록 주의한다.
④ 기계실에서의 화재 시 카내의 승객과 연락을 취하면서 주전원 스위치를 차단한다.

엘리베이터를 이용할 경우 엘리베이터가 정지되면 매연에 의해 재해를 당할 수 있으므로, 화재 시에는 반드시 계단을 이용해 탈출하여야 한다.

20 안전점검 체크 리스트 작성 시의 유의사항으로 가장 타당한 것은?

① 일정한 양식으로 작성할 필요가 없다.
② 사업장에 공통적인 내용으로 작성한다.
③ 중점도가 낮은 것부터 순서대로 작성한다.
④ 점검표의 내용은 이해하기 쉽도록 표현하고 구체적이어야 한다.

21 재해의 직접 원인 중 작업환경의 결함에 해당되는 것은?

① 위험장소 접근 ② 작업순서의 잘못
③ 과다한 소음 발산 ④ 기술적, 육체적 무리

 직접 원인
① 물적 원인: 불안전한 상태(설비 및 환경 등의 불량)
② 인적 원인: 불안전한 행동

22 추락방지를 위한 물적 측면의 안전대책과 관련이 없는 것은?

① 발판 작업대 등은 파괴 및 동요되지 않도록 견고하고 안정된 구조이어야 한다.
② 안전교육훈련을 통해 작업자에게 추락의 위험을 인식시킴과 동시에 자율적 규제를 촉구한다.
③ 작업대와 통로는 미끄러지거나 발에 걸려 넘어지지 않게 평평하고 미끄럼 방지성이 뛰어난 것으로 한다.
④ 작업대와 통로 주변에는 난간이나 보호대를 설치해야 한다.

 물적측면 안전대책은 물건 또는 환경의 결함을 안정되게 조치하면 된다.

23 산업재해의 발생원인 중 불안전한 행동이 많은 사고의 원인이 되고 있다. 이에 해당되지 않는 것은?

① 위험장소 접근
② 작업 장소 불량
③ 안전장치 기능 제거
④ 복장 보호구 잘못 사용

 작업 장소의 불량은 환경에 속한다.

24 높은 곳에서 전기작업을 위한 사다리작업을 할 때 안전을 위하여 절대 사용해서는 안되는 사다리는?

① 니스(도료)를 칠한 사다리
② 셸락(shellac)을 칠한 사다리
③ 도전성 있는 금속제 사다리
④ 미끄럼 방지장치가 있는 사다리

 전기 작업시 도전성 있는 금속제 사다리를 사용해서는 안 된다.

25 전기 화재의 원인으로 직접적인 관계가 되지 않는 것은?

① 저항 ② 누전 ③ 단락 ④ 과전류

 단락: 합선 또는 쇼트와 같은 말이다.

정답 20 ④ 21 ③ 22 ② 23 ② 24 ③ 25 ①

26 안전점검의 목적에 해당되지 않는 것은?

① 합리적인 생산관리
② 생산위주의 시설 가동
③ 결함이나 불안전 조건의 제거
④ 기계 · 설비의 본래 성능 유지

27 전기식 엘리베이터의 자체점검항목이 아닌 것은?

① 브레이크 ② 스커트가드
③ 가이드레일 ④ 추락방지 안전장치

스커트가드: 에스컬레이터나 무빙워크 내측판 하부에 볼록 튀어나온 부분을 말하는데, 발판의 측면과 작은 틈새를 보호하는 역할을 한다.

28 다음에서 일상점검의 중요성이 아닌 것은?

① 승강기 품질유지
② 승강기의 수명연장
③ 보수자의 편리도모
④ 승강기의 안전한 운행

일상 점검 항목: 운전상태 확인, 안전장치 확인, 성능 확인

29 전동 덤웨이터의 안전장치에 대한 설명 중 옳은 것은?

① 도어 인터록 장치는 설치하지 않아도 된다.
② 승강로의 모든 출입구 문이 닫혀야만 카를 승강시킬 수 있다.
③ 출입구 문에 사람의 탑승금지 등의 주의사항은 부착하지 않아도 된다.
④ 로프는 일반 승강기와 같이 와이어로프 소켓을 이용한 체결을 하여야만 한다.

30 전기식 엘리베이터의 자체점검 중 피트에서 하는 점검항목 장치가 아닌 것은?

① 완충기
② 측면 구출구
③ 하부 파이널 리미트 스위치
④ 과속조절기로프 및 기타의 당김 도르래

측면 구출구는 카내에서 점검하여야 한다.
피트: 카가 정지하는 최하층의 바닥면에서 승강로 바닥면까지의 완충용 공간.

31 유압식 엘리베이터의 피트 내에서 점검을 실시할 때 주의해야 할 사항으로 틀린 것은?

① 피트 내 비상정지스위치를 작동 후 들어갈 것
② 피트 내 조명을 점등한 후 들어갈 것
③ 피트에 들어갈 때는 승강로 문을 닫을 것
④ 피트에 들어갈 때 기름에 미끄러지지 않도록 주의할 것

피트에 들어갈 때는 승강로 문을 열어놓아야 한다.

32 전기식 엘리베이터의 경우 기계실에서 검사하는 항목과 관계없는 것은?

① 전동기
② 인터록 장치
③ 권상기의 도르래
④ 권상기의 브레이크 라이닝

인터록 장치는 승강장 도어 안전장치이다. 이 장치는 도어록과 도어 스위치로 구성된다. 도어 인터록 장치에서 중요한 것은 도어록 장치가 확실히 걸린 후 도어 스위치가 들어가고 도어 스위치가 끊

어진 후 도어록이 열리는 구조로 하는 것이다.

33 승강로에 관한 설명 중 틀린 것은?

① 승강로는 안전한 벽 또는 울타리에 의하여 외부공간과 격리되어야 한다.
② 승강로는 화재시 승강로를 거쳐서 다른 층으로 연소될 수 있도록 한다.
③ 엘리베이터에 필요한 배관 설비외의 설비는 승강로내에 설치하여서는 안 된다.
④ 승강로 피트 하부를 사무실이나 통로로 사용할 경우 균형추에 비상정지장치를 설치한다.

승강로는 화재시 승강로를 거쳐서 다른 층으로 연소되도록 설계되어서는 안 된다.

34 승강기 완성검사 시 전기식 엘리베이터의 카문턱과 승강장 문 문턱 사이의 수평거리는 몇 mm 이하이어야 하는가?

① 35   ② 45   ③ 55   ④ 65

35 웜기어 오일(worm gear oil)에 관한 설명으로 틀린 것은?

① 매월 교체하여야 한다.
② 반드시 지정된 것만 사용한다.
③ 규정된 수준을 유지하여야 한다.
④ 웜기어가 분말이나 먼지로 혼탁해지면 교체한다.

웜기어 오일의 교체는 분말이나 먼지로 혼탁해져 성능이 열화되면 교체하여야 한다.

36 에스컬레이터(무빙워크 포함)에서 6개월에 1회 점검하는 사항이 아닌 것은?

① 구동기의 베어링 점검
② 구동기의 감속기어 점검
③ 중간부의 디딤판 레일 점검
④ 손잡이 시스템의 속도 점검

손잡이 시스템의 속도 점검은 1개월 1회 하여야 한다.

37 기계실에 대한 설명으로 틀린 것은?

① 출입구 자물쇠의 잠금장치는 없어도 된다.
② 관리 및 검사에 지장이 없도록 조명 및 환기는 적절해야 한다.
③ 매다는 장치, 과속조절기 로프 등은 기계실 바닥의 관통부분과 접촉이 없어야 한다.
④ 권상기 및 제어반은 기둥 및 벽에서 보수관리에 지장이 없어야 한다.

기계실 출입구는 자물쇠의 잠금장치가 되어 있어야 한다.

38 파워유니트를 보수·점검 또는 수리할 때 사용하면 불필요한 작동유의 유출을 방지할 수 있는 밸브는?

① 사일렌서   ② 체크밸브
③ 스톱밸브   ④ 릴리프밸브

• 사일렌서(silencer): 유압 엘리베이터의 소음과 진동을 흡수하기 위한 장치이다. 자동차의 머플러에 해당된다.
• 체크 밸브(check valve): 한쪽 방향으로만 오일이 흐르도록 하는 밸브이다. 기능은 로프식 엘리베이터의 전자 브레이크와 유사하다.

- 스톱 밸브(stop valve): 유압파워 유닛에서 실린더로 통하는 배관 도중에 설치되는 수동조작밸브이다. 이 밸브를 닫으면 실린더의 오일이 탱크로 역류하는 것을 방지한다. 이 밸브는 유압장치의 보수, 점검, 수리시에 사용되는데 게이트 밸브(gate valve)라고도 한다.
- 안전밸브(relief valve): 일종의 압력조정 밸브인데 회로의 압력이 설정값에 도달하면 밸브를 열어 오일을 탱크로 돌려보냄으로써 압력이 과도하게 상승(상승압력의 125%에 설정)하는 것을 방지한다.
- 파워유니트: 오일저장고, 밸브, 펌프, 모터 등으로 구성되어 있다.

39 에스컬레이터의 경사도가 30° 이하일 경우에 공칭 속도는?

① 0.75 m/s 이하   ② 0.80 m/s 이하
③ 0.85 m/s 이하   ④ 0.90 m/s 이하

 에스컬레이터의 속도: 경사도 30° 이하는 45m/min(0.75 m/s) 이하이어야 한다.

40 에스컬레이터(무빙워크 포함) 점검항목 및 방법 중 제어 패널, 캐비닛, 접촉기, 릴레이, 제어기판에서 "B로 하여야 할 것"에 해당하지 않는 것은?

① 잠금 장치가 불량한 것
② 환경상태(먼지, 이물)가 불량한 것
③ 퓨즈 등에 규격외의 것이 사용되고 있는 것
④ 접촉기, 릴레이-접촉기 등의 손모가 현저한 것

 점검항목 평가: A는 양호, B는 요주의, C는 요수리 또는 긴급수리

퓨즈 등에 규격 외의 것이 사용되고 있는 것은 "C"

41 고속 엘리베이터에 많이 사용되는 과속조절기는?

① 점차 작동형 과속조절기
② 롤 세이프티형 과속조절기
③ 디스크형 과속조절기
④ 플라이 볼형 과속조절기

- 롤 세이프티형: 과속조절기: 과속조절기의 시브홈과 로프와의 마찰력으로 정지한다. 저속용 엘리베이터에 사용된다.
- 디스크형 과속조절기: 과속조절기 시브의 속도가 빠르면 원심력에 의거 웨이트가 벌어지는데, 이때 과속스위치가 작동해 전원이 차단된다. 따라서 브레이크가 걸린다. 디스크 형은 저·중속 엘리베이터에 사용된다.
- 플라이 볼형: 과속조절기 시브 회전을 종축으로 변환시켜 그 원심력(속도가 빠르면)으로 플라이볼이 작동해 추락방지 안전장치를 작동시킨다. 플라이볼형은 고속용 엘리베이터에 사용된다.

42 에스컬레이터(무빙워크 포함)의 비상정지 스위치에 관한 설명으로 맞지않는 것은?

① 색상은 적색으로 하여야 한다.
② 상하 승강장의 잘 보이는 곳에 설치한다.
③ 버튼 또는 버튼 부근에는 "정지" 표시를 하여야 한다.
④ 장난 등에 의한 오조작 방지를 위하여 잠금장치를 설치하여야 한다.

비상정지스위치는 비상시에 에스컬레이터를 정지시키기 위한 것이므로 잠금장치를 해놓아서는 안 된다.

43 매나는 장치의 구성요소가 아닌 것은?

① 소선 ② 심강
③ 킹크 ④ 스트랜드

 매다는 장치 구성:

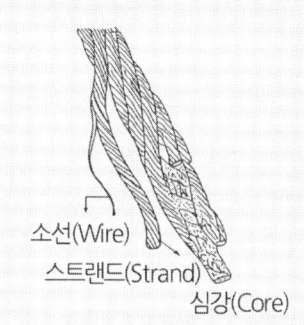
소선(Wire)
스트랜드(Strand)
심강(Core)

• 킹크: 로프가 비틀어져 굽혀있는 현상.

44 카 상부에서 행하는 검사가 아닌 것은?

① 완충기 점검 ② 매다는 장치 점검
③ 가이드 슈 점검 ④ 도어개폐장치 점검

 완충기 점검은 피트에서 행하는 검사에 해당된다.

45 전기식 엘리베이터의 가이드 레일 설치에서 패킹(보강재)이 설치된 경우는?

① 가이드 레일이 짧게 설치되어 보강할 경우
② 가이드 레일 양 폭의 너비를 조정 작업할 경우
③ 레일브래킷의 간격이 필요이상 한계를 초과하여 레일의 뒷면에 강재를 붙여서 보강하는 경우
④ 레일브래킷의 간격이 필요이상 한계를 초과하여 레일의 앞면에 강재를 붙여서 보강하는 경우

46 유압식 엘리베이터에 있어서 정상적인 작동을 위하여 유지하여야 할 오일의 온도 범위는?

① 5℃~60℃ ② 20℃~70℃
③ 30℃~80℃ ④ 40℃~90℃

47 직류전동기의 회전수를 일정하게 유지하기 위하여 전압을 변화시킬 때 전압은 어디에 해당되는가?

① 조작량 ② 제어량
③ 목표값 ④ 제어대상

• 조작량: 제어량을 조정하기 위하여 제어대상에 주어지는 양을 말한다.
• 제어량: 제어대상에 속하는 양을 말한다.
• 제어대상: 제어량을 발생시키는 부분을 말한다.

48 직류발전기의 구조로서 3대 요소에 속하지 않는 것은?

① 계자 ② 보극 ③ 전기자 ④ 정류자

• 계자: 전기자가 쇄교하는 자속을 만들어 주는 부분이다.
• 보극: 전기자 반작용을 없애기 위해 주자극 사이에 설치하는 N, S극을 말한다.

정답 43 ③ 44 ① 45 ③ 46 ① 47 ① 48 ②

- 전기자: 계자에서 만든 자속을 끊어 기전력을 유도하는 부분을 말한다.
- 정류자: 전기자 권선에서 발생된 교류를 직류로 바꾸어 준다.

49 체크밸브(non-return valve)에 관한 설명 중 옳은 것은?

① 하강 시 유량을 제어하는 밸브이다.
② 오일의 압력을 일정하게 유지하는 밸브이다.
③ 오일의 방향이 한쪽 방향으로만 흐르도록 하는 밸브이다.
④ 오일의 방향이 양방향으로 흐르는 것을 제어하는 밸브이다.

체크밸브: 한쪽 방향으로만 오일을 흐르게 한다. 그리하여 카가 자유낙하 하는 것을 방지한다.

50 길이 50mm의 둥근 봉이 인장되어 0.0005의 변형률이 생겼다. 변형 후의 길이는?

① 50.0005mm ② 50.25mm
③ 50.025mm   ④ 50.005mm

$\varepsilon = \dfrac{\lambda}{\ell}$ 에서
$\lambda = \varepsilon \ell = 0.0005 \times 50 = 0.025$mm
∴ $50 + 0.025 = 50.025$mm

51 기어의 언더컷에 관한 설명으로 틀린 것은?

① 이의 간섭현상이다.
② 접촉면적이 넓어진다.
③ 원활한 회전이 어렵다.
④ 압력각을 크게 하여 방지한다.

기어의 언더컷: 회전하는 기어의 이에 간섭이 일어나, 이끝이 이뿌리를 깎아먹는 현상. 기어의 언더컷은 굽힘 강도를 약하게 하고, 물림률을 감소시키며, 원활한 작용을 방해하는 등 여러 가지 손실을 초래하기 때문에 바람직하지 못하다.

52 기계 부품 측정 시 각도를 측정할 수 있는 기기는?

① 사인바   ② 옵티컬플렛
③ 다이얼 게이지 ④ 마이크로미터

- 사인바: 삼각함수 사인을 이용하여 각도를 측정할 수 있으며 또한 임의의 각도를 설정할 수 있다.
- 옵티컬플렛: 마이크로미터 또는 게이지 블록의 측정면 평탄도를 검사하는 데 사용된다.
- 다이얼 게이지: 길이의 비교측정, 그리고 평면 원통의 진원도 등의 검사나 측정에 사용된다.
- 마이크로미터: 지름을 측정하는 데 사용된다.

53 그림과 같은 논리기호의 논리식은?

① $Y = A' + B'$ ② $Y = A' \cdot B'$
③ $Y = A \cdot B$ ④ $Y = A + B$

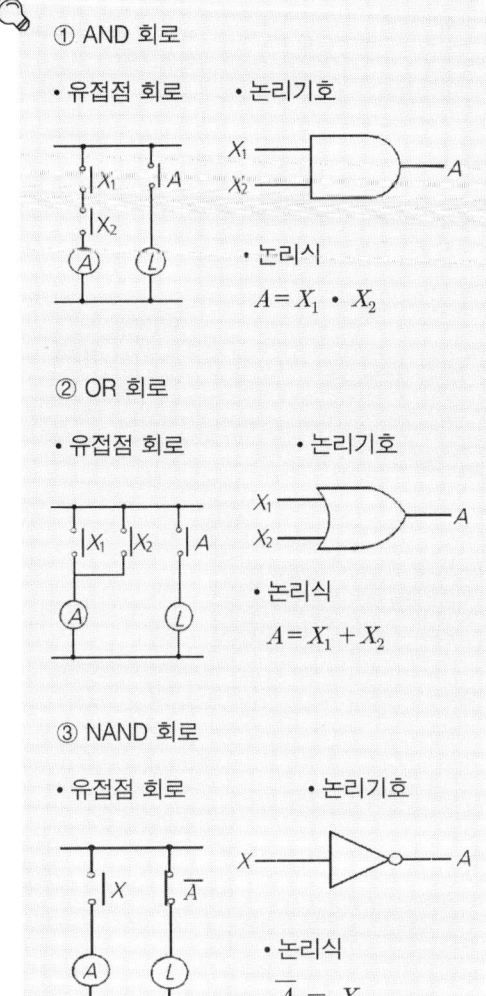

① AND 회로
- 유접점 회로
- 논리기호
- 논리식 $A = X_1 \cdot X_2$

② OR 회로
- 유접점 회로
- 논리기호
- 논리식 $A = X_1 + X_2$

③ NAND 회로
- 유접점 회로
- 논리기호
- 논리식 $\overline{A} = X$

54 평행판 콘덴서에 있어서 판의 면적을 동일하게 하고, 정전용량은 반으로 줄이려면 판 사이의 거리는 어떻게 하여야 하는가?

① 1/4로 줄인다. ② 반으로 줄인다.
③ 2배로 늘린다. ④ 4배로 늘린다.

 $C = \dfrac{\varepsilon A}{d}$ (F)에서 정전용량 (C)을 반으로 줄이려면 판 사이의 거리(d)는 2배로 늘려야 한다.

55 유도 전동기에서 동기속도 N_S와 극수 P와의 관계로 옳은 것은?

① $N_S \propto P$ ② $N_S \propto \dfrac{1}{P}$

③ $N_S \propto P^2$ ④ $N_S \propto \dfrac{1}{P^2}$

$N_S = \dfrac{120f}{P}$ (rpm) 이므로 $N_S \propto \dfrac{1}{P}$

56 그림과 같은 회로의 역률은 약 얼마인가?

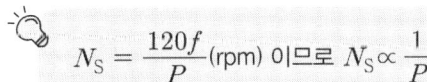

① 0.74   ② 0.80   ③ 0.86   ④ 0.98

$$\cos\theta = \dfrac{R}{Z} = \dfrac{R}{\sqrt{R^2 + X_C^2}}$$
$$= \dfrac{9}{\sqrt{9^2 + 2^2}} = 0.98$$

57 전기기기에서 E종 절연의 최고 허용온도는 몇 ℃ 인가?

① 90   ② 105   ③ 120   ④ 130

절연물의 허용온도

절연재료	Y	A	E	B	F	H	C
허용온도	90°	105°	120°	130°	155°	180°	180° 초과

정답 54 ③ 55 ② 56 ④ 57 ③

58. 안전율의 정의로 옳은 것은?

① 허용응력/극한강도
② 극한강도/허용응력
③ 허용응력/탄성한도
④ 탄성한도/허용응력

59. 측정계기의 오차의 원인으로서 장시간의 통전 등에 의한 스프링의 탄성피로에 의하여 생기는 오차를 보정하는 방법으로 가장 알맞은 것은?

① 정전기 제거
② 자기 가열
③ 저항 접속
④ 영점 조정

60. 정속도 전동기에 속하는 것은?

① 직권 전동기
② 분권 전동기
③ 3상유도 전동기
④ 가동복권 전동기

분권 전동기

$N = \dfrac{V - I_a R_a}{K\phi}$ 식에서, 단자전압 V가 일정하면 계자전류 I_f도 일정하여, 계자 자속 ϕ도 거의 일정하다. 그러므로 분권 전동기(타여자 전동기 포함)에서 속도는 정속도 특성을 갖는다.

정답 58 ② 59 ④ 60 ②

2016. 4. 2 과년도 문제

01 엘리베이터용 트랙션식 권상기의 특징이 아닌 것은?

① 소요동력이 작다.
② 균형추가 필요 없다.
③ 행정거리에 제한이 없다.
④ 권과를 일으키지 않는다.

트랙션(traction)식 즉 견인식 권상기는 균형추가 필요하다.

02 디딤판 폭 0.8m, 공칭 속도 0.75m/s인 에스컬레이터로 수송할 수 있는 최대 인원의 수는 시간 당 몇 명인가?

① 3600   ② 4800   ③ 6000   ④ 6600

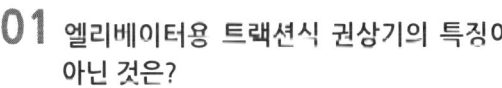
최대 수용력은 다음 표와 같다.

디딤판 폭 (m)	공칭 속도 V(m/s)		
	0.5	0.65	0.75
0.6	3,600 명/h	4,400 명/h	4,900 명/h
0.8	4,800 명/h	5,900 명/h	6,600 명/h
1	6,000 명/h	7,300 명/h	8,200 명/h

03 카가 최상층 및 최하층을 지나쳐 주행하는 것을 방지하는 것은?

① 균형추   ② 정지 스위치
③ 인터록 장치   ④ 리미트 스위치

- 피트 정지 스위치(pit stop switch): 보수 점검 및 검사를 위해 피트 내부로 들어가기 전 스위치를 정지로 해놓고 작업을 할 시, 절대로 카가 움직이지 않는다.
- 도어 인터록(door interlock): 이 장치는 카가 정지하지 않는 층의 도어는 특수한 열쇠를 사용하지 않으면 열리지 않도록 하는 도어록과 도어가 닫혀 있지 않으면 운전이 불가능하도록 하는 도어 스위치로 구성된다. 도어 인터록 장치에서 중요한 것은 도어록 장치가 확실히 걸린 후 도어 스위치가 들어가고 도어 스위치가 끊어진 후에 도어록이 열리는 구조로 하는 것이다. 승강장에서 도어록을 열기 위한 열쇠(비상용 열쇠)는 특수한 형태의 것으로 해야 하고 일반 공구로 열리지 못하도록 해야 한다.
- 리미트 스위치(limit switch): 카(car)가 충돌하는 것을 방지할 목적으로 종단층(최상층 또는 최하층)의 감속정지할 수 있는 거리에 설치한다.

04 비상용 엘리베이터의 정전시 예비전원의 기능에 대한 설명으로 옳은 것은?

① 30초 이내에 엘리베이터 운행에 필요한 전력용량을 자동적으로 발생하여 1시간 이상 작동하여야 한다.
② 40초 이내에 엘리베이터 운행에 필요한 전력용량을 자동적으로 발생하여 1시간 이상 작동하여야 한다.

정답 1② 2④ 3④ 4③

③ 60초 이내에 엘리베이터 운행에 필요한 전력용량을 자동적으로 발생하여 2시간 이상 작동하여야 한다.
④ 90초 이내에 엘리베이터 운행에 필요한 전력용량을 자동적으로 발생하여 2시간 이상 작동하여야 한다.

정전시 예비전원의 기능: 정전 후 60초 이내에 안정된 전압을 확립하여 모든 비상용 엘리베이터가 정격부하에서 2시간 연속운행할 수 있어야 한다.

05 주차구획이 3층 이상으로 배치되어 있고 출입구가 있는 층의 모든 주차구획을 주차장치 출입구로 사용할 수 있는 구조로서 그 주차구획을 아래·위 또는 수평으로 이동하여 자동차를 주차하도록 설계한 주차장치는?

① 수평순환식 ② 다층순환식
③ 다단식주차장치 ④ 승강기 슬라이드식

- 수평순환식: 주차구획에 자동차를 넣고 그 주차구획을 수평으로 순환이동하여 자동차를 주차시킨다.
- 다층순환식: 다수의 운반기를 1열, 2층 또는 그 이상으로 배열하여 임의의 두 층간의 양단에서 운반기를 승강 이동하여 자동차를 주차시킨다.
- 다단식주차방식: 주차실을 3단 이상으로 하여 자동차를 주차시킨다.
- 승강기 슬라이드식: 이 방식은 대지가 넓은 곳에 운반하여 종·횡방향으로 이동해 주차시키는 방식이다.

06 도어 인터록에 관한 설명으로 옳은 것은?

① 도어 닫힘 시 도어 록이 걸린 후, 도어 스위치가 들어가야 한다.
② 카가 정지하지 않는 층은 도어 록이 없어도 된다.
③ 도어 록은 비상시 열기 쉽도록 일반공구로 사용 가능해야 한다.
④ 도어 개방 시 도어 록이 열리고, 도어 스위치가 끊어지는 구조이어야 한다.

도어 인터록: 이 장치는 도어 록과 도어 스위치로 이루어지는데, 중요한 것은 도어 록 장치가 확실히 걸린 후 도어 스위치가 들어가고, 도어 스위치가 끊어진 후 도어 록이 열리는 구조로 되어야 한다.

07 승객이나 운전자의 마음을 편하게 해 주는 장치는?

① 통신장치
② 관제운전장치
③ 구출운전장치
④ B.G.M(Back Ground Music) 장치

B.G.M 장치: back ground music의 약자로 카내부에 음악이나 방송을 하기 위한 장치이다.

08 과속조절기 공칭 직경은 몇 mm 이상이어야 하는가?

① 6 ② 8 ③ 10 ④ 12

과속조절기 로프의 공칭 직경은 6mm 이상 되어야 한다.

09 카 문턱과 승강장문 문턱 사이의 수평거리는 몇 mm 이하이어야 하는가?

① 12 ② 15 ③ 35 ④ 125

정답 5 ③ 6 ① 7 ④ 8 ① 9 ③

10 기계실에서 이동을 위한 공간의 유효 높이는 바닥에서부터 천장의 빔 하부까지 측정하여 몇 m 이상이어야 하는가?

① 1.2 ② 1.8 ③ 2.0 ④ 2.5

11 펌프의 출력에 대한 설명으로 옳은 것은?

① 압력과 토출량에 비례한다.
② 압력과 토출량에 반비례한다.
③ 압력에 비례하고, 토출량에 반비례한다.
④ 압력에 반비례하고, 토출량에 비례한다.

 펌프의 출력은 유압과 토출량에 비례한다.

12 엘리베이터를 3~8대 병설하여 운행관리하며 1개의 승강장 부름에 대하여 1대의 카가 응답하고 교통수단의 변동에 대하여 변경되는 조작방식은?

① 군관리 방식
② 단식 자동방식
③ 군승합 전자동식
④ 방향성 승합 전자동식

- 군관리 방식(群管理方式) : 3~8대의 엘리베이터를 연계, 집단으로 묶어 합리적으로 운행, 관리하는 방식. 엘리베이터의 이용사항 및 환경을 고려해, 효율적 운행을 도모하기 위하여 사용되며, 카 위치 표시기는 문제점이 있어 사용하지 않고, 홀랜턴(hall lantern)이 사용된다. 주로 대형빌딩의 고속용 엘리베이터에 적용되고 있다.
- 단식 자동방식 : 승강장 버튼은 오름, 내림 공용인데, 먼저 눌러진 호출에 응답하고, 운행 중 다른 호출에는 응하지 않는다.
- 군승합 전자동식 : 승강장의 누름버튼을 상하 2개가 있고 동시에 기억시킬 수 있다. 카 진행방향의 누름버튼과 승강장의 누름버튼에 응답하면서 오르고 내린다.

13 교류 2단 속도제어에서 가장 많이 사용되는 속도비는?

① 2:1 ② 4:1 ③ 6:1 ④ 8:1

 교류 2단 속도제어 : 2단 속도 모터(motor)를 사용하여 기동과 주행은 고속권선으로 행하고 감속시는 저속권선으로 감속하여 착상하는 방식이다. 2단 속도 전동기의 속도비는 여러 가지 비율을 생각할 수 있지만 착상오차, 감속도, 감속시의 잭(감속도의 변화비율), 크리프 시간(저속으로 주행하는 시간) 등을 고려해 4:1이 가장 많이 사용되고 있다.

14 일반적으로 사용되고 있는 승강기의 레일 중 13K, 18K, 24K 레일 폭의 규격에 대한 사항으로 옳은 것은?

① 3종류 모두 같다.
② 3종류 모두 다르다.
③ 13K와 18K는 같고 24K는 다르다.
④ 18K와 24K는 같고 13K는 다르다.

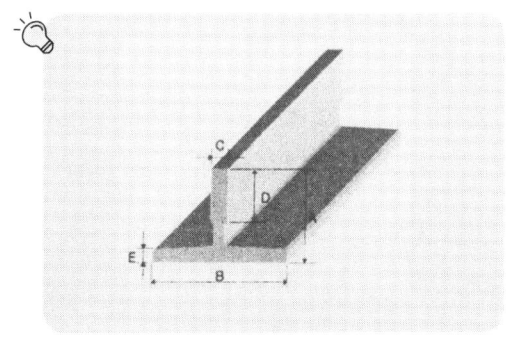

(단위 : mm)

기호\치수	8K	13K	18K	24K	30K
A	56	62	89	89	108
B	78	89	114	127	140
C	10	16	16	16	19
D	26	32	38	50	51
E	6	7	8	12	13

15 엘리베이터의 속도가 규정치 이상이 되었을 때 작동하여 동력을 차단하고 추락방지 안전장치를 작동시키는 기계장치는?

① 구동기 ② 과속조절기
③ 완충기 ④ 도어 스위치

 과속조절기: 카와 같은 속도로 움직이는 과속조절기 로프로 회전되어 항상 카의 속도를 감지, 그 속도를 검출하는 장치이다. 과속조절기는 정격속도의 115% 이상의 속도가 되면 추락방지 안전장치를 작동시킨다.

16 승객(공동주택)용 엘리베이터에 주로 사용되는 도르래 홈의 종류는?

① U홈 ② V홈
③ 실홈 ④ 언더컷 홈

승객용 엘리베이터는 주로 언더컷 홈의 도르래를 사용한다.

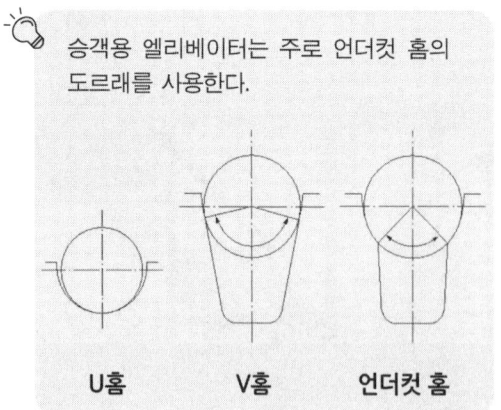

U홈   V홈   언더컷 홈

도르래 마찰계수의 크기: V홈 > 언더컷 홈 > U홈

17 가요성 호스 및 실린더와 체크밸브 또는 하강밸브 사이의 가요성 호스 연결장치는 전부하 압력의 몇 배의 압력을 손상 없이 견뎌야 하는가?

① 2 ② 3 ③ 4 ④ 5

18 에스컬레이터와 무빙워크의 일반적인 경사도는 각각 몇 도 이하인가?

① 20°, 5° ② 30°, 8°
③ 30°, 12° ④ 45°, 20°

 경사도
· 에스컬레이터: 에스컬레이터의 경사도는 30°를 초과하지 않아야 한다. 다만 높이가 6m 이하이고 공칭속도가 30m/min 이하인 경우에는 경사도를 35°까지 증가시킬 수 있다.
· 무빙워크 : 무빙워크의 경사도는 12° 이하이어야 한다.

19 파괴검사 방법이 아닌 것은?

① 인장 검사 ② 굽힘 검사
③ 육안 검사 ④ 경도 검사

 파괴시험 방법: 기계적 성질시험 종류에는 인장, 압축, 충격, 경도, 피로, 굽힘, 마모 등이 있다.

20 안전 작업모를 착용하는 주요 목적이 아닌 것은?

① 화상 방지
② 감전의 방지
③ 종업원의 표시
④ 비산물로 인한 부상 방지

21 전기 재해의 직접적인 원인과 관련이 없는 것은?

① 회로 단락　　② 충전부 노출
③ 접속부 과열　④ 접지판 매설

 접지판은 누전된 전기를 방출시켜 감전으로부터 재해를 방지할 수 있다.

22 사용전압 380V의 전동기를 사용하는 경우 절연저항 값은?

① 1.0 MΩ 이상　② 0.8 MΩ 이상
③ 0.6 MΩ 이상　④ 0.2 MΩ 이상

전로의 절연저항값

공칭회로전압(V)	시험전압/직류(V)	절연저항값(MΩ)
SELV 및 PELV	250	≥ 0.5
≤ 500V, FELV	500	≥ 1.0
≥ 500V	1,000	≥ 1.0

· SELV: 안전 초저압(Safety Extra Low Voltage)
· PELV: 보호 초저압(Protective Extra Low Voltage)
· FELV: 기능 초저압(Funtional Extra Low Voltage)
※ 초저압: DC 120[V] 이하, AC 50[V] 이하

23 재해의 발생 과정에 영향을 미치는 것에 해당되지 않는 것은?

① 개인의 성격적 결함
② 사회적 환경과 신체적 요소
③ 불안전한 행동과 불안전한 상태
④ 개인의 성별·직업 및 교육의 정도

24 승강기시설 안전관리법의 목적은 무엇인가?

① 승강기 이용자의 보호
② 승강기 이용자의 편리
③ 승강기 관리주체의 수익
④ 승강기 관리주체의 편

 승강기 안전관리법: 안전성을 확보하고 승강기 이용자의 생명, 신체, 재산을 보호

25 재해조사의 목적으로 가장 거리가 먼 것은?

① 재해에 알맞은 시정책 강구
② 근로자의 복리후생을 위하여
③ 동종재해 및 유사재해 재발방지
④ 재해 구성요소를 조사, 분석, 검토하고 그 자료를 활용하기 위하여

26 감전과 전기화상을 입을 위험이 있는 작업에서 구비해야 하는 것은?

① 보호구　　② 구명구
③ 운동화　　④ 구급용구

27 감전에 의한 위험대책 중 부적합한 것은?

① 일반인 이외에는 전기기계 및 기구에 접촉 금지
② 전선의 절연피복을 보호하기 위한 방호조치가 있어야 함
③ 이동전선의 상호 연결은 반드시 접속기구를 사용할 것
④ 배선의 연결부분 및 나선부분은 전기절연용 접착테이프로 테이핑 하여야 함

 일반인은 전기기계 및 기구에 접촉시 감전에 유의하여야 한다.

정답 21 ④　22 ①　23 ④　24 ①　25 ②　26 ①　27 ①

28 "엘리베이터 사고 속보"란 사고 발생 후 몇 시간 이내 인가?

① 7시간　② 9시간　③ 18시간　④ 24시간

29 에스컬레이터의 스커트 가드판과 디딤판 사이에 인체의 일부나 옷, 신발 등이 끼었을 때 동작하여 에스컬레이터를 정지시키는 안전장치는?

① 디딤판체인 안전장치
② 구동체인 안전장치
③ 손잡이 안전장치
④ 스커트 가드 안전장치

- 디딤판 체인 안전장치: 디딤판 체인이 파단되거나 과도하게 늘어날 때 즉시 작동하여 에스컬레이터를 정지시키는 장치이다.
- 구동체인 안전장치: 구동체인이 절단될 경우 즉시 에스컬레이터를 안전하게 정지시켜 사고를 예방하는 장치이다.
- 손잡이 안전장치: 손잡이에 손이나 다른 물체가 끼었을 경우 자동으로 에스컬레이터를 정지시킨다.
- 스커트 가드 안전장치: 디딤판과 스커트 가드 사이에 이물질 및 어린이의 신발 등이 끼이면 그 압력에 의해 스위치가 동작, 에스컬레이터를 정지시킨다.

30 유압장치의 보수 점검 및 수리 등을 할 때 사용되는 장치로서 이것을 닫으면 실린더의 기름이 파워유니트로 역류하는 것을 방지하는 장치는?

① 제지 밸브　② 스톱 밸브
③ 안전 밸브　④ 럽처 밸브

- 역저지(check) 밸브: 한쪽 방향으로만 기름이 흐르도록 하는 밸브로서, 상승 방향으로는 흐르나 역방향으로는 흐르지 않는다. 이것은 정전이나 그 이외의 원인으로 펌프의 토출압력이 떨어져 실린더의 기름이 역류하여 카가 자유낙하하는 것을 방지하는 역할을 하는 것으로, 전기식(로프식) 엘리베이터의 전자브레이크와 유사하다.
- 스톱 밸브(stop valve): 유압파워유니트와 실린더 사이의 압력배관에 설치되며, 이것을 닫으면 실린더의 기름이 파워유니트로 역류하는 것을 방지하는 것이다. 이 장치는 유압장치의 보수, 점검 또는 수리 등을 할 때에 사용된다. 일명 게이트 밸브(gate valve)라고도 한다.
- 안전 밸브(relief valve): 안전밸브는 일종의 압력조정 밸브로 회로의 압력이 상용압력의 125% 이상 높아지게 되면 바이패스(by-pass) 회로를 열어 기름을 탱크로 돌려보내어 더 이상의 압력상승을 방지한다.
- 럽처 밸브(rupture valve): 오일이 실린더로 들어가는 곳에 설치되어 만일 압력배관이 파손되었을 때 자동적으로 밸브를 닫아 카가 급격히 떨어지는 것을 방지하는 밸브로 한번 동작되면 인위적으로 재조작 하기 전에는 닫힌 상태로 유지된다.

31 피트 정지 스위치의 설명으로 틀린 것은?

① 이 스위치가 작동하면 문이 반전하여 열리도록 하는 기능을 한다.
② 점검자나 검사자의 안전을 확보하기 위해서는 작업 중 카의 움직임을 방지하여야 한다.
③ 수동으로 조작되고 스위치가 열리면 전동기 및 브레이크에 전원 공급이 차단되어야 한다.

정답　28 ④　29 ④　30 ②　31 ①

④ 보수 점검 및 검사를 위해 피트 내부로 들어가기 전에 반드시 이 스위치를 "정지" 위치로 두어야 한다.

피트 정지 스위치(pit stop switch): 보수 점김 및 검사를 위해 피트 내부로 들어가기 전 스위치를 정지로 해놓고 작업을 할 시, 절대로 카가 움직이지 않는다. 수동으로 조작되고 스위치가 작동되면, 엘리베이터 전동기 및 브레이크(brake)에 전력이 차단되어야 한다.

32 유압식 엘리베이터의 카 문턱에는 승강장 유효 출입구 전폭에 걸쳐 에이프런이 설치되어야 한다. 수직면의 아랫부분은 수평면에 대해 몇 도 이상으로 아랫방향을 향하여 구부러져야 하는가?

① 15° ② 30° ③ 45° ④ 60°

33 도어에 사람의 끼임을 방지하는 장치가 아닌 것은?

① 광전 장치   ② 세이프티 슈
③ 초음파 장치 ④ 도어 인터록

- **광전 장치**: 투광(投光)기와 수광(受光)기로 구성되며, 도어의 양단에 설치해 광선(beam)이 차단될 때 도어의 닫힘은 중단되고 열린다. 라이트 레이(light ray)라고도 한다.
- **세이프티 슈**: 문의 선단에 이물질 검출장치를 설치하여 사람이나 물질이 접촉되면 도어의 닫힘은 중단되고 열린다.
- **초음파 장치**: 초음파로 승장쪽에 접근하는 사람이나 물건을 검출해, (유모차, 휠체어 등) 도어의 닫힘을 중단시키고 열리게 한다.

- **도어 인터록**: 도어록과 도어 스위치로 구성되는데, 도어 인터록 장치에서 중요한 것은 도어록 장치가 확실히 걸린 후 도어 스위치가 들어가고, 도어 스위치가 끊어진 후에 도어록이 열리는 구조로 하는 것이다.

34 승강기 정밀안전 검사기준에서 전기식 엘리베이터 주로프의 끝부분은 몇 가닥마다 로프소켓에 바빗트 채움을 하거나 체결식 로프소켓을 사용하여 고정하여야 하는가?

① 1가닥 ② 2가닥 ③ 3가닥 ④ 5가닥

35 정전으로 인하여 카가 층 중간에 정지될 경우, 카를 안전하게 하강시키기 위하여 점검자가 주로 사용하는 밸브는?

① 체크 밸브   ② 스톱 밸브
③ 릴리프 밸브   ④ 하강용 유량 제어밸브

- **체크 밸브(check valve)**: 한쪽 방향으로만 기름이 흐르도록 하는 밸브로서 상승방향으로는 흐르지만 역방향으로는 흐르지 않는다. 이것은 정전이나 그 이외의 원인으로 펌프의 토출압력이 떨어져서 실린더의 기름이 역류하여 카가 자유낙하하는 것을 방지하는 역할을 하는 것으로, 전기식(로프식) 엘리베이터의 전자브레이크와 유사하다.
- **스톱 밸브(stop valve)**: 유압파워 유니트에서 실린더로 통하는 배관 도중에 설치되는 수동조작밸브이다. 이 밸브를 닫으면 실린더의 오일이 탱크로 역류하는 것을 방지한다. 이 밸브는 유압장치의 보수, 점검, 수리시에 사용되는데 게이트 밸브(gate valve)라고도 한다.

정답 32 ④ 33 ④ 34 ① 35 ④

- 안전 밸브(relief valve): 안전밸브는 일종의 압력조정 밸브로 회로의 압력이 상용압력의 125% 이상 높아지게 되면 바이패스(by-pass) 회로를 열어 기름을 탱크로 돌려보내어 더 이상의 압력 상승을 방지한다.
- 하강 밸브(하강용 유량 제어밸브): 하강용 전자밸브에 의해 열림정도가 제어되는 밸브로서 실린더에서 탱크에 되돌아오는 유량을 제어한다. 수동식 하강밸브가 부착되어 있어 정전 및 어떤 원인으로 층 사이에 갇혔을 때 수동식 하강밸브를 열어주면 카 자체의 하중으로 카가 서서히 내려와 승객을 안전하게 구출할 수 있다.

36 유압 펌프에 관한 설명 중 틀린 것은?

① 압력맥동이 커야 한다.
② 진동과 소음이 작아야 한다.
③ 일반적으로 스크류 펌프가 사용된다.
④ 펌프의 토출량이 크면 속도도 커진다.

유압 펌프는 압력맥동이 작고 소음이 작아야 한다.

37 유압식 엘리베이터 자체 점검 시 피트에서 하는 점검항목 장치가 아닌 것은?

① 체크 밸브
② 램(플런저)
③ 이동케이블 및 부착부
④ 하부 파이널리미트 스위치

38 전기식 엘리베이터 자체 점검 시 기계실, 구동기 및 풀리 공간에서 하는 점검항목 장치가 아닌 것은?

① 과속조절기
② 권상기
③ 고정 도르래
④ 과부하 감지장치

과부하 감지장치: 카 바닥 하부 또는 와이어로프 단말에 설치하여 카 내부의 승차인원 또는 적재하중을 감지하여 정격하중 초과시 경보음을 울려 카내에 적재하중이 초과되었음을 알려주는 동시에, 출입구 도어의 닫힘을 저지하여 카를 출발시키지 않도록 하는 장치로써 정격하중의 105~110%의 범위에 설정되어진다.

39 승강장에서 디딤판 뒤쪽 끝부분을 황색 등으로 표시하여 설치되는 것은?

① 과속조절기
② 데크보드
③ 디딤판 경계틀
④ 스커트 가드

40 전기식 엘리베이터 자체점검 시 제어 패널, 캐비닛 접촉기, 릴레이 제어 기판에서 "B로 하여야 할 것"이 아닌 것은?

① 기판의 접촉이 불량한 것
② 발열, 진동 등이 현저한 것
③ 접촉기, 릴레이, 접촉기 등의 손모가 현저한 것
④ 전기설비의 절연저항이 규정 값을 초과하는 것

점검항목 평가: A는 양호, B는 요주의, C는 요수리 또는 긴급수리

41 기계실에는 바닥 면에서 몇 lx 이상을 비출 수 있는 영구적으로 설치된 전기조명이 있어야 하는가?

① 2　② 50　③ 100　④ 200

42 끼임방지 빗(Comb)에 대한 설명으로 옳은 것은?

① 홈에 맞물리는 각 승강장의 갈래진 부분
② 전기안전장치로 구성된 전기적인 안전시스템의 부분
③ 에스컬레이터 또는 무빙워크를 둘러싸고 있는 외부 측 부분
④ 팔레트 또는 벨트와 연결되는 난간의 수직 부분

43 로프의 미끄러짐 현상을 줄이는 방법으로 틀린 것은?

① 권부각을 크게 한다.
② 카 자중을 가볍게 한다.
③ 가감속도를 완만하게 한다.
④ 균형체인이나 균형로프를 설치한다.

카 자중을 가볍게 한다고 로프의 미끄러짐이 없어지는 것은 아니다.

44 균형체인과 균형로프의 점검사항이 아닌 것은?

① 이상소음이 있는지를 점검
② 이완상태가 있는지를 점검
③ 연결부위의 이상 마모가 있는지를 점검
④ 양쪽 끝단은 카의 양측에 균등하게 연결되어 있는지를 점검

균형체인 또는 균형로프의 양쪽 끝단은 카 그리고 균형추의 양단에 각각 균등하게 연결되어 있어야 한다.
· 균형체인: 속도 3m/s 이하
· 균형로프: 속도 3m/s 이하 또는 3m/s 초과

45 고장 및 정전 시 카 내의 승객을 구출하기 위해 카 천장에 설치된 비상구출문에 대한 설명으로 틀린 것은?

① 카 천장에 설치된 비상구출문은 카 내부 방향으로 열리지 않아야 한다.
② 카 내부에서는 열쇠를 사용하지 않으면 열 수 없는 구조이어야 한다.
③ 비상구출구의 크기는 0.3m×0.3m 이상이어야 한다.
④ 카 천장에 설치된 비상구출문은 열쇠 등을 사용하지 않고 카 외부에서 간단한 조작으로 열 수 있어야 한다.

비상구출구의 크기는 0.35m×0.5m 이상이어야 한다.

46 자동차용 엘리베이터에서 운전자가 항상 전진방향으로 차량을 입·출고할 수 있도록 해주는 방향 전환장치는?

① 턴 테이블   ② 카 리프트
③ 차량 감지기   ④ 출차 주의등

47 한쌍의 기어를 맞물렸을 때 치면 사이에 생기는 틈새를 무엇이라 하는가?

① 백래시   ② 이사이
③ 이뿌리면 ④ 지름피치

48 변형량과 원래 치수와의 비를 변형률이라 하는데 다음 중 변형률의 종류가 아닌 것은?

① 가로 변형률   ② 세로 변형률
③ 전단 변형률   ④ 전체 변형률

정답 42 ① 43 ② 44 ④ 45 ③ 46 ① 47 ① 48 ④

변형률의 종류:
· 가로 변형률   · 세로 변형률
· 전단 변형률

49 직류 전동기에서 전기자 반작용의 원인이 되는 것은?

① 계자 전류
② 전기자 전류
③ 와류손 전류
④ 히스테리시스손의 전류

전기자 반작용이란 전기자 전류에 의해 발생된 자속이 주자속(N, S극)에 나쁜 영향을 끼치는 현상을 말한다. 전기자 반작용을 예방하는 방법에는 보극 또는 보상권선의 설치 그리고 중성축을 이동시키는 방법이 있다.

50 공작물을 제작할 때 공차 범위라고 하는 것은?

① 영점과 최대허용치수와의 차이
② 영점과 최소허용치수와의 차이
③ 오차가 전혀 없는 정확한 치수
④ 최대허용치수와 최소허용치수와의 차이

51 논리식 $A(A+B)+B$를 간단히 하면?

① 1   ② A
③ $A+B$ ④ $A \cdot B$

$A(A+B)+B = AA+AB+B$
$= A+AB+B = A+B(A+1)$
$= A+B$
※ $A+1=1$, $AA=A$

52 전압계의 측정범위를 7배로 하려 할 때 배율기의 저항은 전압계 내부저항의 몇 배로 하여야 하는가?

① 7   ② 6   ③ 5   ④ 4

$R_m = (M-1)R = (7-1)R = 6R$

53 논리회로에 사용되는 인버터(inverter)란?

① OR 회로   ② NOT 회로
③ AND 회로   ④ X-OR 회로

인버터: 직류의 전력을 교류의 전력으로 변환하는 장치

① OR 회로

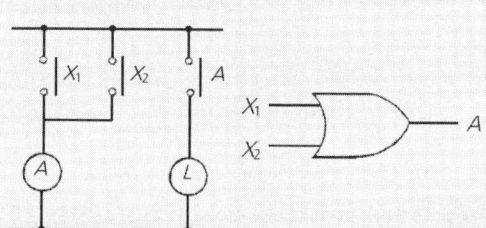

유접점 논리식   논리기호

$A = X_1 + X_2$

입력		출력
X_1	X_2	A
0	0	0
1	0	1
0	1	1
1	1	1

논리식   동작표

② NOT 회로

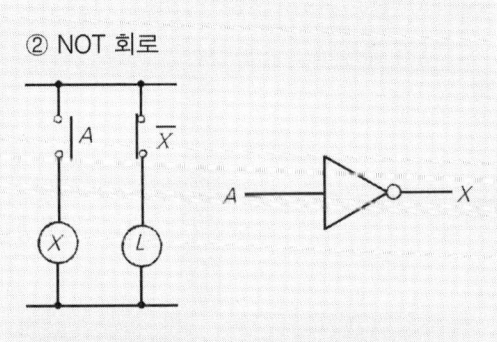

유접점 논리식   논리기호

$\overline{A} = X$

입력	출력
A	X
1	0
0	1

논리식   동작표

③ AND 회로

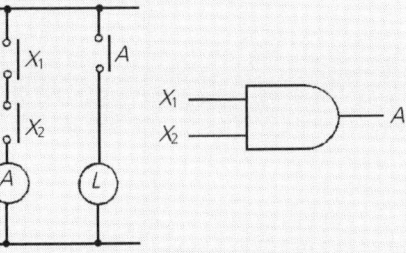

유접점 논리식   논리기호

$A = X_1 \cdot X_2$

입력		출력
X_1	X_2	A
0	0	0
1	0	0
0	1	0
1	1	1

논리식   동작표

④ X — OR 회로

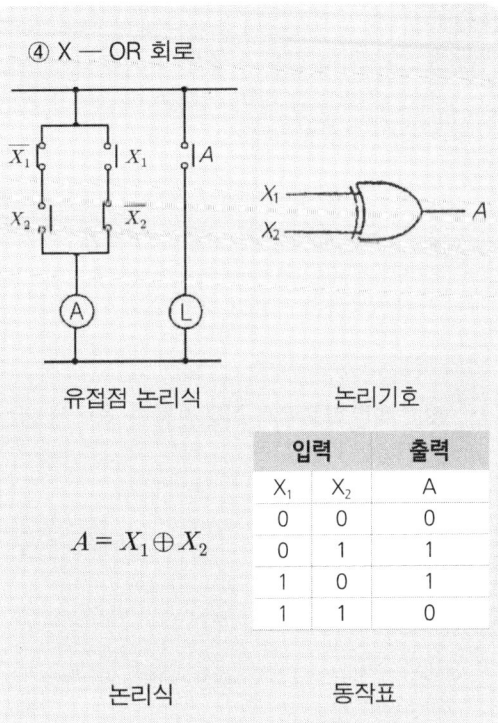

유접점 논리식   논리기호

$A = X_1 \oplus X_2$

입력		출력
X_1	X_2	A
0	0	0
0	1	1
1	0	1
1	1	0

논리식   동작표

54 물체에 하중을 작용시키면 물체 내부에 저항력이 생긴다. 이때 생긴 단위면적에 대한 내부 저항력을 무엇이라 하는가?

① 보   ② 하중   ③ 응력   ④ 안전율

55 100V를 인가하여 전기량 30C을 이동시키는 데 5초 걸렸다. 이때의 전력(kW)은?

① 0.3   ② 0.6   ③ 1.5   ④ 3

$I = \dfrac{\theta}{t} = \dfrac{30}{5} = 6(\text{A})$

$P = VI = 100 \times 6 = 600\text{W} = 0.6\text{kW}$

정답 54 ③ 55 ②

56 다음 중 측정계기의 눈금이 균일하고, 구동 토크가 커서 감도가 좋으며 외부의 영향을 적게 받아 가장 많이 쓰이는 아날로그 계기 눈금의 구동방식은?

① 충전된 물체 사이에 작용하는 힘
② 두 전류에 의한 자기장 사이의 힘
③ 자기장내에 있는 철편에 작용하는 힘
④ 영구자석과 전류에 의한 자기장 사이의 힘

57 RLC 직렬회로에서 최대전류가 흐르게 되는 조건은?

① $wL^2 - \dfrac{1}{wC} = 0$ ② $wL^2 + \dfrac{1}{wC} = 0$

③ $wL - \dfrac{1}{wC} = 0$ ④ $wL + \dfrac{1}{wC} = 0$

RLC 직렬회로에서 공진 때에 가장 많은 전류가 흐른다.

$Z = \sqrt{R^2 + (wL - \dfrac{1}{wc})^2} (\Omega)$에서

$wL - \dfrac{1}{wC} = 0$일 때 이다.

즉 R만의 회로일 때 최대 전류가 흐른다.

58 직류발전기의 기본 구성요소에 속하지 않는 것은?

① 계자 ② 보극 ③ 전기자 ④ 정류자

보극은 전기자 반작용을 방지하기 위해 설치하는데, 직류발전기의 기본 구성요소에는 속하지 않는다.

59 3상 유도전동기를 역회전 동작시키고자 할 때의 대책으로 옳은 것은?

① 퓨즈를 조사한다.
② 전동기를 교체한다.
③ 3선을 모두 바꾸어 결선한다.
④ 3선의 결선 중 임의의 2선을 바꾸어 결선한다.

3상 유도전동기를 역회전 하려면 3상 전원 중 2상을 바꾸어주면 된다.

60 웜(worm) 기어의 특징이 아닌 것은?

① 효율이 좋다.
② 부하용량이 크다.
③ 소음과 진동이 적다.
④ 큰 감속비를 얻을 수 있다.

웜기어의 효율은 낮다.

2016. 7. 10 과년도 문제

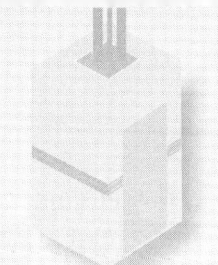

01 에스컬레이터의 안전장치에 해당되지 않는 것은?

① 스프링(spring) 완충기
② 인레트 스위치(inlet switch)
③ 스커트 가드(skirt guard) 안전 스위치
④ 디딤판 체인 안전 스위치(step chain safety switch)

- 완충기(buffer): 카가 어떤 원인으로 최하층을 통과하여 피트로 떨어졌을 때 충격을 완화하기 위하여 완충기를 설치한다. 반대로 카가 최상층을 통과하여 상승할 때를 대비하여 균형추의 바로 아래에도 완충기를 설치한다. 그러나 이 완충기는 카나 균형추의 자유낙하를 완충하기 위한 것은 아니다(자유낙하 하는 경우에는 추락방지 안전장치가 작동된다).
- 인레트 스위치(inlet switch): 손잡이 인입구에 설치하는데 손잡이가 난간 하부로 들어갈 때, 어린이의 손가락이 빨려 들어가는 사고가 발생시 운행을 정지시킨다.
- 스커트 가드 안전 스위치(skirt guard safety switch) : 디딤판과 스커트 가드 사이에 이물질 및 어린이의 신발 등이 끼이면 그 압력에 의해 스위치가 동작, 에스컬레이터를 정지시키며, 상하부 곡선부 좌우에 설치한다.
- 디딤판 체인 안전 스위치(step chain safety switch): 디딤판 체인이 파단되거나 과도하게 늘어날 때 즉시 작동하여 에스컬레이터를 정지시키는 장치이다.

02 다음 중 과속조절기 종류에 해당되지 않는 것은?

① 웨지형
② 디스크형
③ 플라이 볼형
④ 롤 세이프티형

과속조절기의 종류
① GR형(롤 세이프티형): 속도 45m/min 이하에 적용된다.
② GF형(플라이볼형): 속도 120m/min 이상에 적용된다.
③ GD형(디스크형): 속도 60~105m/min 에 적용된다.
※ 플라이볼 형 과속조절기: 고속 엘리베이터에 적용.

03 가이드레일의 규격과 거리가 먼 것은?

① 레일의 표준길이는 5m로 한다.
② 레일의 표준길이는 단면으로 결정한다.
③ 일반적으로 공칭 8, 13, 18, 24 및 30K 레일을 쓴다.
④ 호칭은 소재의 1m당의 중량을 라운드번호로 K 레일을 붙인다.

레일의 규격
① 레일 호칭은 마무리 가공전 소재의 1m당 중량으로 한다.
② 보통 T형 레일을 사용하는데 공칭은 8K, 13K, 18K, 24K이나 대용량 엘리베이터에서는 37K, 50K 등도 사용된다.
③ 레일의 표준길이는 5m이다.

정답 1 ① 2 ① 3 ②

04 엘리베이터 카에 부착되어 있는 안전장치가 아닌 것은?

① 과속조절기 스위치
② 카 도어 스위치
③ 추락방지 안전장치
④ 세이프티 슈 스위치

 과속조절기: 카와 같은 속도로 움직이는 과속조절기 로프로 회전되어 항상 카의 속도를 감지하여 그 속도를 검출하는 장치이다. 카 추락방지 안전장치의 작동을 위한 과속조절기는 정격속도의 115% 이상시 작동한다.

05 기계실 바닥에 몇 m를 초과하는 단차가 있을 경우에는 보호난간이 있는 계단 또는 발판이 있어야 하는가?

① 0.3　② 0.4　③ 0.5　④ 0.6

06 다음 장치 중에서 작동되어도 카의 운행에 관계없는 것은?

① 통화장치
② 과속조절기 캣치
③ 승강장 도어의 열림
④ 과부하 감지 스위치

07 문 닫힘 안전장치의 종류로 틀린 것은?

① 도어 레일　② 광전 장치
③ 세이프티 슈　④ 초음파장치

 • 광전 장치: 투광(投光)기와 수광(受光)기로 구성되며, 도어의 양단에 설치해 광선(beam)이 차단될 때 도어의 닫힘은 중단되고 열린다. 라이트 레이(light ray)라고도 한다.
• 세이프티 슈: 문의 선단에 이물질 검출장치를 설치하여 사람이나 물질이 접촉되면 도어의 닫힘은 중단되고 열린다.
• 초음파 장치: 초음파로 승장쪽에 접근하는 사람이나 물건(유모차, 휠체어 등)을 검출해, 도어의 닫힘을 중단시키고 열리게 한다.

08 건물에 에스컬레이터를 배열할 때 고려할 사항으로 틀린 것은?

① 엘리베이터 가까운 곳에 설치한다.
② 바닥 점유 면적을 되도록 작게 한다.
③ 승객의 보행거리를 줄일 수 있도록 배열한다.
④ 건물의 지지보 등을 고려하여 하중을 균등하게 분산시킨다.

09 엘리베이터용 전동기의 구비조건이 아닌 것은?

① 전력소비가 클 것
② 충분한 기동력을 갖출 것
③ 운전상태가 정숙하고 저진동일 것
④ 고기동 빈도에 의한 발열에 충분히 견딜 것

 전력소비는 작아야 한다.

10 교류 이단속도(AC-2) 제어 승강기에서 카 바닥과 각 층의 바닥면이 일치되도록 정지시켜 주는 역할을 하는 장치는?

① 시브　② 로프
③ 브레이크　④ 전원 차단기

정답　4 ①　5 ③　6 ①　7 ①　8 ①　9 ①　10 ③

11 승강기의 카 내에 설치되어 있는 것의 조합으로 옳은 것은?

① 조작반, 이동 케이블, 급유기, 과속조절기
② 비상조명, 카 조작반, 인터폰, 카 위치표시기
③ 카 위치표시기, 수전반, 호출버튼, 비상정지장치
④ 수전반, 승강장 위치표시기, 비상스위치, 리미트 스위치

12 유압식 승강기의 밸브 작동 압력을 전 부하 압력의 140%까지 맞추어 조절해야 하는 밸브는?

① 체크 밸브   ② 스톱 밸브
③ 릴리프 밸브 ④ 업(up) 밸브

- 체크 밸브: 한쪽 방향으로만 오일이 흐르도록 하는 밸브이다. 기능은 로프식 엘리베이터의 전자 브레이크와 유사하다.
- 스톱 밸브: 유압파워 유니트에서 실린더로 통하는 배관 도중에 설치되는 수동조작밸브이다. 이 밸브를 닫으면 실린더의 오일이 탱크로 역류하는 것을 방지한다. 이 밸브는 유압장치의 보수, 점검, 수리시에 사용되는데 게이트 밸브(gate valve)라고도 한다.
- 릴리프 밸브: 일종의 압력조정 밸브인데 회로의 압력이 설정값에 도달하면 밸브를 열어 오일을 탱크로 돌려보냄으로써 압력이 과도하게 상승(상승압력의 125%에 설정) 하는 것을 방지한다. 전부하압력의 140%까지 제한조절되어야 한다.

- 업(up) 밸브: 펌프에 의해 압력을 받은 오일은 실린더로 가지만, 일부는 상승용 전자밸브에 의해 조정되는 유량 제어 밸브를 통하여 탱크에 되돌아오는데, 탱크에 되돌아오는 유압을 제어하여 실린더 측의 유량을 간접적으로 제어하는 밸브를 말한다.

13 군관리 방식에 대한 설명으로 틀린 것은?

① 특정 층의 혼잡 등을 자동적으로 판단한다.
② 카를 불필요한 동작없이 합리적으로 운행 관리한다.
③ 교통수요의 변화에 따라 카의 운전 내용을 변화시킨다.
④ 승강장 버튼의 부름에 대하여 항상 가장 가까운 카가 응답한다.

군관리 방식 : 엘리베이터가 3~8대 병설될 때, 각각의 카를 합리적으로 운행 관리하는 방식이다. 출퇴근 시의 피크수요 점심시간 등 특정층의 혼잡을 자동으로 판단하고, 교통 수요의 변화에 따라 카의 운전 내용을 변화시켜서 적절히 배치한다. 이 방식은 전체 효율에 중점을 둔다. 승강장 위치 표시기는 홀랜턴(hall lantern)이 사용된다.

14 비상용 승강기에 대한 설명 중 틀린 것은?

① 예비전원을 설치하여야 한다.
② 외부와 연락할 수 있는 전화를 설치하여야 한다.
③ 정전시에는 예비전원으로 작동할 수 있어야 한다.
④ 승강기의 운행속도는 90m/min 이상으로 해야 한다.

정답 11 ② 12 ③ 13 ④ 14 ④

승강기의 운행속도는 60m/min 이상으로 해야 한다.

15 승강기의 안전에 관한 장치가 아닌 것은?

① 과속조절기(governor)
② 세이프티 블록(safety block)
③ 에너지 축적형 완충기(spring buffer)
④ 누름버튼 스위치(push button switch)

 누름버튼 스위치는 자동제어 회로에서 전동기 기동시 주로 사용된다.

16 전기식 엘리베이터에서 기계실 출입문의 크기는?

① 폭 0.7m 이상, 높이 1.8m 이상
② 폭 0.7m 이상, 높이 1.9m 이상
③ 폭 0.6m 이상, 높이 1.8m 이상
④ 폭 0.6m 이상, 높이 1.9m 이상

17 유압식 엘리베이터에서 T형 가이드레일이 사용되지 않는 엘리베이터의 구성품은?

① 카
② 도어
③ 유압실린더
④ 균형추(밸런싱웨이트)

18 엘리베이트의 도어머신에 요구되는 성능과 거리가 먼 것은?

① 보수가 용이할 것
② 가격이 저렴할 것
③ 직류 모터만 사용할 것
④ 작동이 원활하고 정숙할 것

 도어 구동용 전동기는 직류 전동기가 주로 사용되나, 최근에는 인버터 이용 교류 전동기도 사용되고 있다.

19 전기에서는 위험성이 가장 큰 사고의 하나가 감전이다. 감전사고를 방지하기 위한 방법이 아닌 것은?

① 충전부 전체를 절연물로 차폐한다.
② 충전부를 덮은 금속체를 접지한다.
③ 가연물질과 전원부의 이격거리를 일정하게 유지한다.
④ 자동차단기를 설치하여 선로를 차단할 수 있게 한다.

 가연물질과 전원부의 이격거리는 감전과는 무관하다.

20 승강기 안전관리자의 직무범위에 속하지 않는 것은?

① 보수계약에 관한 사항
② 비상열쇠 관리에 관한 사항
③ 구급체계의 구성 및 관리에 관한 사항
④ 운행관리규정의 작성 및 유지에 관한 사항

21 재해 발생 시의 조치내용으로 볼 수 없는 것은?

① 안전교육 계획의 수립
② 재해원인 조사와 분석
③ 재해방지대책의 수립과 실시
④ 피해자를 구출하고 2차 재해방지

22 재해의 간접 원인 중 관리적 원인에 속하지 않는 것은?

정답 15 ④ 16 ① 17 ② 18 ③ 19 ③ 20 ① 21 ① 22 ②

① 인원 배치 부적당
② 생산 방법 부적당
③ 작업 지시 부적당
④ 안전관리 조직 결함

 재해발생 간접원인에서 관리적 원인: 안전관리 조직 결함, 안전관리 규정미흡, 안전관리 계획 미수립

23 재해의 직접 원인에 해당되는 것은?

① 물적 원인　② 교육적 원인
③ 기술적 원인　④ 작업관리상 원인

 재해 직접원인: 불안전한 상태와 불안전한 행위(불안전한 상태는 물적요인, 불안전한 행위는 인적요인)

24 관리주체가 승강기의 유지관리 시 유지관리자로 하여금 유지관리중임을 표시하도록 하는 안전 조치로 틀린 것은?

① 사용금지 표시
② 위험요소 및 주의사항
③ 작업자 성명 및 연락처
④ 유지관리 개소 및 소요시간

25 안전점검 시의 유의사항으로 틀린 것은?

① 여러 가지의 점검방법을 병용하여 점검한다.
② 과거의 재해발생 부분은 고려할 필요없이 점검한다.
③ 불량 부분이 발견되면 다른 동종의 설비도 점검한다.
④ 발견된 불량 부분은 원인을 조사하고 필요한 대책을 강구한다.

 안전점검의 순서: 실태파악 → 결함의 발견 → 대책결정 → 대책실시

26 사고 예방대책 기본원리 5단계 중 3E를 적용하는 단계는?

① 1단계　② 2단계　③ 3단계　④ 5단계

 사고 예방대책 기본원리 5단계
① 1단계: 조직
② 2단계: 사실의 발견
③ 3단계: 분석 평가
④ 4단계: 시정방법의 선정
⑤ 5단계: 시정책의 3E 적용
※3E (engineering, education, enforcement)

27 안전점검 중에서 5S 활동 생활화로 틀린 것은?

① 정리　② 정돈　③ 청소　④ 불결

 5S는 정리, 정돈, 청소, 청결, 생활화를 말한다.

28 저압 부하설비의 운전조작 수칙에 어긋나는 사항은?

① 퓨즈는 비상시라도 규격품을 사용하도록 한다.
② 정해진 책임자 이외에는 허가 없이 조작하지 않는다.
③ 개폐기는 땀이나 물에 젖은 손으로 조작하지 않도록 한다.
④ 개폐기의 조작은 왼손으로 하고 오른손은 만약의 사태에 대비한다.

정답 23 ① 24 ② 25 ② 26 ④ 27 ④ 28 ④

기구의 충전 부분을 만질 때에는 오른손을 사용하는 것이 원칙이다. 왜냐하면 심장이 왼쪽가슴 부위에 있기 때문이다.

29 승강기 정밀안전 검사 시 전기식 엘리베이터에서 권상기 도르래 홈의 언더컷의 잔여량이 몇 mm 미만일 때 도르래를 교체하여야 하는가?

① 1   ② 2   ③ 3   ④ 4

30 가이드레일 또는 브라켓의 보수점검사항이 아닌 것은?

① 가이드레일의 녹 제거
② 가이드레일의 요철 제거
③ 가이드레일과 브라켓의 체결볼트 점검
④ 가이드레일 고정용 브라켓 간의 간격 조정

31 전기식 엘리베이터의 정기검사에서 하중시험은 어떤 상태로 이루어져야 하는가?

① 무부하
② 정격하중의 50%
③ 정격하중의 100%
④ 정격하중의 125%

32 유압식 엘리베이터에서 실린더의 점검사항으로 틀린 것은?

① 스위치의 기능 상실여부
② 실린더 패킹에 누유여부
③ 실린더의 패킹의 녹 발생여부
④ 구성부품, 재료의 부착에 늘어짐 여부

33 유압식 엘리베이터의 점검 시 플런저 부위에서 특히 유의하여 점검하여야 할 사항은?

① 플런저의 토출량
② 플런저의 승강행정 오차
③ 제어밸브에서의 누유상태
④ 플런저 표면조도 및 작동유 누설 여부

34 균형추를 구성하고 있는 구조재 및 연결재의 안전율은 균형추가 승강로의 꼭대기에 있고, 엘리베이터가 정지한 상태에서 얼마 이상으로 하는 것이 바람직한가?

① 3   ② 5   ③ 7   ④ 9

35 전기식 엘리베이터의 기계실에 설치된 고정 도르래의 점검내용이 아닌 것은?

① 이상음 발생여부
② 로프 홈의 마모상태
③ 브레이크 드럼 마모상태
④ 도르래의 원활한 회전여부

고정 도르래와 브레이크 드럼과는 관계가 없다.

36 엘리베이터에서 매달리는 장치의 점검사항이 아닌 것은?

① 매다는 장치의 직경
② 매다는 장치의 마모 상태
③ 매다는 장치의 꼬임 방향
④ 매다는 장치의 변형 부식 유무

37 제어반에서 점검할 수 없는 것은?

정답 29 ① 30 ④ 31 ① 32 ① 33 ④ 34 ② 35 ③ 36 ③ 37 ③

① 결선단자의 조임상태
② 스위치 접점 및 작동상태
③ 과속조절기 스위치의 작동상태
④ 전동기 제어회로의 절연상태

 과속조절기 스위치의 작동상태는 과속조절기가 설치된 곳에서 점검한다.

38 추락방지 안전장치가 없는 균형추의 가이드레일 검사 시 최대 허용 휨의 양은 양방향으로 몇 mm 인가?

① 5   ② 10   ③ 15   ④ 20

39 과속조절기의 점검사항으로 틀린 것은?

① 소음의 유무
② 브러시 주변의 청소상태
③ 볼트 및 너트의 이완 유무
④ 과속조절기 로프와 클립 체결상태 양호 유무

40 에스컬레이터의 디딤판 구동장치에 대한 점검사항이 아닌 것은?

① 링크 및 핀의 마모상태
② 손잡이 가드 마모상태
③ 구동체인의 늘어짐 상태
④ 스프로켓 이의 마모상태

41 전기식 엘리베이터의 과부하 방지장치에 대한 설명으로 틀린 것은?

① 과부하 방지장치의 작동치는 정격 적재하중의 110%를 초과하지 않아야 한다.
② 과부하 방지장치의 작동상태는 초과하중이 해소되기까지 계속 유지되어야 한다.
③ 적재하중 초과 시 경보가 울리고 출입문의 닫힘이 자동적으로 제지되어야 한다.
④ 엘리베이터 주행 중에는 오동작을 방지하기 위해 과부하방지장치 작동은 유효화되어 있어야 한다.

 과부하 감지장치(overload switch): 카 바닥 하부 또는 와이어로프 단말에 설치하여, 카 내부의 승차인원 또는 적재하중을 감지, 정격하중 초과시 경보음을 울려 카내에 적재하중이 초과되었음을 알려주는 동시에 출입구 도어의 닫힘을 저지하여 카를 출발시키지 않도록 하는 장치이다. 정격하중의 105~110%의 범위에 설정된다.

42 전동기의 점검항목이 아닌 것은?

① 발열이 현저한 것
② 이상음이 있는 것
③ 라이닝의 마모가 현저한 것
④ 연속으로 운전하는 데 지장이 생길 염려가 있는 것

 라이닝: 제동장치, 드럼 브레이크에서 사용되는 마찰재. 라이닝은 브레이크 슈에 부착되므로 전동기의 점검항목과는 무관하다.

43 손잡이 운행 중에 전 구간에서 디딤판과 손잡이의 동일 방향 속도 공차는 몇 % 인가?

① 0~2 이하   ② 3~4 이하
③ 5~6 이하   ④ 7~8 이하

 손잡이의 경우, 운행 전구간에서 디딤판과 손잡이의 속도차는 0~2% 이하이어야 한다.

정답 38 ② 39 ② 40 ② 41 ④ 42 ③ 43 ①

44 전기식 엘리베이터에서 카 지붕에 표시되어야 할 정보가 아닌 것은?

① 최종점검일지 비치
② 정지장치에 "정지"라는 글자
③ 점검운전 버튼 또는 근처에 운행 방향 표시
④ 점검운전 스위치 또는 근처에 "정상" 및 "점검"이라는 글자

45 에스컬레이터의 디딤판 체인의 늘어남을 확인하는 방법으로 가장 적합한 것은?

① 구동체인을 점검한다.
② 롤러의 물림상태를 확인한다.
③ 라이저의 마모상태를 확인한다.
④ 디딤판과 디딤판간의 간격을 측정한다.

라이저: 디딤판의 홈 옆 빗과 같은 부분으로, 디딤판 상하에 가서는 끼임방지 빗(comb)으로 들어간다.

46 추락방지 안전장치의 작동으로 카가 정지할 때까지 레일이 죄는 힘이 처음에는 약하게 그리고 하강함에 따라 강해지다가 얼마 후 일정한 값으로 도달하는 방식은?

① 슬랙로프 세이프티
② 순간식 비상정지장치
③ 플렉시블 가이드 방식
④ 플렉시블 웨지 클램프 방식

· 슬랙로프 세이프티: 순간식 비상정지장치의 일종으로 소형 저속 엘리베이터로써 주로 로프에 걸리는 장력이 없어져 휘어짐이 생겼을 때 센서가 감지하여 엘리베이터를 정지시킨다.
· 플렉시블 가이드 방식: 레일을 죄는 힘이 동작에서 정지까지 일정하다. 이 방식은 구조가 간단하고, 복구가 쉬워 널리 사용되고 있다.
· 플렉시블 웨지 클램프 방식: 레일을 조이는 힘이 초기에는 약하나 점점 강해진 후 일정하다.

47 계측기와 관련된 문제, 환경적 영향 또는 관측오차 등으로 인해 발생하는 오차는?

① 절대오차   ② 계통오차
③ 과실오차   ④ 우연오차

· 절대오차: 계산에 의해 산출된 직접적인 오차
· 계통오차: 측정기구 또는 측정방법이 잘못되어 발생하는 오차
· 과실오차: 측량자의 부주의 또는 미숙으로 발생하는 오차
· 우연오차: 주변 사정에 의해 피할 수 없이 발생하는 오차

48 인덕턴스가 5mH인 코일에 50Hz의 교류를 사용할 때 유도 리액턴스는 약 몇 인가?

① 1.57   ② 2.50   ③ 2.53   ④ 3.14

$X_L = wL = 2\pi fL$
$= 2 \times 3.14 \times 50 \times 5 \times 10^{-3} = 1.57 (\Omega)$

※ $1H = 1000mH$, $1mH = 10^{-3}H$

49 직류기 권선법에서 전기자 내부 병렬회로수 a와 극수 p의 관계는? (단 권선법은 중권이다)

① $a = 2$ ② $a = \frac{1}{2}p$
③ $a = p$ ④ $a = 2p$

정답 44 ① 45 ④ 46 ④ 47 ② 48 ① 49 ③

병렬 회로수의 산정 방법
① 중권: 병렬 회로수(a)와 극수(p)가 같다.
② 파권: 병렬 회로수는 항상 2이다.

50 다음 그림과 같은 제어계의 전체 전달함수는? (단, H(s)=1 이다)

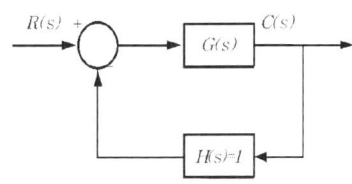

① $\dfrac{1}{G(s)}$ ② $\dfrac{1}{1+G(s)}$

③ $\dfrac{G(s)}{1+G(s)}$ ④ $\dfrac{G(s)}{1-G(s)}$

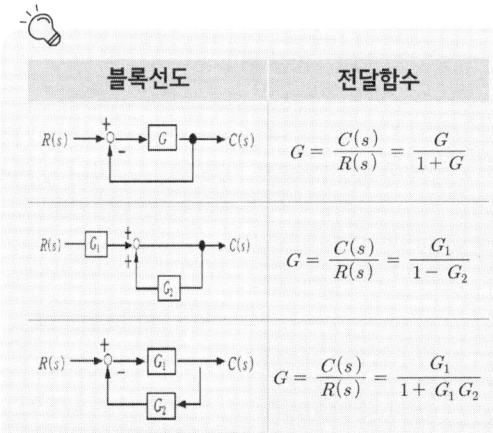

51 다음 논리회로의 출력값 E는?

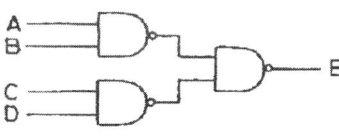

① $\overline{A \cdot B} + \overline{C \cdot D}$
② $A \cdot B + C \cdot D$
③ $A \cdot B \cdot C \cdot D$
④ $(A+B) \cdot (C+D)$

 $E = \overline{\overline{AB} \cdot \overline{CD}}$
$= \overline{\overline{AB}} + \overline{\overline{CD}} = AB + CD$
※ $\overline{AB} = \overline{A} + \overline{B}$,
$\overline{\overline{AB} \cdot \overline{CD}} = \overline{\overline{AB}} + \overline{\overline{CD}}$,
$\overline{\overline{AB}} + \overline{\overline{CD}} = AB + CD$

52 18-8 스테인리스강의 특징에 대한 설명 중 틀린 것은?

① 내식성이 뛰어나다.
② 녹이 잘 슬지 않는다.
③ 자성체의 성질을 갖는다.
④ 크롬 18%와 니켈 8%를 함유한다.

53 저항 100의 전열기에 5A의 전류를 흘렸을 때 전력은 몇 W 인가?

① 20   ② 100   ③ 500   ④ 2500

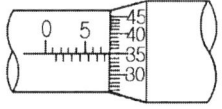 $P = I^2 R = 5^2 \times 100 = 2500(\text{W})$

54 그림은 마이크로미터로 어떤 치수를 측정한 것이다. 치수는 약 몇 mm 인가?

① 5.35   ② 5.85   ③ 7.35   ④ 7.85

정답 50 ③ 51 ② 52 ③ 53 ④ 54 ④

슬리브 7.5mm + 심블 0.35mm = 7.85mm

55 유도기전력의 크기는 코일의 권수와 코일을 관통하는 자속의 시간적인 변화율과의 곱에 비례한다는 법칙은 무엇인가?

① 패러데이의 전자유도 법칙
② 앙페르의 주회 적분의 법칙
③ 전자력에 관한 플레밍의 법칙
④ 유도 기전력에 관한 렌츠의 법칙

- 패러데이의 전자유도 법칙: 유도기전력의 크기는 코일을 지나는 자속의 매초 변화량과 코일의 권수에 비례한다.

$$e = -N\frac{d\phi}{dt}(V)$$

여기서, dt: 시간의 변화량,
N: 코일권수, $d\phi$: 자속의 변화량

- 앙페르의 주회 적분의 법칙: 다음 그림과 같이 자장의 세기가 자로의 길이 ℓ의 여러 부분에서 다른 값일 때에는 자기회로의 부분 ℓ_1, ℓ_2, ℓ_3에 따른 그 자장의 세기를 각각 H_1, H_2, H_3라고 하면 이들 각 부분마다 모두 $NI = H\ell$이 성립되므로

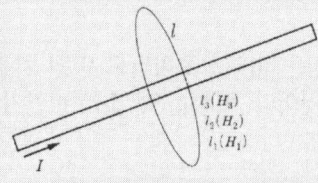

$$NI = H_1\ell_1 + H_2\ell_2 + H_3\ell_3 + \cdots\cdots$$
$$\therefore NI = \Sigma H\ell$$

- 전자력에 관한 플레밍의 왼손 법칙:

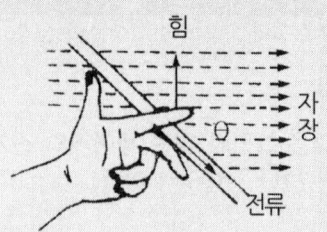

중지: 전류의 방향
검지: 자장의 방향
엄지: 힘의 방향

※ 전동기의 회전방향을 알고자 할 때 적용한다.

- 유도 기전력에 관한 렌츠의 법칙: 전자유도에 의하여 생긴 기전력의 방향은 그 유도전류가 만드는 자속이 항상 원래의 자속의 증가 또는 감소를 방해하는 방향이다.

56 직류 전동기의 속도 제어 방법이 아닌 것은?

① 저항 제어법   ② 계자 제어법
③ 주파수 제어법   ④ 전기자 전압 제어법

 직류 전동기의 속도 제어 방법

① 저항 제어법: 아래 그림과 같이 전기자 회로에 저항 R을 넣고, 이것을 가감해 속도를 제어하는 방식이다.

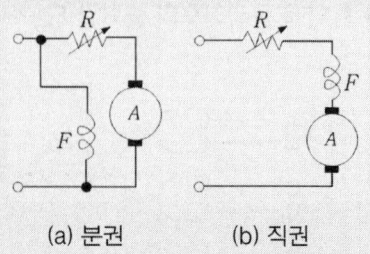

(a) 분권   (b) 직권

정답 55 ① 56 ③

② 계자 제어법: 계자전류를 조정하여 계자자속 ϕ를 변화해 속도를 제어하는 방법이다.
③ 전압 제어법: 전기자에 가해지는 단자 전압을 변화하여 속도를 조전하는 방법이다.

57 직류전동기에서 자속이 감소되면 회전수는 어떻게 되는가?

① 정지   ② 감소   ③ 불변   ④ 상승

$N = K\dfrac{V - I_a R_a}{\phi}$ (rpm)이므로

ϕ가 감소하면 N은 상승한다.

58 기계요소 설계 시 일반 체결용에 주로 사용되는 나사는?

① 삼각나사   ② 사각나사
③ 톱니나사   ④ 사다리꼴나사

- 삼각나사: 기계에 부품 결합시 사용
- 사각나사: 축방향의 하중을 받아 운동을 전달하는데 사용
- 톱니나사: 힘을 한 방향으로 받는 부품에 적합
- 사다리꼴 나사: 사각나사 대체용

59 회전하는 축을 지지하고 원활한 회전을 유지하도록 하며, 축에 작용하는 하중 및 축의 자중에 의한 마찰저항을 가능한 적게 하도록 하는 기계요소는?

① 클러치   ② 베어링
③ 커플링   ④ 스프링

60 다음 중 응력을 가장 크게 받는 것은? (단, 다음 그림은 기둥의 단면 모양이며, 가해지는 하중 및 힘의 방향은 같다)

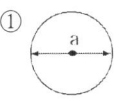

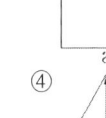

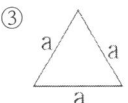

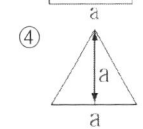

단면적을 비교(a=1일 때) 했을 때
① 0.78 ② 1 ③ 0.43 ④ 0.5

정답 57 ④ 58 ① 59 ② 60 ③

2017. 1. 22 CBT 복원문제

01 에스컬레이터에서 디딤판 체인은 일반적으로 어떻게 구성되어 있는가?

① 좌·우 각 1개씩 있다.
② 좌·우 각 2개씩 있다.
③ 좌측에 1개, 우측에 2개 있다.
④ 좌측에 2개, 우측에 1개 있다.

 디딤판 체인은 좌우에 1개씩 있다.

02 무빙워크의 디딤판 구조에 따른 종류로 옳은 것은?

① 고무벨트식과 플라스틱성형식이 있다.
② 고무벨트식과 파레트식이 있다.
③ 파레트식과 베이크라이트식이 있다.
④ 고무벨트식과 베이크라이트식이 있다.

03 승강기에 사용하고 있는 에너지 축적형 완충기는 주로 어떤 기종에 사용되고 있는가?

① 정격속도가 60m/min 이하의 기종
② 정격속도가 60m/min 초과하는 기종
③ 정격속도가 80m/min 이하의 기종
④ 정격속도가 80m/min 초과하는 기종

 스프링 완충기(spring buffer): 정격속도 60m/min 이하의 엘리베이터에 사용되며, 행정(stroke: 압축전과 압축 후 사이의 거리)은 정격속도의 115%로 충돌시, 평균 감속도 1g 이하로 정지하기에 필요한 길이어야 한다.

04 에스컬레이터 안전장치 스위치의 종류에 해당하지 않는 것은?

① 추락방지 안전 스위치
② 게이트 스위치
③ 구동 체인 절단검출 스위치
④ 스커트 가드 스위치

 에스컬레이터 안전장치의 종류
① 추락방지 안전 스위치
② 구동체인 안전장치
③ 스커트 가드 안전장치
④ 손잡이 안전장치
⑤ 디딤판체인 안전장치
⑥ 인레트 스위치
⑦ 콤 이물질 검출장치

05 에스컬레이터의 안전장치에 해당하지 않은 것은?

① 디딤판 체인 안전 스위치(step chain safety switch)
② 에너지 축적형 완충기(spring buffer)
③ 인레트 스위치(inlet switch)
④ 스커트 가드(skirt guard) 안전장치

 손잡이 인입구 안전장치=인레트 안전장치
에스컬레이터의 안전장치
① 디딤판 체인 안전장치
② 인레트 스위치
③ 스커트 가드 안전장치
④ 손잡이 안전장치
⑤ 역결상 보호장치
⑥ 콤의 이물질 검출장치

정답 1① 2② 3① 4② 5②

06 유압 엘리베이터의 전동기 구동기간은?

① 상승시에만 구동된다.
② 하강시에만 구동된다.
③ 상승시와 하강시 모두 구동된다.
④ 부하의 조건에 따라 상승시 또는 하강시에 구동된다.

07 언더컷(under cut) 홈 시브에 대한 설명으로 틀린 것은?

① 로프와 시브의 마찰계수를 높이기 위한 것이다.
② 로프 마모율이 비교적 심하지 않다.
③ 주로 싱글 랩핑(1:1로핑)에 사용된다.
④ 홈의 형상은 시브 홈의 밑을 도려낸 것이다.

 언더컷 홈은 로프와 시브와 마찰계수를 높이기 위한 것인데, 홈의 형상은 시브 홈의 밑을 도려낸 것으로서, 로프의 마모율은 비교적 심하다.

시브의 마찰계수: V홈 > 언더컷 홈 > U홈

08 가이드 레일의 규격에 관한 설명으로 틀린 것은?

① 일반적으로 쓰는 T형 레일의 공칭은 8, 13, 18, 24K 등이 있다
② 대용량의 엘리베이터에서는 37, 50K 레일도 있다.
③ 레일의 표준길이는 6m이다.
④ 레일규격의 호칭은 마무리 가공전 소재의 1m당의 중량이다.

 레일의 표준길이는 5m이다.

09 승객용 엘리베이터에서 각층 강제정지 운전의 목적으로 가장 적합한 것은?

① 출·퇴근 시간대에 모든 층의 승객에게 골고루 서비스 제공
② 각 층의 도어장치 기능의 원활한 작동
③ 각 층의 도어상치 확인시 사용
④ 카 안의 범죄활동 방지

 승객용 엘리베이터의 각층 강제 정지 운전의 목적은 카 안의 범죄활동 방지이다.

10 주로프의 심강이란?

① 로프의 중심부를 구성하며 천연의 마를 사용한다.
② 소선수를 말하며 합성섬유를 사용한다.
③ 제동력을 높이기 위해 소선에 기름을 먹인 것을 말한다.
④ Z꼬임으로 되어 있는 것을 말한다.

 심강은 로프의 중심부를 구성하며 천연의 마를 사용한다.

11 유압식 엘리베이터의 부품 및 특징에 대한 설명으로 옳지 않은 것은?

① 역저지밸브: 정전이나 그 외의 원인으로 펌프의 토출 압력이 떨어져 실린더의 기름이 역류하여 카가 자유 낙하하는 것을 방지하는 역할을 한다.
② 스톱밸브: 유압 파워유니트와 실린더 사이의 압력 배관에 설치되며 이것을 닫으면 실린더의 기름이 파워유니트로 역류하는 것을 방지한다.
③ 스트레이너: 역할은 필터와 같으나 일반적으로 펌프의 출구쪽에 붙인 것을 말한다.

정답 6 ① 7 ② 8 ③ 9 ④ 10 ① 11 ③

④ 사일렌서: 자동차의 머플러와 같이 작동유의 압력 맥동을 흡수하여 진동, 소음을 감소시키는 역할을 한다.

 스트레이너는 펌프의 흡입측에 부착한다.

12 엘리베이터 권상기의 구성요소가 아닌 것은?

① 감속기
② 브레이크
③ 추락방지 안전장치
④ 전동기

13 엘리베이터용 유압회로에서 실린더와 유량제어밸브 사이에 들어갈 수 없는 것은?

① 스트레이너　② 스톱밸브
③ 사일렌서　　④ 라인필터

 스트레이너는 직선적인 작동유 통로내의 철분, 모래 등의 이물질을 제거하는 장치인데, 펌프의 흡입측에 설치한다.
※ 사일렌서: 압력 맥동을 흡수한다.

14 승강기가 어떤 원인으로 피트에 떨어졌을 때 충격을 완화하기 위하여 설치하는 것은?

① 과속조절기　② 추락방지 안전장치
③ 완충기　　　④ 제동기

15 엘리베이터 카 도어머신에 요구되는 성능이 아닌 것은?

① 동작이 원활하고 정숙할 것
② 카 상부에 설치하기 위해 소형 경량일 것
③ 동작회수가 엘리베이터 기동회수의 2배이므로 보수가 용이할 것
④ 어떠한 경우라도 수동으로 카 도어가 열려서는 안 될 것

 도어 머신에 요구되는 성능
① 작동이 원활하고 조용할 것
② 카 상부에 설치하기 위해 소형 경량일 것
③ 동작회수가 엘리베이터 기동 횟수의 2배가 되므로 보수가 용이할 것
④ 가격이 저렴할 것

16 유압 엘리베이터의 작동유의 적정 온도의 범위는?

① 30℃ 이상 70℃ 이하
② 30℃ 이상 80℃ 이하
③ 5℃ 이상 90℃ 이하
④ 5℃ 이상 60℃ 이하

17 승강기의 캣치가 작동되었을 때 로프의 인장력에 대한 설명으로 적합한 것은?

① 300N 이상과 추락방지 안전장치를 거는 데 필요한 힘의 1.5배를 비교하여 큰 값 이상
② 300N 이상과 추락방지 안전장치를 거는 데 필요한 힘의 2배를 비교하여 큰 값 이상
③ 400N 이상과 추락방지 안전장치를 거는 데 필요한 힘의 1.5배를 비교하여 큰 값 이상
④ 400N 이상과 추락방지 안전장치를 거는 데 필요한 힘의 2배를 비교하여 큰 값 이상

18 회전운동을 하는 유희시설이 아닌 것은?

① 관람차　　② 비행탑
③ 회전목마　④ 모노레일

정답　12 ③　13 ①　14 ③　15 ④　16 ④　17 ②　18 ④

회전운동을 하는 유희시설: 관람차, 비행탑, 회전목마, 회전그네, 문로케트, 로터, 옥토퍼스, 해적선

19 기계실내 작업구역에서의 유효높이는 몇 m 이상이어야 하는가?

① 2.1　② 1.8　③ 1.5　④ 1.2

 기계실 조도: 작업공간은 200lx 이상, 이동통로는 50lx 이상일 것

20 트랙션 권상기의 설명 중 옳지 않은 것은?

① 기어식과 무기어식 권상기가 있다.
② 행정거리의 제한이 없다.
③ 소요동력이 크다.
④ 지나치게 감기는 현상이 일어나지 않는다.

 트랙션 권상기는 소요동력이 작다. 반대로 권동식은 소요동력이 크다.

21 에스컬레이터의 안전율에 대한 기준으로 옳은 것은?

① 트러스와 빔에 대해서는 5 이상
② 트러스와 빔에 대해서는 10 이상
③ 체인류에 대해서는 6 이상
④ 체인류에 대해서는 8 이상

- 트러스와 빔 : 5 이상
- 체인류 : 10 이상
- 모든 구성부품 : 5 이상
- ※ 트러스: 에스컬레이터의 철로된 테두리(뼈대)

22 전기식 엘리베이터에서 3본의 매달리는 장치 안전율은 얼마 이상이어야 하는가?

① 8　② 9　③ 11　④ 12

- 매다는 장치 안전율: 2본은 16 이상, 3본 이상은 12 이상
- 과속조절기 로프의 안전율: 8 이상

23 기계실에서 승강기를 보수하거나 검사시의 안전수칙에 어긋나는 것은?

① 전기장치를 검사할 경우는 모든 전원스위치를 ON시키고 검사한다.
② 규정복장을 착용하고 소매끝이 회전물체에 말려 들어가지 않도록 주의한다.
③ 가동부분은 필요한 경우를 제외하고는 움직이지 않도록 한다.
④ 브레이크 라이닝을 점검할 경우는 전원스위치를 OFF시킨 상태에서 점검하도록 한다.

24 에스컬레이터 구동기의 공칭속도는 몇 %를 초과하지 않아야 하는가?

① ±1　② ±3　③ ±5　④ ±8

25 다음 중 승강기 제동기의 구조에 해당되지 않는 것은?

① 브레이크 슈　② 라이닝
③ 코일　④ 워터슈트

 워터슈트: 놀이공원이나 유원지 등에서 가파른 비탈에 궤도를 설치하고, 높은 곳에서 사람들을 태운 보트를 미끄러지게 하여, 재미를 느끼게 하는 시설이나 기구를 말한다.

정답 19 ①　20 ③　21 ①　22 ④　23 ①　24 ③　25 ④

26 로프식(전기식) 엘리베이터용 과속조절기의 점검사항이 아닌 것은?

① 진동소음상태 ② 베어링 마모상태
③ 캣치 작동상태 ④ 라이닝 마모상태

 라이닝: 브레이크 슈에 부착되어 전동기를 잡는 역할을 한다.

27 단식 자동 방식(single automatic)에 관한 설명 중 맞는 것은?

① 같은 방향의 호출은 등록된 순서에 따라 응답하면서 운행한다.
② 승강장 버튼은 오름, 내림 공용이다.
③ 주로 승객용에 사용된다.
④ 1개 호출에 의한 운행 중 다른 호출 방향이 같으면 응답한다.

 단식 자동 방식(single automatic type): 승강장 버튼은 오름, 내림 공용인데, 먼저 눌러진 호출에 응답하고, 운행 중 다른 호출에는 응하지 않는다. 자동차용 및 화물용에 적용된다.

28 승강기 설치·보수작업에서 발생되는 위험에 해당되지 않는 것은?

① 물리적 위험 ② 접촉적 위험
③ 화학적 위험 ④ 구조적 위험

29 비상용승강기는 화재발생시 화재 진압용으로 사용하기 위하여 고층빌딩에 많이 설치하고 있다. 비상용승강기에 반드시 갖추지 않아도 되는 조건은?

① 비상용 소화기
② 예비전원
③ 전용 승강장 이외의 부분과 방화구획
④ 비상운전 표시등

 비상전원장치: 정전시 60초 이내에 전력량을 발생시키고, 2시간 이상 엘리베이터를 운행시킬 수 있어야 한다.

30 기계실의 작업구역에서 유효 높이는 몇 m 이상으로 하여야 하는가?

① 1.8   ② 2.1   ③ 2.5   ④ 3

 기계실 작업구역에서 유효 높이는 2.1m 이상 되어야 한다.

31 감전의 위험이 있는 장소의 전기를 차단하여 수선, 점검 등의 작업을 할 때에는 작업 중 스위치에 어떤 장치를 하여야 하는가?

① 접지장치 ② 복개장치
③ 시건장치 ④ 통전장치

32 방호장치에 대하여 근로자가 준수할 사항이 아닌 것은?

① 방호장치에 이상이 있을 때 근로자가 즉시 수리한다.
② 방호장치를 해체하고자 할 경우에는 사업주의 허가를 받아 해체한다.
③ 방호장치의 해체 사유가 소멸된 때에는 지체 없이 원상으로 회복시킨다.
④ 방호장치의 기능이 상실된 것을 발견하면 지체 없이 사업주에게 신고한다.

 방호장치에 이상이 생기면 사업주에게 신고하고 즉시 수리하여 원상 회복시켜야 한다.

정답 26 ④ 27 ② 28 ③ 29 ① 30 ② 31 ③ 32 ①

33 전기식 엘리베이터 기계실의 구조에서 구동기의 회전부품 위로 몇 m 이상의 유효수직거리가 있어야 하는가?

① 0.2   ② 0.3   ③ 0.4   ④ 0.5

34 재해 누발자의 유형이 아닌 것은?

① 미숙성 누발자   ② 상황성 누발자
③ 습관성 누발자   ④ 자발성 누발자

재해 누발자의 유형
① 미숙성 누발자   ② 상황성 누발자
③ 습관성 누발자   ④ 소질성 누발자

35 다음 중 카 상부에서 하는 검사가 아닌 것은?

① 비상구출구 스위치의 작동상태
② 도어개폐장치의 설치상태
③ 과속조절기 로프의 설치상태
④ 과속조절기 로프 인장장치의 작동상태

과속조절기 로프 인장장치의 작동상태 검사는 피트에서 한다.

36 6극, 50Hz의 3상 유도전동기의 동기속도(rpm)는?

① 500   ② 1000   ③ 1200   ④ 1800

$N_s = \dfrac{120f}{p} = \dfrac{120 \times 50}{6} = 1000(\text{rpm})$

37 에스컬레이터의 역회전 방지장치로 틀린 것은?

① 과속조절기   ② 스커트 가드
③ 기계 브레이크   ④ 구동체인 안전장치

- 과속조절기: 카와 같은 속도로 움직이는 과속조절기 로프에 의해서 회전되고, 언제나 카의 속도를 조사하여 과속도를 검출하는 장치이다.
- 스커트 가드: 에스컬레이터나 무빙워크의 내측판 하부에 볼록 튀어나온 부분을 말하는데, 발판의 측면과 작은 틈새를 보호하는 역할을 한다.
- 구동체인 안전장치: 체인이 늘어나거나 절단될 경우 즉시 에스컬레이터를 안전하게 정지시켜 사고를 예방하는 장치이다.

38 에스컬레이터(무빙워크 포함)의 추락방지 안전스위치에 관한 설명으로 틀린 것은?

① 색상은 적색으로 하여야 한다.
② 상하 승강장의 잘 보이는 곳에 설치한다.
③ 버튼 또는 버튼 부근에는 "정지" 표시를 하여야 한다.
④ 장난 등에 의한 오조작 방지를 위하여 잠금장치를 설치하여야 한다.

추락방지 안전스위치는 비상시에 에스컬레이터를 정지시키기 위한 것이므로 잠금장치를 해놓아서는 안 된다.

39 전기기기에서 E종 절연의 최고 허용온도는 몇 ℃ 인가?

① 90   ② 105   ③ 120   ④ 130

절연물의 허용온도

절연재료	Y	A	E	B	F	H	C
허용온도	90°	105°	120°	130°	155°	180°	180° 초과

정답 33 ② 34 ④ 35 ④ 36 ② 37 ② 38 ④ 39 ③

40 파괴검사 방법이 아닌 것은?

① 인장 검사　② 굽힘 검사
③ 육안 검사　④ 경도 검사

41 승강기시설 안전관리법의 목적은 무엇인가?

① 승강기 이용자의 보호
② 승강기 이용자의 편리
③ 승강기 관리주체의 수익
④ 승강기 관리주체의 편리

42 유압식 엘리베이터의 카 문턱에는 승강장 유효 출입구 전폭에 걸쳐 에이프런이 설치되어야 한다. 수직면의 아랫부분은 수평면에 대해 몇 도 이상으로 아랫방향을 향하여 구부러져야 하는가?

① 15°　② 30°　③ 45°　④ 60°

43 변형량과 원래 치수와의 비를 변형률이라 하는데 다음 중 변형률의 종류가 아닌 것은?

① 가로 변형률　② 세로 변형률
③ 전단 변형률　④ 전체 변형률

변형률의 종류:
- 가로 변형률　• 세로 변형률
- 전단 변형률

44 100V를 인가하여 전기량 30C을 이동시키는 데 5초 걸렸다. 이 때의 전력(kW)은?

① 0.3　② 0.6　③ 1.5　④ 3

$I = \dfrac{\theta}{t} = \dfrac{30}{5} = 6(A)$

$P = VI = 100 \times 6 = 600W = 0.6kW$

45 인덕턴스가 5mH인 코일에 50Hz의 교류를 사용할 때 유도 리액턴스는 약 몇 Ω인가?

① 1.57　② 2.50　③ 2.53　④ 3.14

$X_L = wL = 2\pi fL$
$= 2 \times 3.14 \times 50 \times 5 \times 10^{-3}$
$= 1.57(\Omega)$

※ $1H = 1000mH$, $1mH = 10^{-3}H$

46 안전점검 중에서 5S 활동 생활화로 틀린 것은?

① 정리　② 정돈　③ 청소　④ 불결

5S는 정리, 정돈, 청소, 청결, 생활화

47 배선용 차단기의 영문 문자기호는?

① S　② DS　③ THR　④ MCCB

- S: 스위치　• DS: 단로기
- THR: 열동계전기
- MCCB: 배선용 차단기

48 반도체에서 공유 결합을 할 때 과잉전자를 발생시키는 반도체는?

① P형 반도체　② N형 반도체
③ 진성 반도체　④ 불순물 반도체

P형 불순물 반도체는 캐리어가 정공이며, N형 불순물 반도체는 캐리어가 자유전자 즉 잉여전자이다.

49 엘리베이터의 카 상부에서 행하는 검사사항이 아닌 것은?

① 과속조절기 로프의 설치상태
② 추락방지 안전장치의 연결기구 작동상태
③ 레일 및 브래킷의 마모상태
④ 과속조절기 작동상태

과속조절기의 작동 상태는 과속조절기가 있는 기계실에서 행한다.

50 안전점검을 할 때 어떤 일정기간을 두고서 행하는 점검은?

① 수시점검 ② 임시점검
③ 특별점검 ④ 정기점검

안전점검의 종류: 정기점검, 수시점검, 특별점검, 임시점검

51 직류기에서 워드 레오나드 방식의 목적은?

① 계자자속을 조정하기 위하여
② 속도제어를 하기 위하여
③ 병렬운전을 하기 위하여
④ 정류를 좋게 하기 위하여

워드 레오나드(ward leonard) 방식:
직류 발전기의 출력단을 직접 직류 전동기 전기자에 연결시키고, 발전기의 계자전류를 조정하여 발전전압을 엘리베이터 속도에 대응하여 연속적으로 공급시키는 방식이다. 유지보수가 어려우나, 교류 2단 속도에 비하여 승차감이 좋고 착상시간도 짧다.

52 사고발생빈도에 영향을 미치지 않는 것은?

① 작업시간
② 작업자의 연령
③ 작업숙련도 및 경험년수
④ 작업자의 거주지

53 5[Ω]의 저항에 5[A]의 전류가 흐른다면 전압[V]은?

① 0.02 ② 0.5 ③ 25 ④ 50

$V = IR = 5 \times 5 = 25V$

54 물건에 끼여진 상태나 말려든 상태는 어떤 재해인가?

① 추락 ② 전도 ③ 협착 ④ 낙하

- 전도: 사람이 평면상으로 넘어졌을 때
- 협착: 물건에 끼여진 상태 또는 말려든 상태

55 승강로 작업시 착용하는 보호구로 알맞지 않은 것은?

① 안전모 ② 안전대 ③ 핫스틱 ④ 안전화

핫스틱은 전기 외선 활선 작업시 사용되는 공구이다.

56 카 상부작업시의 안전수칙으로 옳지 않은 것은?

① 작업개시전에 작업등을 켠다.
② 이동 중에 로프를 손으로 잡아서는 안 된다.
③ 운전 선택스위치는 자동으로 설치한다.
④ 안전스위치를 작동시켜 안전회로를 차단시킨다.

정답 49 ④ 50 ④ 51 ② 52 ④ 53 ③ 54 ③ 55 ③ 56 ③

운전 선택 스위치는 수동으로 설치한다.

57 재해 발생 과정의 요건이 아닌 것은?

① 사회적 환경과 유전적인 요소
② 개인적 결함
③ 사고
④ 안전한 행동

58 엘리베이터용 모터에 부착되어 있는 로터리 엔코더의 역할은?

① 모터의 소음 측정 ② 모터의 진동 측정
③ 모터의 토크 측정 ④ 모터의 속도 측정

 로터리 엔코더: 회전각도나 동작을 전기 신호로 변환하는 전기기계 장치

59 현장 내에 안전표지판을 부착하는 이유로 가장 적합한 것은?

① 작업방법을 표준화하기 위하여
② 작업환경을 표준화하기 위하여
③ 기계나 설비를 통제하기 위하여
④ 비능률적인 작업을 통제하기 위하여

60 감전이나 전기화상을 입을 위험이 있는 작업에 반드시 갖추어야 할 것은?

① 보호구   ② 구급용구
③ 위험신호장치 ④ 구명구

정답 57 ④ 58 ④ 59 ② 60 ①

2017. 9. 3 CBT 복원문제

01 펌프의 출력에 대한 설명으로 옳은 것은?

① 압력과 토출량에 비례한다.
② 압력과 토출량에 반비례한다.
③ 압력에 비례하고 토출량에 반비례한다.
④ 압력에 반비례하고 토출량에 비례한다.

 펌프의 출력은 압력과 토출량에 비례한다.

02 에스컬레이터의 ㉠트러스 및 ㉡구동체인 안전율은?

① ㉠:3, ㉡:8
② ㉠:5, ㉡:10
③ ㉠:8, ㉡:13
④ ㉠:10, ㉡:15

에스컬레이터 부분	안전율
트러스 및 빔	5 이상
디딤판체인 및 구동체인	10 이상
모든 구동부품	5 이상

03 엘리베이터에서 BGM 장치란?

① 비상시 연락하는 장치
② 외부와 통화하는 장치
③ 정전시 카 내를 밝혀주는 장치
④ 승객의 마음을 음악으로 편하게 해주기 위한 장치

04 승용승강기의 카 내에는 램프 중심으로부터 1m 떨어진 수직 면상에서 몇 lx 이상의 조도를 확보할 수 있는 예비조명 장치가 있어야 하는가?

① 0.5lx ② 1lx ③ 2lx ④ 5lx

 비상조명장치: 5lx 이상의 조도로 1시간 동안 점등될 것

05 승강기 기계실에 설비되어서는 안 되는 것은?

① 승강기 제어반   ② 환기설비
③ 옥탑 물탱크   ④ 과속조절기

06 교류귀환 전압제어에 대한 설명으로 알맞은 것은?

① 사이리스터 점호각을 바꾸어 유도전동기의 속도를 제어
② 모터의 전기회로에 저항을 넣어 속도를 제어
③ 이단속도모터를 사용하여 기동을 고속권선으로, 착상을 저속권선으로 제어
④ 교류를 직류로 바꾸어 직류모터의 회전수를 제어

 교류귀환 전압제어: 이 방식은 케이지의 실속도와 지령속도를 비교하여 사이리스터의 점호각을 바꿔, 유도전동기의 속도를 제어하는 방식이다. 이 방식은 속도 45m/min에서 105m/min 이하에 적용된다. 감속 시는 모터에 직류를 흐르게 하여 제동 토크를 발생해 제동한다.

07 에스컬레이터의 추락방지 안전버튼의 설치 위치는?

정답 1 ① 2 ② 3 ④ 4 ④ 5 ③ 6 ① 7 ④

① 기계실에 설치한다.
② 상부 승강장 입구에 설치한다.
③ 하부 승강장 입구에 설치한다.
④ 상·하부 승강장 입구에 설치한다.

08 엘리베이터를 카 위에서 검사할 때 주 로프를 걸어 맨 고정 부위는 2중 너트로 견고하게 조여 있어야 하고 풀림 방지를 위하여 무엇이 꽂혀 있어야 하는가?

① 소켓 ② 균형체인
③ 브래킷 ④ 분할핀

09 카 바닥 앞부분과 승강로 벽과의 수평거리는 일반적으로 몇 [mm] 이하이어야 하는가?

① 120[mm] ② 125[mm]
③ 130[mm] ④ 150[mm]

10 다음과 같은 조건에서 카(CAR)의 속도는 몇 m/min 인가?

[조건]
- 정격부하에서 4극 모터가 12%의 슬립으로 운전한다 (단, 주파수는 60Hz).
- 기어의 비는 61:2, 시브의 직경은 560mm 이다.

① 약 85 ② 약 91 ③ 약 105 ④ 약 122

$$N = \frac{\pi D N_0}{1000} \times F$$
$$= \frac{3.14 \times 560 \times 1584}{1000} \times \frac{2}{61} \fallingdotseq 91 \text{m/min}$$

※ $N_0 = \frac{120f}{P}(1-s)$
$= \frac{120 \times 60}{4}(1-0.12) = 1584 \text{(rpm)}$

11 고장 및 정전시 카내의 승객을 구출하기 위한 비상 천장 구출구에 대한 설명으로 옳지 않은 것은?

① 카 안에서는 열 수 없도록 잠금장치를 하여야 한다.
② 카 위에서는 공구 등을 사용하지 않고 간단한 조작에 의해 용이하게 열 수 있어야 한다.
③ 승객의 구조활동에 장애가 없도록 충분한 공간이 확보되는 위치에 설치한다.
④ 구출구의 크기는 최소 폭 0.3m, 면적 0.1m^2 이상이어야 한다.

구출구의 크기는 0.35×0.5m 이상 되어야 한다.

12 권상하중 1000[kg], 권상속도 60[m/min]의 엘리베이터용 전동기의 최소 용량은 몇 [kW] 인가? (단, 권상장치의 효율은 70%, 오버밸런스율은 50%이다)

① 5.5 ② 7 ③ 9.5 ④ 11

$P = \frac{MVS}{6120\eta} = \frac{MV(1-A)}{6120\eta}$
$= \frac{1000 \times 60 \times (1-0.50)}{6120 \times 0.70} \fallingdotseq 7\text{kW}$

13 균형추의 중량을 결정하는 계산식은? (단, 여기서 L은 정격하중, F는 오버밸런스율이다)

① 균형추의 중량 = 카 자체하중 × (L · F)
② 균형추의 중량 = 카 자체하중 + (L + F)
③ 균형추의 중량 = 카 자체하중 + (L − F)
④ 균형추의 중량 = 카 자체하중 + (L · F)

 오버밸런스율: 카와 균형추의 무게를 같게 하기 위해 균형추에 곱하여 주는 값.

14 승강기의 추락방지 안전장치에 대한 설명 중 옳지 않은 것은?

① 순간식과 슬랙로프 세이프티식이 있다.
② 플렉시블 가이드 클램프형과 플렉시블 웨지 클램프형이 있다.
③ 추락방지 안전장치 작동시 카 바닥 기울기는 5% 이하이어야 한다.
④ 유압식 엘리베이터의 경우는 추락방지 안전장치가 필요없다.

 간접식 유압 엘리베이터는 추락방지 안전장치가 필요하고, 직접식은 필요없다.

15 엘리베이터의 구조 중 사람이나 화물을 싣는 카에 설치되어 있지 않은 것은?

① 카 천장   ② 문 개폐장치
③ 운전스위치   ④ 카 완충기

 완충기는 피트에 설치한다.

16 로프의 미끄러짐 현상을 줄이는 방법으로 틀린 것은?

① 권부각을 크게 한다.
② 가감속도를 완만하게 한다.
③ 균형체인이나 균형로프를 설치한다.
④ 카 자중을 가볍게 한다.

17 승강로 내에서 카를 상하로 주행 안내하고, 주행 중 카에 전달되는 진동을 감소시켜 주는 역할을 하는 것은?

① 가이드 슈   ② 완충기
③ 중간 스토퍼   ④ 가이드 레일

18 가이드 레일의 규격(호칭)에 해당되지 않는 것은?

① 8K   ② 13K   ③ 15K   ④ 18K

 가이드 레일: 보통 T형 레일을 사용하는데 공칭은 8K, 13K, 18K, 24K이나 대용량 엘리베이터에서는 37K, 50K 등도 사용된다.

19 엘리베이터용 권상기 브레이크에 대한 설명으로 옳은 것은?

① 전동기나 균형추 등의 관성은 제지할 필요가 없다.
② 관성에 의한 원동기의 회전을 제지할 수 있어야 한다.
③ 승객용 엘리베이터는 110%의 부하로 하강 중 감속·정지할 수 있어야 한다.
④ 화물용 엘리베이터는 130%의 부하로 하강 중 감속·정지할 수 있어야 한다.

 권상기 브레이크: 정격하중의 125%를 적재하고 정격속도로 하강시 $1g_n$ 이하로 안전하게 정지시켜야 한다.

20 유압식 엘리베이터의 유압 파워유니트 (Power Unit)의 구성 요소가 아닌 것은?

① 펌프   ② 유압실린더
③ 유량제어밸브 ④ 체크밸브

정답 14 ④ 15 ④ 16 ④ 17 ① 18 ③ 19 ② 20 ②

유압 파워유니트(power unit) : 펌프, 전동기, 밸브, 탱크 등으로 구성되어 있는 유압동력 전달장치이며, 파워유니트 주위에 기름 방벽을 설치하든지 기계실 문턱을 높게 하여 유니트 파열시 기름이 외부로 누출되지 않도록 해야 한다.

21 비상용 엘리베이터는 정전시 몇 초 이내에 엘리베이터 운행에 필요한 전력용량이 자동적으로 발생되어야 하는가?

① 60   ② 90   ③ 120   ④ 150

 비상전원장치 : 정전시 60초 이내에 엘리베이터 운행에 필요한 전력량을 발생시키고, 2시간 이상 운행시킬 수 있어야 한다.

22 엘리베이터의 파킹스위치를 설치해야 하는 곳은?

① 오피스 빌딩   ② 공동주택
③ 숙박시설   ④ 의료시설

 파킹스위치는 엘리베이터를 기준층에 대기하게 하는 기능의 스위치이다. 오피스 빌딩같은 경우에 사용된다.

23 다음 중 회전운동을 하는 유희시설이 아닌 것은?

① 해적선   ② 로터
③ 비행탑   ④ 워터슈트

 고가의 유희시설:
① 모노레일   ② 어린이 기차
③ 매트마우스   ④ 워터슈트
⑤ 코스터

24 승객용 엘리베이터의 시브가 편마모 되었을 때 그 원인을 제거하기 위해 어떤 것을 보수, 조정하여야 하는가?

① 완충기   ② 과속조절기
③ 균형체인   ④ 로프의 장력

 로프의 장력이 일정하지 않으면 시브가 편마모된다.

25 승강기의 제어반에서 점검할 수 없는 것은?

① 전동기 회로의 절연상태
② 주접촉자의 접촉상태
③ 결선단자의 조임상태
④ 과속조절기 스위치 작동상태

 과속조절기는 제어반에 설치되지 않는다.

26 에스컬레이터 구동 전동기의 용량을 결정하는 요소로 거리가 가장 먼 것은?

① 속도   ② 경사각도
③ 적재하중   ④ 디딤판의 높이

$$P = \frac{G \times V \times \sin\alpha}{6120 \times g \times \eta} \times \beta \ [kW]$$

단, G : 적재하중[kg]
V : 정격속도[m/min]
α : 경사각도
g : 중력가속도[9.8m/s²]
η : 전체효율
β : 승객 승입율(0.85)

27 에스컬레이터 또는 무빙워크에 모두 설치해야 하는 것이 아닌 것은?

① 제동기
② 스커트가드 안전장치
③ 디딤판체인 안전장치
④ 구동체인 안전장치

 스커트 가드 안전장치(skirt guard safety device): 계단과 스커트 가드 사이에 이물질 및 어린이의 신발 등이 끼이면 그 압력에 의해 스위치가 동작, 에스컬레이터를 정지시키며 상하부 곡선부 좌우에 설치한다.

28 비상용 엘리베이터에 사용되는 권상기의 도르래 교체기준으로 부적합한 것은?

① 도르래에 균열이 발생한 경우
② 제조사가 권장하는 크리프량을 초과하지 않은 경우
③ 도르래 홈의 마모로 인해 슬립이 발생한 경우
④ 도르래 홈에 로프자국이 심한 경우

 제조사가 권장하는 크리프량(주 도르래와 로프의 어긋남)을 초과하지 않은 경우는 정상이다.

29 에스컬레이터의 손잡이에 관한 설명 중 틀린 것은?

① 손잡이는 디딤판과 속도가 일치해야 하며 역방향으로 승강하여야 한다.
② 정상운행 동안 손잡이가 손잡이 가이드로부터 이탈되지 않아야 한다.
③ 손잡이 인입구에 적절한 보호장치가 설치되어 있어야 한다.
④ 손잡이 인입구에 이물질 및 어린이의 손이 끼이지 않도록 안전스위치가 있어야 한다.

 손잡이는 디딤판과 속도가 일치(0~2%의 공차범위)되어야 하며 정방향으로 승강하여야 한다.

30 일종의 압력조정 밸브로 회로의 압력이 상용압력의 125% 이상 높아지게 되면 바이패스 회로를 여는 밸브는?

① 사일렌서   ② 스톱 밸브
③ 안전 밸브   ④ 체크 밸브

- 사일렌서(silencer): 작동유의 압력맥동을 흡수하여 진동과 소음을 저감시키기 위해 사용된다.
- 스톱 밸브(stop valve): 이 밸브는 유압장치의 보수, 점검, 수리시에 사용되며 게이트 밸브(gate valve)라고도 한다.
- 안전밸브(relief valve): 압력조절 밸브로서 압력이 과도하게 상승(125%에 셋팅)하는 것을 방지한다.
- 역저지 밸브(check valve): 한쪽 방향으로만 오일이 흐르게 하는 밸브로서, 어떤 원인에 의해 오일이 역류, 카가 자유낙하하는 것을 방지시킨다.

31 승강기 자체점검의 결과, 결함이 있는 경우 조치가 옳은 것은?

① 즉시 보수하고, 보수가 끝날 때까지 운행을 중지
② 주의 표지 부착 후 운행
③ 점검결과를 기록하고 운행
④ 제한적으로 운행하고 보수

32 급유가 필요하지 않은 곳은?

① 호이스트 로프(hoist rope)
② 과속조절기 로프(governor rope)

③ 가이드 레일(guide rail)
④ 웜 기어(worm gear)

33 중속 엘리베이터의 속도는 몇 m/min인가?

① 20~45　　② 45~65
③ 60~105　　④ 100~230

- 저속: 45m/min 이하
- 중속: 60~240m/min
- 고속: 240~360m/min
- 초고속: 360m/min 이상

34 유압식 엘리베이터의 특징으로 틀린 것은?

① 기계실을 승강로와 떨어져 설치할 수 있다.
② 플런저에 스토퍼가 설치되어 있기 때문에 오버헤드가 작다.
③ 적재량이 크고 승강행정이 짧은 경우에 유압식이 적당하다.
④ 소비전력이 비교적 작다.

유압식 엘리베이터는 균형추를 사용하지 않기 때문에 전동기의 소요 동력이 크다.

35 정격속도 60m/min를 초과하는 엘리베이터에 사용되는 추락방지 안전장치의 종류는?

① 점차 작동형　　② 즉시 작동형
③ 디스크 작동형　　④ 플라이볼 작동형

카의 추락방지 안전장치:
① 엘리베이터의 정격속도가 60m/min를 초과하는 경우 점차 작동형이어야 한다.

그러나 다음의 경우에는 그렇지 않다.
- 정격속도가 60m/min를 초과하지 않는 경우: 완충효과가 있는 즉시 작동형
- 정격속도가 37.8m/min를 초과하지 않는 경우: 즉시 작동형

② 카에 여러 개의 추락방지 안전장치가 설치된 경우에는 모두 점차 작동형이어야 한다.

36 평면의 디딤판을 동력으로 오르내리게 한 것으로, 경사도가 12° 이하로 설계된 것은?

① 에스컬레이터　　② 무빙워크
③ 경사형 리프트　　④ 덤웨이터

무빙워크는 경사도가 12° 이하이어야 한다.

37 승강기 관리주체의 의무사항이 아닌 것은?

① 승강기 완성검사를 받아야 한다.
② 자체점검을 받아야 한다.
③ 승강기의 안전에 관한 일상관리를 하여야 한다.
④ 승강기의 안전에 관한 보수를 하여야 한다.

승강기 관리주체: 승강기를 안전하게 유지 관리할 책임과 권한을 가진 자.

38 작업표준의 목적이 아닌 것은?

① 작업의 효율화　　② 위험요인의 제거
③ 손실요인의 제거　　④ 재해책임의 추궁

정답　33 ③　34 ④　35 ①　36 ②　37 ①　38 ④

39 전기기기의 외함 등이 절연이 나빠져서 전류가 누설되어도 감전사고의 위험이 적도록 하기 위하여 어떤 조치를 하여야 하는가?

① 접지를 한다.
② 도금을 한다.
③ 퓨즈를 설치한다.
④ 영상변류기를 설치한다.

40 감전 상태에 있는 사람을 구출할 때의 행위로 틀린 것은?

① 즉시 잡아당긴다.
② 전원 스위치를 내린다.
③ 절연물을 이용하여 떼어 낸다.
④ 변전실에 연락하여 전원을 끈다.

감전 상태에 있는 사람을 구출할 때에는 필요한 조치를 한 후 구해야 재해를 당하지 않는다.

41 도르래의 로프홈에 언더컷(Under Cut)을 하는 목적은?

① 로프의 중심 균형   ② 윤활 용이
③ 마찰계수 향상   ④ 도르래의 경량화

언더컷 홈은 U홈과 V홈의 중간적 특성을 갖는 홈형으로 가장 일반적으로 사용되고 있다. 언더컷 홈은 마찰계수가 크다.

42 전선의 길이를 고르게 2배로 늘리면 단면적은 1/2로 된다. 이때의 저항은 처음의 몇 배가 되는가?

① 4배   ② 3배   ③ 2배   ④ 1.5배

$R = \rho \dfrac{\ell}{A} (\Omega)$이므로

$R_0 = \rho \dfrac{2\ell}{\dfrac{A}{2}} = 4\rho \dfrac{\ell}{A} = 4R$

43 전기 화재의 원인으로 직접적인 관계가 되지 않는 것은?

① 저항   ② 누전   ③ 단락   ④ 과전류

44 전기식 엘리베이터의 가이드 레일 설치에서 패킹(보강재)이 설치된 경우는?

① 가이드 레일이 짧게 설치되어 보강할 경우
② 가이드 레일 양 폭의 너비를 조정 작업할 경우
③ 레일브래킷의 간격이 필요이상 한계를 초과하여 레일의 뒷면에 강재를 붙여서 보강하는 경우
④ 레일브래킷의 간격이 필요이상 한계를 초과하여 레일의 앞면에 강재를 붙여서 보강하는 경우

45 엘리베이터용 트랙션식 권상기의 특징이 아닌 것은?

① 소요동력이 작다.
② 균형추가 필요 없다.
③ 행정거리에 제한이 없다.
④ 권과를 일으키지 않는다.

트랙션(traction)식 즉 견인식 권상기는 균형추가 필요하다.

정답 39 ① 40 ① 41 ③ 42 ① 43 ① 44 ③ 45 ②

46 사용전압 380V의 전동기의 절연저항 값은?

① 0.5 MΩ 이상　② 1.0 MΩ 이상
③ 1.5 MΩ 이상　④ 2.0 MΩ 이상

전로의 절연저항값

공칭회로전압(V)	시험전압/직류(V)	절연저항값(MΩ)
SELV 및 PELV	250	≥ 0.5
≤ 500, FELV	500	≥ 1.0
> 500	1,000	≥ 1.0

· SELV: 안전 초저압(Safety Extra Low Voltage)
· PELV: 보호 초저압(Protective Extra Low Voltage)
· FELV: 기능 초저압(functional Extra Low Voltage)
※ 초저압: DC 120[V] 이하, AC 50[V] 이하

47 "엘리베이터 사고 속보"란 사고 발생 후 몇 시간 이내 인가?

① 7시간　② 9시간　③ 18시간　④ 24시간

48 한쌍의 기어를 맞물렸을 때 치면 사이에 생기는 틈새를 무엇이라 하는가?

① 백래시　　② 이 사이
③ 이뿌리면　④ 지름피치

49 RLC 직렬회로에서 최대전류가 흐르게 되는 조건은?

① $wL^2 - \dfrac{1}{wC} = 0$　② $wL^2 + \dfrac{1}{wC} = 0$
③ $wL - \dfrac{1}{wC} = 0$　④ $wL + \dfrac{1}{wC} = 0$

RLC 직렬회로에서 공진 때에 가장 많은 전류가 흐른다.

$$Z = \sqrt{R^2 + (wL - \dfrac{1}{wc})^2} \, (\Omega) \text{에서}$$

$wL - \dfrac{1}{wC} = 0$일 때 이다.

즉 R만의 회로일 때 최대 전류가 흐른다.

50 기계실 바닥에 몇 m를 초과하는 단차가 있을 경우에는 보호난간이 있는 계단 또는 발판이 있어야 하는가?

① 0.3　② 0.4　③ 0.5　④ 0.6

51 다음 논리회로의 출력값 E는?

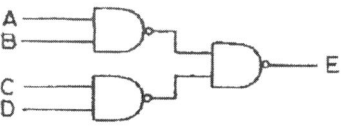

① $\overline{A \cdot B} + \overline{C \cdot D}$
② $A \cdot B + C \cdot D$
③ $A \cdot B \cdot C \cdot D$
④ $(A + B) \cdot (C + D)$

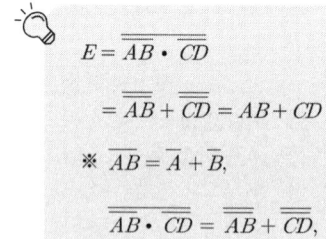

$E = \overline{\overline{AB} \cdot \overline{CD}}$
$ = \overline{\overline{AB}} + \overline{\overline{CD}} = AB + CD$
※ $\overline{AB} = \overline{A} + \overline{B}$,
$\overline{\overline{AB} \cdot \overline{CD}} = \overline{\overline{AB}} + \overline{\overline{CD}}$,
$\overline{\overline{AB}} + \overline{\overline{CD}} = AB + CD$

52 직류전동기에서 자속이 감소되면 회전수는 어떻게 되는가?

① 정지　② 감소　③ 불변　④ 상승

$N = K\dfrac{V - I_a R_a}{\phi}$ (rpm) 이므로

ϕ가 감소하면 N은 상승한다.

53 포아송 비에 해당하는 식은?

① $\dfrac{\text{가로변형률}}{\text{세로 변형률}}$ ② $\dfrac{\text{세로변형률}}{\text{가로변형률}}$

③ $\dfrac{\text{가로변형률}}{\text{부피 변형률}}$ ④ $\dfrac{\text{세로변형률}}{\text{부피변형률}}$

포아송비: 재료가 인장력의 작용에 따라, 그 방향으로 늘어날 때 가로방향 변형도와 세로방향 변형도 사이의 비율

54 60μA는 몇 mA에 해당하는가?

① 0.06 ② 0.6 ③ 6 ④ 60

$60\mu A = 0.06 mA$

※ $1A = 10^3 mA = 10^6 \mu A$

55 트랜지스터, IC 등의 반도체를 사용한 논리소자를 스위치로 이용하여 제어하는 방식은?

① 전자개폐기제어 ② 유접점제어
③ 무접점제어 ④ 과전류계전기제어

56 경보를 통일시켜 정하지 않아도 되는 것은?

① 발파작업 ② 화재발생
③ 토석의 붕괴 ④ 누전감지

57 절연저항을 측정하는 계기는?

① 훅온미터 ② 휘트스톤브리지
③ 회로시험기 ④ 메거

- 훅온미터: 전류측정
- 휘트스톤브리지: 정확한 저항측정
- 회로시험기: 저항, 전압, 전류를 측정
- 메거: 절연저항 측정

58 안전사고의 원인이 되는 것과 관계없는 것은?

① 콘덴서의 방전코일이 없는 상태
② 전기기계기구나 공구의 절연파괴
③ 기계기구의 빈번한 기동 및 정지
④ 정전작업시 접지가 없어 유도전압의 발생

59 안전을 위한 작업의 중지조건이 될 수 없는 것은?

① 안개가 짙게 끼었을 때
② 퇴근시간이 되었을 때
③ 우천, 강풍 등이 생겼을 때
④ 작업원의 신체에 장애가 생겼을 때

60 전환 스위치가 있는 접지저항계를 이용한 접지저항 측정 방법으로 틀린 것은?

① 전환 스위치를 이용하여 절연저항과 접지저항을 비교한다.
② 전환 스위치를 이용하여 E, P 간의 전압을 측정한다.
③ 전환 스위치를 저항값에 두고 검류계의 밸런스를 잡는다.
④ 전환 스위치를 이용하여 내장 전지의 양부(+, -)를 확인한다.

절연저항과 접지저항을 비교하는 것은 옳지 않다.

정답 53 ① 54 ① 55 ③ 56 ④ 57 ④ 58 ③ 59 ② 60 ①

2018. 4. 1 CBT 복원문제

01 엘리베이터 기계실의 실온은 원칙적으로 얼마 이하로 유지하여야 하는가?

① 20℃ ② 30℃ ③ 40℃ ④ 50℃

 기계실의 실온은 5℃ 이상 40℃ 이하이어야 한다.

02 언더컷(under cut) 홈 시브에 대한 설명으로 틀린 것은?

① 로프와 시브의 마찰계수를 높이기 위한 것이다.
② 로프 마모율이 비교적 심하지 않다.
③ 주로 싱글 랩핑(1:1로핑)에 사용된다.
④ 홈의 형상은 시브 홈의 밑을 도려낸 것이다.

 언더컷 홈은 로프와 시브와 마찰계수를 높이기 위한 것인데, 홈의 형상은 시브 홈의 밑을 도려낸 것으로서, 로프의 마모율은 비교적 심하다.

03 무빙워크의 경사도는 몇 도 이하이어야 하는가?

① 8도 ② 10도 ③ 12도 ④ 15도

 무빙워크의 경사도는 12도 이하로 하여야 한다.

04 과부하 감지장치의 작동에 따른 연계 작동에 포함되지 않는 것은?

① 카가 움직이지 않는다.
② 경보음이 울린다.
③ 통화장치가 작동된다.
④ 문이 닫히지 않는다.

 과부하 감지장치와 통화장치는 연계가 이루어지지 않는다.

05 승용 엘리베이터의 경우 카 문턱과 승강로 벽사이의 틈은 몇 mm 이하로 하는가?

① 80 ② 105 ③ 125 ④ 150

06 로프식 엘리베이터의 기계실에 대한 설명 중 옳지 않은 것은?

① 기계실은 일반적으로 승강로의 바로 위에 설치된다.
② 기계실에는 소요설비 이외의 것이 있어서는 안 된다.
③ 기계실의 조명은 100lx 이상으로 한다.
④ 조명 및 환기시설이 갖추어 있고 실온 40℃ 이하를 유지해야 한다.

 기계실의 조명은 200lx 이상이어야 한다.

07 로프식 엘리베이터의 추락방지 안전장치 종류가 아닌 것은?

① FGC형
② FWC형
③ 세미실형
④ 순간정지식형

정답 1 ③ 2 ② 3 ③ 4 ① 5 ③ 6 ③ 7 ③

추락방지 안전장치의 종류
① 점진식
- F·G·C형: 레일을 죄는 힘이 동작에서 정지까지 일정하다.
- F·W·C형: 레일을 죄는 힘이 동작 초기에는 약하나, 점점 강해진 후 일정하다.
② 순간정지식
- 슬랙로프 세이프티(slake rope safety): 로프에 걸리는 장력이 없어져 휘어짐이 생겼을 때 작동한다.

08 가변전압 가변주파수(VVVF)제어에 대한 설명으로 틀린 것은?

① 교류 엘리베이터 속도제어의 방법이다.
② 전동기는 교류 유도 전동기를 사용한다.
③ 인버터 제어이다.
④ 직류 엘리베이터 속도제어의 방법이다.

V.V.V.F.(Variable Voltage Variable Frequency, 가변전압 가변주파수) 제어
① 유도 전동기에 인가되는 전압과 주파수를 동시에 변환시켜 직류 전동기와 동등한 제어 성능을 갖는다.
② 소비전력이 절감된다.
③ 전원 설비 용량이 줄어든다.
④ 승차감이 교류2단 속도에 비해 개선된다.
⑤ 적용 엘리베이터의 속도는 고속범위까지 가능하다.

09 균형추의 중량을 결정하는 계산식은? (단, 여기서 L은 정격하중, F는 오버밸런스율이다)

① 균형추의 중량 = 카 자체하중×(L·F)
② 균형추의 중량 = 카 자체하중 + (L + F)
③ 균형추의 중량 = 카 자체하중 + (L − F)
④ 균형추의 중량 = 카 자체하중 + (L·F)

10 에너지 분산형 완충기는 정격속도 얼마(m/min)인 경우 사용되는가?

① 30 ② 45 ③ 50 ④ 모든 속도

에너지 축적형 완충기는 60m/min 이하, 에너지 분산형 완충기는 모든 속도에 사용된다.

11 과부하 감지장치(Overload Switch)의 작동범위로 맞는 것은?

① 정격하중의 95~100%
② 정격하중의 100~105%
③ 정격하중의 105~110%
④ 정격하중의 110~115%

12 추락방지 안전장치 작동시 카 바닥의 기울기는 정상 위치에서 몇 %를 초과하지 않아야 하는가?

① 5 ② 10 ③ 15 ④ 20

13 승객용 엘리베이터의 제동기는 승차감을 저해하지 않고 로프 슬립을 일으킬 수 있는 위험을 방지하기 위하여 감속도를 어느 정도로 하고 있는가?

① 0.1G ② 0.2G ③ 0.3G ④ 0.4G

14 엘리베이터용 유압회로에서 실린더와 유량 제어밸브 사이에 들어갈 수 없는 것은?

① 스트레이너 ② 스톱밸브
③ 사일렌서 ④ 라인필터

스트레이너는 직선적인 작동유 통로내의 철분, 모래 등의 이물질을 제거하는 장치인데, 펌프의 흡입측에 설치한다.

15 급유가 필요하지 않은 곳은?

① 호이스트 로프(hoist rope)
② 과속조절기 로프(governor rope)
③ 가이드 레일(guide rail)
④ 웜 기어(worm gear)

16 T형 레일의 13K 레일 높이는 몇 mm 인가?

① 35   ② 40   ③ 56   ④ 62

T형 레일의 높이
· 8K : 56mm(폭은 78mm)
· 13K : 62mm(폭은 89mm)
· 18K : 89mm(폭은 114mm)
· 24K : 89mm(폭은 127mm)
· 30K : 108mm(폭은 140mm)

17 매다는 장치 엘리베이터 도르래 직경은 매다는 장치 직경의 몇 배 이상이어야 하는가?

① 25   ② 30   ③ 35   ④ 40

18 기계식 주차장치에 있어서 자동차 중량의 전륜 및 후륜에 대한 배분비는?

① 6:4   ② 5:5   ③ 7:3   ④ 4:6

19 카 및 승강장 문의 유효 출입구의 높이(m)는 얼마 이상이어야 하는가?

① 1.8   ② 1.9   ③ 2.0   ④ 2.1

20 펌프의 출력에 대한 설명으로 옳은 것은?

① 압력과 토출량에 비례한다.
② 압력과 토출량에 반비례한다.
③ 압력에 비례하고, 토출량에 반비례한다.
④ 압력에 반비례하고, 토출량에 비례한다.

펌프의 출력은 유압과 토출량에 비례한다.

21 승강기용 제어반에 사용되는 릴레이의 교체기준으로 부적합한 것은?

① 릴레이 접점표면에 부식이 심한 경우
② 릴레이 접점이 마모, 전이 및 열화된 경우
③ 채터링이 발생한 경우
④ 리미트 스위치 레버가 심하게 손상된 경우

릴레이의 교체기준
· 접점표면에 부식이 심한 경우
· 접점이 마모, 전이 및 열화된 경우
· 채터링(릴레이 접점이 닫힐 때 한 번에 닫히지 않고 여러 번 단속(斷續)을 반복하는 것)이 발생한 경우

22 전기식 엘리베이터에서 매다는 장치가 3본인 경우 안전율은?

① 8 이상   ② 9 이상   ③ 11 이상   ④ 12 이상

· 매다는 장치 안전율: 2본은 16 이상, 3본 이상은 12 이상
· 과속조절기 로프 안전율: 8 이상

23 전기식 엘리베이터 자체점검 중 카 위에서 하는 점검항목 장치가 아닌 것은?

① 비상구출구
② 도어잠금 및 잠금해제 장치
③ 카 위 안전스위치
④ 문닫힘 안전장치

정답 15 ② 16 ④ 17 ④ 18 ① 19 ③ 20 ① 21 ④ 22 ④ 23 ④

문닫힘 안전장치는 카 내부에서의 점검 사항이다.

24 로프 이탈 방지 장치를 설치하는 목적으로 부적절한 것은?

① 급제동시 진동에 의해 매다는 장치가 벗겨질 우려가 있는 경우
② 지진의 진동에 의해 매다는 장치가 벗겨질 우려가 있는 경우
③ 기타의 진동에 의해 매다는 장치가 벗겨질 우려가 있는 경우
④ 매다는 장치의 파단으로 이탈할 경우

25 에스컬레이터의 손잡이(Hand Rail)의 속도는 어떻게 하고 있는가?

① 30m/min 이하로 하고 있다.
② 45m/min 이하로 하고 있다.
③ 디딤판 속도의 2/3 정도로 하고 있다.
④ 디딤판 속도와 같게 하고 있다.

 손잡이와 디딤판(속도차가 0~2% 이하)의 속도가 같도록 한다.

26 도르래의 로프홈에 언더컷(Under Cut)을 하는 목적은?

① 로프의 중심 균형
② 윤활 용이
③ 마찰계수 향상
④ 도르래의 경량화

 언더컷 홈은 U홈과 V홈의 중간적 특성을 갖는 홈형으로 가장 일반적으로 사용되고 있다. 언더컷 홈은 마찰계수가 크다.

27 비상용 엘리베이터의 운행속도는 몇 m/min 이상으로 하여야 하는가?

① 30 ② 45 ③ 60 ④ 90

 비상용 엘리베이터는 높이 31m를 초과하는 건축물에 설치하여야 하며, 속도는 60m/min 이상이어야 한다.

28 에스컬레이터의 디딤판 폭이 1m이고 공칭속도가 0.5m/s인 경우 수송능력(명/h)은?

① 5000 ② 5500 ③ 6000 ④ 6500

디딤판 폭	공칭속도(m/s)		
	0.5	0.65	0.75
0.6m	3,600 명/h	4,400 명/h	4,900 명/h
0.8m	4,800 명/h	5,900 명/h	6,600 명/h
1m	6,000 명/h	7,300 명/h	8,200 명/h

29 유압식 엘리베이터의 카 문턱에는 승강장 유효 출입구 전폭에 걸쳐 에이프런이 설치되어야 한다. 수직면의 아랫부분은 수평면에 대해 몇 도 이상으로 아랫방향을 향하여 구부러져야 하는가?

① 15° ② 30° ③ 45° ④ 60°

30 도어에 사람의 끼임을 방지하는 장치가 아닌 것은?

① 광전 장치   ② 세이프티 슈
③ 초음파 장치 ④ 도어 인터록

 • 광전 장치 : 투광(投光)기와 수광(受光)기로 구성되며, 도어의 양단에 설치해 광선(beam)이 차단될 때 도어의 닫힘은

정답 24 ④ 25 ④ 26 ③ 27 ③ 28 ③ 29 ④ 30 ④

중단되고 열린다. 라이트 레이(light ray)라고도 한다.
- 세이프티 슈: 문의 선단에 이물질 검출장치를 설치하여 사람이나 물질이 접촉되면 도어의 닫힘은 중단되고 열린다.
- 초음파 장치: 초음파로 승장쪽에 접근하는 사람이나 물건을 검출해, (유모차, 휠체어 등) 도어의 닫힘을 중단시키고 열리게 한다.
- 도어 인터록: 도어록과 도어 스위치로 구성되는데, 도어 인터록 장치에서 중요한 것은 도어록 장치가 확실히 걸린 후 도어 스위치가 들어가고, 도어 스위치가 끊어진 후에 도어록이 열리는 구조로 하는 것이다.

31 기계실 바닥에 몇 m를 초과하는 단차가 있을 경우에는 보호난간이 있는 계단 또는 발판이 있어야 하는가?

① 0.3 ② 0.4 ③ 0.5 ④ 0.6

32 다음 장치 중에서 작동되어도 카의 운행에 관계없는 것은?

① 통화장치
② 과속조절기 캣치
③ 승강장 도어의 열림
④ 과부하 감지 스위치

33 유압 엘리베이터 작동유의 적정 온도 범위는?

① 30℃ 이상 70℃ 이하
② 30℃ 이상 80℃ 이하
③ 5℃ 이상 90℃ 이하
④ 5℃ 이상 60℃ 이하

34 승강기의 캣치가 작동되었을 때 로프의 인장력에 대한 설명으로 적합한 것은?

① 300N 이상과 추락방지 안전장치를 거는 데 필요한 힘의 1.5배를 비교하여 큰 값 이상
② 300N 이상과 추락방지 안전장치를 거는 데 필요한 힘의 2배를 비교하여 큰 값 이상
③ 400N 이상과 추락방지 안전장치를 거는 데 필요한 힘의 1.5배를 비교하여 큰 값 이상
④ 400N 이상과 추락방지 안전장치를 거는 데 필요한 힘의 2배를 비교하여 큰 값 이상

35 회전운동을 하는 유희시설이 아닌 것은?

① 관람차 ② 비행탑
③ 회전목마 ④ 모노레일

회전운동을 하는 유희시설: 관람차, 비행탑, 회전목마, 회전그네, 문로케트, 로터, 옥토퍼스, 해적선

36 엘리베이터의 정격속도 계산 시 무관한 항목은?

① 감속비 ② 편향도르래
③ 전동기 회전수 ④ 권상도르래 직경

속도 $V = \dfrac{\pi \cdot D \cdot N}{1000} \cdot i$ (m/min)
단, D: 권상기 도르래의 지름(mm)
N: 전동기의 회전수(rpm)
i: 감속기의 감속비

37 엘리베이터의 로프 거는 방법에서 1:1에 비하여 3:1, 4:1 또는 6:1로 하였을 때 나타나는 현상으로 옳지 않은 것은?

① 로프의 수명이 짧아진다.
② 로프의 길이가 길어진다.
③ 속도가 빨라진다.
④ 종합적인 효율이 저하된다.

정답 31 ③ 32 ① 33 ④ 34 ② 35 ④ 36 ② 37 ③

속도비가 크면 클수록 속도는 늦어진다.

38 엘리베이터가 정격속도를 현저히 초과할 때 모터에 가해지는 전원을 차단하여 카를 정지시키는 장치는?

① 권상기 브레이크
② 가이드 레일(guide rail)
③ 권상기 드라이버
④ 과속조절기(governor)

 과속조절기는 카와 같은 속도로 움직이는 과속조절기 로프로 회전되고, 항상 카의 속도를 검출하는데, 과속도가 되면 전원을 차단하고 카를 정지시킨다.

39 승강기의 제어반에서 점검할 수 없는 것은?

① 전동기 회로의 절연상태
② 주접촉자의 접촉상태
③ 결선단자의 조임상태
④ 과속조절기 작동상태

 과속조절기는 제어반에 설치되지 않고 기계실에 설치된다.

40 승객용 엘리베이터의 시브가 편마모 되었을 때 그 원인을 제거하기 위해 어떤 것을 보수, 조정하여야 하는가?

① 완충기
② 과속조절기
③ 균형체인
④ 로프의 장력

 로프의 장력이 일정하지 않으면 시브가 편마모된다.

41 절연저항을 측정하는 계기는?

① 훅온미터
② 휘트스톤브리지
③ 회로시험기
④ 메거

- 훅온미터: 전류측정
- 휘트스톤브리지: 정확한 저항측정
- 회로시험기: 저항, 전압, 전류를 측정
- 메거: 절연저항 측정

42 RLC 직렬회로에서 직렬 공진시 최대가 되는 것은?

① 전압 ② 전류 ③ 저항 ④ 주파수

 RLC 직렬회로:
$Z = \sqrt{R^2 + \left(wL - \dfrac{1}{wC}\right)^2}\ (\Omega)$ 에서
공진조건은 $wL = \dfrac{1}{\omega C}$ 이다.

그러므로 공진시 $Z = R$ 이 되며, 이때 저항은 최소가 되고, 전류는 최대로 흐른다.

43 직류기에서 워드 레오나드 방식의 목적은?

① 계자자속을 조정하기 위하여
② 속도제어를 하기 위하여
③ 병렬운전을 하기 위하여
④ 정류를 좋게 하기 위하여

 워드 레오나드(ward leonard) 방식
직류 발전기의 출력단을 직접 직류 전동기 전기자에 연결시키고, 발전기의 계자 전류를 조정하여 발전전압을 엘리베이터 속도에 대응하여 연속적으로 공급시키는 방식이다. 유지보수가 어려우나, 교류 2단 속도에 비하여 승차감이 좋고 착상시간도 짧다.

44 최대눈금이 200[V], 내부저항이 20000[Ω]인 직류 전압계가 있다. 이 전압계로 최대 600[V]까지 측정하려면 외부에 직렬로 접속할 저항은 몇 [kΩ]인가?

① 20   ② 40   ③ 60   ④ 80

$V_0 = V\left(1 + \dfrac{R_m}{r_a}\right)$ 에서

$600 = 200\left(1 + \dfrac{R_m}{20000}\right)$

$R_m = 40\text{k}\Omega$

45 회전운동을 직선운동으로 바꾸어 주는 기구는?

① 폴리   ② 캠   ③ 체인   ④ 기어

캠은 회전운동을 직선운동, 왕복운동, 진동으로 변환하는 기구이다.

46 3상 농형 유도전동기 기동시 공급전압을 낮추어 기동하는 방식이 아닌 것은?

① 전전압 기동법   ② Y-Δ 기동법
③ 리액터 기동법   ④ 기동 보상기 기동법

47 전력량 1[kWh]는 몇 줄(Joule)인가?

① 3.6×10^4 [J]   ② 3.6×10^5 [J]
③ 3.6×10^6 [J]   ④ 3.6×10^7 [J]

1kWh = 1000×3600 = 3.6×10^6 [J]
※ J = w · sec

48 엘리베이터용 모터에 부착되어 있는 로터리 엔코더의 역할은?

① 모터의 소음 측정
② 모터의 진동 측정
③ 모터의 토크 측정
④ 모터의 속도 측정

로터리 엔코더: 회전 각도나 동작을 전기신호로 변환하는 전기기계 장치.

49 현장 내에 안전표지판을 부착하는 이유로 가장 적합한 것은?

① 작업방법을 표준화하기 위하여
② 작업환경을 표준화하기 위하여
③ 기계나 설비를 통제하기 위하여
④ 비능률적인 작업을 통제하기 위하여

50 감전이나 전기화상을 입을 위험이 있는 작업에 반드시 갖추어야 할 것은?

① 보호구   ② 구급용구
③ 위험신호장치   ④ 구명구

51 승강기 보수 작업시 승강기의 카와 건물의 벽 사이에 작업자가 끼인 재해의 발생 형태에 의한 분류는?

① 협착   ② 전도   ③ 방심   ④ 접촉

• 협착: 물건에 끼워진 또는 말려든 상태를 말한다.
• 전도: 사람이 바닥에 평면상으로 넘어지거나 경사면, 계단 등에서 구르거나 넘어진 것을 말한다.

정답 44 ② 45 ② 46 ① 47 ③ 48 ④ 49 ② 50 ① 51 ①

52 전기식 엘리베이터 자체점검 중 피트에서 하는 점검항목에서 과부하 감지장치에 대한 점검주기(회/월)는?

① 1/1   ② 1/3   ③ 1/4   ④ 1/6

53 물체에 하중을 작용시키면 물체 내부에 저항력이 생긴다. 이때 생긴 단위면적에 대한 내부 저항력을 무엇이라 하는가?

① 보   ② 하중   ③ 응력   ④ 안전율

54 100V를 인가하여 전기량 30C을 이동시키는 데 5초 걸렸다. 이때의 전력(kW)은?

① 0.3   ② 0.6   ③ 1.5   ④ 3

$I = \dfrac{Q}{t} = \dfrac{30}{5} = 6(A)$

$P = VI = 100 \times 6 = 600W = 0.6kW$

55 유도전동기의 동기속도가 n_s, 회전수가 n이라면 슬립(s)은?

① $\dfrac{n_s - n}{n} \times 100$ ② $\dfrac{n_s - n}{n_s} \times 100$

③ $\dfrac{n_s}{n_s - n} \times 100$ ④ $\dfrac{n_s}{n_s + n} \times 100$

56 다음 강도 중 상대적으로 값이 가장 작은 것은?

① 파괴강도   ② 극한강도
③ 항복응력   ④ 허용응력

• 파괴강도: 재료가 외력에 의해 파괴될 때의 최대강도

• 극한강도: 부재나 구조물의 파괴 직전의 최대내력
• 항복응력: 재료의 응력이 한도를 넘어서 가해질시, 재료의 변형 일부는 원상으로 되돌아오지 않고 영원히 남게 되는데 이와 같이 소성변형을 일으키게 하는 응력
• 허용응력: 구성품이 파괴되지 않고 계속적으로 기능을 발휘하면서 허용되는 응력의 한계

57 권수 N의 코일에 I(A)의 전류가 흘러 권선 1회의 코일에서 자속 ϕ(Wb)가 생겼다면 자기인덕턴스(L)는 몇 H인가?

① $L = \dfrac{\phi I}{N}$ ② $L = IN\phi$

③ $L = \dfrac{N\phi}{I}$ ④ $L = \dfrac{IN}{\phi}$

$L = \dfrac{N\phi}{I}(H)$

58 그림과 같은 활차장치가 옳은 설명은? (단, 그 활차의 직경은 같다.)

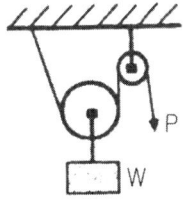

① 힘의 크기는 W=P이고, W의 속도는 P속도의 ½이다.
② 힘의 크기는 W=P이고, W의 속도는 P속도의 ¼이다.
③ 힘의 크기는 W=2P이고, W의 속도는 P속도의 ½이다.
④ 힘의 크기는 W=2P이고, W의 속도는 P속도의 ¼이다.

정답 52 ① 53 ③ 54 ② 55 ② 56 ④ 57 ③ 58 ③

59 전환 스위치가 있는 접지저항계를 이용한 접지저항 측정 방법으로 틀린 것은?

① 전환 스위치를 이용하여 절연저항과 접지저항을 비교한다.
② 전환 스위치를 이용하여 E, P 간의 전압을 측정한다.
③ 전환 스위치를 저항값에 두고 검류계의 밸런스를 잡는다.
④ 전환 스위치를 이용하여 내장 전지의 양부(+, -)를 확인한다.

절연저항과 접지저항을 비교하는 것은 옳지 않다.

60 로프 소선의 파단강도에 따라 구분되는 로프중에서 파단강도가 높기 때문에 초고층용 엘리베이터나 로프 가닥수를 작게 하고자 하는 경우에 쓰이는 것은?

① A종   ② B종   ③ E종   ④ G종

- A종: 파단강도가 높기 때문에 초고층용 엘리베이터나 로프의 본수를 적게 하고자 할 때 사용한다.
- B종: 거의 사용하지 않는다.
- E종: 엘리베이터용으로 사용된다.
- G종: 녹이 잘 나지 않아 습기가 많은 장소에 사용된다.

정답 59 ① 60 ①

2018. 9. 9 CBT 복원문제

01 기 바닥 앞부분과 승강로 벽과의 수평거리는 일반적으로 몇 [mm] 이하이어야 하는가?

① 120[mm] ② 125[mm]
③ 130[mm] ④ 150[mm]

02 추락방지 안전 작동시 카 바닥의 기울기는 정상 위치에서 몇 %를 초과하지 않아야 하는가?

① 5 ② 10 ③ 15 ④ 20

03 디딤판 체인 안전장치에 대한 설명으로 알맞은 것은?

① 스커트 가드 판과 디딤판 사이에 이물질의 끼임을 감지하는 장치이다.
② 디딤판 체인의 늘어남 또는 파단을 감지하는 장치이다.
③ 디딤판과 레일 사이에 이물질의 끼임을 감지하는 장치이다.
④ 상부 기계실내 작업시에 전원이 투입되지 않도록 하는 장치이다.

04 승강장 출입구 바닥 앞부분과 카 바닥 앞부분과의 틈의 너비는 몇 [cm] 이하로 규정하고 하는가?

① 1[cm] ② 3.5[cm]
③ 5[cm] ④ 7[cm]

05 다음 중 과속조설기 종류에 해당되지 않는 것은?

① 플라이 볼형 과속조절기
② 롤 세이프티형 과속조절기
③ 웨지형 과속조절기
④ 디스크형 과속조절기

> 과속조절기의 종류:
> ① 플라이 볼형   ② 롤 세이프티형
> ③ 디스크형

06 고장 및 정전시 카내의 승객을 구출하기 위한 비상 천장 구출구에 대한 설명으로 옳지 않은 것은?

① 카 안에서는 열 수 없도록 잠금장치를 하여야 한다.
② 카 위에서는 공구 등을 사용하지 않고 간단한 조작에 의해 용이하게 열 수 있어야 한다.
③ 승객의 구조활동에 장애가 없도록 충분한 공간이 확보되는 위치에 설치한다.
④ 구출구의 크기는 최소 폭 0.3m, 면적 $0.1m^2$ 이상이어야 한다.

> 구출구의 크기는 0.35×0.5m 이상 되어야 한다.

07 카 또는 균형추의 상, 하, 좌, 우에 부착되어 레일을 따라 움직이고 카 또는 균형추를 지지해주는 역할을 하는 것은?

정답 1 ④ 2 ① 3 ② 4 ② 5 ③ 6 ④ 7 ④

① 완충기   ② 중간 스토퍼
③ 가이드 레일   ④ 가이드 슈

08 로프식 엘리베이터에서 매다는 장치 끝 부분은 몇 가닥 마다 로프소켓에 바빗트 채움을 하거나 체결식 로프소켓을 사용하여 고정하여야 하는가?

① 1가닥   ② 2가닥   ③ 3가닥   ④ 5가닥

09 로프식 승강기로 짝지어진 것은?

① 직접식과 간접식   ② 견인식과 권동식
③ 견인식과 직접식   ④ 권동식과 간접식

10 유압 엘리베이터 작동유의 적정 온도 범위는?

① 30℃ 이상 70℃ 이하
② 30℃ 이상 80℃ 이하
③ 5℃ 이상 90℃ 이하
④ 5℃ 이상 60℃ 이하

11 레일의 규격은 어떻게 표시하는가?

① 1m당 중량
② 1m당 레일이 견디는 하중
③ 레일의 높이
④ 레일 1개의 길이

 레일의 표준길이는 5m이며 규격은 1m당 중량으로 한다.

12 피트에 설치되지 않은 것은?

① 인장 도르래   ② 과속조절기
③ 완충기   ④ 균형추

13 무빙워크의 공칭속도[m/s]는 얼마 이하로 하는가?

① 0.55   ② 0.65   ③ 0.75   ④ 0.95

 무빙워크의 경사도는 12° 이하이어야 하며, 공칭속도는 45m/min(0.75m/s) 이하이어야 한다.

14 승객용 엘리베이터의 적재하중 및 최대정원을 계산할 때 1인당 하중의 기준은 몇 kg인가?

① 63   ② 65   ③ 67   ④ 75

15 평면의 디딤판을 동력으로 오르내리게 한 것으로, 경사도가 12° 이하로 설계된 것은?

① 에스컬레이터   ② 무빙워크
③ 경사형 리프트   ④ 덤웨이터

 무빙워크는 경사도가 12° 이하이어야 한다.

16 레일의 규격호칭은 소재 1m 길이당 중량을 라운드 번호로 하여 레일에 붙여 쓰고 있다. 일반적으로 쓰이고 있는 T형 레일의 공칭이 아닌 것은?

① 8K 레일   ② 13K 레일
③ 16K 레일   ④ 24K 레일

① 레일 호칭은 마무리 가공전 소재의 1m당 중량으로 한다.
② 보통 T형 레일을 사용하는데 공칭은 8K, 13K, 18K, 24K이나 대용량 엘리베이터에서는 37K, 50K 등도 사용된다.
③ 레일의 표준길이는 5m이다.

정답 8 ① 9 ② 10 ④ 11 ① 12 ④ 13 ③ 14 ④ 15 ② 16 ③

17 교류 엘리베이터의 제어 방식이 아닌 것은?

① 교류일단 속도제어방식
② 교류귀환 전압제어방식
③ 워드레오나드방식
④ VVVF 제어방식

① 교류 엘리베이터 제어방식
· 교류 1단 속도제어
· 교류 2단 속도제어
· 교류 귀환제어
· VVVF 제어
② 직류 엘리베이터 제어방식
· 워드 레오나드 제어
· 정지 레오나드 제어

18 카 추락방지 안전장치의 작동을 위한 과속조절기는 정격속도의 얼마 이상시 작동하는가?

① 105   ② 110   ③ 115   ④ 120

카 추락방지 안전장치의 작동을 위한 과속조절기는 정격속도의 115% 이상시 작동한다.

19 엘리베이터용 트랙션식 권상기의 특징이 아닌 것은?

① 소요동력이 작다.
② 균형추가 필요 없다.
③ 행정거리에 제한이 없다.
④ 권과를 일으키지 않는다.

트랙션(traction)식 즉 견인식 권상기는 균형추가 필요하다.

20 디딤판 폭 0.8m, 공칭 속도 0.75m/s인 에스컬레이터로 수송할 수 있는 최대 인원의 수는 시간 당 몇 명인가?

① 3600   ② 4800   ③ 6000   ④ 6600

최대 수용력은 다음표와 같다.

디딤판 폭 (m)	공칭속도V(m/s)		
	0.5	0.65	0.75
0.6m	3,600 명/h	4,400 명/h	4,900 명/h
0.8m	4,800 명/h	5,900 명/h	6,600 명/h
1m	6,000 명/h	7,300 명/h	8,200 명/h

21 트랙션 권상기의 설명 중 옳지 않은 것은?

① 기어식과 무기어식 권상기가 있다.
② 행정거리의 제한이 없다.
③ 소요동력이 크다.
④ 지나치게 감기는 현상이 일어나지 않는다.

트랙션 권상기는 소요동력이 작다. 반대로 권동식은 소요동력이 크다.

22 에스컬레이터의 안전율에 대한 기준으로 옳은 것은?

① 트러스와 빔에 대해서는 5 이상
② 트러스와 빔에 대해서는 10 이상
③ 체인류에 대해서는 6 이상
④ 체인류에 대해서는 8 이상

· 트러스와 빔: 5 이상
· 체인류: 10 이상
· 모든 구성부품: 5 이상

23 엘리베이터용 유압회로에서 실린더와 유량 제어밸브 사이에 들어갈 수 없는 것은?

① 스트레이너　② 스톱밸브
③ 사일렌서　　④ 라인필터

 스트레이너는 직선적인 작동유 통로내의 철분, 모래 등의 이물질을 제거하는 장치인데, 펌프의 흡입측에 설치한다.

24 승강기가 어떤 원인으로 피트에 떨어졌을 때 충격을 완화하기 위하여 설치하는 것은?

① 과속조절기　② 추락방지 안전장치
③ 완충기　　　④ 제동기

25 과속조절기를 설명한 것으로 옳은 것은?

① 일단 작동하면 자동으로 복귀하지 않는다.
② 작동 후 속도가 정상으로 복귀하면 스위치도 복귀한다.
③ 일단 작동하면 교체하여야 한다.
④ 자동복귀 되어도 작동하지 않는다.

 과속조절기는 수동으로 복귀시킨다.

26 에너지 분산형 완충기가 완전히 압축된 상태에서 완전히 복귀할 때까지 플런저의 복귀시간은 몇 초 이내이어야 하는가?

① 30　② 60　③ 90　④ 120

27 전기식 엘리베이터 기계실의 구조에서 구동기의 회전부품 위로 몇 m 이상의 유효 수직거리가 있어야 하는가?

① 0.2　② 0.3　③ 0.4　④ 0.5

28 균형추의 중량을 결정하는 계산식은? (단, 여기서 L은 정격 하중, F는 오버밸런스율이다.)

① 균형추의 중량 = 카 자체하중 + (L×F)
② 균형추의 중량 = 카 자체하중 × (L×F)
③ 균형추의 중량 = 카 자체하중 + (L + F)
④ 균형추의 중량 = 카 자체하중 + (L − F)

 균형추의 중량 = 카 자체하중 + L·F

29 에스컬레이터(무빙워크 포함)의 추락방지 안전스위치에 관한 설명으로 틀린 것은?

① 색상은 적색으로 하여야 한다.
② 상하 승강장의 잘 보이는 곳에 설치한다.
③ 버튼 또는 버튼 부근에는 "정지" 표시를 하여야 한다.
④ 장난 등에 의한 오조작 방지를 위하여 잠금장치를 설치하여야 한다.

 추락방지 안전스위치는 비상시에 에스컬레이터를 정지시키기 위한 것이므로 잠금장치를 해놓아서는 안 된다.

30 와이어 로프의 구성요소가 아닌 것은?

① 소선　② 심강　③ 킹크　④ 스트랜드

 와이어로프의 구성 :

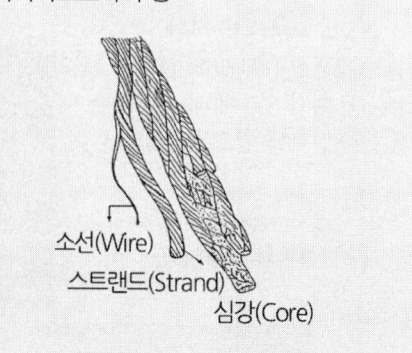

31 트랙션 머신 시브를 중심으로 카 반대편의 로프에 매달리게 하여 카 중량에 대한 평형을 맞추는 것은?

① 과속조절기　② 균형체인
③ 완충기　　　④ 균형추

32 카가 어떤 원인으로 최하층을 통과하여 피트에 도달했을 때 카의 충격을 완화시켜 주는 장치는?

① 완충기　　　② 추락방지 안전장치
③ 과속조절기　④ 과부하감지장치

33 승객과 운전자의 마음을 편하게 해주기 위하여 설치하는 장치는?

① 파킹장치　　② 통신장치
③ 과속조절기　④ BGM장치

BGM 장치는 Back Ground Music의 약자로 카 내부에 음악이나 방송을 하기 위한 장치를 말한다.

34 에스컬레이터의 유지관리에 관한 설명으로 옳은 것은?

① 디딤판 체인은 굴곡반경이 적으므로 피로와 마모가 크게 문제시 된다.
② 디딤판 체인은 주행속도가 크기 때문에 피로와 마모가 크게 문제시 된다.
③ 구동체인은 속도, 전달동력 등을 고려할 때 마모는 발생하지 않는다.
④ 구동체인은 녹이 슬거나 마모가 발생하기 쉬우므로 주의해야 한다.

체인은 녹이 슬거나 마모가 발생하기 쉽다.

35 기계실내 작업구역에서의 유효높이는 몇 m 이상이어야 하는가?

① 2.1　② 1.8　③ 1.5　④ 1.2

36 로프식 엘리베이터에서 도르래의 구조와 특징에 대한 설명으로 틀린 것은?

① 도르래 직경은 매다는 장치 직경의 50배 이상이어야 한다.
② 매다는 장치가 벗겨질 우려가 있을시, 로프 이탈방지장치를 설치하여야 한다.
③ 도르래 홈의 형상에 따라 마찰계수의 크기는 U홈 < 언더컷 홈 < V홈의 순이다.
④ 마찰계수는 도르래 홈의 형상에 따라 다르다.

도르래의 직경은 매다는 장치 직경의 40배 이상이어야 한다.

37 단식 자동 방식(single automatic)에 관한 설명 중 맞는 것은?

① 같은 방향의 호출은 등록된 순서에 따라 응답하면서 운행한다.
② 승강장 버튼은 오름, 내림 공용이다.
③ 주로 승객용에 사용된다.
④ 1개 호출에 의한 운행 중 다른 호출 방향이 같으면 응답한다.

단식 자동 방식(single automatic type): 승강장 버튼은 오름, 내림 공용인데, 먼저 눌러진 호출에 응답하고, 운행 중 다른 호출에는 응하지 않는다. 자동차용 및 화물용에 적용된다.

정답　31 ④　32 ①　33 ④　34 ④　35 ①　36 ①　37 ②

38 다음 중 에스컬레이터의 일반구조에 대한 설명으로 틀린 것은?

① 일반적으로 경사도는 30도 이하로 하여야 한다.
② 손잡이의 속도가 디딤판과 동일한 속도를 유지하도록 한다.
③ 디딤판의 정격속도는 30m/min를 초과하여야 한다.
④ 물건이 에스컬레이터의 각 부분에 끼이거나 부딪치는 일이 없도록 안전한 구조이어야 한다.

에스컬레이터의 속도 및 경사도:
- 에스컬레이터의 공칭속도는 경사도가 30° 이하인 경우는 45m/min 이하이어야 한다.
- 경사도가 30°를 초과하고 35° 이하인 경우는 30m/min 이하이어야 한다.
- 에스컬레이터의 경사도는 30°를 초과하지 않아야 한다. 다만 높이가 6m이하이고 공칭속도가 30m/min 이하인 경우에는 경사도를 35°까지 증가시킬 수 있다.

39 작동유의 압력맥동을 흡수하여 진동, 소음을 감소시키는 것은?

① 펌프 ② 필터
③ 사일렌서 ④ 역류제지 밸브

사일렌서(silencer): 유압 엘리베이터의 소음과 진동을 흡수하기 위한 장치이다. 자동차의 머플러에 해당된다.

40 에스컬레이터 각 난간의 꼭대기에는 정상 운행 조건하에서 디딤판, 팔레트 또는 벨트의 실제 속도와 관련하여 동일방향으로 몇 %의 공차가 있는 속도로 움직이는 손잡이가 설치되어야 하는가?

① 0~2 ② 4~5 ③ 7~9 ④ 10~12

이동식 손잡이의 경우, 운행 전구간에서 디딤판과 손잡이의 속도차는 0~2% 이하이어야 한다.

41 3상 유도전동기의 회전 방향을 바꾸는 방법으로 옳은 것은?

① 3상 전원의 주파수를 바꾼다.
② 3상 전원 중 1상을 단선시킨다.
③ 3상 전원 중 2상을 단락시킨다.
④ 3상 전원 중 임의의 2상의 접속을 바꾼다.

3상 유도전동기의 회전 방향을 바꾸려면 3상 전원 중 2상의 접속을 바꾸면 된다.

42 화재 시 조치사항에 대한 설명 중 틀린 것은?

① 비상용 엘리베이터는 소화활동 등 목적에 맞게 동작시킨다.
② 빌딩 내에서 화재가 발생할 경우 반드시 엘리베이터를 이용해 비상탈출을 시켜야 한다.
③ 승강로에서의 화재 시 전선이나 레일의 윤활유가 탈 때 발생되는 매연에 질식되지 않도록 주의한다.
④ 기계실에서의 화재 시 카내의 승객과 연락을 취하면서 주전원 스위치를 차단한다.

엘리베이터를 이용할 경우 엘리베이터가 정지되면 매연에 의해 재해를 당할 수 있으므로, 화재 시에는 반드시 계단을 이용해 탈출하여야 한다.

43 안전율의 정의로 옳은 것은?

① 허용응력/극한강도
② 극한강도/허용응력
③ 허용응력/탄성한도
④ 탄성한도/허용응력

44 측정계기의 오차의 원인으로서 장시간의 통전 등에 의한 스프링의 탄성피로에 의하여 생기는 오차를 보정하는 방법으로 가장 알맞은 것은?

① 정전기 제거　② 자기 가열
③ 저항 접속　　④ 영점 조정

45 승강기 보수 작업시 승강기의 카와 건물의 벽 사이에 작업자가 끼인 재해의 발생 형태에 의한 분류는?

① 협착　② 전도　③ 방심　④ 접촉

 협착은 물건에 사람의 신체 일부가 끼워지거나 말려든 상태를 말하며, 전도는 사람이 평면상으로 넘어졌을 때를 말한다.

46 감전 상태에 있는 사람을 구출할 때의 행위로 틀린 것은?

① 즉시 잡아당긴다.
② 전원 스위치를 내린다.
③ 절연물을 이용하여 떼어 낸다.
④ 변전실에 연락하여 전원을 끈다.

 감전 상태에 있는 사람을 구출할 때에는 필요한 조치를 한 후 구해야 재해를 당하지 않는다.

47 작업장에서 작업복을 착용하는 가장 큰 이유는?

① 방한　　　　　② 복장 통일
③ 작업능률 향상　④ 작업 중 위험 감소

48 재해원인 중 생리적인 원인은?

① 작업자의 피로
② 작업자의 무지
③ 안전장치의 고장
④ 안전장치 사용의 미숙

49 다음 중 다이오드의 순방향 바이어스 상태를 의미하는 것은?

① P형 쪽에 (-), N형 쪽에 (+) 전압을 연결한 상태
② P형 쪽에 (+), N형 쪽에 (-) 전압을 연결한 상태
③ P형 쪽에 (-), N형 쪽에도 (-) 전압을 연결한 상태
④ P형 쪽에 (+), N형 쪽에도 (+) 전압을 연결한 상태

 순방향 바이어스 상태

다이오드: 전류를 한쪽 방향으로만 흐르게 한다. PN접합구조의 다이오드는 정류 작용을 한다.

정답 43 ② 44 ④ 45 ① 46 ① 47 ④ 48 ① 49 ②

50 유도전동기에서 슬립이 1이란 전동기의 어느 상태인가?

① 유도 제동기의 역할을 한다.
② 유도 전동기가 전부하 운전 상태이다.
③ 유도 전동기가 정지 상태이다.
④ 유도 전동기가 동기속도로 회전한다.

- 정지상태($N=0$) : $s=1$
- 동기 속도로 회전($N=N_s$) : $s=0$
- 정격 부하 운전 : $0 < s < 1$

51 어떤 백열전등에 100V의 전압을 가하면 0.2A의 전류가 흐른다. 이 전등의 소비전력은 몇 W인가? (단, 부하의 역률은 1이다.)

① 10　② 20　③ 30　④ 40

$P = VI\cos\theta = 100 \times 0.2 \times 1 = 20(\text{A})$

52 웜기어의 특징에 관한 설명으로 틀린 것은?

① 가격이 비싸다.　② 부하용량이 작다.
③ 소음이 적다.　④ 큰 감속비를 얻는다.

53 설비재해의 물적 원인에 속하지 않는 것은?

① 교육적 결함(안전교육의 결함, 표준작업방법의 결여 등)
② 설비나 시설에 위험이 있는 것(방호 불충분 등)
③ 환경의 불량(정리정돈 불량, 조명 불량 등)
④ 작업복, 보호구의 불량

물적 원인(불안전한 상태):
① 빈약한 조명　② 빈약한 환기
③ 지나친 소음
④ 불충분한 지지 또는 방호
⑤ 결함이 있는 공구, 장치 또는 자재
⑥ 작업장소의 밀집
⑦ 불충분한 경보시스템
⑧ 화재 또는 폭발 위험성　⑨ 빈약한 장비

54 작업감독자의 직무에 관한 사항이 아닌 것은?

① 작업감독 지시
② 사고보고서 작성
③ 작업자 지도 및 교육 실시
④ 산업재해시 보상금 기준 작성

55 다음 중 절연저항을 측정하는 계기는?

① 회로시험기　② 메거
③ 훅온미터　④ 휘트스톤브리지

- 메거: 절연저항을 측정
- 훅온미터: 전류를 측정
- 휘트스톤브리지: 미지의 저항을 측정

56 물질 내에서 원자핵의 구속력을 벗어나 자유로이 이동할 수 있는 것은?

① 분자　② 자유전자
③ 양자　④ 중성자

57 회전축에서 베어링과 접촉하고 있는 부분을 무엇이라고 하는가?

① 저널　② 체인　③ 베어링　④ 핀

정답 50 ③　51 ②　52 ②　53 ①　54 ④　55 ②　56 ②　57 ①

58 베어링의 구비조건이 아닌 것은?

① 마찰 저항이 적을 것
② 강도가 클 것
③ 가공수리가 쉬울 것
④ 열전도도가 적을 것

베어링의 구비조건
① 마찰 저항이 적을 것
② 강도가 클 것
③ 가공·수리가 쉬울 것
④ 열전도도가 클 것

59 SCR의 게이트 작용은?

① 소자의 ON-OFF 작용
② 소자의 Turn-on 작용
③ 소자의 브레이크 다운 작용
④ 소자의 브레이크 오버 작용

SCR : 단방향 대전류 스위칭 소자로서 제어를 할 수 있는 정류 소자인데, 게이트 작용은 소자의 turn-on 작용이다.

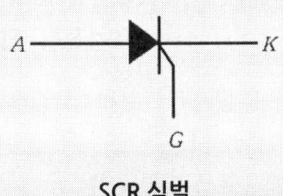

SCR 심벌

60 인장(파단) 강도가 400kg/㎠ 인 재료를 사용 응력 100kg/㎠로 사용하면 안전계수는?

① 1　　② 2　　③ 3　　④ 4

안전계수 = $\dfrac{\text{인장강도}}{\text{사용응력}} = \dfrac{400}{100} = 4$

정답 58 ④　59 ②　60 ④

2019. 4. 6 CBT 복원문제

01 승객용 엘리베이터에서 일반적으로 균형체인 대신 균형로프를 사용하는 정격속도의 범위는?

① 120m/min 이상 ② 120m/min 미만
③ 150m/min 이상 ④ 150m/min 미만

02 우리나라에서 사용되고 있는 에스컬레이터의 속도는 경사도가 30° 이하인 경우 몇 m/min 이하인가?

① 15   ② 25   ③ 30   ④ 45

 에스컬레이터 속도는 경사도 30° 이하는 45m/min 이하이어야 한다.

03 승객이나 운전자의 마음을 편하게 해주고 주위의 분위기를 부드럽게 하기 위하여 설치하는 장치는?

① 통신장치   ② 관제운전장치
③ 구출운전장치   ④ BGM장치

04 매다는 장치 엘리베이터 카 바닥 앞부분과 승강장 출입구 바닥 앞부분과의 틈새는 몇 [cm] 이하인가?

① 2   ② 3   ③ 3.5   ④ 5

05 간접식 유압엘리베이터의 특징이 아닌 것은?

① 부하에 의한 카 바닥의 빠짐이 비교적 작다.
② 추락방지 안전장치가 필요하다.
③ 실린더 설치를 위한 보호관이 필요하지 않다.
④ 실린더의 점검이 용이하다.

 간접식 엘리베이터
① 추락방지 안전장치가 필요하다.
② 로프의 이완(늘어남)과 기름의 압축성 때문에 부하로 인한 바닥 침하가 있다.
③ 실린더(cylinder) 보호관이 필요 없다.
④ 실린더(cylinder) 점검이 용이하다.

06 에너지 분산형 완충기는 정격속도가 몇 (m/min) 초과시에 주로 사용하는가?

① 30   ② 45   ③ 50   ④ 모든 속도

 • 에너지 축적형: 60m/min 이하
• 에너지 분산형: 모든 속도에 사용
에너지 분산형 완충기=유입 완충기

07 과부하 감지장치(Overload Switch)의 작동범위로 맞는 것은?

① 정격하중의 95~100%
② 정격하중의 100~105%
③ 정격하중의 105~110%
④ 정격하중의 110~115%

정답 1① 2④ 3④ 4③ 5① 6④ 7③

08 엘리베이터에 사용되는 매다는 장치 중 소선의 표면에 아연 도금을 실시한 로프로 다습한 환경에 설치되는 것은?

① E종   ② G종   ③ A종   ④ B종

09 승객용 엘리베이터의 제동기는 승차감을 저해하지 않고 로프 슬립을 일으킬 수 있는 위험을 방지하기 위하여 감속도를 어느 정도로 하고 있는가?

① 0.1G   ② 0.2G   ③ 0.3G   ④ 0.4G

 G : 중력가속도(9.8m/s²)

10 가이드 레일의 규격(호칭)에 해당되지 않는 것은?

① 8K   ② 13K   ③ 15K   ④ 18K

 가이드 레일 : 보통 T형 레일을 사용하는데 공칭은 8K, 13K, 18K, 24K이나 대용량 엘리베이터에서는 37K, 50K 등도 사용된다.

11 엘리베이터 전원이 정전이 될 경우 비상 조명장치에 관한 설명중 타당하지 않은 것은?

① 조도는 5lx 이상이어야 한다.
② 조도는 1lx 미만이어야 한다.
③ 카 바닥위 1m 지점의 카 중심부에는 점등되어야 한다.
④ 카 지붕 바닥 위 1m 지점의 카 지붕 중심부에는 점등되어야 한다.

 조도는 5lx 이상이어야 한다.

12 균형로프의 주된 사용목적은?

① 카의 소음진동을 보상
② 카의 위치변화에 따른 주 로프무게를 보상
③ 카의 밸런스 보상
④ 카의 적재하중 변화를 보상

13 에스컬레이터 구동 전동기의 용량을 결정하는 요소로 거리가 가장 먼 것은?

① 속도   ② 경사각도
③ 적재하중   ④ 디딤판의 높이

 $P = \dfrac{G \times V \times \sin\alpha}{6120 \times g \times \eta} \times \beta$ [kW]

단, G : 적재하중[kg], V : 정격속도[m/min],
α : 경사각도, g : 중력가속도[9.8m/s²],
η : 전체효율, β : 승객 승입율(0.85)

14 과속조절기의 과속스위치 작동원리는 무엇을 이용한 것인가?

① 회전력   ② 원심력
③ 과속조절기 로프 ④ 승강기의 속도

 디스크형 또는 플라이볼형 같은 경우를 보면 시브의 속도가 빠르면 원심력에 의거 과속스위치가 작동, 브레이크가 걸린다.

15 FGC(Flexible Guide Clamp)형 추락방지 안전장치의 장점은?

① 베어링을 사용하기 때문에 접촉이 확실하다.
② 구조가 간단하고 복구가 용이하다.
③ 레일을 죄는 힘이 초기에는 약하나 하강함에 따라 강해진다.
④ 평균 감속도를 0.5g으로 제한한다.

정답 8 ② 9 ① 10 ③ 11 ② 12 ② 13 ④ 14 ② 15 ②

- F.G.C(flexible guide clamp)형 : 레일을 죄는 힘이 동작에서 정지까지 일정하다. 이 방식은 구조가 간단하고, 복구가 쉬워 많이 사용되고 있다.
- F.W.C(flexible wedge clamp)형 : 레일을 죄는 힘이 동작 처음에는 약하나 점점 강해진 후 일정해진다.

16 유압 엘리베이터의 동력전달 방법에 따른 종류가 아닌 것은?

① 스크류식 ② 직접식
③ 간접식 ④ 팬터 그래프식

유압 엘리베이터의 종류 :
① 직접식 ② 간접식
③ 팬터 그래프식

17 전동 덤웨이터와 구조적으로 가장 유사한 것은?

① 무빙워크 ② 엘리베이터
③ 에스컬레이터 ④ 간이 리프트

① 무빙워크 : 수평이나 약간 경사진 통로에 설치하여, 많은 승객의 보행을 돕는 목적으로 사용되고 있다.
 · 디딤판이 금속제인 팔레트식과 고무벨트식이 있다.
 · 경사도는 12° 이하이어야 한다.
 · 공칭속도는 45m/min(0.75m/s) 이하이어야 한다.
② 간이 리프트 : 바닥면적은 1m² 이하, 천정 높이는 1.2m 이하로서, 동력을 사용하여 가이드레일을 따라 움직이는 운반구를 매달아 소형화물 운반만을 주목적으로 한다.

③ 전동 덤웨이터 : 사람이 탑승하지 않으면서 적재용량 300kg 이하, 정격속도 60m/min 이하인 소형화물의 운반에 적합하게 제작된 엘리베이터이다.

18 승객용 엘리베이터의 적재하중 및 최대정원을 계산할 때 1인당 하중의 기준은 몇 kg인가?

① 65 ② 75 ③ 80 ④ 85

$$정원 = \frac{정격하중}{75}$$

19 가이드 레일의 사용목적으로 틀린 것은?

① 집중하중 작용 시 수평하중을 유지
② 추락방지 안전장치 작동 시 수직하중을 유지
③ 카와 균형추의 승강로 평면내의 위치 규제
④ 카의 자중이나 화물에 의한 카의 기울어짐 방지

가이드 레일의 사용 목적
① 카와 균형추의 승강로 평면내의 위치 규제
② 카의 자중이나 화물에 의한 카의 기울어짐 방지
③ 추락방지 안전장치 작동 시 수직하중을 유지

20 디딤판 폭 0.8m, 공칭 속도 0.75m/s인 에스컬레이터로 수송할 수 있는 최대 인원의 수는 시간 당 몇 명인가?

① 3600 ② 4800 ③ 6000 ④ 6600

최대 수용력은 다음 표와 같다.

정답 16 ① 17 ④ 18 ② 19 ① 20 ④

디딤판 폭 (m)	공칭속도 V(m/s)		
	0.5	0.65	0.75
0.6m	3,600 명/h	4,400 명/h	4,900 명/h
0.8m	4,800 명/h	5,900 명/h	6,600 명/h
1m	6,000 명/h	7,300 명/h	8,200 명/h

21 카 또는 균형추의 상, 하, 좌, 우에 부착되어 레일을 따라 움직이고 카 또는 균형추를 지지해주는 역할을 하는 것은?

① 완충기 ② 중간 스토퍼
③ 가이드 레일 ④ 가이드 슈

22 매다는 장치 엘리베이터에서 매다는 장치 끝 부분은 몇 가닥 마다 로프소켓에 바빗트 채움을 하거나 체결식 로프소켓을 사용하여 고정하여야 하는가?

① 1가닥 ② 2가닥 ③ 3가닥 ④ 5가닥

 바빗트 채움: 바빗트 금속을 녹여 소켓에 넣은 로프에 붓는다.

23 유압식 엘리베이터에서 상승방향으로만 기름을 흐르게 하고 역방향으로는 흐르지 못하게 하는 밸브는?

① 안전 밸브 ② 체크 밸브
③ 스톱 밸브 ④ 럽쳐 밸브

• 안전밸브: 일종이 압력조정 밸브인데 회로의 압력이 설정값에 도달하면 밸브를 열어 오일을 탱크에 돌려보냄으로써 압력이 과도하게 상승(상승압력의 125%에 설정)하는 것을 방지한다.
• 체크밸브: 한쪽 방향으로만 오일이 흐르도록 하는 밸브이다. 기능은 로프식 엘리베이터의 전자 브레이크와 유사하다.
• 스톱밸브: 유압파워 유니트에서 실린더로 통하는 배관 도중에 설치되는 수동조작밸브이다. 이 밸브를 닫으면 실린더의 오일이 탱크로 역류하는 것을 방지한다. 이 밸브는 유압장치의 보수, 점검, 수리시에 사용되는데 게이트 밸브(gate valve)라고도 한다.
• 럽쳐 밸브: 오일이 실린더로 들어가는 곳에 설치되어, 압력 배관이 파손되었을 때 기름의 누설에 의한 카의 하강을 제지하는 장치이다.

24 에스컬레이터 디딤판 체인 및 구동 체인의 안전율로 알맞은 것은?

① 5 이상 ② 7 이상 ③ 8 이상 ④ 10 이상

에스컬레이터 각 부분의 안전율

에스컬레이터 부분	안전율
트러스 및 빔	5 이상
디딤판체인 및 구동체인	10 이상
모든 구동 부품	5 이상

25 유압 엘리베이터의 안전장치에 대한 설명으로 틀린 것은?

① 상승시 유압은 상용압력의 125%가 넘지 않도록 조절하는 릴리프 밸브장치가 필요하다.
② 오일의 온도를 65℃~80℃로 유지하기 위한 장치를 설치하여야 한다.

정답 21 ④ 22 ① 23 ② 24 ① 25 ②

③ 전동기의 공회전 방지장치를 설치하여야 한다.
④ 전원 차단시 실린더내의 오일의 역류로 인한 카의 하강을 자동 저지하는 장치를 설치하여야 한다.

 작동유는 5℃ 이상 60℃ 이하로 유지되어야 한다.

26 교류 엘리베이터 제어 방식이 아닌 것은?

① VVVF 제어방식
② 정지 레오나드 제어방식
③ 교류 귀환 제어방식
④ 교류 2단 속도 제어방식

1. 교류 엘리베이터 제어방식
① 교류 1단 제어
② 교류 2단 제어
③ 교류 귀환 제어
④ VVVF 제어
2. 직류 엘리베이터 제어방식
① 워드 레오나드 제어
② 정지 레오나드 제어

27 엘리베이터에 많이 사용하는 가이드레일의 허용 응력은 보통 몇 [kgf/㎠] 인가?

① 1000 ② 1450 ③ 2100 ④ 2400

 엘리베이터에 많이 사용하는 가이드레일의 허용응력은 보통 2400(kgf/㎠) 이다.

28 매다는 장치는 공칭직경 몇 mm 이상으로 몇 가닥 이상이어야 하는가?

① 8mm, 2가닥   ② 8mm, 4가닥
③ 12mm, 2가닥   ④ 12mm, 3가닥

 매다는 장치는 직경 8mm 이상으로 2가닥(안전율은 16 이상) 이상 또는 3가닥(안전율은 12 이상) 이상이어야 한다.

29 로프식 엘리베이터에서 도르래의 구조와 특징에 대한 설명으로 틀린 것은?

① 직경은 매다는 장치 직경의 50배 이상이어야 한다.
② 매다는 장치가 벗겨질 위험이 있을시는 로프 이탈방지장치를 설치하여야 한다.
③ 도르래 홈의 형상에 따라 마찰계수의 크기는 U홈 < 언더컷 홈 < V홈의 순이다.
④ 마찰계수는 도르래 홈의 형상에 따라 다르다.

 도르래의 직경은 매다는 장치 직경의 40배 이상이어야 한다.

30 보수 기술자의 올바른 자세로 볼 수 없는 것은?

① 신속, 정확 및 예의바르게 보수 처리한다.
② 보수를 할 때는 안전기준보다는 경험을 우선시한다.
③ 항상 배우는 자세로 기술향상에 적극 노력한다.
④ 안전에 유의하면서 작업하고 항상 건강에 유의한다.

 보수를 할 때는 안전기준을 우선시 해야 한다.

31 기계식 주차장치에 있어서 자동차 중량의 전륜 및 후륜에 대한 배분비는?

① 6:4 ② 5:5 ③ 7:3 ④ 4:6

32 운행 중인 에스컬레이터가 어떤 요인에 의해 갑자기 정지하였다. 점검해야 할 에스컬레이터 안전장치로 틀린 것은?

① 승객 검출장치
② 인레트 스위치
③ 스커트 가드 안전 스위치
④ 디딤판체인 안전장치

- 인레트 스위치: 손잡이 인입구에 설치하는데 손잡이가 난간 하부로 들어갈 때, 어린이의 손가락이 빨려 들어가는 사고가 발생시 운행을 정지시킨다.
- 스커트 가드 안전 스위치: 디딤판과 스커트 가드 사이에 이물질 및 어린이의 신발 등이 끼이면 그 압력에 의해 스위치가 동작, 에스컬레이터를 정지시키며 상하부 곡선부 좌우에 설치한다.
- 디딤판체인 안전장치: 디딤판 체인이 파단되거나 과도하게 늘어날 때 즉시 작동하여 에스컬레이터를 정지시키는 장치이다.

33 다음 중 주유를 해서는 안 되는 부품은?

① 균형추 ② 가이드슈
③ 가이드레일 ④ 브레이크 라이닝

브레이크 라이닝은 모터를 잡는 부분인데, 이 부분에 주유를 하면 모터를 제대로 잡을 수 없다.

34 기계실을 승강로의 아래쪽에 설치하는 방식은?

① 정상부형 방식 ② 횡인 구동 방식
③ 베이스먼트 방식 ④ 사이드머신 방식

기계실의 위치
① 정상부: 승강로 최상부에 설치하는 방식
② 베이스먼트(하부 측면부) 방식: 승강로 하부 측면에 설치하는 방식
③ 사이드머신(상부 측면부) 방식: 승강로 상부 측면에 설치하는 방식

35 엘리베이터의 속도가 규정치 이상이 되었을 때 작동하여 동력을 차단하고 추락방지 안전장치를 작동시키는 기계장치는?

① 구동기 ② 과속조절기
③ 완충기 ④ 도어 스위치

과속조절기: 카와 같은 속도로 움직이는 과속조절기 로프에 의해 회전되어 항상 카의 속도를 감지, 그 속도를 검출하는 장치이다. 카 추락방지 안전장치의 작동을 위한 과속조절기는 정격속도의 115% 이상시 작동되어야 한다.

36 승객(공동주택)용 엘리베이터에 주로 사용되는 도르래 홈의 종류는?

① U홈 ② V홈
③ 실홈 ④ 언더컷 홈

승객용 엘리베이터는 주로 언더컷 홈의 도르래를 사용한다.
마찰계수의 크기: V홈 > 언더컷 홈 > U홈

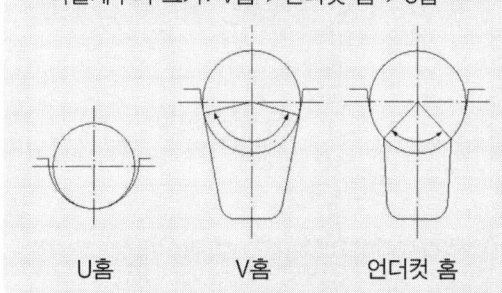

37 승강장에서 디딤판 뒤쪽 끝부분을 황색 등으로 표시하여 설치되는 것은?

① 디플렉터 ② 데크보드
③ 디딤판 경계틀 ④ 스커트 가드

 디플렉터: 스커트 가드에서 디딤판 쪽으로 칫솔형태로 돌출된 것. 길이는 35mm 이상/ 50mm 이하이어야 한다.

38 전기식 엘리베이터의 기계실에 설치된 고정 도르래의 점검내용이 아닌 것은?

① 이상음 발생여부
② 로프 홈의 마모상태
③ 브레이크 드럼 마모상태
④ 도르래의 원활한 회전여부

 고정 도르래와 브레이크 드럼과는 관계가 없다.

39 승객용 엘리베이터에서 각층 강제정지 운전의 목적으로 가장 적합한 것은?

① 출·퇴근 시간대에 모든 층의 승객에게 골고루 서비스 제공
② 각 층의 도어장치 기능의 원활한 작동
③ 각 층의 도어장치 확인시 사용
④ 카 안의 범죄활동 방지

 승객용 엘리베이터의 각층 강제 정지 운전의 목적은 카 안의 범죄활동 방지이다.

40 다음 중 승강기 제동기의 구조에 해당되지 않는 것은?

① 브레이크 슈 ② 라이닝
③ 코일 ④ 워터슈트

 워터슈트: 놀이공원이나 유원지 등에서 가파른 비탈에 궤도를 설치하고, 높은 곳에서 사람들을 태운 보트를 미끄러지게 하여, 재미를 느끼게 하는 시설이나 기구를 말한다.

41 회전운동을 직선운동으로 바꾸어 주는 기구는?

① 폴리 ② 캠 ③ 체인 ④ 기어

 캠은 회전운동을 직선운동, 왕복운동, 진동으로 변환하는 기구이다.

42 엘리베이터의 도어스위치 회로는 어떻게 구성하는 것이 좋은가?

① 병렬회로 ② 직렬회로
③ 직병렬회로 ④ 인터록회로

43 가이드 레일 보수 점검 항목에 해당되지 않는 것은?

① 이음판의 취부 볼트, 너트의 이완 상태
② 로프의 클립체결 상태
③ 가이드 레일의 급유상태
④ 브래킷 용접부의 균열 상태

44 되먹임 제어에서 꼭 필요한 장치는?

① 응답속도를 느리게 하는 장치
② 응답속도를 빠르게 하는 장치
③ 안정도를 좋게 하는 장치
④ 입력과 출력을 비교하는 장치

정답 37 ③ 38 ③ 39 ④ 40 ④ 41 ② 42 ② 43 ② 44 ④

되먹임 제어: 폐회로를 형성하여 출력신호를 입력신호로 되돌아오도록 하는 것을 되먹임이라 하며, 되먹임에 의한 목표값에 따라 자동적으로 제어하는 것을 말한다. 되먹임 제어계에는 반드시 입력과 출력을 비교하는 장치가 있다.

※ 되먹임 제어계의 구성

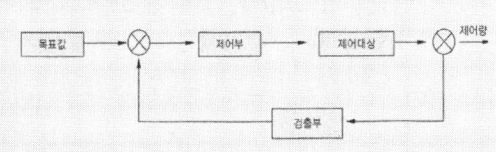

45. 전기적 문제로 볼 때 감전사고의 원인으로 볼 수 없는 것은?

① 전기기구나 공구의 절연파괴
② 장시간 계속 운전
③ 정전작업시 접지를 안한 경우
④ 방전코일이 없는 콘덴서의 사용

46. 인장(파단) 강도가 400kg/cm²인 재료를 사용응력 100kg/cm²로 사용하면 안전계수는?

① 1 ② 2 ③ 3 ④ 4

 안전계수 = $\dfrac{\text{인장강도}}{\text{사용응력}} = \dfrac{400}{100} = 4$

47. 재해 발생 과정의 요건이 아닌 것은?

① 사회적 환경과 유전적인 요소
② 개인적 결함
③ 사고
④ 안전한 행동

48. 추락을 방지하기 위한 2종 안전대의 사용법은?

① U자걸이 전용
② 1개걸이 전용
③ 1개걸이, U자걸이 전용
④ 2개걸이 전용

 1종은 U자걸이 전용, 2종은 1개걸이 전용이다.

49. 승강기에 설치할 방호장치가 아닌 것은?

① 가이드 레일   ② 출입문 인터록
③ 과속조절기   ④ 파이널 리미트 스위치

 가이드 레일:
① 엘리베이터의 움직이는 경로를 일정하게 한다.
② 카와 균형추의 승강로 평면 내의 위치를 규제한다.
③ 카의 자중이나 화물에 의한 카의 기울어짐을 방지한다.
④ 비상 멈춤이 작동할 때의 수직 하중을 유지한다.

50. 도르래의 로프홈에 언더컷(Under Cut)을 하는 목적은?

① 로프의 중심 균형 ② 윤활 용이
③ 마찰계수 향상   ④ 도르래의 경량화

 언더컷 홈은 U홈과 V홈의 중간적 특성을 갖는 홈형으로 가장 일반적으로 사용되고 있다. 언더컷 홈은 마찰계수가 크다.

정답 45 ② 46 ④ 47 ④ 48 ② 49 ① 50 ③

51 6극, 50Hz의 3상 유도전동기의 동기속도 (rpm)는?

① 500　② 1000　③ 1200　④ 1800

 $N_s = \dfrac{120f}{p} = \dfrac{120 \times 50}{6} = 1000(\text{rpm})$

52 전기기기에서 E종 절연의 최고 허용온도는 몇 ℃ 인가?

① 90　② 105　③ 120　④ 130

절연물의 허용온도

절연재료	Y	A	E	B	F	H	C
허용온도	90°	105°	120°	130°	155°	180°	180° 초과

53 100V를 인가하여 전기량 30C을 이동시키는 데 5초 걸렸다. 이때의 전력(kW)은?

① 0.3　② 0.6　③ 1.5　④ 3

 $I = \dfrac{\theta}{t} = \dfrac{30}{5} = 6(\text{A})$

$P = VI = 100 \times 6 = 600\text{W} = 0.6\text{kW}$

54 RLC 직렬회로에서 최대전류가 흐르게 되는 조건은?

① $wL^2 - \dfrac{1}{wC} = 0$　② $wL^2 + \dfrac{1}{wC} = 0$

③ $wL - \dfrac{1}{wC} = 0$　④ $wL + \dfrac{1}{wC} = 0$

RLC 직렬회로에서 공진 때에 가장 많은 전류가 흐른다.

$Z = \sqrt{R^2 + (wL - \dfrac{1}{wc})^2}(\Omega)$에서

$wL - \dfrac{1}{wC} = 0$일 때 이다.

즉 R만의 회로일 때 최대 전류가 흐른다.

55 인덕턴스가 5mH인 코일에 50Hz의 교류를 사용할 때 유도 리액턴스는 약 몇 인가?

① 1.57　② 2.50　③ 2.53　④ 3.14

 $X_L = wL = 2\pi fL$

$= 2 \times 3.14 \times 50 \times 5 \times 10^{-3} = 1.57(\Omega)$

※ $1\text{H} = 1000\text{mH}, 1\text{mH} = 10^{-3}\text{H}$

56 직류기 권선법에서 전기자 내부 병렬회로수 a와 극수 p의 관계는? (단 권선법은 중권이다)

① $a = 2$　② $a = \dfrac{1}{2}p$　③ $a = p$　④ $a = 2p$

병렬 회로수의 산정 방법
① 중권: 병렬 회로수 a와 극수 p가 같다.
② 파권: 병렬 회로수는 항상 2이다.

57 물건에 끼여진 상태나 말려든 상태는 어떤 재해인가?

① 추락　② 전도　③ 협착　④ 낙하

- 전도: 사람이 평면상으로 넘어졌을 때
- 협착: 물건에 끼여진 상태 또는 말려든 상태

58 전기 재해의 직접적인 원인과 관련이 없는 것은?

① 회로 단락   ② 충전부 노출
③ 접속부 과열 ④ 접지판 매설

 접지판은 누전된 전기를 방출시켜 감전으로부터 재해를 방지할 수 있다.

59 안전 작업모를 착용하는 주요 목적이 아닌 것은?

① 화상 방지   ② 감전의 방지
③ 종업원의 표시 ④ 비산물로 인한 부상 방지

60 사용전압 380V의 전동기를 사용하는 경우 절연저항 값은?

① 0.1 MΩ 이상   ② 0.5 MΩ 이상
③ 1.0 MΩ 이상   ④ 2.0 MΩ 이상

회로의 절연저항

공칭회로전압(V)	시험전압/직류(V)	절연저항값(MΩ)
SELV 및 PELV	250	≥ 0.5
≤ 500, FELV	500	≥ 1.0
> 500	1,000	≥ 1.0

· SELV: 안전 초저압(Safety Extra Low Voltage)
· PELV: 보호 초저압(Protective Extra Low Voltage)
· FELV: 기능 초저압(functional Extra Low Voltage)

정답 58 ④ 59 ③ 60 ③

2019. 7. 13 CBT 복원문제

01 승객용 엘리베이터에서 일반적으로 균형체인 대신 균형로프를 사용하는 정격속도의 범위는?

① 120m/min 이상 ② 120m/min 미만
③ 150m/min 이상 ④ 150m/min 미만

02 우리나라에서 사용되고 있는 에스컬레이터의 속도는 경사도가 30° 이하인 경우 몇 m/min 이하인가?

① 15 ② 25 ③ 30 ④ 45

> 에스컬레이터 속도는 경사도 30° 이하는 45m/min 이하이어야 한다.

03 승객이나 운전자의 마음을 편하게 해주고 주위의 분위기를 부드럽게 하기 위하여 설치하는 장치는?

① 통신장치   ② 관제운전장치
③ 구출운전장치 ④ BGM장치

04 매다는 장치 엘리베이터 카 바닥 앞부분과 승강장 출입구 바닥 앞부분과의 틈새는 몇 [cm] 이하인가?

① 2 ② 3 ③ 3.5 ④ 5

05 승객용 엘리베이터에서 고장이나 정전시 카내에서 카도어를 억지로 여는 데 필요한 힘은 얼마를 초과하지 않아야 하는가?

① 100N ② 200N ③ 300N ④ 400N

> 정지 중에 도어를 개방시키는 데 필요한 힘은 300N을 초과하지 않아야 한다.

06 에너지 분산형 완충기는 정격속도가 얼마 (m/min) 이상인 경우에 사용되는가?

① 30 ② 45 ③ 50 ④ 모든 속도

> • 에너지 축적형 완충기: 60m/min 이하
> • 에너지 분산형 완충기: 모든 속도에 사용

07 과부하 감지장치(Overload Switch)의 작동범위로 맞는 것은?

① 정격하중의 95~100%
② 정격하중의 100~105%
③ 정격하중의 105~110%
④ 정격하중의 110~115%

08 1200형 에스컬레이터의 시간당 수송능력은?

① 3000명   ② 6000명
③ 9000명   ④ 12000명

> ① 800형: 수송능력이 6000명/시간
> ② 1200형: 수송능력이 9000명/시간

정답 1 ① 2 ④ 3 ④ 4 ③ 5 ③ 6 ④ 7 ④ 8 ③

09 추락방지 안전장치 작동시 카 바닥의 기울기는 정상 위치에서 몇 %를 초과하지 않아야 하는가?

① 5 ② 10 ③ 15 ④ 20

10 가이드 레일의 규격(호칭)에 해당되지 않는 것은?

① 8K ② 13K ③ 15K ④ 18K

 가이드 레일: 보통 T형 레일을 사용하는데 공칭은 8K, 13K, 18K, 24K이나 대용량 엘리베이터에서는 37K, 50K 등도 사용된다.

11 엘리베이터의 속도가 규정치 이상이 되었을 때 작동하여 동력을 차단하고 추락방지 안전장치를 작동시키는 기계장치는?

① 구동기 ② 과속조절기
③ 완충기 ④ 도어스위치

12 엘리베이터 정전시 카내를 조명하여 승객의 불안을 줄여주는 조명에 대한 설명으로 옳은 것은?

① 램프 중심부에서 2m 떨어진 수직면에서 3lx 이상의 밝기가 필요하다.
② 램프 중심부에서 1m 떨어진 수직면에서 5lx 이상의 밝기가 필요하다.
③ 램프 중심부에서 2m 떨어진 수직면에서 2lx 이상의 밝기가 필요하다.
④ 램프 중심부에서 1m 떨어진 수직면에서 3lx 이상의 밝기가 필요하다.

13 이동식 손잡이와 운행전 구간에서 디딤판과 손잡이의 속도차는 몇 %인가?

① 0~2 ② 3~4 ③ 5~6 ④ 7~8

14 도어 인터록 장치의 구조로 가장 옳은 것은?

① 도어 스위치가 확실히 걸린 후 도어 인터록이 들어가야 한다.
② 도어 스위치가 확실히 열린 후 도어 인터록이 들어가야 한다.
③ 도어 록 장치가 확실히 걸린 후 도어 스위치가 들어가야 한다.
④ 도어 록 장치가 확실히 열린 후 도어 스위치가 들어가다 한다.

 도어 인터록 장치는 도어 스위치(도어가 닫혀져야 운전이 가능하도록 하는 스위치)와 도어 록(카가 정지하지 않는 층의 승강장 문은 전용열쇠로만 열도록 하는 것)으로 구성되는데, 도어 록 장치가 확실히 걸린 후 도어 스위치가 들어가고, 또한 도어 스위치가 끊어진 후에 도어 록이 열리는 구조로 해야 한다.

15 과속조절기에서 과속스위치의 작동원리는 무엇을 이용한 것인가?

① 회전력 ② 원심력
③ 과속조절기 로프 ④ 승강기의 속도

 디스크형, 플라이볼형 같은 경우를 보면 시브의 속도가 빠르면 원심력에 의거 과속스위치가 작동, 브레이크가 걸린다.

16 고속의 엘리베이터에 이용되는 경우가 많은 과속조절기(Governor)는?

① 롤 세이프티형 ② 디스크형
③ 플렉시블형   ④ 플라이볼형

 고속의 엘리베이터에는 플라이볼 과속조절기가 사용되고, 저·중속 엘리베이터에는 디스크 과속조절기가 사용된다.

17 권상기 도르래 홈에 대한 설명 중 옳지 않은 것은?

① 마찰계수와 크기는 U홈 < 언더컷 홈 < V홈 순이다.
② U홈은 로프와의 면압이 작으므로 로프의 수명은 길어진다.
③ 언더컷 홈의 중심각이 작으면 트랙션 능력이 크다.
④ 언더컷 홈은 U홈과 V홈의 중간적 특성을 갖는다.

 a가 커야 트랙션 능력이 크다.

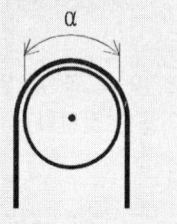

18 화재시 소화 및 구조활동에 적합하게 제작된 엘리베이터는?

① 덤 웨이터
② 비상용 엘리베이터
③ 전망용 엘리베이터
④ 승객 화물용 엘리베이터

 비상용 엘리베이터는 31m 이상의 건축물에 설치하여야 하는데, 화재시 소화 및 구조활동에 적합하게 제작되어야 한다.

〈비상용 엘리베이터의 구조 및 기능〉
① 예비전원의 설치상태는 양호하여야 한다.
② 비상용으로 운전될 경우에는 다른 엘리베이터의 영향을 받지 않아야 한다.
③ 중앙관리실 또는 경비실 등과 연결하는 통화장치의 작동상태는 양호하여야 한다.
④ 비상운전(비상호출 스위치, 비상호출 버튼, 1차 소방스위치 및 2차 소방스위치의 조작에 의한 모든 운전) 중에는 비상운전등이 점등되어야 한다.

19 전기식 엘리베이터에서 3본의 매달리는 장치 안전율은 얼마 이상이어야 하는가?

① 8   ② 9   ③ 11   ④ 12

• 매다는 장치 안전율: 2본은 16 이상, 3본 이상은 12 이상
• 과속조절기 로프의 안전율: 8 이상

20 엘리베이터의 유압식 구동방식에 의한 분류로 틀린 것은?

① 직접식   ② 간접식
③ 스크류식   ④ 팬터그래프식

21 카내에서 행하는 검사에 해당되지 않는 것은?

① 카 시브의 안전상태
② 카내의 조명상태
③ 비상통화장치
④ 운전반 버튼의 동작상태

카 시브는 승강로 정상부 기계실에 설치되므로 카내에서 행하는 검사에 해당되지 않는다.

22 피트 바닥과 카의 가장 낮은 부품 사이의 수직거리는 몇 m 이상이어야 하는가?

① 2.0　② 1.6　③ 0.5　④ 1.0

23 승강장 도어 문턱과 카 문턱과의 수평거리는 몇 mm 이하이어야 하는가?

① 125　② 120　③ 50　④ 35

24 에스컬레이터의 다딤판과 스커트 가드와의 틈새는 양쪽 모두 합쳐서 최대 얼마이어야 하는가?

① 5mm 이하　② 7mm 이하
③ 9mm 이하　④ 10mm 이하

25 과속조절기의 작동상태를 잘못 설명한 것은?

① 카가 하강 과속하는 경우에는 일정 속도를 초과하기 전에 과속조절기 스위치가 동작해야 한다.
② 과속조절기의 캣치는 일단 동작하고 난 후 자동으로 복귀되어서는 안 된다.
③ 과속조절기의 스위치는 작동 후 자동 복귀된다.
④ 과속조절기 로프가 장력을 잃게 되면 전동기의 주회로를 차단시키는 경우도 있다.

 과속조절기의 스위치는 작동 후 수동으로 복귀시킨다.

26 승강기 완성검사시 에스컬레이터의 공칭속도가 0.5m/s인 경우 제동기의 정지거리는 몇 m이어야 하는가?

① 0.20m에서 1.00m 사이
② 0.30m에서 1.30m 사이
③ 0.40m에서 1.50m 사이
④ 0.55m에서 1.70m 사이

제동기의 정지거리	
공칭속도	정지거리
30m/min(0.50m/s)	0.20m에서 1.00m 사이
39m/min(0.65m/s)	0.30m에서 1.30m 사이
45m/min(0.75m/s)	0.40m에서 1.50m 사이

27 승강기 완성 검사시 전기식 엘리베이터에서 기계실의 조도는 기기가 배치된 바닥면에서 몇 lx 이상인가?

① 50　② 100　③ 150　④ 200

 기계실의 구조:
① 바닥면의 조도는 200lx 이상일 것
② 유효공간으로 접근하는 통로의 폭은 0.5m 이상일 것
③ 작업구역에서 유효높이는 2.1m 이상일 것

28 에스컬레이터(무빙워크 포함)의 추락방지 안전스위치에 관한 설명으로 틀린 것은?

① 색상은 적색으로 하여야 한다.
② 상하 승강장의 잘 보이는 곳에 설치한다.
③ 버튼 또는 버튼 부근에는 "정지" 표시를 하여야 한다.
④ 장난 등에 의한 오조작 방지를 위하여 잠금장치를 설치하여야 한다.

정답 22 ③　23 ④　24 ②　25 ③　26 ①　27 ④　28 ④

추락방지 안전스위치는 비상시에 에스컬레이터를 정지시키기 위한 것이므로 잠금장치를 해놓아서는 안 된다.

 과속조절기 스위치의 작동상태는 과속조절기가 설치된 곳에서 점검한다.

29 와이어 로프의 구성요소가 아닌 것은?

① 소선 ② 심강 ③ 킹크 ④ 스트랜드

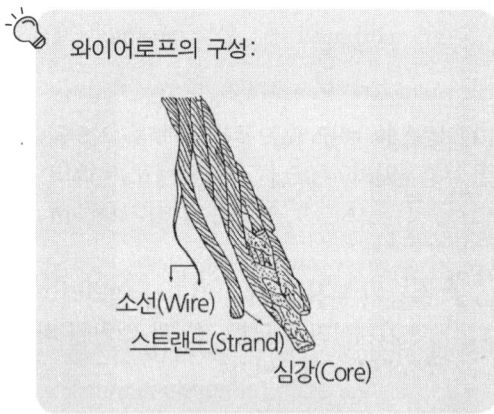
와이어로프의 구성:
소선(Wire)
스트랜드(Strand)
심강(Core)

30 전기식 엘리베이터의 기계실에 설치된 고정 도르래의 점검내용이 아닌 것은?

① 이상음 발생여부
② 로프 홈의 마모상태
③ 브레이크 드럼 마모상태
④ 도르래의 원활한 회전여부

 고정 도르래와 브레이크 드럼과는 관계가 없다.

31 제어반에서 점검할 수 없는 것은?

① 결선단자의 조임상태
② 스위치 접점 및 작동상태
③ 과속조절기 스위치의 작동상태
④ 전동기 제어회로의 절연상태

32 에스컬레이터의 안전율에 대한 기준으로 옳은 것은?

① 트러스와 빔에 대해서는 5 이상
② 트러스와 빔에 대해서는 10 이상
③ 체인류에 대해서는 6 이상
④ 체인류에 대해서는 8 이상

- 트러스와 빔: 5 이상
- 체인류: 10 이상
- 모든 구성부품: 5 이상

33 전기식 엘리베이터에서 3본의 매달리는 장치 안전율은 얼마 이상이어야 하는가?

① 8 ② 9 ③ 11 ④ 12

- 매다는 장치 안전율: 2본은 16 이상, 3본 이상은 12 이상
- 과속조절기 로프의 안전율: 8 이상

34 무기어식 엘리베이터의 총합 효율은?

① 0.3~0.5 ② 0.5~0.7
③ 0.7~0.85 ④ 0.85~0.90

35 전동기의 회전을 감속시키고 암이나 로프 등을 구동시켜 승강기 문을 개폐시키는 장치는?

① 도어 인터록 ② 도어 머신
③ 도어 스위치 ④ 도어 클로저

정답 29 ③ 30 ③ 31 ③ 32 ① 33 ④ 34 ④ 35 ②

- 도어 인터록: 엘리베이터의 승강장 도어에는 카가 정지하고 있지 않는 층에서는 비상열쇠를 사용하지 않으면 외부에서 열 수 없도록 하는 시건장치와, 도어가 닫혀 있지 않으면 운전할 수 없도록 한 도어 스위치가 필요하다. 이런 장치는 각각 별도로 하지 않고 일체로 조합되어 사용되는데 이를 인터록 스위치라고 한다. 인터록 스위치에서 중요한 것은 인터록이 확실히 걸렸을 때에만 스위치가 on 하고, 스위치가 off 된 후 인터록이 풀리는 구조이어야 한다.
- 도어 스위치: 문이 닫혀 있지 않으면 운전이 불가능하게 한 장치이다.
- 클로저(closer): 승장 도어가 열려 있으면 자동으로 닫히게 하는 장치이다.

36. 고장 및 정전시 카내의 승객을 구출하기 위한 비상 천장 구출구에 대한 설명으로 옳지 않은 것은?

① 카 안에서는 열 수 없도록 잠금장치를 하여야 한다.
② 카 위에서는 공구 등을 사용하지 않고 간단한 조작에 의해 용이하게 열 수 있어야 한다.
③ 승객의 구조활동에 장애가 없도록 충분한 공간이 확보되는 위치에 설치한다.
④ 구출구의 크기는 최소 폭 0.3m, 면적 $0.1m^2$ 이상이어야 한다.

구출구의 크기는 0.35×0.5m 이상 되어야 한다.

37. 균형추의 중량을 결정하는 계산식은? (단, 여기서 L은 정격하중, F는 오버밸런스율이다)

① 균형추의 중량 = 카 자체하중×(L • F)
② 균형추의 중량 = 카 자체하중 + (L + F)
③ 균형추의 중량 = 카 자체하중 + (L − F)
④ 균형추의 중량 = 카 자체하중 + (L • F)

38. 에스컬레이터의 손잡이에 관한 설명 중 틀린 것은?

① 손잡이와 디딤판과 속도가 일치해야 하며 역방향으로 승강하여야 한다.
② 정상운행 동안 손잡이가 손잡이 가이드로부터 이탈되지 않아야 한다.
③ 손잡이 인입구에 적절한 보호장치가 설치되어 있어야 한다.
④ 손잡이 인입구에 이물질 및 어린이의 손이 끼이지 않도록 안전스위치가 있어야 한다.

손잡이 디딤판과 속도가 일치(0∼2%의 공차범위)되어야 하며 정방향으로 승강하여야 한다.

39. 일종의 압력조정 밸브로 회로의 압력이 상용압력의 125% 이상 높아지게 되면 바이패스 회로를 여는 밸브는?

① 사일렌서   ② 스톱 밸브
③ 안전 밸브   ④ 체크 밸브

- 사일렌서(silencer): 작동유의 압력맥동을 흡수하여 진동과 소음을 저감시키기 위해 사용된다.
- 스톱 밸브(stop valve): 이 밸브는 유압장치의 보수, 점검, 수리시에 사용되며 게이트 밸브(gate valve)라고도 한다.
- 안전밸브(relief valve): 압력조절 밸브로서 압력이 과도하게 상승(125%에 셋팅)하는 것을 방지한다.

- 역저지 밸브(check valve): 한쪽 방향으로만 오일이 흐르게 하는 밸브로서, 어떤 원인에 의해 오일이 역류, 카가 자유낙하하는 것을 방지시킨다.

40 급유가 필요하지 않은 곳은?

① 호이스트 로프(hoist rope)
② 과속조절기 로프(governor rope)
③ 가이드 레일(guide rail)
④ 웜 기어(worm gear)

41 권상하중 1000[kg], 권상속도 60[m/min]의 엘리베이터용 전동기의 최소 용량은 몇 [kW] 인가? (단, 권상장치의 효율은 70%, 오버밸런스율은 50%이다)

① 5.5 ② 7 ③ 9.5 ④ 11

$$P = \frac{MVS}{6120\eta} = \frac{MV(1-A)}{6120\eta}$$
$$= \frac{1000 \times 60 \times (1-0.50)}{6120 \times 0.70} \fallingdotseq 7\text{kW}$$

42 베어링의 구비조건이 아닌 것은?

① 마찰 저항이 적을 것
② 강도가 클 것
③ 가공수리가 쉬울 것
④ 열전도도가 적을 것

베어링의 구비조건
① 마찰 저항이 적을 것
② 강도가 클 것
③ 가공·수리가 쉬울 것
④ 열전도도가 클 것

43 SCR의 게이트 작용은?

① 소자의 ON-OFF 작용
② 소자의 Turn-on 작용
③ 소자의 브레이크 다운 작용
④ 소자의 브레이크 오버 작용

SCR: 단방향 대전류 스위칭 소자로서 제어를 할 수 있는 정류 소자인데, 게이트 작용은 소자의 turn-on 작용이다.

SCR 심벌

44 되먹임 제어에서 가장 필요한 장치는?

① 입력과 출력을 비교하는 장치
② 응답속도를 느리게 하는 장치
③ 응답속도를 빠르게 하는 장치
④ 안정도를 좋게 하는 장치

45 엘리베이터 전원공급 배선회로의 절연 저항 측정에 가장 적당한 측정기는?

① 휘트스톤 브리지 ② 메거
③ 콜라우시 브리지 ④ 캘빈더블 브리지

- 휘트스톤브리지: 미지의 저항을 측정하고자 할 때 사용한다.
- 메거: 옥내배선 및 전기기기의 절연저항을 측정하고자 할 때 사용한다.
- 콜라우시 브리지: 전해액의 저항을 측정하고자 할 때 사용한다.
- 캘빈더블 브리지: 저저항을 측정하고자 할 때 사용한다.

46 작업자의 재해 예방에 대한 일반적인 대책으로 맞지 않는 것은?

① 계획의 작성
② 엄격한 작업감독
③ 위험요인의 발굴 대처
④ 작업지시에 대한 위험 예지의 실시

 엄격한 작업감독을 한다고 재해 예방이 되는 것은 아니다.

47 안전사고의 발생요인으로 심리적인 요인에 해당되는 것은?

① 감정   ② 극도의 피로감
③ 육체적 능력 초과 ④ 신경계통의 이상

48 교류회로에서 유효전력이 P[W]이고 피상전력이 Pa[VA]일 때 역률은?

① $\sqrt{P+P_a}$ ② $\dfrac{P}{P_a}$
③ $\dfrac{P_a}{P}$ ④ $\dfrac{P}{P+P_a}$

 $P = VI\cos\theta = P_a\cos\theta$ [W]에서
$\cos\theta = \dfrac{P}{P_a}$

49 회전운동을 직선운동, 왕복운동, 진동 등으로 변환하는 기구는?

① 링크기구   ② 슬라이더
③ 캠   ④ 크랭크

50 안전상 허용할 수 있는 최대응력을 무엇이라고 하는가?

① 안전율   ② 허용응력
③ 사용응력 ④ 탄성한도

51 유도전동기의 동기속도가 n_s, 회전수가 n이라면 슬립(s)은?

① $\dfrac{n_s - n}{n} \times 100$ ② $\dfrac{n_s - n}{n_s} \times 100$
③ $\dfrac{n_s}{n_s - n} \times 100$ ④ $\dfrac{n_s}{n_s + n} \times 100$

52 저항이 50인 도체에 100V의 전압을 가할 때 그 도체에 흐르는 전류는 몇 A 인가?

① 2   ② 4   ③ 8   ④ 10

 $I = \dfrac{V}{R} = \dfrac{100}{50} = 2(A)$

53 교류 회로에서 전압과 전류의 위상이 동상인 회로는?

① 저항만의 조합회로
② 저항과 콘덴서의 조합회로
③ 저항과 코일의 조합회로
④ 콘덴서와 콘덴서만의 조합회로

- R만의 회로: 전압과 전류의 위상이 동상이다.
- L만의 회로: 전류가 전압보다 위상이 90° 뒤진다.
- C만의 회로: 전류가 전압보다 위상이 90° 앞선다.

54 전선의 길이를 고르게 2배로 늘리면 단면적은 ½로 된다. 이때의 저항은 처음의 몇 배가 되는가?

① 4배   ② 3배   ③ 2배   ④ 1.5배

정답 46 ② 47 ① 48 ② 49 ③ 50 ② 51 ② 52 ① 53 ① 54 ①

$R = \rho \dfrac{\ell}{A} (\Omega)$ 이므로

$R_0 = \rho \dfrac{2\ell}{\dfrac{A}{2}} = 4\rho \dfrac{\ell}{A} = 4R$

55 유압식 엘리베이터에 있어서 정상적인 작동을 위하여 유지하여야 할 오일의 온도 범위는?

① 5℃~60℃　② 20℃~70℃
③ 30℃~80℃　④ 40℃~90℃

56 직류발전기의 구조로서 3대 요소에 속하지 않는 것은?

① 계자　② 보극　③ 전기자　④ 정류자

- 계자: 전기자가 쇄교하는 자속을 만들어 주는 부분이다.
- 보극: 전기자 반작용을 없애기 위해 주자극 사이에 설치하는 N, S극을 말한다.
- 전기자: 계자에서 만든 자속을 끊어 기전력을 유도하는 부분을 말한다.
- 정류자: 전기자 권선에서 발생된 교류를 직류로 바꾸어 준다.

57 체크밸브(non-return valve)에 관한 설명 중 옳은 것은?

① 하강 시 유량을 제어하는 밸브이다.
② 오일의 압력을 일정하게 유지하는 밸브이다.
③ 오일의 방향이 한쪽 방향으로만 흐르도록 하는 밸브이다.
④ 오일의 방향이 양방향으로 흐르는 것을 제어하는 밸브이다.

체크밸브: 한쪽 방향으로만 오일을 흐르게 한다. 그리하여 카가 자유낙하 하는 것을 방지한다.

58 전압계의 측정범위를 7배로 하려 할 때 배율기의 저항은 전압계 내부저항의 몇 배로 하여야 하는가?

① 7　② 6　③ 5　④ 4

$R_m = (M-1)R = (7-1)R = 6R$

59 논리회로에 사용되는 인버터(inverter)란?

① OR 회로　② NOT 회로
③ AND 회로　④ X-OR 회로

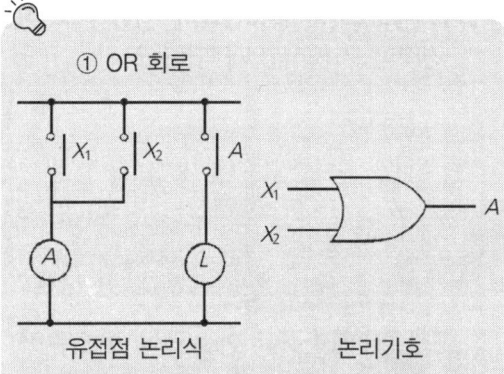

① OR 회로

유접점 논리식　논리기호

$A = X_1 + X_2$

입력		출력
X_1	X_2	A
0	0	0
1	0	1
0	1	1
1	1	1

논리식　동작표

② NOT 회로

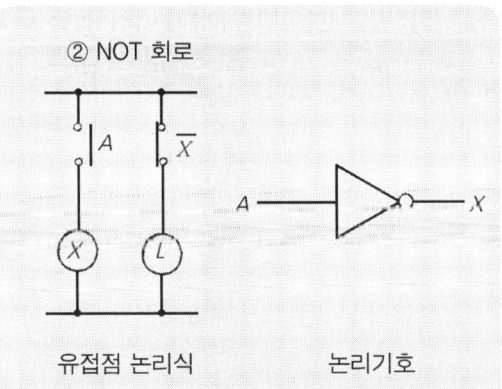

유접점 논리식   논리기호

$\overline{A} = X$

입력	출력
A	X
1	0
0	1

논리식   동작표

③ AND 회로

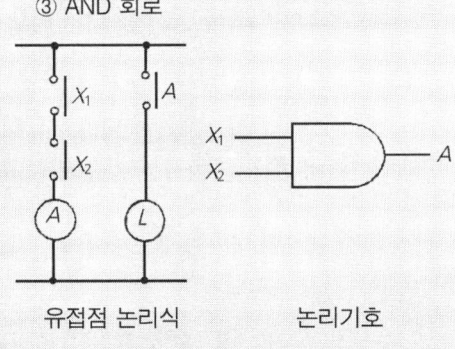

유접점 논리식   논리기호

$A = X_1 \cdot X_2$

입력		출력
X_1	X_2	A
0	0	0
1	0	0
0	1	0
1	1	1

논리식   동작표

④ X — OR 회로

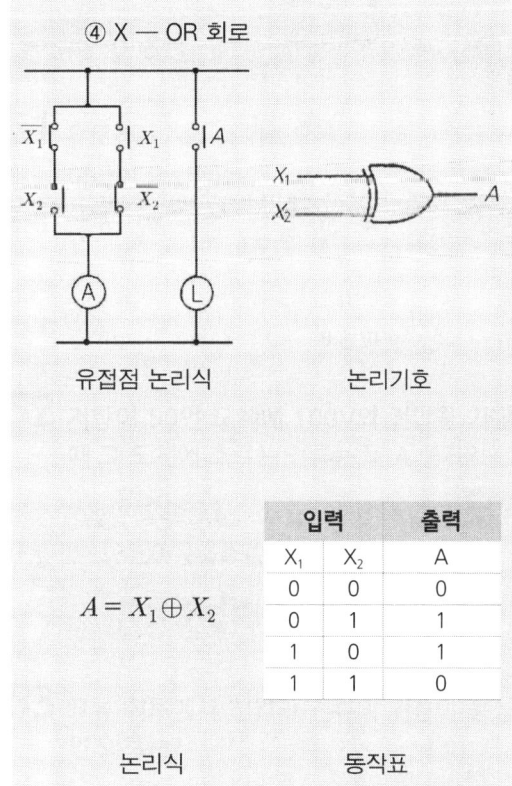

유접점 논리식   논리기호

$A = X_1 \oplus X_2$

입력		출력
X_1	X_2	A
0	0	0
0	1	1
1	0	1
1	1	0

논리식   동작표

60 인덕턴스가 5mH인 코일에 50Hz의 교류를 사용할 때 유도 리액턴스는 약 몇 인가?

① 1.57　② 2.50　③ 2.53　④ 3.14

$X_L = wL = 2\pi fL$
$\quad = 2 \times 3.14 \times 50 \times 5 \times 10^{-3} = 1.57(\Omega)$

※ $1H = 1000mH$, $1mH = 10^{-3}H$

정답 60 ①

2020. 4. 19 CBT 복원문제

01 과부하 감지장치(Overload Switch)의 작동범위로 맞는 것은?

① 정격하중의 95~100%
② 정격하중의 100~105%
③ 정격하중의 105~110%
④ 정격하중의 110~115%

02 균형추(counter weight)의 중량을 구하는 식은? (단, 오버밸런스율은 0.45로 한다.)

① 카 무게 + 정격하중 × 0.45
② 카 무게 × 0.45
③ 카 무게 + 정격하중
④ 카 무게

 균형추의 중량=카의 자체하중 + L·F
L: 정격 적재량(kg), F: 오버 밸런스율
오버밸런스율: 카측 무게와 균형추측 무게가 동일하게 되도록 하기 위하여, 균형추의 정격하중에 곱하여 주는 값

03 에스컬레이터 제동기는 적재하중을 싣지 않고 디딤판이 상승할 때의 정지거리는?

① 0.1m 이상 0.6m 이하
② 0.6m 이상 1.0m 이하
③ 1.0m 이상 1.4m 이하
④ 1.5m 이상 1.8m 이하

04 기계실의 바닥면적은 일반적으로 승강로 수평투영면적의 몇 배 이상으로 하여야 하는가?

① 2배 ② 3배 ③ 4배 ④ 5배

05 레일의 규격은 어떻게 표시하는가?

① 1m당 중량
② 1m당 레일이 견디는 하중
③ 레일의 높이
④ 레일 1개의 길이

 레일의 표준길이는 5m이며 규격은 1m당 중량으로 한다.

06 유압 엘리베이터의 역저지(체크) 밸브에 대한 설명으로 옳은 것은?

① 작동유의 압력이 140%를 넘지 않도록 하는 밸브
② 수동으로 카를 하강시키기 위한 밸브
③ 카의 정지중이나 운행중 작동유의 압력이 떨어져 카가 역행하는 것을 방지시키기 위한 밸브
④ 안전밸브와 역저지 밸브사이의 설치

 역저지(체크) 밸브: 한쪽 방향으로만 오일이 흐르도록 하는 밸브인데, 솔레노이드 형식은 아니다. 이 밸브는 카의 정지중이나 운행중 작동유의 압력이 떨어져 카가 역행하는 것을 방지한다.

07 무빙워크의 공칭속도[m/s]는 얼마 이하로 하는가?

① 0.55 ② 0.65 ③ 0.75 ④ 0.95

정답 1③ 2① 3① 4② 5① 6③ 7③

무빙워크의 경사도는 12° 이하이어야 하며, 공칭속도는 45m/min (0.75m/s) 이하이어야 한다.

08 카가 어떤 원인으로 최하층을 통과하여 피트에 도달했을 때 카의 충격을 완화시켜 주는 장치는?

① 완충기
② 과속조절기
③ 추락방지 안전장치
④ 과부하감지장치

09 고속의 엘리베이터에 이용되는 경우가 많은 과속조절기(Governor)는?

① 롤 세이프티형
② 디스크형
③ 플렉시블형
④ 플라이볼형

 고속의 엘리베이터에는 플라이볼형 과속조절기가 사용된다.

10 카가 최상층 및 최하층을 지나쳐 주행하는 것을 방지하는 것은?

① 리미트 스위치
② 균형 추
③ 인터록 장치
④ 정지스위치

 리미트 스위치: 엘리베이터가 운행시 최상·최하층을 지나치지 않도록 하는 장치이다. 리미트 스위치가 작동되지 않을 경우에 대비하여 리미트 스위치를 지난 적당한 위치에, 카가 현저히 지나치는 것을 방지하기 위해 파이널 리미트 스위치를 설치해야 한다.

인터록 장치: 특정 장치가 동작할 때, 다른 장치가 동작하지 못하도록 하는 장치.

11 엘리베이터 카가 제어시스템에 의해 지정된 층에 도착하고 문이 완진히 열린 위치에 있을 때, 카문턱과 승강장 문턱 사이의 수직거리인 착상 정확도는 몇 mm 이내이어야 하는가?

① ±5   ② ±10   ③ ±20   ④ ±30

12 '승강기의 과속조절기'란?

① 카의 속도를 검출하는 장치이다.
② 추락방지 안전장치를 뜻한다.
③ 균형추의 속도를 검출한다.
④ 플런저를 뜻한다.

 과속조절기: 케이지와 같은 속도로 움직이는 과속조절기 로프에 의해서 회전되고, 언제나 케이지의 속도를 조사하여 과속도를 검출하는 장치이다.

13 균형로프(Compensating Rope)의 역할로 적합한 것은?

① 카의 낙하를 방지한다.
② 균형추의 이탈을 방지한다.
③ 주 로프와 이동 케이블의 이동으로 변화된 하중을 보상한다.
④ 주 로프가 열화되지 않도록 한다.

균형로프: 카의 위치변화에 의해 매다는 장치와 이동 케이블의 변화된 하중을 보상한다. 카의 속도가 120m/min 이상일 때 사용된다.

정답 8 ① 9 ④ 10 ① 11 ② 12 ① 13 ③

14 엘리베이터용 도어머신에 요구되는 성능이 아닌 것은?

① 가격이 저렴할 것
② 보수가 용이할 것
③ 작동이 원활하고 정숙할 것
④ 기동회수가 많으므로 대형일 것

 도어 머신(door machine)에 요구되는 성능:
① 작동이 원활하고, 정숙할 것
② 소형, 경량일 것
③ 동작 회수가 엘리베이터 기동회수의 2배가 되므로 보수가 용이할 것
④ 가격이 저렴할 것

15 전기식 엘리베이터의 속도에 의한 분류방식 중 고속 엘리베이터의 기준은?

① 2m/s 이상   ② 2m/s 초과
③ 3m/s 이상   ④ 4m/s 초과

 중·저속 엘리베이터: 4m/s 이하
고속 엘리베이터: 4m/s 초과

16 가이드 레일의 사용목적으로 틀린 것은?

① 집중하중 작용 시 수평하중을 유지
② 추락방지 안전장치 작동 시 수직하중을 유지
③ 카와 균형추의 승강로 평면내의 위치 규제
④ 카의 자중이나 화물에 의한 카의 기울어짐 방지

 가이드 레일의 사용 목적:
① 카와 균형추의 승강로 평면내의 위치 규제
② 카의 자중이나 화물에 의한 카의 기울어짐 방지
③ 추락방지 안전장치 작동 시 수직하중을 유지

17 엘리베이터용 트랙션식 권상기의 특징이 아닌 것은?

① 소요동력이 작다.
② 균형추가 필요 없다.
③ 행정거리에 제한이 없다.
④ 권과를 일으키지 않는다.

 트랙션(traction)식 즉 견인식 권상기는 균형추가 필요하다.

18 디딤판 폭 0.8m, 공칭 속도 0.75m/s인 에스컬레이터로 수송할 수 있는 최대 인원의 수는 시간 당 몇 명인가?

① 3600   ② 4800   ③ 6000   ④ 6600

 최대 수용력은 다음 표와 같다.

디딤판 폭	공칭속도(m/s)		
	0.5	0.65	0.75
0.6m	3,600 명/h	4,400 명/h	4,900 명/h
0.8m	4,800 명/h	5,900 명/h	6,600 명/h
1m	6,000 명/h	7,300 명/h	8,200 명/h

19 에스컬레이터와 무빙워크의 일반적인 경사도는 각각 몇 도 이하인가?

① 20°, 5°   ② 30°, 8°
③ 30°, 12°   ④ 45°, 20°

정답 14 ④ 15 ④ 16 ① 17 ② 18 ④ 19 ③

경사도
- 에스컬레이터: 에스컬레이터의 경사도는 30°를 초과하지 않아야 한다. 다만 높이가 6m 이하이고 공칭속도가 30m/min 이하인 경우에는 경사도를 35°까지 증가시킬 수 있다.
- 무빙워크: 무빙워크의 경사도는 12° 이하이어야 한다.

20 기계실 바닥에 몇 m를 초과하는 단차가 있을 경우에는 보호난간이 있는 계단 또는 발판이 있어야 하는가?

① 0.3   ② 0.4   ③ 0.5   ④ 0.6

21 에스컬레이터의 이동식 손잡이의 경우, 운행 전구간에서 디딤판과 손잡이의 속도차 범위는?

① 0~1% 이하   ② 0~2% 이하
③ 0~3% 이하   ④ 0~4% 이하

22 엘리베이터의 정격속도 계산 시 무관한 항목은?

① 감속비   ② 편향도르래
③ 전동기 회전수   ④ 권상도르래 직경

속도 $V = \dfrac{\pi \cdot D \cdot N}{1000} \cdot i$ (m/min)

단, D: 권상기 도르래의 지름(mm)
    N: 전동기의 회전수(rpm)
    i: 감속기의 감속비

23 카 출입구 또는 천장 구출구에 대한 설명 중 옳지 않은 것은?

① 카 출입구 이외에 카 천장 구출구를 반드시 설치하여야 한다.
② 출입구에는 정전기 방지를 위한 방전코일을 반드시 설치하여야 한다.
③ 카의 천장 구출구는 카 외측에서 열게 되어 있다.
④ 2대 이상의 카가 동일 승강로에 병설되었을 경우 카 측벽에도 구출구를 설치할 수 있다.

24 강도가 다소 낮으나 유연성을 좋게 하여 소선이 파단되기 어렵고 도르래의 마모가 적게 제조되어 엘리베이터에 주로 사용되는 소선은?

① E종   ② A종   ③ G종   ④ D종

구분	파단 하중 (kgf/mm²)	특징
E종	135	엘리베이터용으로 강도는 다소 낮더라도 유연성이 좋고 잘 파단되지 않으며 시브의 마모가 적다.
A종	165	파단 강도가 높기 때문에 초고층용으로 적합하다.
G종	150	소선의 표면에 아연도금한 것으로 녹이 나지 않기 때문에 습기가 많은 장소에 적합하다.
B종	180	엘리베이터용으로 사용되지 않는다.

25 에스컬레이터의 비상정지 스위치의 설치위치를 바르게 설명한 것은?

① 디딤판과 콤(comb)이 맞물리는 지점에 설치한다.
② 리미트 스위치에 설치한다.
③ 상·하부의 승강구에 설치한다.
④ 승강로의 중간부에 설치한다.

비상정지 스위치는 잘 보이는 상·하부의 승강구에 설치한다.

정답 20 ③ 21 ② 22 ② 23 ② 24 ① 25 ③

26 에스컬레이터 구동 전동기의 용량을 결정하는 요소로 거리가 가장 먼 것은?

① 속도 ② 경사각도
③ 적재하중 ④ 디딤판의 높이

$$P = \frac{G \times V \times \sin\alpha}{6120 \times g \times \eta} \times \beta \text{ [kW]}$$

단, G : 적재하중[kg], V : 정격속도[m/min],
α : 경사각도, g : 중력가속도[9.8m/s²],
η : 전체효율, β : 승객 승입율(0.85)

27 손잡이 인입구에 손이나 이물질이 끼었을 때 즉시 작동하여 에스컬레이터를 정지시키는 장치는?

① 손잡이 안전장치
② 구동체인 안전장치
③ 과속조절기
④ 손잡이 인입구 안전장치

- 손잡이 안전장치: 손잡이나 손이나 다른 이물질이 끼었을 경우 자동으로 에스컬레이터를 정지시킨다.
- 구동체인 안전장치: 구동체인이 과도하게 늘어나거나 절단될 경우, 에스컬레이터를 즉시 정지시킨다.
- 과속조절기: 상승 또는 하강 운전시 정격속도보다 과속될 경우 에스컬레이터를 정지시킨다.
- 손잡이 인입구 안전장치: 손잡이 인입구에 이물질이 끼면 즉시 에스컬레이터를 정지시킨다.

28 과속조절기 로프의 직경은 얼마이어야 하며 또 안전율은 얼마이어야 하는가?

① 6mm 이상, 8 이상
② 8mm 이상, 10 이상
③ 10mm 이상, 12 이상
④ 12mm 이상, 14 이상

과속조절기 로프의 직경은 6mm 이상 그리고 안전율은 8 이상이어야 한다.

29 매다는 장치가 3본인 경우 안전율은 몇 이상이어야 하는가?

① 8 ② 9 ③ 11 ④ 12

매다는 장치 직경이 8mm 이상으로 2가닥은 안전율이 16 이상, 3가닥은 안전율이 12 이상이어야 한다.

30 유압 엘리베이터의 전동기는?

① 상승시에만 구동된다.
② 하강기에만 구동된다.
③ 상승시와 하강시 모두 구동된다.
④ 부하의 조건에 따라 상승기 또는 하강시에 구동된다.

유압 엘리베이터의 전동기는 상승시에만 구동하고, 하강시에는 구동하지 않는다.

31 카의 실제 속도와 속도지령장치의 지령속도를 비교하여 사이리스터의 점호각을 바꿔 유도전동기의 속도를 제어하는 방식은?

① 사이리스터 레오나드 방식
② 교류귀환 전압제어 방식
③ 가변전압 가변주파수 방식
④ 워드 레오나드 방식

정답 26 ④ 27 ④ 28 ① 29 ④ 30 ① 31 ②

① 직류 제어 방식
- 워드 레오나드(ward leonard) 방식: 직류 발전기의 출력단을 직접 직류 전동기 전기자에 연결시키고, 발전기의 계자 전류를 조정하여 발전전압을 엘리베이터 속도에 대응하여 연속적으로 공급시키는 방식이다.
- 정지 레오나드 방식: 사이리스터를 사용하여 교류를 직류로 변환하여 전동기에 공급하고, 사이리스터의 점호각을 제어하여 직류 전압을 가변시켜, 전동기의 속도를 제어하는 방식이다.

② 교류 제어 방식
- 교류 1단 속도제어: 가장 간단한 제어 방식인데 3상 유도 전동기에 전원을 투입함으로써 기동과 정속운전을 하고, 정지는 전원을 차단한 후, 제동기에 의해 기계적으로 브레이크를 거는 방식이다.
- 교류 2단 속도제어: 2단 속도 모터(motor)를 사용하여 기동과 주행은 고속권선으로 행하고 감속시는 저속권선으로 감속하여 착상하는 방식이다.
- 교류 귀환제어: 이 방식은 케이지의 실속도와 지령속도를 비교하여 사이리스터의 점호각을 바꿔, 유도전동기의 속도를 제어하는 방식이다.
- V.V.V.F.(Variable Voltage Variable Frequency: 가변전압 가변주파수)제어: 유도 전동기에 인가되는 전압과 주파수를 동시에 변환시켜 직류 전동기와 동등한 제어 성능을 갖는다. 이 방식은 소비전력이 절감된다.

32 유압식 엘리베이터에서 고장수리를 할 때 가장 먼저 차단해야 할 밸브는?

① 체크 밸브　　② 스톱 밸브
③ 복합 밸브　　④ 다운 밸브

스톱 밸브(stop valve): 유압 파워유니트에서 실린더로 통하는 배관 도중에 설치되는 수동조작밸브이다. 이 밸브를 닫으면 실린더의 오일이 탱크로 역류하는 것을 방지한다. 이 밸브는 유압장치의 보수, 점검, 수리시에 사용되는데 게이트 밸브(gate valve)라고도 한다.

33 장애인용 엘리베이터의 경우 호출버튼에 의하여 카가 정지하면, 몇 초 이상 문이 열린 채로 대기하여야 하는가?

① 8초 이상　　② 10초 이상
③ 12초 이상　　④ 15초 이상

장애인용 엘리베이터 카 내부 조도는 150lx 이상이어야 하며, 카가 정지시 10초 이상 문이 열려야 한다.

34 전동 덤웨이터와 구조적으로 가장 유사한 것은?

① 무빙워크　　② 엘리베이터
③ 에스컬레이터　　④ 간이 리프트

① 무빙워크: 수평이나 약간 경사진 통로에 설치하여, 많은 승객의 보행을 돕는 목적으로 사용되고 있다.
- 디딤판 이 금속제인 팔레트식과 고무벨트식이 있다.
- 경사도는 12°이하이어야 한다.
- 공칭속도는 45m/min(0.75㎧) 이하이어야 한다.

② 간이 리프트: 바닥면적은 1m² 이하, 천정 높이는 1.2m 이하로서, 동력을 사용하여 가이드레일을 따라 움직이는 운반구를 매달아 소형화물 운반만을 주목적으로 한다.

정답　32 ②　33 ②　34 ④

③ 전동 덤웨이터: 사람이 탑승하지 않으면서 적재용량 300kg 이하, 정격속도 60m/min 이하인 소형화물의 운반에 적합하게 제작된 엘리베이터이다.

35 유압 엘리베이터에서 압력 릴리프 밸브는 압력을 전부하 압력의 몇 %까지 제한하도록 맞추어 조절해야 하는가?

① 115　② 125　③ 140　④ 150

안전밸브: 일종의 압력조정 밸브인데 회로의 압력이 설정값에 도달하면 밸브를 열어 오일을 탱크로 돌려보냄으로써 압력이 과도하게 상승(상승압력의 125%에 설정)하는 것을 방지한다. 이 밸브는 전부하 압력의 140%까지 제한하도록 맞추어 조절되어야 한다.

36 승강기가 최하층을 통과했을 때 주전원을 차단시켜 승강기를 정지시키는 것은?

① 완충기
② 과속조절기
③ 추락방지 안전장치
④ 파이널 리미트 스위치

파이널 리미트 스위치(final limit switch): 리미트 스위치가 동작하지 않을 경우에 대비, 종단계(최상층 또는 최하층)를 현저하게 지나치지 않도록 하기 위해 설치한다.

37 중앙 개폐방식의 승강장 도어를 나타내는 기호는?

① 2S　② CO　③ UP　④ SO

• S: 측면 개폐　• CO: 중앙 개폐
• UP: 상승 개폐　• UD: 상하 개폐

38 가요성 호스 및 실린더와 체크밸브 또는 하강밸브 사이의 가요성 호스 연결장치는 전부하 압력의 몇 배의 압력을 손상 없이 견뎌야 하는가?

① 2　② 3　③ 4　④ 5

39 고장 및 정전 시 카 내의 승객을 구출하기 위해 카 천장에 설치된 비상구출문에 대한 설명으로 틀린 것은?

① 카 천장에 설치된 비상구출문은 카 내부 방향으로 열리지 않아야 한다.
② 카 내부에서는 열쇠를 사용하지 않으면 열 수 없는 구조이어야 한다.
③ 비상구출구의 크기는 0.3m×0.3m 이상이어야 한다.
④ 카 천장에 설치된 비상구출문은 열쇠 등을 사용하지 않고 카 외부에서 간단한 조작으로 열 수 있어야 한다.

비상구출구의 크기는 0.4m×0.5m 이상이어야 한다.

40 엘리베이터 카에 부착되어 있는 안전장치가 아닌 것은?

① 과속조절기
② 카 도어 스위치
③ 추락방지 안전장치
④ 세이프티 슈 스위치

정답　35 ③　36 ④　37 ②　38 ④　39 ③　40 ①

과속조절기: 카와 같은 속도로 움직이는 과속조절기 로프에 의해 회전되어 항상 카의 속도를 감지하여 그 속도를 검출하는 장치이다. 카 추락방지 안전장치의 작동을 위한 과속조절기는 정격속도의 115% 이상의 속도에서 작동되어야 한다.

41 사용전압 380V 전동기의 절연저항 값은?

① 0.5 MΩ 이상 ② 1.0 MΩ 이상
③ 1.5 MΩ 이상 ④ 2.0 MΩ 이상

전로의 절연저항값

공칭회로전압(V)	시험전압/직류(V)	절연저항값(MΩ)
SELV 및 PELV	250	≥ 0.5
≤ 500, FELV	500	≥ 1.0
> 500	1,000	≥ 1.0

· SELV: 안전 초저압(Safety Extra Low Voltage)
· PELV: 보호 초저압(Protective Extra Low Voltage)
· FELV: 기능 초저압(functional Extra Low Voltage)
※ 초저압: DC 120[V] 이하, AC 50[V] 이하

42 전기적 문제로 볼 때 감전사고의 원인으로 볼 수 없는 것은?

① 전기기구나 공구의 절연파괴
② 장시간 계속 운전
③ 정전작업시 접지를 안 한 경우
④ 방전코일이 없는 콘덴서의 사용

43 에스컬레이터에 바르게 타도록 디딤판 위에 황색 또는 적색으로 표시한 안전마크는?

① 디딤판 체인   ② 테크보드
③ 디딤판 경계틀 ④ 스커트 가드

디딤판 경계틀: 디딤판 위에 황색 또는 적색으로 표시한 안전마크를 말한다.

44 안전사고의 발생요인으로 심리적인 요인에 해당되는 것은?

① 감정
② 극도의 피로감
③ 육체적 능력 초과
④ 신경계통의 이상

45 승강기에 설치할 방호장치가 아닌 것은?

① 가이드 레일   ② 출입문 인터록
③ 과속조절기   ④ 파이널 리미트 스위치

가이드 레일:
① 엘리베이터의 움직이는 경로를 일정하게 한다.
② 카와 균형추의 승강로 평면 내의 위치를 규제한다.
③ 카의 자중이나 화물에 의한 카의 기울어짐을 방지한다.
④ 비상 멈춤이 작동할 때의 수직 하중을 유지한다.

46 중속 엘리베이터의 속도는 몇 m/s 이하인가?

① 2   ② 3
③ 4   ④ 5

분류	속도	
저속	0.75m/s 이하	45m/min 이하
중속	1~4m/s	60~240m/min
고속	4~6m/s	240~360m/min
초고속	6m/s 이상	360m/min 이상

정답 41 ② 42 ② 43 ③ 44 ① 45 ① 46 ③

47 승객(공동주택)용 엘리베이터에 주로 사용되는 도르래 홈의 종류는?

① U홈 ② V홈
③ 실홈 ④ 언더컷 홈

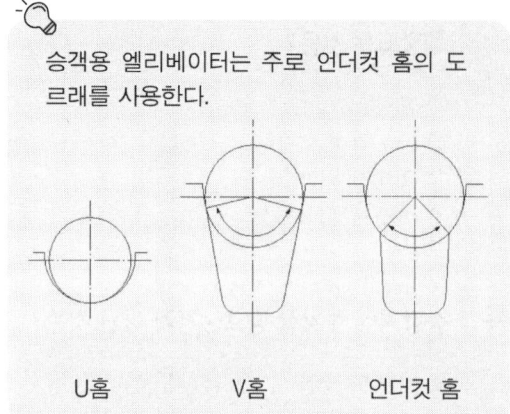

승객용 엘리베이터는 주로 언더컷 홈의 도르래를 사용한다.

U홈   V홈   언더컷 홈

48 승강기시설 안전관리법의 목적은 무엇인가?

① 승강기 이용자의 보호
② 승강기 이용자의 편리
③ 승강기 관리주체의 수익
④ 승강기 관리주체의 편리

49 승강장에서 디딤판 뒤쪽 끝부분을 황색 등으로 표시하여 설치되는 것은?

① 디딤판 체인   ② 테크보드
③ 디딤판 경계틀 ④ 스커트 가드

50 과속조절기의 점검사항으로 틀린 것은?

① 소음의 유무
② 브러시 주변의 청소상태
③ 볼트 및 너트의 이완 유무
④ 과속조절기 로프 클립 체결상태 양호 유무

51 균형추를 사용한 승객용 엘리베이터에서 제동기(Brake)의 제동력은 적재하중의 몇 [%]까지는 위험 없이 정지가 가능하여야 하는가?

① 100[%] ② 110[%]
③ 120[%] ④ 125[%]

제동기는 125%의 부하로 전속 하강 중, 카를 위험 없이 감속·정지시킬 수 있어야 한다.

52 스패너를 힘주어 돌릴 때 지켜야 할 안전사항이 아닌 것은?

① 스패너 자루에 파이프를 끼워 힘껏 조인다.
② 주위를 살펴보고 조심성 있게 조인다.
③ 스패너를 밀지 않고 당기는 식으로 사용한다.
④ 스패너를 조금씩 여러 번 돌려 사용한다.

스패너 자루에 파이프를 끼워 무리하게 사용하면 파손될 염려가 있다.

53 승객용 엘리베이터의 시브가 편마모 되었을 때 그 원인을 제거하기 위해 어떤 것을 보수, 조정하여야 하는가?

① 완충기   ② 과속조절기
③ 균형체인 ④ 로프의 장력

로프의 장력이 일정하지 않으면 시브가 편마모 된다.

정답 47 ④ 48 ① 49 ③ 50 ② 51 ④ 52 ① 53 ④

54 에스컬레이터의 손잡이에 관한 설명 중 틀린 것은?

① 손잡이와 디딤판과 속도가 일치해야 하며 역방향으로 승강하여야 한다.
② 정상운행 동안 손잡이가 손잡이 가이드로부터 이탈되지 않아야 한다.
③ 손잡이 인입구에 적절한 보호장치가 설치되어 있어야 한다.
④ 손잡이 인입구에 이물질 및 어린이의 손이 끼이지 않도록 안전스위치가 있어야 한다.

손잡이 디딤판과 속도가 일치(0~2%의 공차범위)되어야 하며 정방향으로 승강하여야 한다.

55 엘리베이터 카 도어머신에 요구되는 성능이 아닌 것은?

① 동작이 원활하고 정숙할 것
② 카 상부에 설치하기 위해 소형 경량일 것
③ 동작회수가 엘리베이터 기동회수의 2배이므로 보수가 용이할 것
④ 어떠한 경우라도 수동으로 카 도어가 열려서는 안 될 것

엘리베이터 카 도어 머신에 요구되는 성능
① 작동이 원활하고 조용할 것
② 카 상부에 설치하기 위해 소형 경량일 것
③ 동작회수가 엘리베이터 기동회수의 2배가 되므로 보수가 용이할 것
④ 가격이 저렴할 것

56 구름베어링의 특징에 관한 설명으로 틀린 것은?

① 고속회전이 가능하다.
② 마찰저항이 작다.
③ 설치가 까다롭다.
④ 충격에 강하다.

구름베어링은 충격에 약하다.

57 재해 누발자의 유형이 아닌 것은?

① 미숙성 누발자   ② 상황성 누발자
③ 습관성 누발자   ④ 자발성 누발자

재해 누발자의 유형:
① 미숙성 누발자   ② 상황성 누발자
③ 습관성 누발자   ④ 소질성 누발자

58 유압완충기에서 완전히 압축한 상태에서 완전히 복귀할 때까지 요하는 플런저의 복귀시간은 몇 초 이내이어야 하는가?

① 30   ② 60   ③ 90   ④ 120

59 3상 유도전동기의 회전 방향을 바꾸는 방법으로 옳은 것은?

① 3상 전원의 주파수를 바꾼다.
② 3상 전원 중 1상을 단선시킨다.
③ 3상 전원 중 2상을 단락시킨다.
④ 3상 전원 중 임의의 2상의 접속을 바꾼다.

3상 유도전동기의 회전 방향을 바꾸려면 3상 전원 중 2상의 접속을 바꾸면 된다.

60 인덕턴스가 5mH인 코일에 50Hz의 교류를 사용할 때 유도 리액턴스는 약 몇 인가?

① 1.57 ② 2.50 ③ 2.53 ④ 3.14

$X_L = wL = 2\pi fL$
$= 2 \times 3.14 \times 50 \times 5 \times 10^{-3} = 1.57 (\Omega)$

※ $1H = 1000mH$, $1mH = 10^{-3}H$

정답 60 ①

2020. 10. 11 CBT 복원문제

01 승강로 내에서 카를 상하로 주행 안내하고, 주행 중 카에 전달되는 진동을 감소시켜 주는 역할을 하는 것은?

① 가이드 슈   ② 완충기
③ 중간 스토퍼 ④ 가이드 레일

02 소형 화물 등의 운반에 적합하게 제작된 덤웨이터의 적재용량은?

① 300kg 이하 ② 200kg 이하
③ 100kg 이하 ④ 50kg 이하

 덤웨이터(dumb waiter)는 300kg 이하의 소화물(음식물, 서적)을 운반하는 데 사용하는 소형 엘리베이터이다.

03 승강기가 어떤 원인으로 피트에 떨어졌을 때 충격을 완화하기 위하여 설치하는 것은?

① 과속조절기   ② 추락방지 안전장치
③ 완충기   ④ 제동기

04 직접식 유압 엘리베이터의 특징으로 옳지 않은 것은?

① 승강로의 소요 평면 치수가 작고, 구조가 간단하다.
② 추락방지 안전장치가 필요하다.
③ 부하에 의한 바닥 침하가 적다.
④ 실린더 보호관을 땅속에 설치할 필요가 있다.

 직접식 유압 엘리베이터
① 추락방지 안전장치가 필요없다.
② 실린더(cylinder)를 설치하기 위한 보호관을 땅에 묻어야 하기 때문에 설치가 어렵다.
③ 해당 승강로 평면이 작아도 되고 구조가 간단하다.
④ 부하에 대한 케이지 응력이 작아진다.

05 무빙워크에서 경사각이 몇 도 이하인 경우, 디딤판을 광폭형으로 설치할 수 있는가?

① 6°   ② 8°   ③ 10°   ④ 12°

06 엘리베이터 정전시 카내를 조명하여 승객의 불안을 줄여주는 조명에 대한 설명으로 옳은 것은?

① 램프 중심부에서 2m 떨어진 수직면에서 3lx 이상의 밝기가 필요하다.
② 램프 중심부에서 1m 떨어진 수직면에서 2lx 이상의 밝기가 필요하다.
③ 램프 중심부에서 2m 떨어진 수직면에서 2lx 이상의 밝기가 필요하다.
④ 램프 중심부에서 1m 떨어진 수직면에서 5lx 이상의 밝기가 필요하다.

 비상조명장치: 5lx 이상의 조도로 필요한 장소에 1시간 동안 점등되어야 한다.

정답 1① 2① 3③ 4② 5① 6④

07 과속조절기의 종류가 아닌 것은?

① 롤세이프티형 ② 디스크형
③ 플렉시블형   ④ 플라이볼형

 과속조절기의 종류: 롤세이프티(roll safety)형, 디스크(disk)형, 플라이볼(fly ball)형이 있다.

08 전기식 엘리베이터 기계실의 조도는 기기가 배치된 바닥면에서 몇 lx 이상이어야 하는가?

① 150   ② 200   ③ 250   ④ 300

09 정전시 카내 비상조명장치에 관한 설명으로 틀린 것은?

① 조도는 5[lx] 이상이어야 한다.
② 조도는 램프중심부에서 1m 지점의 수직면상의 조도이다.
③ 정전 후 60초 이내에 점등되어야 한다.
④ 1시간 동안 전원이 공급되어야 한다.

 카내 비상조명장치는 상용전원 차단시 비상전원공급 장치에 의해 점등되어야 한다.

10 유압 엘리베이터의 동력전달 방법에 따른 종류가 아닌 것은?

① 스크류식   ② 직접식
③ 간접식   ④ 팬터 그래프식

 유압 엘리베이터의 종류:
① 직접식   ② 간접식
③ 팬터 그래프식

11 승강장의 문이 열린 상태에서 모든 제약이 해제되면 자동적으로 닫히게 하여 문의 개방상태에서 생기는 2차 재해를 방지하는 문의 안전장치는?

① 시그널 컨트롤   ② 도어 컨트롤
③ 도어 클로저   ④ 도어 인터록

① 시그널 컨트롤 방식: 기동은 운전원이 조작반의 버튼 조작으로 하며, 정지는 조작반의 목적층 버튼을 누르는 것과 승강장으로부터의 호출신호로 층의 순서대로 자동으로 정지한다. 반전은 어느 층에서도 할 수 있는 최고호출 자동반전장치(最高呼出 自動反轉裝置)가 붙어 있다.
② 도어 클로저: 승장 도어가 열려있을 시 자동으로 닫히게 하는 장치. 스프링 방식과 중력방식이 있다.
③ 도어 인터록: 도어 인터록 장치에서 중요한 것은 도어록 장치가 확실히 걸린 후 도어 스위치가 들어가고, 도어 스위치가 끊어진 후에 도어록이 열리는 구조로 하는 것이다. 이 장치는 도어록과 도어 스위치로 구성된다.

※ 도어록: 카가 정지하고 있지 않은 층계의 승강장문은 전용 열쇠를 사용하지 않으면 열리지 않도록 하는 장치
※ 도어 스위치: 문이 닫혀있지 않으면 운전이 불가능하도록 하는 장치

12 에스컬레이터에 관한 설명 중 틀린 것은?

① 손잡이 구동장치는 디딤판 구동장치와 연동되어 구동된다.
② 정격속도는 30m/min 이하로 되어 있다.
③ 승강 양정(길이)에서 고양정은 10m 이상이다.
④ 경사도는 수평으로 25° 이내이어야 한다.

정답 7 ③ 8 ② 9 ③ 10 ① 11 ③ 12 ④

① 에스컬레이터의 경사도는 30°를 초과하지 않아야 한다. 다만 높이가 6m 이하이고 공칭속도가 30m/min 이하인 경우에는 경사도를 35°까지 증가시킬 수 있다.
② 에스컬레이터 공칭속도는 경사도가 30° 이하인 경우는 45m/min 이하이어야 한다. 경사도가 30°를 초과하고 35° 이하인 경우는 30m/min 이하이어야 한다.
③ 6m까지의 양정을 보통 양정, 10m까지의 양정을 중양정, 10m 이상의 양정을 고양정이라 한다.
④ 손잡이 구동장치는 디딤판 구동장치와 연동되어 구동된다.

13 레일의 규격호칭은 소재 1m 길이당 중량을 라운드 번호로 하여 레일에 붙여 쓰고 있다. 일반적으로 쓰이고 있는 T형 레일의 공칭이 아닌 것은?

① 8K 레일   ② 13K 레일
③ 16K 레일 ④ 24K 레일

① 레일 호칭은 마무리 가공전 소재의 1m당 중량으로 한다.
② 보통 T형 레일을 사용하는데 공칭은 8K, 13K, 18K, 24K이나 대용량 엘리베이터에서는 37K, 50K 등도 사용된다.
③ 레일의 표준길이는 5m이다.

14 균형추의 중량을 결정하는 계산식은? (단, 여기서 L은 정격 하중, F는 오버밸런스율이다)

① 균형추의 중량 = 카 자체하중 + (L×F)
② 균형추의 중량 = 카 자체하중 × (L×F)
③ 균형추의 중량 = 카 자체하중 + (L + F)
④ 균형추의 중량 = 카 자체하중 + (L − F)

균형추의 중량 = 카 자체하중 + L·F

15 엘리베이터의 정격속도 계산 시 무관한 항목은?

① 감속비   ② 편향도르래
③ 전동기 회전수 ④ 권상도르래 직경

속도 $V = \dfrac{\pi \cdot D \cdot N}{1000} \cdot i \,(\text{m/min})$

단, D : 권상기 도르래의 지름(mm)
N : 전동기의 회전수(rpm)
i : 감속기의 감속비

16 압력맥동이 적고 소음이 적어서 유압식 엘리베이터에 주로 사용되는 펌프는?

① 기어 펌프   ② 베인 펌프
③ 스크류 펌프 ④ 릴리프 펌프

스크류 펌프 : 압력맥동이 적고 소음이 적어서 유압식 엘리베이터에 주로 사용된다.

17 작동유의 압력맥동을 흡수하여 진동, 소음을 감소시키는 것은?

① 펌프   ② 필터
③ 사일렌서 ④ 역류제지 밸브

사일렌서(silencer) : 유압 엘리베이터의 소음과 진동을 흡수하기 위한 장치이다. 자동차의 머플러에 해당된다.

18 카 문턱과 승강장문 문턱 사이의 수평거리는 몇 mm 이하이어야 하는가?

① 12 ② 15 ③ 35 ④ 125

19 펌프의 출력에 대한 설명으로 옳은 것은?

① 압력과 토출량에 비례한다.
② 압력과 토출량에 반비례한다.
③ 압력에 비례하고, 토출량에 반비례한다.
④ 압력에 반비례하고, 토출량에 비례한다.

 펌프의 출력은 유압과 토출량에 비례한다.

20 전기식 엘리베이터에서 기계실 출입문의 크기는?

① 폭 0.7m 이상, 높이 1.8m 이상
② 폭 0.7m 이상, 높이 1.9m 이상
③ 폭 0.6m 이상, 높이 1.8m 이상
④ 폭 0.6m 이상, 높이 1.9m 이상

21 추락방지 안전장치 작동시 카 바닥 기울기는 정상 위치에서 몇 %를 초과하면 안되는가?

① 5 ② 10 ③ 15 ④ 20

22 유압식 엘리베이터에 대한 설명으로 옳지 않은 것은?

① 실린더를 사용하기 때문에 행정거리와 속도에 한계가 있다.
② 균형추를 사용하지 않으므로 전동기의 소요동력이 커진다.
③ 건물 꼭대기 부분에 하중이 많이 걸린다.
④ 승강로의 꼭대기 틈새가 작아도 좋다.

 건물 꼭대기 부분에 하중이 많이 걸리는 것은 아니다.

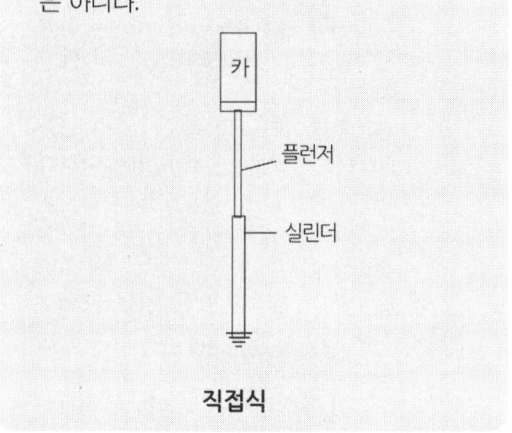

직접식

23 엘리베이터의 속도가 규정치 이상이 되었을 때 작동하여 동력을 차단하고 비상정지를 작동시키는 기계장치는?

① 구동기   ② 과속조절기
③ 완충기   ④ 도어스위치

24 피트에 설치되지 않은 것은?

① 인장 도르래 ② 과속조절기
③ 완충기   ④ 균형추

25 승강기의 캣치가 작동되었을 때 로프의 인장력에 대한 설명으로 적합한 것은?

① 300N 이상과 추락방지 안전장치를 거는 데 필요한 힘의 1.5배를 비교하여 큰 값 이상
② 300N 이상과 추락방지 안전장치를 거는 데 필요한 힘의 2배를 비교하여 큰 값 이상
③ 400N 이상과 추락방지 안전장치를 거는 데 필요한 힘의 1.5배를 비교하여 큰 값 이상
④ 400N 이상과 추락방지 안전장치를 거는 데 필요한 힘의 2배를 비교하여 큰 값 이상

정답 18 ③ 19 ① 20 ① 21 ① 22 ③ 23 ② 24 ④ 25 ②

26 전기식 엘리베이터 기계실의 구비조건으로 틀린 것은?

① 기계실의 크기는 작업구역에서의 유효높이는 2.5m 이상이어야 한다.
② 기계실에는 소요설비 이외의 것을 설치하거나 두어서는 안 된다.
③ 유지관리에 지장이 없도록 조명 및 환기 시설은 승강기 검사기준에 적합하여야 한다.
④ 출입문은 외부인의 출입을 방지할 수 있도록 잠금장치를 설치하여야 한다.

 작업구역에서의 유효높이는 2.1m 이상이어야 한다.

27 승객과 운전자의 마음을 편하게 해주기 위하여 설치하는 장치는?

① 파킹장치 ② 통신장치
③ 과속조절기 장치 ④ BGM장치

 BGM 장치는 Back Ground Music의 약자로 카 내부에 음악이나 방송을 하기 위한 장치를 말한다.

28 간접식 유압엘리베이터의 특징이 아닌 것은?

① 부하에 의한 카의 빠짐이 비교적 작다.
② 실린더의 점검이 용이하다.
③ 승강로는 실린더를 수용할 부분만큼 더 커지게 된다.
④ 추락방지 안전장치가 필요하다.

 간접식 유압 엘리베이터
· 실린더 보호관이 필요 없다.
· 실린더 점검이 용이하다.
· 추락방지 안전장치가 필요하다.
· 로프의 이완(늘어남)과 기름의 압축성 때문에 부하로 인한 바닥 침하가 있다.

29 기계실에 설치할 설비가 아닌 것은?

① 완충기 ② 권상기
③ 과속조절기 ④ 제어반

 기계실에는 권상기, 과속조절기, 제어반, 전동기 등이 있다.

30 유압식 엘리베이터의 속도제어에서 주회로에 유량제어밸브를 삽입하여 유량을 직접 제어하는 회로는?

① 미터 오프 회로 ② 미터 인 회로
③ 블리드 오프 회로 ④ 블리드 인 회로

· 미터 인(meter-in) 회로: 여분의 오일이 안전밸브를 통해 탱크로 되돌려 보내지므로 효율이 나쁘다.
· 블리드 오프(bleed-off) 회로: 실린더로 공급되는 유량이 실린더의 속도보다 너무 많을 때 그 남는 양을 탱크로 우회시키는 회로

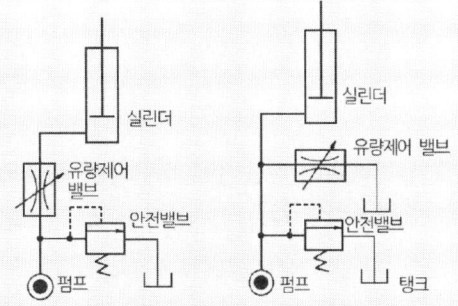

미터 인(meter-in) 회로   블리드 오프(bleed-off) 회로

31 매다는 장치 꼬는 방법 중 보통꼬임에 해당하는 것은?

① 스트랜드의 꼬는 방향과 로프의 꼬는 방향이 반대인 것
② 스트랜드의 꼬는 방향과 로프의 꼬는 방향이 같은 것
③ 스트랜드의 꼬는 방향과 로프의 꼬는 방향이 일정구간 같았다가 반대이었다가 하는 것
④ 스트랜드의 꼬는 방향과 로프의 꼬는 방향이 전체 길이의 반은 같고 반은 반대인 것

보통꼬임은 스트랜드(소선을 끈 밧줄가닥)의 꼬는 방향과 로프의 꼬는 방향이 반대이고, 랭꼬임은 스트랜드의 꼬는 방향과 로프의 꼬는 방향이 동일하다.

32 에스컬레이터의 이동용 손잡이에 대한 안전점검 사항이 아닌 것은?

① 균열 및 파손 등의 유무
② 손잡이의 안전마크 유무
③ 디딤판과의 속도차 유지 여부
④ 손잡이가 드나드는 구멍의 보호장치 유무

에스컬레이터의 손잡이와 디딤판: 연동되어 구동되어야 하며, 속도 허용 오차는 −0%에서 +2% 이내일 것

33 엘리베이터 전동기에 요구되는 특성으로 옳지 않은 것은?

① 충분한 제동력을 가져야 한다.
② 운전상태가 정숙하고 고진동이어야 한다.
③ 카의 정격속도를 만족하는 회전특성을 가져야 한다.
④ 높은 기동빈도에 의한 발열에 대응하여야 한다.

엘리베이터용 전동기에 요구되는 특성
① 충분한 제동력이 있어야 한다.
② 카의 정격속도를 만족하는 회전특성이 있어야 한다.
③ 운전상태가 정숙, 저진동이어야 한다.
④ 많은 기동빈도에 의한 발열에 대응되어야 한다.

34 중속 엘리베이터의 속도는 몇 m/s 이하인가?

① 2   ② 3   ③ 4   ④ 5

분류	속도	
저속	0.75m/s 이하	45m/min 이하
중속	1~4m/s	60~240m/min
고속	4~6m/s	240~360m/min
초고속	6m/s 이상	360m/min 이상

35 에스컬레이터의 다딤판과 스커트 가드와의 틈새는 양쪽 모두 합쳐서 최대 얼마이어야 하는가?

① 5mm 이하   ② 7mm 이하
③ 9mm 이하   ④ 10mm 이하

36 기계실을 승강로의 아래쪽에 설치하는 방식은?

① 정상부형 방식   ② 횡인 구동 방식
③ 베이스먼트 방식 ④ 사이드머신 방식

기계실의 위치:
① 정상부: 승강로 최상부에 설치하는 방식
② 베이스먼트(하부 측면부) 방식: 승강로 하부 측면에 설치하는 방식
③ 사이드머신(상부 측면부) 방식: 승강로 상부 측면에 설치하는 방식

정답 31 ① 32 ② 33 ② 34 ③ 35 ② 36 ③

37 트랙션 권상기의 특징으로 틀린 것은?

① 소요동력이 작다.
② 행정거리의 제한이 없다.
③ 주로프 및 도르래의 마모가 일어나지 않는다.
④ 권과(지나치게 감기는 현상)를 일으키지 않는다.

트랙션 권상기의 특징
① 소요동력이 작다.
② 행정거리의 제한이 없다.
③ 지나치게 감기는 현상이 일어나지 않는다.

38 작동유의 압력맥동을 흡수하여 진동, 소음을 감소시키는 것은?

① 펌프   ② 필터
③ 사일렌서   ④ 역류제지 밸브

사일렌서(silencer): 유압 엘리베이터의 소음과 진동을 흡수하기 위한 장치이다. 자동차의 머플러에 해당된다.

39 기계실에서 이동을 위한 공간의 유효 높이는 바닥에서부터 천장의 빔 하부까지 측정하여 몇 m 이상이어야 하는가?

① 1.2   ② 1.8   ③ 2.0   ④ 2.5

40 기계실 바닥에 몇 m를 초과하는 단차가 있을 경우에는 보호난간이 있는 계단 또는 발판이 있어야 하는가?

① 0.3   ② 0.4   ③ 0.5   ④ 0.6

41 재해원인을 분류할 때 인적 요인에 해당되는 것은?

① 방호장치의 결함   ② 안전장치의 결함
③ 보호구의 결함   ④ 지식의 부족

인적요인은 지식의 부족, 태만, 지시무시, 과로 등이 이에 해당된다.

42 에스컬레이터 사고 발생중 가장 많이 발생하는 원인은?

① 과부하   ② 기계불량
③ 이용자의 부주의   ④ 작업자의 부주의

43 전기화재의 원인이 아닌 것은?

① 누전   ② 단락
③ 과전류   ④ 케이블 연파

44 승강기에 적용하는 가이드 레일의 규격을 결정하는 데 관계가 가장 적은 것은?

① 과속조절기의 속도
② 지진 발생시 건물의 수평진동력
③ 추락방지 안전장치의 작동시 작용할 수 있는 좌굴하중
④ 불균형한 큰 하중이 적재될 때 작용하는 회전 모멘트

45 에스컬레이터 구동기의 공칭속도는 몇 %를 초과하지 않아야 하는가?

① ±1   ② ±3   ③ ±5   ④ ±8

정답 37 ③ 38 ③ 39 ② 40 ③ 41 ④ 42 ③ 43 ④ 44 ① 45 ③

46 작업장에서 작업복을 착용하는 가장 큰 이유는?

① 방한
② 복장 통일
③ 작업능률 향상
④ 작업 중 위험 감소

47 작업자의 재해 예방에 대한 일반적인 대책으로 맞지 않는 것은?

① 계획의 작성
② 엄격한 작업감독
③ 위험요인의 발굴 대처
④ 작업지시에 대한 위험 예지의 실시

엄격한 작업감독을 한다고 재해 예방이 되는 것은 아니다.

48 로프의 미끄러짐 현상을 줄이는 방법으로 틀린 것은?

① 권부각을 크게 한다.
② 카 자중을 가볍게 한다.
③ 가감속도를 완만하게 한다.
④ 균형체인이나 균형로프를 설치한다.

카 자중을 가볍게 한다고 로프의 미끄러짐이 없어지는 것은 아니다.

49 고장 및 정전 시 카 내의 승객을 구출하기 위해 카 천장에 설치된 비상구출문에 대한 설명으로 틀린 것은?

① 카 천장에 설치된 비상구출문은 카 내부 방향으로 열리지 않아야 한다.
② 카 내부에서는 열쇠를 사용하지 않으면 열 수 없는 구조이어야 한다.
③ 비상구출구의 크기는 0.3m×0.3m 이상 이어야 한다.
④ 카 천장에 설치된 비상구출문은 열쇠 등을 사용하지 않고 카 외부에서 간단한 조작으로 열 수 있어야 한다.

카 천장 비상구출문의 크기: 0.4m×0.5m 이상

50 에스컬레이터의 디딤판 체인이 늘어남을 확인하는 방법으로 가장 적합한 것은?

① 구동체인을 점검한다.
② 롤러의 물림상태를 확인한다.
③ 라이저의 마모상태를 확인한다.
④ 디딤판과 디딤판 간격을 측정한다.

비상구출구의 크기는 0.4m×0.5m 이상 이어야 한다.
라이저: 디딤판의 수직 부분을 말한다.

51 안전점검을 할 때 어떤 일정기간을 두고서 행하는 점검은?

① 수시점검
② 임시점검
③ 특별점검
④ 정기점검

52 직류 전동기에서 전기자 반작용의 원인이 되는 것은?

① 계자 전류
② 전기자 전류
③ 와류손 전류
④ 히스테리시스손의 전류

전기자 반작용이란 전기자 전류에 의해 발생된 자속이 주자속(N, S극)에 나쁜 영향을 끼치는 현상을 말한다. 전기자 반작용을 예방하는 방법에는 보극 또는 보상권선의 설치 그리고 중성축을 이동시키는 방법이 있다.

정답 46 ④ 47 ② 48 ② 49 ③ 50 ④ 51 ④ 52 ②

53 전기 화재의 원인으로 직접적인 관계가 되지 않는 것은?

① 저항   ② 누전   ③ 단락   ④ 과전류

54 다음에서 극성을 갖고 있는 콘덴서는 어느 것인가?

① 전해 콘덴서   ② 마일러 콘덴서
③ 세라믹 콘덴서   ④ 마이카 콘덴서

 전해 콘덴서는 극성이 있다. 용도는 평활회로, 저주파 바이패스 등에 사용된다.

55 한쌍의 기어를 맞물렸을 때 치면 사이에 생기는 틈새를 무엇이라 하는가?

① 백래시   ② 이 사이
③ 이뿌리면   ④ 지름피치

56 엘리베이터의 정격속도 계산 시 무관한 항목은?

① 감속비   ② 편향도르래
③ 전동기 회전수   ④ 권상도르래 직경

 속도 $V = \dfrac{\pi \cdot D \cdot N}{1000} \cdot i \,(m/min)$

단, D: 권상기 도르래의 지름(mm)
N: 전동기의 회전수(rpm)
i: 감속기의 감속비

57 엘리베이터의 로프 거는 방법에서 1:1에 비하여 3:1, 4:1 또는 6:1로 하였을 때 나타나는 현상으로 옳지 않은 것은?

① 로프의 수명이 짧아진다.
② 로프의 길이가 길어진다.
③ 속도가 빨라진다.
④ 종합적인 효율이 저하된다.

 속도비가 크면 클수록 속도는 늦어진다.

58 직류기에서 워드 레오나드 방식의 목적은?

① 계자자속을 조정하기 위하여
② 속도제어를 하기 위하여
③ 병렬운전을 하기 위하여
④ 정류를 좋게 하기 위하여

 워드 레오나드(ward leonard) 방식: 직류 발전기의 출력단을 직접 직류 전동기 전기자에 연결시키고, 발전기의 계자 전류를 조정하여 발전전압을 엘리베이터 속도에 대응하여 연속적으로 공급시키는 방식이다. 유지보수가 어려우나, 교류 2단 속도에 비하여 승차감이 좋고 착상 시간도 짧다.

59 디딤판 폭 0.8m, 공칭 속도 0.75m/s인 에스컬레이터로 수송할 수 있는 최대 인원의 수는 시간 당 몇 명인가?

① 3600   ② 4800   ③ 6000   ④ 6600

 최대 수용력은 다음 표와 같다.

디딤판 폭	공칭속도(m/s)		
	0.5	0.65	0.75
0.6m	3,600 명/h	4,400 명/h	4,900 명/h
0.8m	4,800 명/h	5,900 명/h	6,600 명/h
1m	6,000 명/h	7,300 명/h	8,200 명/h

정답 53 ① 54 ① 55 ① 56 ② 57 ③ 58 ② 59 ④

60 보수 기술자의 올바른 자세로 볼 수 없는 것은?

① 신속, 정확 및 예의바르게 보수 처리한다.
② 보수를 할 때는 안전기준보다는 경험을 우선시한다.
③ 항상 배우는 자세로 기술향상에 적극 노력한다.
④ 안전에 유의하면서 작업하고 항상 건강에 유의한다.

보수를 할 때는 안전기준을 우선시 해야 한다.

2021. CBT 과년도 문제

01 다음에서 급유가 필요하지 않은 곳은?

① 웜기어(worm gear)
② 가이드 레일(guide rail)
③ 과속조절기(governor)
④ 호이스트 로프(hoise rope)

 과속조절기는 과속조절기 로프를 카에 매달아 카의 속도를 항상 감지하는 장치로, 급유는 필요하지 않다.

02 승강기 정격속도가 120m/min이고 제동장치가 1m인 승강기가 있다. 제동을 건 후 몇 초 후에 정지하는가?

① 1초 ② 2초 ③ 3초 ④ 4초

 $t = \dfrac{120d}{V} = \dfrac{120 \times 1}{120} = 1(s)$

03 유압식 승강기에서 로프식 승강기의 전자 브레이크 역할을 하는 것은?

① 유량제어밸브 ② 역저지밸브
③ 필터 ④ 사일렌서

 역저지밸브(check valve):
한쪽 방향으로만 오일이 흐르도록 하는 밸브로서 상승 방향으로는 흐르지만, 역방향으로는 흐르지 않는다. 이것은 오일이 역류하여 토출압력이 떨어져, 카가 자체 무게에 의해 하강하는 것을 방지한다.

시일렌서: 유압 작동유의 압력맥동을 흡수하여 진동 소음을 감소시킨다.

04 승강로에는 모든 출입문이 닫혔을 때 승강로 전 구간에 걸쳐 영구적인 전기 조명이 있어야 하는데, 카 지붕에서 수직 위로 1m 떨어진 곳의 조도(1lx)로 맞는 것은?

① 10lx 이상 ② 20lx 이상
③ 50lx 이상 ④ 100lx 이상

05 다음 중 승강기의 방호장치에 해당되지 않는 것은 어느 것인가?

① 과속조절기 ② 브레이크
③ 추락방지 안전장치 ④ 발전기

06 엘리베이터가 운전중일 때 회전하지 않는 것은?

① 브레이크 드럼
② 매다는 장치 도르래
③ 과속조절기 텐션 시브
④ 브레이크 라이닝

 브레이크 라이닝은 브레이크 슈에 붙어있어, 엘리베이터를 정지시킬 때 모터를 잡는 부분이다.

정답 1 ③ 2 ① 3 ② 4 ③ 5 ④ 6 ④

07 케이지가 정지하고 있지 않은 층계의 승강장 문을 전용의 키를 사용해야만 열 수 있도록 한 장치는?

① 도어 록
② 도어 스위치
③ 클로저
④ 도어 보호장치

- 도어 록(door lock): 카가 정지하고 있지 않는 층계의 승강장문은 전용 열쇠를 사용하지 않으면 열리지 않도록 하는 장치.
- 도어 스위치(door switch): 문이 닫혀 있지 않으면 운전이 불가능하도록 하는 장치.
- 클로저(closer): 승장 도어가 열려있을 시 자동으로 닫히게 하는 장치.
- 도어의 보호장치:
  ① 세이프티 슈(safety shoe)
    문의 선단에 이물질 검출장치를 설치하여 사람이나 물질이 접촉되면 도어의 닫힘은 중단되고 열린다.
  ② 광전 장치(safety ray)
    투광(投光)기와 수광(受光)기로 구성되며, 도어의 양단에 설치해 광선(beam)이 차단될 때 도어의 닫힘은 중단되고 열린다.
  ③ 초음파 장치(ultrasonic door sensor)
    초음파로 승장쪽에 접근하는 사람이나 물건을 검출해, (유모차, 휠체어 등)도어의 닫힘을 중단시키고 열리게 한다.

08 승강기에 사용되는 레일의 종류가 아닌 것은?

① 8K
② 10K
③ 13K
④ 18K

T형 레일의 공칭은 8K, 13K, 18k, 24K, 30K등이 있다.

09 무빙워크의 경사도는 몇도 이하이어야 하는가?

① 12°
② 15°
③ 18°
④ 30°

무빙워크:
① 경사도는 12° 이하일 것
② 정격속도는 0.75m/s 이하일 것
③ 팔레트식과 고무벨트식이 있다.

10 로프식 엘리베이터의 권상 도르래(main shave)와 로프의 미끄러짐 관계를 설명한 것 중 틀린 것은?

① 카의 가속도와 감속도가 클수록 미끄러지기 쉽다.
② 매다는 장치와 권상 도르래의 마찰계수가 작을수록 미끄러지기 쉽다.
③ 카와 균형추의 로프에 걸리는 중량비가 클수록 미끄러지기 쉽다.
④ 매다는 장치 권상 도르래에 감기는 권부각이 클수록 미끄러지기 쉽다.

매다는 장치 권상 도르래에 감기는 권부각이 클수록 미끄러지기 어렵다.

11 다음에서 에스컬레이터 디딤판의 승강을 자동으로 정지시키는 장치가 작동하지 않는 경우로 맞는 것은?

① 삼각부 안전보호판에 이물질이 접촉시
② 디딤판 체인이 절단시
③ 디딤판과 디딤판 경계틀(comb)이 맞물리는 지점에 물체가 끼었을때
④ 승강장 근처에 설치한 방화셔터가 닫히기 시작할 때

3각부 안전 보호판은 에스컬레이터와 건물 층 바닥이 교차하는 곳에 설치하여, 사람의 신체 일부가 끼이는 사고를 예방하기 위함이다.

12 에스컬레이터 비상정지 스위치의 설치위치로 맞는 것은?

① 디딤판과 콤(comb)이 맞물리는 지점에 설치한다.
② 리미트 스위치에 설치한다.
③ 상 하부 승강구 입구에 설치한다.
④ 승강로의 중간부에 설치한다.

비상정지 스위치 사이의 거리는 에스컬레이터는 30m 이하, 무빙워크는 40m 이하이어야 한다.

13 균형추의 중량을 구하는 식으로 맞는 것은?
L: 정격 적재량(kg), F: 오버밸런스율이다

① 균형추 중량=케이지 자체 하중
② 균형추 중량=케이지 자체 하중 + L
③ 균형추 중량=케이지 자체 하중 + L · F
④ 균형추 중량=케이지 자체 하중 + L + F

14 유압용 엘리베이터에 가장 많이 사용하는 펌프는?

① 기어펌프 ② 스크루펌프
③ 베인펌프 ④ 시프톨펌프

• 스크루 펌프: 나사모양의 로터(스크루)를 회전시켜 유체를 이송하는 방식으로, 유압용 엘리베이터에 가장 많이 사용된다.

• 베인 펌프: 회전하는 로터와 베인(날개)을 이용하여 유체를 이동시킨다.
• 기어 펌프: 유체를 변위하기 위해 맞물리는 기어를 사용하여 이동시킨다.

15 엘리베이터의 종류중 동력 매체별로 구분한 것이 아닌 것은 어느 것인가?

① 스크루식 ② 로프식
③ 플런저식 ④ 권상식

동력 매체별 분류에는 스크루식, 로프식, 플런저식, 랙 · 피니언식이 있다.

16 홀 랜턴(hall lantern)을 바르게 설명한 것은?

① 단독 카일 때 많이 사용하며 방향을 표시한다.
② 2대 이상일 때 많이 사용하며 위치를 표시한다.
③ 군관리방식에서 도착예보와 방향을 표시한다.
④ 카의 출발을 예보한다.

홀 랜턴은 군관리 방식 엘리베이터의 승강장에 설치하여, 호출하는 카의 예측과 도착을 알려주는 램프이다.

17 엘리베이터용 매다는 장치는 일반 로프와는 다른 특징이 있는데, 이에 해당되지 않는 것은?

① 반복적인 벤딩에 소선이 끊이지 않을 것
② 유연성이 클 것
③ 파단강도가 높을 것
④ 마모에 견딜 수 있도록 탄소량을 많게 할 것

정답 12 ③ 13 ③ 14 ② 15 ④ 16 ③ 17 ④

매다는 장치 외층 소선에 사용한 소선은 일반 로프에 비해 탄소량이 적다.

18 록다운(lock-down) 추락방지 안전장치는 기능상 어떤 비상정지 방식으로 하는 것이 가장 좋은가?

① 슬랙로프식 ② 순간식
③ 가이드 점진식 ④ 웨지 점진식

 록다운 비상정지장치(튀어오름 방지장치): 카가 비상정지 장치를 작동했을 때 균형추, 와이어로프 등이 관성으로 튀어 오르지 못하게 한다. 이 장치는 순간 정지식이어야 하며, 속도 210m/min 이상 시 반드시 설치해야 한다.

19 엘리베이터 도어 시스템 분류시 1S, 2S 등으로 분류하였다. 여기서 S의 의미는?

① 상하열기 ② 가로열기
③ 2짝문 ④ 외짝문

 S: 가로열기   CO: 중앙열기
UP: 상승열기   UD: 상하열기

20 소방 구조용 엘리베이터는 정전시 몇초 이내에 엘리베이터 운행에 필요한 전력용량을 자동으로 발생시켜야 하는가?

① 30 ② 60 ③ 90 ④ 120

 소방구조용 엘리베이터는 정전시 보조 전원공급 장치에 의하여 60초 이내에 운행에 필요한 전력용량을 발생시키되, 2시간 이상 운행시킬 수 있어야 한다.

21 에스컬레이터 디딤판 체인 및 구동체인의 안전율로 옳은 것은?

① 3 이상   ② 5 이상
③ 10 이상 ④ 12 이상

- 모든 구동 부품 및 트러스: 안전율 5 이상
- 디딤판 체인, 구동체인: 안전율 10 이상

22 유압식 엘리베이터의 파워유니트 구성요소가 아닌 것은?

① 체크 밸브 ② 펌프
③ 유압실린더 ④ 안전밸브

 유압 엘리베이터의 파워 유니트는 펌프, 밸브류(체크밸브, 안전밸브, 유량제어밸브), 전동기 등으로 구성되어 잇다.

23 일반적으로 기계실의 바닥면적은 승강로 수평투명면적의 몇 배 이상으로 하여야 하는가?

① 1.5 ② 2.0 ③ 2.5 ④ 3.0

24 엘리베이터의 완충기에 대한 설명 중 옳지 않은 것은?

① 엘리베이터 피트부분에 설치한다.
② 케이지나 균형추의 자유낙하를 완충한다.
③ 에너지 축적형 완충기와 에너지 분산형 완충기가 있다.
④ 엘리베이터의 속도가 낮은 곳에는 에너지 축적형 완충기가 사용된다.

완충기는 카가 어떤 원인으로 최하층을 통과하여 피트로 떨어질때 충격을 완화하기 위한 장치이다. 완충기는 카나 균형추의 자유낙하를 완충하기 위한 것은 아니다. 자유낙하는 추락방지 안전장치기 작동된다.

25 엘리베이터 승강장문의 유효 출입구 폭은 카 출입구 폭 이상으로 하여야 한다. 승강장문 출입구 유효폭은 카 출입구 폭보다 몇 mm를 초과하지 않아야 하는가?

① 70 ② 60 ③ 50 ④ 40

26 다음에서 엘리베이터의 방호장치가 아닌 것은?

① 추락방지 안전장치
② 과속조절기
③ 완충기
④ 전동기

전동기는 권상기에 사용되는데 3상 유도 전동기가 주로 사용된다.

27 승강장 출입구 바닥 앞부분과 카 바닥 앞부분과의 틈의 너비는 몇(cm) 이하로 하여야 하는가?

① 3.0 ② 3.5 ③ 4.0 ④ 4.5

승강장 출입구 바닥 앞부분과 카 바닥 앞부분과의 틈새는 3.5cm(장애인용은 3cm) 이하이어야 한다.

28 도어 인터록의 작동순서로 맞는 것은?

① 도어가 열릴 때 잠금장치 풀림 후 도어 스위치 off
② 도어가 열릴 때 잠금장치와 도어 스위치가 동시에 off
③ 도어가 닫힐 때 잠금장치 걸림 후 도어 스위치 on
④ 도어가 닫힐 때 도어 스위치 on 후에 잠금장치 걸림

도어 인터록: 이 장치는 카가 정지하지 않는 층의 도어는 특수한 열쇠를 사용하지 않으면 열리지 않도록 하는 도어록과 도어가 닫혀있지 않으면 운전이 불가능하도록 하는 도어 스위치로 구성된다. 도어 인터록 장치에서 중요한 것은 도어록 장치가 확실히 걸린 후 도어 스위치가 들어가고 도어 스위치가 끊어진 후에 도어록이 열리는 구조로 하는 것이다.

29 유압 엘리베이터의 안전장치에 대한 설명으로 옳지 않은 것은?

① 상승시 유압은 상용압력의 125%가 넘지 않도록 조절하는 릴리프 밸브장치가 필요하다.
② 전동기의 공회전 방지장치를 설치해야 한다.
③ 오일의 온도를 65℃~80℃로 유지하기 위한 장치를 설치해야 한다.
④ 전원 차단시 실린더 내의 오일의 역류로 인한 카의 하강을 자동 저지하는 장치를 설치해야 한다.

오일의 온도를 5℃ 이상 60℃ 이하로 유지해야 한다.

정답 25 ③ 26 ④ 27 ② 28 ③ 29 ③

30 엘리베이터에서는 몇 %의 부하로 전속 하강 중의 케이지를 위험없이 감속, 정지할 수 있어야 하는가?

① 110 ② 125 ③ 140 ④ 150

31 카 자중 1500kg, 적재하중 1200kg, 오버밸런스율 45%인 승강기의 균형추 중량은 몇 kg인가?

① 1840 ② 1960 ③ 2040 ④ 2160

균형추 측 중량 = 카의 중량 + LF
= $1500 + (1200 \times 0.45) = 2040$ (kg)

32 유압 엘리베이터에서 안전밸브가 작동하는 설정값은 상용압력의 몇 %로 하는가?

① 110 ② 125 ③ 140 ④ 150

안전밸브(relief valve)는 회로의 압력이 사용압력의 125% 이상 높아지게 되면, 바이패스(by-pass)회로를 열어 기름을 탱크로 돌려보내, 압력상승을 방지한다.

33 에스컬레이터 디딤판의 좌우와 전방에 황색 또는 적색으로 디딤판 주위의 홈에 끼이지 않도록 표시하는 부품은?

① 디딤판 체인 ② 테크보드
③ 디딤판 경계틀 ④ 스커트 가드

34 유압식 엘리베이터의 체인의 안전율은 얼마 이상이어야 하는가?

① 5 ② 8 ③ 10 ④ 12

• 체인: 10 이상 • 가요성 호스: 8 이상
• 실린더: 4 이상

35 승강기용 통신장치로 가장 많이 사용되는 것은?

① 핸드폰 ② 전화기 ③ 비상벨 ④ 인터폰

36 엘리베이터 기계실에 관한 설명 중 옳지 않은 것은?

① 작업규역에서는 높이가 2.1m 이상 되어야 한다.
② 기계실의 바로 위층 또는 인접한 벽면에 물탱크실을 설치할 수 있다.
③ 실온은 원칙적으로 40℃ 이하를 유지할 수 있어야 한다.
④ 기계실에는 일반적으로 엘리베이터와 관계없는 설비를 설치하지 않아야 한다.

기계실 바로 위층 또는 인접한 벽면에 물탱크실을 설치시, 누수가 발생하면 기계실에 습기로 인하여 오동작을 일으킬 수 있으므로, 절대로 기계실 위층이나 벽면에는 물탱크실을 설치해서는 안된다.

37 승강기에 사용되는 전동기의 용량을 결정하는 요소로 옳지 않은 것은?

① 종합효율 ② 정격 적재하중
③ 건물 높이 ④ 정격속도

엘리베이터용 전동기의 용량

$$P = \frac{MVS}{6120\eta} \text{ (kW)}$$

단, P:전동기 용량, M:정격 적재량,
V:정격속도, η:종합효율,
$S: 1-A$ (A:오버밸런스율)

정답 30 ② 31 ③ 32 ② 33 ④ 34 ③ 35 ④ 36 ② 37 ③

38 엘리베이터에서 에이프런 수직 부분의 높이는 얼마 이상이어야 하는가?

① 0.75m 이상   ② 0.55m 이상
③ 0.35m 이상   ④ 0.15m 이상

 엘리베이터 에이프런: 수직 부분의 높이는 0.75m(주택용 엘리베이터는 0.54m) 이상이어야 한다.

39 유압 엘리베이터에 관한 설명으로 맞지 않는 것은?

① 승강로 상부틈새가 커야 한다.
② 기계실의 배치가 자유롭다.
③ 건물 꼭대기 부분에 하중이 걸리지 않는다.
④ 실린더를 사용하므로 행정거리와 속도에 한계가 있다.

 유압 엘리베이터는 승강로 상부틈새가 작아도 된다.

40 과속조절기 로프의 안전율은?

① 4 이상   ② 6 이상
③ 8 이상   ④ 10 이상

41 권수 N의 코일에 $I(A)$의 전류가 흘러 자속 $\phi(wb)$가 생겼다면, 자기인덕턴스 L은 몇 H인가?

① $L = \dfrac{\phi}{N}$ ② $L = IN\phi$

③ $L = \dfrac{N\phi}{I}$ ④ $L = \dfrac{IN}{\phi}$

42 다이오드, 트랜지스터 등의 반도체 스위칭 회로를 무슨 회로라 하는가?

① 전자개폐기회로
② 유접점회로
③ 무접점회로
④ 과전류계전기회로

 전기회로가 연결되고 끊어지는 접촉점이 없는 회로를 무접점회로라 한다. 다이오드, 트랜지스터 등의 반도체 스위칭 회로를 말한다.

43 반도체로 만든 PN접합은 무슨 작용을 하는가?

① 증폭작용   ② 발전작용
③ 정류작용   ④ 변조작용

 PN접합 다이오드는 정류작용을 한다.

44 어떤 백열전등에 200V의 전압을 가하면 0.2A의 전류가 흐른다. 이 전등은 소비전력은 W인가?

① 30   ② 40   ③ 50   ④ 60

 $P = VI = 200 \times 0.2 = 40(W)$

45 엘리베이터 매다는 장치의 점검 사항으로 적합하지 않은 것은?

① 절연저항   ② 녹의 유무
③ 마모의 정도   ④ 먼지 모래 등 부착

 절연저항은 절연물질이 갖는 전기적 저항을 말한다.

정답 38 ① 39 ① 40 ③ 41 ③ 42 ③ 43 ③ 44 ② 45 ①

46 동력전달 장치중 일반적으로 재해가 가장 많은 것은 어느 것인가?

① 치차   ② 원동기   ③ 차축   ④ 벨트

47 인장강도가 400kg/cm²인 재료를 사용응력 2.00kg/cm²로 사용하면 안전계수는?

① 4   ② 3   ③ 2   ④ 1

안전계수 = $\dfrac{파단강도}{허용응력}$ = $\dfrac{400}{200}$ = 2

48 질량 1g의 물체에 1cm/sec²의 가속도를 주는 힘은?

① 1N   ② 1J   ③ 1erg   ④ 1dyne

가속도란 운동하는 물체의 단위 시간 내의 속도 증가 비율을 말한다.

49 전압의 측정범위를 확대하기 위하여 전압계에 직렬로 접속하는 저항상자는?

① 배율기   ② 압축기   ③ 분류기   ④ 계전기

- 배율기 : 전압계의 측정범위를 넓히기 위해 전압계 내부 저항에 큰 저항을 직렬로 매달아 주는 저항계
- 분류기 : 전류계의 측정범위를 넓히기 위해 전류계에 병렬로 작은 저항을 매달아 주는 저항계

50 자기 인덕턴스 5(H)의 코일에 5(A)의 전류가 흐를 때 축적되는 에너지는 몇 (J)인가?

① 32.5   ② 48.5   ③ 53.7   ④ 62.5

$W = \dfrac{1}{2}LI^2 = \dfrac{1}{2} \times 5 \times 5^2 = 62.5(J)$

51 엘리베이터의 가이드 레일에 대한 점검 중 조인트 부에 대한 점검항목이 아닌 것은?

① 브라켓트 고정상태 점검
② 클립 비틀림 및 볼트 조임상태 점검
③ 연결부위 단차 및 면차는 규정값 이하인지 점검
④ 로프텐션의 균일상태 확인

가이드레일과 로프텐션의 균일상태와는 무관하다.

52 베어링의 구비조건이 아닌 것은?

① 마찰 저항이 적을 것
② 강도가 클 것
③ 가공수리가 쉬울 것
④ 열전도도가 적을 것

베어링은 열전도율이 좋고 또 내열성, 내마멸성, 내구성이 좋아야 한다.

53 250Ω의 저항에 3A의 전류가 1분간 흐를 때 발생하는 열량은 몇 (cal)인가?

① 18,000   ② 26,400
③ 32,400   ④ 48,500

$H = 0.24I^2Rt = 0.24 \times 3^2 \times 250 \times 1 \times 60$
$= 32,400(cal)$

정답 46 ④ 47 ③ 48 ④ 49 ① 50 ④ 51 ④ 52 ④ 53 ③

54 아날로그 신호를 디지털 신호로 변환해 주는 장치로 맞는 것은?

① D/A 컨버터 ② A/D 컨버터
③ D/A 인버터 ④ A/D 인버터

- A/D 컨버터: 교류를 직류로 변환하는 장치
- D/A 인버터: 직류를 교류로 변환하는 장치

55 다음에서 재해예방의 기본 4원칙으로 맞지 않는 것은?

① 손실 우연의 원칙
② 원인 계기의 원칙
③ 예방 가능의 원칙
④ 손실 보존의 원칙

재해 예방의 기본 4원칙:
① 손실 우연의 원칙
② 원인 계기의 원칙
③ 예방 가능의 원칙
④ 대상 선정의 원칙

56 자유전자가 과잉된 상태가 되면?

① 음의 대전   ② 양의 대전
③ 전동상태   ④ 발열상태

자유전자는 음전기를 띤다.

57 정전기 제거 방법으로 옳은 것은?

① 설비 주변에 자외선을 쏘임
② 설비 주변의 공기를 건조
③ 설비의 금속제 부분을 접지
④ 설비의 주변에 적외선을 쪼임

58 승강기 점검시 측정장비로 거리가 먼 것은?

① 풍속계   ② 조속계
③ 절연 저항계 ④ 버니어 캘리퍼스

풍속계는 바람을 측정하는 기구를 말한다.

59 과속조절기의 스위치나 캣치의 작동속도가 맞지 않을 때는 무엇을 조정하는가?

① 베어링   ② 연결핀
③ 플라이웨이트 ④ 조정스프링

60 균형추에 추락방지 안전장치가 설치되어 있을 경우, 카 측과 균형추 쪽의 작동에 관한 설명으로 옳은 것은?

① 카 측보다 균형추 쪽이 먼저 작동되어야 한다.
② 카 측과 균형추 쪽이 동일하게 작동되어야 한다.
③ 카 측보다 균형추 쪽이 늦게 작동되어야 한다.
④ 카 측, 균형추 쪽의 아무 쪽이나 먼저 작동되어도 상관없다.

정답 54 ② 55 ④ 56 ① 57 ③ 58 ① 59 ④ 60 ③

2022. CBT 과년도 문제

01 엘리베이터의 안정된 사용 및 정지를 위하여 설치하는 파킹스위치에 대한 설명으로 옳지 않은 것은?

① 조작하기 쉬운 일반 스위치로 승강장 또는 중앙 관리실에만 설치하여야 한다.
② 엘리베이터 운행의 정지조작과 재개조작이 가능하여야 한다.
③ 파킹 스위치를 정지로 작동시키면 버튼 등록이 정지되어야 한다.
④ 카가 지정층에 도착하면 운행이 정지되어야 한다.

 파킹(Parking) 스위치: 카를 휴지(운전을 정지시키고 쉬게 함)시키기 위해 설치한 스위치이다. 주로 기준층의 승강장에 키 스위치를 설치하여 승강장에서 카를 휴지 또는 재가동 시킬 수 있는 스위치이다.

02 양중기의 와이어 로프로 사용할 수 있는 것은 어느 것인가?

① 꼬인 것
② 이음매가 있는 것
③ 지름의 감소가 공칭지름의 7%를 초과하는 것
④ 와이어 로프의 스트랜드에서 끊어진 소선의 수가 5%인 것

 와이어 로프의 스트랜드에서 끊어진 소선수가 10% 이상인 것은 사용할 수 없다.

03 소방 구조용 엘리베이터 출입구 유효폭으로 맞는 것은?

① 600mm 이상   ② 700mm 이상
③ 800mm 이상   ④ 1000mm 이상

 소방 구조용 엘리베이터는 크기가 폭 1100mm 이상, 깊이 1400mm 이상이어야 하며, 출입구 유효폭은 800mm 이상이어야 한다.

04 유압 엘리베이터의 전동기 구동 기간으로 맞는 것은?

① 하강시만 구동된다.
② 상승시만 구동된다.
③ 상승 하강시 모두 구동된다.
④ 부하의 조건에 따라 상승이나 하강시 한 번만 구동된다.

05 승객용 엘리베이터의 카 및 승강장 문의 유효 출입구의 높이는 몇 m 이상이어야 하는가?

① 1.5   ② 1.8   ③ 2.0   ④ 2.5

06 유압장치의 보수, 점검 또는 수리 등을 할 때 사용되는 것으로서, 이것을 닫으면 실린더의 기름이 파워유니트로 역류하는 것을 방지하는 것은?

① 스톱밸브   ② 체크밸브
③ 안전밸브   ④ 제어밸브

정답 1 ① 2 ④ 3 ③ 4 ② 5 ③ 6 ①

- 스톱밸브(stop valve)
  유압파워유니트와 실린더 사이의 압력 배관에 설치되며, 이것을 닫으면 실린더의 기름이 파워유니트로 역류하는 것은 방지하는 것이다. 이 장치는 유압 장치의 보수, 점검 또는 수리 등을 할 때 사용된다.
- 체크밸브(check valve)
  한쪽 방향으로만 기름이 흐르도록 하는 밸브로서 상승방향으로는 흐르지만 역방향으로는 흐르지 않는다. 이것은 정전이나 그 이외의 원인으로 펌프의 토출압력이 떨어져서 실린더의 기름이 역류하여 카가 자유낙하하는 것을 방지하는 역할을 하는 것으로, 매다는 장치 엘리베이터의 전자브레이크와 유사하다.
- 안전밸브(relief valve)
  안전밸브는 일종의 압력조정 밸브로 회로의 압력이 상용압력의 125% 이상 높아지게 되면 바이패스(by-pass)회로를 열어 기름을 탱크로 돌려보내어 더 이상의 압력상승을 방지한다.

07 정전, 화재 등의 이유로 전원이 차단되었을 경우 정전등이 반드시 필요하지 않은 것은?

① 승객용 엘리베이터
② 덤 웨이터
③ 승객 화물용 엘리베이터
④ 침대용 엘리베이터

덤웨이터: 300kg 이하의 소화물(음식물, 서적)을 운반하는데 사용되는 소형 엘리베이터로, 정전시 정전등이 반드시 필요하지는 않다.

08 무빙워크의 안전장치에 해당되지 않는 것은?

① 디딤판 체인 안전 스위치
② 스커트 가드 안전스위치
③ 비상정지스위치
④ 손잡이 인입구 안전스위치

스커트 가드 안전 스위치는 스커트 가드 판과 디딤판 사이에 인체의 일부 또는 옷 신발 등이 끼이면 압력스위치가 작동, 에스컬레이터를 정지시킨다.

09 엘리베이터 도어 세이프티 슈에 대한 점검 사항이 아닌 것은?

① 슈의 작동상태
② 슈의 도어의 간격
③ 슈의 도어머신 캠 스위치와의 캠
④ 도어 끝에서 슈의 나온 길이

10 교류 귀환 전압제어에 대한 설명으로 적합한 것은?

① 교류를 직류로 바꿔 직류 모터의 속도를 제어
② 사이리스터의 점호각을 바꿔 유도전동기의 속도를 제어
③ 전동기의 전기회로에 저항을 넣어 속도를 제어
④ 2단 속도 전동기를 사용하여 기동은 고속 권선으로, 착상은 저속권선으로 제어

교류 귀환 전압제어는 카의 실속도와 지령속도를 비교하여 사이리스터 점호각을 바꿔 유도전동기의 속도를 제어하는 방식이다.

정답 7 ② 8 ② 9 ③ 10 ②

11 기본형 블리드오프(bleed off)의 유압회로이다. 그림 중 유량제어밸브에 해당되는 것은?

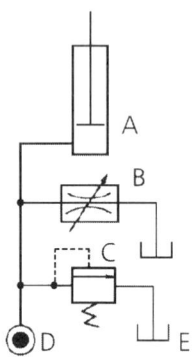

① A ② B ③ C ④ D

A: 실린더 B: 유량제어밸브
C: 안전밸브 D: 유압펌프
E: 탱크

블리드오프 유압회로: 효율이 비교적 높다. 그러나 정확한 속도제어가 어렵다.

12 다음중 엘리베이터 도어용 부품과 거리가 먼 것은 어느 것인가?

① 도어레일 ② 행거롤러
③ 업 스러스트 롤러 ④ 스토퍼

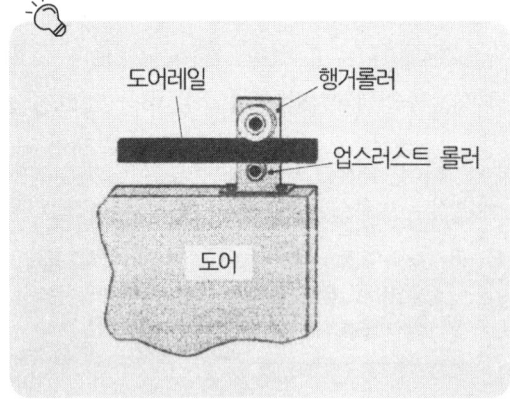

13 정격속도 60m/min인 승강기에서 과속조절기 과속스위치가 작동하는 속도는 몇 (m/min)인가?

① 60 ② 63 ③ 68 ④ 69

$V = 60 \times 1.15배 = 69$ (m/min)

※ 카 추락방지 안전장치 작동을 위한 과속조절기는 정격속도 115% 이상의 속도에서 동작되어야 한다.

14 적재하중 2000kg, 카하중 3500kg, 승강행정 25m인 엘리베이터가 있다. 주로프는 1m당 1kg인 로프가 6줄 걸려있다. 오버밸런스율을 40%로 할 때 트랙션비를 구하여라. (단, 전부하시 그리고 보상로프 사용했다)

① 1.27 ② 1.38 ③ 1.57 ④ 1.78

카(측)중량 = 카하중 + 적재하중 + 로프하중
= 3500 + 2000 + (25 × 6)
= 5650(kg)

균형추(측)중량 = 카하중 + L · F
+ (로프하중×균형로프에 의한 하중 보상률)
= 3500 + (2000 × 0.4) + 25 × 6
= 4450(kg)

∴ 트랙션비 = $\frac{5650}{4450} ≒ 1.27$

15 다음에서 로프의 직경 측정방법으로 옳은 것은?

① 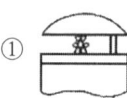 ②

③ 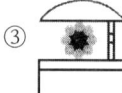 ④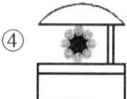

정답 11 ② 12 ④ 13 ④ 14 ① 15 ④

16 다음에서 와이어로프 클립(clip)의 체결 방법으로 적합한 것은?

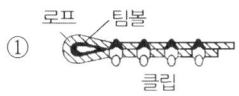

 클립의 U볼트 부분은 반드시 절단된 로프쪽에 똑같은 방향으로 있어야 한다.

17 다음의 과속조절기 점검 사항중 맞지 않는 것은?

① 급유 및 청소상태
② 볼트, 너트, 핀의 체결상태
③ 운전상태 및 소음상태
④ 평형상태

 과속조절기: 카의 속도가 정격속도의 115% 이상이 되면 작동하여, 추락방지 안전장치를 동작시킨다.

18 다음 중 균형추의 무게 결정에 영향을 주는 것은?

① 속도   ② 빈 카의 자중
③ 레일의 상태   ④ 소음상태

 균형추 무게
= 카의 자체하중 + (정격 적재량 × 오버밸런스율)

19 다음은 레일의 규격을 나타낸 그림이다. ① ②에 맞는 것은 몇 kg인가?

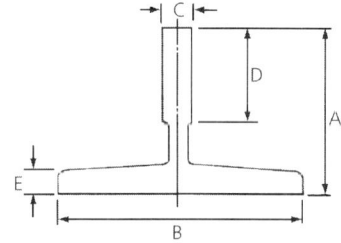

공칭 (mm)	8k	①	18k	②
A	56	62	89	89
B	78	89	114	127
C	10	16	16	16
D	26	32	38	50
E	6	7	8	12

① ① 10, ② 26   ② ① 12, ② 22
③ ① 13, ② 24   ④ ① 15, ② 27

 엘리베이터 레일은 T형이며 공칭은 8k, 13k, 18k, 24k 등이다.

20 승강로의 상부 여유거리와 피트 깊이에 영향을 주는 것은 무엇인가?

① 정격속도   ② 건물의 높이
③ 승강로의 온도   ④ 균형추의 무게

 승강로의 상부 여유거리와 피트 깊이는 엘리베이터 속도에 따라 달라야 한다.

21 기계실에 설치되어 있는 계기로서 온도변화에 따라 특성이 변화하기 쉬운 것은?

① 제어반의 반도체   ② 토글 스위치
③ 전동기   ④ 완충기

정답 16 ① 17 ④ 18 ② 19 ③ 20 ① 21 ①

반도체는 온도가 증가하면 저항이 감소하는 성질이 있어 전기 전도도가 증가한다. 그러므로 온도에 따른 특성이 변화한다.

22 엘리베이터 도어의 개폐만이 운전자의 조작에 의해 이루어지고, 기타 카의 기동은 카내 버튼이나 승강장 버튼에 의해 이루어지는 조작방식은?

① 카 스위치 방식 ② 신호방식
③ 단식자동식 ④ 승합 전자동식

① 카 스위치 방식
카의 모든 기동과 정지는 운전자의 (의지에 따라) 카 스위치의 조작에 의해 이루어진다.
② 신호 방식
카의 문 개폐만이 운전자의 레버나 누름버튼의 조작에 의해 이루어지고, 진행방향의 결정이나 정지층의 결정은 미리 눌러져 있는 카 내 행선층 버튼 또는 승강버튼에 의해 이루어진다.
③ 단식 자동식
하나의 호출에만 응답하므로, 먼저 눌러져 있는 버튼호출에 응답하고, 그 운전이 완료될 때까지는 다른 호출을 받지 않는다.
④ 승합 전자동식
승강장의 누름버튼은 상승용, 하강용의 양쪽 모두 동작이 가능하다. 카는 그 진행방향의 카 버튼과 승강장 버튼에 응답하면서 오르고 내린다.

23 전동기가 회전력을 상실하였을 때 엘리베이터를 정지시키는 장치는?

① 균형추 ② 타임스위치
③ 과속조절기 ④ 전자 브레이크

브레이크는 아래와 같은 사항이 발생되면 자동으로 작동되어야 한다.
· 주 동력 전원공급이 차단되는 경우
· 제어회로에 전원공급이 차단되는 경우

24 승강기용 통신장치로 가장 많이 사용되는 것은?

① 확성기 ② 핸드폰 ③ 인터폰 ④ 차임벨

인터폰은 카 내부와 기계실, 경비실, 건물의 중앙 감시반과 통화가 되어야 한다.

25 정상 조명 전원 차단시 비상조명장치는 몇 lx 이상의 조도로 1시간 이상 규정된 장소에 점등되어야 하는가?

① 2 ② 3 ③ 4 ④ 5

26 다음에서 승강기의 통신 장치에 관한 설명으로 맞지 않는 것은?

① 비상시 카 내부와 외부와의 연락장치이다.
② 정전시에도 작동되어야 한다.
③ 인터폰, 전화, 비상벨 등이 있다.
④ 카 내에 음악을 방송하기 위한 장치이다.

카내에 음악을 방송하기 위한 장치는 BGM장치이다.

27 오일의 맥동에 따른 소음과 진동이 적어 유압 엘리베이터에 주로 사용되는 펌프는?

① 스크류 펌프 ② 베인 펌프
③ 기어펌프 ④ 토출펌프

정답 22 ② 23 ④ 24 ③ 25 ④ 26 ④ 27 ①

압력맥동이 적고 소음과 진동이 적은 스크류 펌프가 주로 사용된다.

28 사일렌서(silencer)에 대한 설명으로 옳은 것은?

① 카에 과부하 하중이 걸릴 때 발하는 경보장치이다.
② 카 안에 부착되어 비상시 외부와의 연락을 취하게 하는 인터폰의 일종이다.
③ 로프식 엘리베이터의 소음과 진동을 흡수하기 위한 장치이다.
④ 유압 엘리베이터의 소음과 진동을 흡수하기 위한 장치이다.

29 직접식 엘리베이터의 특징으로 옳지 않은 것은?

① 실린더를 땅에 묻어야 하므로 설치가 복잡하다.
② 비상정지장치가 필요하다.
③ 소요 승강로 평면이 작고 구조도 간단하다.
④ 부하에 따른 착상정도가 높다.

직접식 유압 엘리베이터
① 비상정지장치가 없어도 된다.
② 실린더(cylinder)를 설치하기 위한 보호관을 땅에 묻어야 하기 때문에 설치가 어렵다.
③ 해당 승강로 평면이 작아도 되고 구조가 간단하다.
④ 부하에 대한 케이지 응력이 작아진다.

30 다음에서 유압 엘리베이터의 플런저를 구동시키는 원리로 적합한 것은?

① 파스칼의 원리
② 아르키메데스의 원리
③ 렌쯔의 법칙 원리
④ 피타고라스의 원리

파스칼의 원리(pascal's law)
밀폐된 용기내에서 유체의 압력은 줄지 않고, 그대로 모든 방향으로 전달된다.

31 에스컬레이터의 하중 시험을 하고자 할 때 옳은 방법은 어느 것인가?

① 적재하중을 싣지 않고 운행
② 적재하중 50%의 하중을 싣고 운행
③ 적재하중 70%의 하중을 싣고 운행
④ 적재하중 100%의 하중을 싣고 운행

32 장애인용 엘리베이터에 대한 설명으로 맞지 않는 것은?

① 승강장 바닥과 승강의 바닥의 틈은 0.03m 이하일 것
② 승강기 내부 유효 바닥면적은 폭 1.6m 이상, 깊이 1.35m 이상일 것
③ 호출버튼, 조작반, 통화장치는 바닥에서 0.8m 이상 1.2m 이하일 것
④ 출입문 통과 유효폭은 1.1m 이상(신축한 건물 출입문 통과 유효폭은 0.9m 이상)일 것

출입문 통과 유효폭은 0.8m 이상(신축한 건물 출입문 통과 유효폭은 0.9m 이상)일 것

33 다음 중 승강기 방호장치에 해당되지 않는 것은?

① 과속조절기　　② 출입문 인터록
③ 과부하 방지장치　④ 가이드 레일

정답　28 ④　29 ②　30 ①　31 ①　32 ④　33 ④

가이드 레일은 카와 균형추의 승강로 내 위치 규제, 카의 자중이나 화물에 의한 카의 기울어짐 방지, 집중하중 또는 추락방지 안전장치 작동시 수직하중을 유지하기 위함이다.

34 다음 중 에스컬레이터 구동 전동기의 용량을 계산할 때 고려할 사항으로 거리가 먼 것은?

① 안전장치 ② 속도
③ 경사각도 ④ 기계효율

전동기 용량

$$P = \frac{GV\sin\theta}{6120\eta} \times \beta \text{ (kW)}$$

여기서, G : 적재하중(kg)
V : 에스컬레이터의 속도(m/min)
η : 효율
β : 승객 승입율
$\sin\theta$: 경사각도

35 다음 중 에스컬레이터 디딤판 체인 및 구동 체인 안전율로 맞는 것은?

① 5 이상 ② 8 이상
③ 10 이상 ④ 12 이상

에스컬레이터 부분	안전율
트러스 및 빔	5 이상
디딤판 체인 및 구동체인	10 이상
모든 구동품	5 이상

36 추락방지 안전장치 F.W.C(Flexible Wedge Clamp)형의 그래프는? (단, 가로축: 거리, 세로축: 정지력이다.)

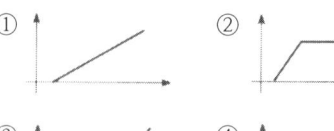

- FWC(Flexible Wedge Clamp)형: 레일을 죄는 힘이 동작 초기에는 약하나 점점 강해진 후 일정하다.
- FGC(Flexible Guide Clamp)형: 레일을 죄는 힘이 동작부터 정지될때까지 일정하다.

37 디스크형 과속조절기는 무엇을 이용하여 스위치의 개폐 작용을 하는가?

① 항력 ② 마찰력 ③ 원심력 ④ 응력

디스크형 과속조절기, 플라이볼형 과속조절기는 원심력으로 작동된다. 그러나 마찰 정지형 과속조절기는 과속스위치에 의해 작동된다.

38 다음 ( )에 들어갈 내용으로 알맞은 것은?

"승강로의 벽 또는 울 및 출입문은 ( )로 만들거나 씌워야 한다."

① 불연재료 ② 난연재료
③ 준불연재료 ④ 내화재료

정답 34 ① 35 ③ 36 ④ 37 ③ 38 ①

39 다음에서 ( )안에 들어갈 내용으로 적합한 것은?

> "카가 에너지 분산형 완충기에 충돌했을 때 플런저가 하강하고 이에 따라 실린더내의 기름이 좁은 ( )을(를) 통기하면서 생기는 유체저항에 의해 완충작용을 하게 된다."

① 실린더　　② 플런저
③ 오리피스 틈새　　④ 오일 게이지

오리피스는 배관의 굵기가 균일하지를 못하고 좁은 부분을 말하는데, 오리피스를 통과하는 유체는 압력차이를 발생시키며 이를 이용하여 유량을 측정하거나 조절할 수 있다.

40 홀 랜턴(hall lantern)을 바르게 설명한 것은?

① 단독 카일 때 많이 사용하며 방향을 표시한다.
② 2대 이상일 때 많이 사용하며 위치를 표시한다.
③ 군관리방식에서 도착예보와 방향을 표시한다.
④ 카의 출발을 예보한다.

41 승강기의 안전검사중 정기검사의 경우 검사주기는 몇 년 이하이어야 하는가?

① 4년　　② 3년　　③ 2년　　④ 1년

42 엘리베이터가 고장이 났을 때 기계실에서 점검해야 할 사항으로 옳지 않은 것은?

① 카가 서 있는 위치 확인
② 전원 공급상태 여부
③ 과속조절기 작동유무
④ 카의 하중 확인

43 엘리베이터를 보수하던 중 승강기 카와 건물벽 사이에 끼었다면 어떤 재해에 해당되는가?

① 전도　　② 질식　　③ 협착　　④ 추락

협착이란 움직이는 부분과 고정된 부분 사이에 신체 일부분이 끼이는 것을 말한다.

44 다음 중 사고원인에 대한 사항으로 맞지 않는 것은?

① 직접적인 원인: 환경 및 설비의 불량
② 간접적인 원인: 고의에 의한 사고
③ 인적원인: 불안전한 행동
④ 물적원인: 불안전한 상태

간접원인에는 교육적 원인, 기술적 원인, 관리적(작업 관리상 원인) 원인이 있다.

45 엘리베이터의 안전회로 구성으로 적합한 것은?

① 직렬　　② 병렬　　③ 인터록　　④ 직 병렬

46 엘리베이터 매다는 장치 육안 점검사항과 거리가 먼 것은 어느것인가?

① 로프의 꼬임 방향
② 로프 끝의 풀림여부
③ 로프의 부식유무
④ 로프의 이완여부

정답　39 ③　40 ③　41 ③　42 ④　43 ③　44 ②　45 ①　46 ①

엘리베이터 매다는 장치의 육안 점검사항으로는 로프끝의 풀림여부 상태확인, 로프의 부식유무나 변형상태 확인, 로프의 이완상태 확인, 로프의 체결상태 확인 등이 해당된다.

47 승강기 운영 규정상 자체 점검이 판정기준에 해당되지 않는 것은?

① 양호 ② 긴급수리
③ 주의관찰 ④ 시설보강

자체 점검시 판정기준은 양호, 주의 관찰, 긴급수리이다.
승강기 정밀안전 검사: 설치 검사를 받은 날부터 15년이 지난 경우

48 위해·위험 방지를 위하여 방호조치가 필요한 기계기구에 대한 방호조치의 짝으로 적합한 것은?

① 승강기-과부하 방지장치
② 교류아크 용접기-자동전격방지장치
③ 압력 용기-압력 방출장치
④ 프레스- 경보장치

프레스, 전단기는 방호장치가 되어야 한다.

49 보호구의 구비조건으로 맞지 않는 것은?

① 착용이 간편해야 한다
② 구조와 끝마무리가 양호해야 한다
③ 작업에 방해되지 않아야 한다
④ 유해·위험요소에 대한 방호성능이 없어야 한다

보호구는 유해·위험요소에 대한 방호성능이 충분해야 한다.

50 안전점검의 주목적으로 맞는 것은?

① 위험요인을 발견하여 시정하기 위한 것이다.
② 안전작업 표준의 적절성을 확인하는데 있다.
③ 시설장비의 설계를 확인하는데 있다.
④ 법 기준에 적합한지 확인하는데 있다.

51 20kw 전동기의 전부하 회전수 2400rpm인 경우 전부하 토크(kg·m)는?

① 6.24 ② 7.48 ③ 8.13 ④ 9.62

$\tau = 0.975 \dfrac{P}{N} = 0.975 \dfrac{20 \times 10^3}{2400}$
$= 8.13 (\text{kg} \cdot \text{m})$

52 1(kwh)는 몇 (J)인가?

① 2.4×10^6 (J) ② 3.6×10^6 (J)
③ 4.6×10^6 (J) ④ 5.4×10^6 (J)

$1(\text{kwh}) = 1 \times 10^3 \times 3600 = 3.6 \times 10^6 (\text{J})$

53 교류에서 저압으로 맞는 것은?

① 600V 이하 ② 750V 이하
③ 1000V 이하 ④ 1500V 이하

- 저압: DC는 1500V 이하, AC는 1000V 이하
- 고압: DC는 1500V 초과, AC는 1000V 초과이며, 각각 7000V 이하
- 특고압: DC·AC 각각 7000V 초과

정답 47 ④ 48 ④ 49 ④ 50 ① 51 ③ 52 ② 53 ③

54 6극인 유도 전동기의 동기속도가 1200rpm일 때, 전원 주파수로 맞는 것은?

① 50Hz ② 60Hz ③ 90Hz ④ 120Hz

$N_s = \dfrac{120f}{P}$ (rpm) 에서

$f = \dfrac{N_s P}{120} = \dfrac{1200 \times 6}{120} = 60\text{Hz}$

55 다음에서 극성을 갖고 있는 콘덴서는 어느 것인가?

① 전해 콘덴서 ② 마일러 콘덴서
③ 세라믹 콘덴서 ④ 마이카 콘덴서

전해 콘덴서는 극성이 있다. 용도는 평활회로, 저주파 바이패스 등에 사용된다.

56 직류 발전기에서 전기자 반작용의 영향으로 맞지 않는 것은?

① 전기적 중성축이 이동된다
② 주자속이 감소한다
③ 정류불량이 일어난다
④ 기계적 효율이 좋다

전기자 반작용이 일어나면 기전력이 변하고 정류의 악화가 생길 수 있다.

57 5(Ω)의 저항에 10(A)의 전류가 흐르면 전압은?

① 50(V) ② 40(V) ③ 30(V) ④ 20(V)

$V = IR = 10 \times 5 = 50\text{(V)}$

58 240(Ω)의 저항 4개를 접속하여 얻을 수 있는 작은 합성 저항값은?

① 30(Ω) ② 40(Ω) ③ 50(Ω) ④ 60(Ω)

$R_0 = \dfrac{R}{n} = \dfrac{240}{4} = 60(\Omega)$

59 5(H)은 몇 (W)인가?

① 2740 ② 3730 ③ 4260 ④ 5460

$W_0 = 5 \times 746 = 3730\text{(W)}$

※ 1H = 746(W)
※ 마력(horsepower): 일이 수행되는 속도 즉 말 1마리가 짐마차를 끄는 힘

60 승강기 회로의 사용전압이 440(V)인, 전동기 회로의 절연저항값은?

① 0.5MΩ ② 1.0MΩ
③ 5.0MΩ ④ 8.0MΩ

전로의 사용전압에 따른 절연저항

전로의 사용전압(V)	시험전압/직류(V)	절연저항(MΩ)
SELV 및 PELV	250	0.5 이상
FELV, 500V 이하	500	1.0 이상
500V 초과	1,000	1.0 이상

정답 54 ② 55 ① 56 ④ 57 ① 58 ④ 59 ② 60 ②

2023. CBT 과년도 문제

01 에스컬레이터 모든 구성품의 안전율은?

① 2 이상 ② 5 이상 ③ 8 이상 ④ 10 이상

에스컬레이터 부분	안전율
트러스 및 빔	5 이상
디딤판 체인 및 구동체인	10 이상
모든 구동품	5 이상

02 균형추측에 과속조절기가 있는 경우의 작동속도에 관한 설명으로 옳은 것은?

① 카측과 같은 속도로 동시에 작동
② 카측보다 빨리 작동
③ 카측보다 나중에 작동
④ 카측의 3/4의 속도에서 작동

과속조절기: 카의 과속도를 검출하는 장치로서 정격속도의 115% 이상시 추락방지 안전장치를 작동시킨다.

03 정전으로 인하여 카가 정지될 때 점검자에 의해 주로 사용되는 밸브는?

① 하강용 유량제어 밸브
② 스톱 밸브
③ 릴리프 밸브
④ 체크 밸브

① 하강용 유량제어밸브: 하강 시 탱크로 되돌아오는 유량을 제어하는 밸브로서 이 하강용 밸브에는 수동하강밸브가 부착되어 있어 만일 정전이나 기타의 원인으로 카가 층 중간에 정지된 경우라도 이 밸브를 열어 카를 안전하게 하강시킬 수 있다.
② 스톱밸브: 유압장치의 보수, 점검 또는 수리 등을 할 때 사용된다.
③ 릴리프 밸브(안전밸브): 안전밸브는 일종의 압력조정 밸브로 회로의 압력이 상용압력의 125% 이상 높아지게 되면 바이패스(by-pass)회로를 열어 기름을 탱크로 돌려보내어 더 이상의 압력상승을 방지한다.
④ 체크 밸브: 한쪽 방향으로만 기름이 흐르도록 하는 밸브로서 상승방향으로는 흐르지만 역방향으로는 흐르지 않는다. 이것은 정전이나 그 이외의 원인으로 펌프의 토출압력이 떨어져서 실린더의 기름이 역류하여 카가 자유낙하하는 것을 방지하는 역할을 하는 것으로 전기식(로프식) 엘리베이터의 전자브레이크와 유사하다.

04 승강기에 많이 사용하는 가이드레일의 허용응력은 원칙적으로 몇 (kgf/cm²)인가?

① 1000kgf/cm² ② 1450kgf/cm²
③ 2100kgf/cm² ④ 2400kgf/cm²

05 에스컬레이터의 손잡이가 하강 운전 중 얼마의 힘으로 잡아당겨도 멈추지 않아야 되는가?

① 450N ② 500N ③ 550N ④ 600N

정답 1② 2③ 3① 4④ 5①

06 에스컬레이터의 공칭속도가 0.5m/s일 때 정지거리는?

① 0.2m~1.0m 사이 ② 0.3m~1.3m 사이
③ 0.4m~1.5m 사이 ④ 1.6m~2.0m 사이

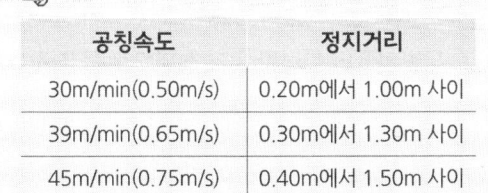

공칭속도	정지거리
30m/min(0.50m/s)	0.20m에서 1.00m 사이
39m/min(0.65m/s)	0.30m에서 1.30m 사이
45m/min(0.75m/s)	0.40m에서 1.50m 사이

07 에스컬레이터의 구동장치에 관한 설명으로 틀린 것은?

① 디딤판 구동장치와 핸드레일 구동장치는 서로 연동되어 같은 속도로 이동하여야 한다.
② 디딤판 체인 안전장치가 설치되어 체인이 끊어지면 전원을 차단하여야 한다.
③ 감속기는 효율이 높아 에너지를 절약할 수 있는 웜기어를 사용하며, 헬리컬기어는 사용하지 않는다.
④ 구동장치에는 브레이크를 설치하여야 한다.

헬리컬기어와 웜기어의 비교

구분	헬리컬기어	웜기어
효율	높다	낮다
소음	크다	작다
역구동	쉽다	어렵다
진동	크다	작다

08 도어가 열리면 엘리베이터의 운행이 중지되게 하는 스타일은?

① 화이널 리미트스위치
② 과속조절기
③ 도어스위치
④ 과속조절기 스위치

도어 스위치란 문이 닫혀있지 않으면 운전이 불가능하도록 하는 장치를 말한다.

09 구동기의 보수시 에스컬레이터가 관성으로 움직이는 것을 방지하기 위해 설치하는 안전장치는 무엇인가?

① 머신 브레이크 ② 역결상 보호장치
③ 과속조절기   ④ 추락방지 안전장치

10 엘리베이터 카의 정상 착상 정확도는 얼마이어야 하는가?

① ±5mm   ② ±10mm
③ ±20mm   ④ ±30mm

엘리베이터 카의 착상 정확도는 ±10mm, 재착상 정확도는 ±20mm이어야 한다.

11 에너지 분산형 완충기 재료의 안전율은 완충기의 반경(R)과 같이 (L)의 비($\frac{L}{R}$)를 얼마 이하로 유지하여야 하는가?

① 80   ② 70   ③ 60   ④ 50

완충기의 반경과 길이의 비는 80 이하이어야 한다.

$$\frac{L}{R} \leq 80$$

12 엘리베이터 승강장문은 닫혀있을 때 승강장에서 몇 (mm) 이하에서 열리지 않아야 하는가? (단, 상하 및 중앙 개폐문이 아니다.)

① 6mm   ② 8mm   ③ 10mm   ④ 12mm

> 문이 닫혀 있을 때 문짝 사이의 틈새 또는 문짝과 문설주 사이의 틈새(마모될 경우에는 10mm까지 허용)는 6mm 이하이어야 한다.

> 매다는 장치꼬임의 종류에는 보통꼬임과 랭꼬임이 있다. 보통꼬임과 랭꼬임에는 각각 Z꼬임과 S꼬임이 있는데 엘리베이터에서는 보통 Z꼬임이 사용된다.

13 카 바닥 앞부분과 승강로 벽과의 수평거리는 일반적으로 몇 (mm) 이하이어야 하는가?

① 80mm   ② 100mm
③ 120mm ④ 150mm

14 승강장 문, 카 문 표면에 인테리어용으로 유리를 덧붙이는 경우 사용되는 유리는?

① 강화 유리   ② 접합 유리
③ 망입 유리   ④ 창문용 유리

> 승강장 문, 카 문 표면에 인테리어용으로 유리를 사용시에는 접합유리를 사용해야 한다.

15 엘리베이터에 유리가 있는 문 또는 문틀은 KSL2004에 따른 어떤 유리가 사용되어야 하는가?

① 접합 유리   ② 강화 유리
③ 망입 유리   ④ 창문용 유리

16 매다는 장치 꼬임 방향에 의한 분류로 옳은 것은?

① Z꼬임, S꼬임   ② Z꼬임, T꼬임
③ S꼬임, T꼬임   ④ H꼬임, T꼬임

17 무빙워크의 디딤판 구조 설명으로 옳은 것은?

① 고무벨트식과 플라스틱 성형식이 있다.
② 고무벨트식과 파레트식이 있다.
③ 파레트식과 베이크라이트식이 있다.
④ 고무벨트식과 베이크라이트식이 있다.

18 기계실을 승강로의 아래쪽에 설치하는 방식은?

① 정상부형 방식   ② 횡인 구동 방식
③ 베이스먼트 방식 ④ 사이드머신 방식

> 기계실의 종류
> ① 정상부형
> 승강로 정상부에 기계실이 설치된 방식
> ② 베이스먼트 방식
> 승강로 하부측면에 기계실을 설치
> ③ 사이드 머신 방식
> 승강로 상부측면에 기계실을 설치

19 유압용 엘리베이터에 가장 많이 사용하는 펌프는?

① 기어펌프   ② 스크루펌프
③ 베인펌프   ④ 피스톤펌프

> 유압용 엘리베이터에 가장 많이 사용하는 펌프는 스크루펌프이다.

정답 13 ④ 14 ② 15 ① 16 ① 17 ② 18 ③ 19 ②

20 엘리베이터 기계실 조명에 관한 설명으로 옳지 않은 것은?

① 조명스위치는 출입구 가까이 설치한다.
② 조명전원은 엘리베이터 전원과 연결 사용한다.
③ 조도는 기기가 배치된 바닥면에서 200lx 이상이어야 한다.
④ 조명은 가능한 기기가 배치된 상부에 설치하여야 한다.

조명전원은 엘리베이터 전원과 분리해야 한다.

21 카가 정격속도 1m/s를 초과하여 운행중인 엘리베이터 문의 개방은 몇 (N) 이상의 힘이 요구되어야 하는가?

① 30N ② 50N ③ 80N ④ 100N

22 도어 인터록에 대한 설명으로 맞지 않는 것은?

① 모든 승강장 문에는 전용열쇠를 사용하지 않으면 열리지 않도록 하여야 한다.
② 도어가 닫혀있지 않으면 운전이 불가능하여야 한다.
③ 닫힘 동작시 도어스위치가 들어간 다음 도어록이 확실히 걸리는 구조이어야 한다.
④ 도어록을 열기 위한 열쇠는 특수한 전용 키이어야 한다.

도어 인터록:
이 장치는 카가 정지하지 않는 층의 도어는 특수한 열쇠를 사용하지 않으면 열리지 않도록 하는 도어록과 도어가 닫혀있지 않으면 운전이 불가능하도록 하는 도어 스위치로 구성된다. 도어 인터록 장치에서 중요한 것은 도어록 장치가 확실히 걸린 후 도어 스위치가 들어가고, 도어 스위치가 끊어진 후에 도어록이 열리는 구조로 하는 것이다.

23 에스컬레이터의 하중시험을 하고자 할 때 옳은 것은?

① 적재하중 50%의 하중을 싣고 운행
② 적재하중 100%의 하중을 싣고 운행
③ 적재하중 110%의 하중을 싣고 운행
④ 적재하중을 싣지 않고 운행

에스컬레이터의 하중시험은 적재하중을 싣지 않고 시행한다.

24 교류 엘리베이터의 속도 제어방식이 아닌 것은?

① 교류 1단 속도제어방식
② 교류 2단 속도제어방식
③ 교류 3단 속도제어방식
④ 교류 귀환 전압제어방식

① 교류 엘리베이터의 속도제어 방식
· 교류 1단 속도제어방식
  3상 교류의 단속도 모터에 전원 공급을 하는 것으로 기동과 정속 운전을 하고, 정지는 전원을 차단한 후 제동기가 작동해 기계적으로 브레이크를 거는 방식
· 교류 2단 속도제어방식
  2단 속도 전동기를 사용하여 기동과 주행은 고속권선으로, 감속과 착상은 저속권선으로 착상하는 방식
· 교류 귀환 전압제어 방식
  이 방식은 카의 실속도와 지령속도를 비교하여 사이리스터의 점호각을 바꿔, 유도전동기의 속도를 제어하는 방식

정답 20 ② 21 ② 22 ③ 23 ④ 24 ③

25 카가 최상층 및 최하층을 지나쳐 주행하는 것을 방지하는 것은?

① 리미트스위치 ② 균형추
③ 인터록장치 ④ 정지스위치

 리미트 스위치: 기계적으로 조작되어야 하며 작동캠을 금속제로 만든 것이어야 한다. 또한 스위치 접촉은 직접 기계적으로 열려야 한다.

26 엘리베이터의 카가 갖추어야 할 요소로 옳지 않은 것은?

① 카 주위벽은 방화구조로 되어 있어야 한다.
② 외부와의 연락 및 구출장치가 있어야 한다.
③ 환풍장치는 부착하지 않는다.
④ 비상등이 설치되어 있어야 한다.

 카에 환풍장치를 시설하는 것은 카 내부의 공기를 순환시켜 냄새를 제거하고, 산소 부족을 방지하며, 온도와 습도를 적절하게 유지하는 역할을 한다.

27 순간식 추락방지 안전장치인 즉시작동식이 적용되는 승강기는?

① 정격속도가 37.8m/min를 초과하지 않는 경우
② 정격속도가 60~105m/min의 승강기
③ 정격속도가 120~240m/min의 승강기
④ 정격속도가 300m/min 이상의 승강기

 카의 추락방지 안전장치는 점차 작동형이어야 한다. 그러나 정격속도가 0.63m/s 이하인 경우에는 즉시작동형이 사용될 수 있다.

28 다음은 승강기의 표시방법이다. 맞지 않는 것은?

"P20-CO180-18S"

① 승객용이다.
② 20인승이다.
③ 중앙개폐식 도어방식으로 폭이 180cm이다.
④ 정지층수는 18이다.

P	20	CO	180	18S
승용	인승	센터오픈	속도	정지층수

29 무빙워크의 안전장치에 해당되지 않는 것은?

① 비상정지스위치
② 디딤판 체인 안전스위치
③ 스커트 가드 안전스위치
④ 손잡이 인입구 안전스위치

 스커트 가드 안전장치는 디딤판과 스커트 판넬사이의 틈새에 이물질이 끼면 리미트 스위치가 감지해 에스컬레이터를 정지시킨다.

30 과속조절기 로프의 안전율은?

① 4 이상 ② 6 이상
③ 8 이상 ④ 12 이상

• 과속조절기 로프: 8 이상
• 매다는 장치: 2본은 16 이상, 3본 이상은 12 이상

31 승강기의 과부하 감지장치의 용도가 아닌 것은?

정답 25 ① 26 ③ 27 ① 28 ③ 29 ③ 30 ③ 31 ④

① 탑승인원 또는 적재하중 감지용
② 정격하중의 105~110%의 범위로 설정
③ 과부하 경보 및 도어 닫힘 저지용
④ 이상적인 속도 제어용

 과부하 감지장치는 적재하중을 감지하여 정격하중 초과시 경보음을 울려 출입구 도어의 닫힘을 지지해 카를 출발시키지 않는 장치이다. 정격하중의 105~110% 범위에 설정한다.

32 승객용 엘리베이터에서 카 바닥 앞부분의 아랫 방향으로 출입구의 전폭에 걸쳐 수직 높이가 몇 mm 이상인 보호판이 견고하게 설치되어 있어야 하는가?

① 450 ② 750 ③ 1450 ④ 1540

 에이프런:
① 카 문턱에는 승강장 유효 출입구 전폭에 걸쳐 에이프런이 설치되어야 한다.
② 수직면의 아랫부분은 수평면에 대해 60° 이상으로 아랫방향을 향하여 구부러져야 한다.
③ 수직 부분의 높이는 0.75m 이상이어야 한다.
④ 구부러진 곳의 수평면에 대한 투영길이는 20mm 이상이어야 한다.

33 언더컷(under cut) 홈 시브에 대한 설명으로 틀린 것은?

① 로프와 시브의 마찰계수를 높이기 위한 것이다.
② 로프 마모율이 비교적 심하지 않다.
③ 주로 싱글 랩핑(1:1로핑)에 사용된다.
④ 홈의 형상은 시브 홈의 밑을 도려낸 것이다.

 언더컷 홈:
U홈과 V홈의 중간적 특성을 갖는다. 마찰력을 크게하여 견인력이 뛰어나다.

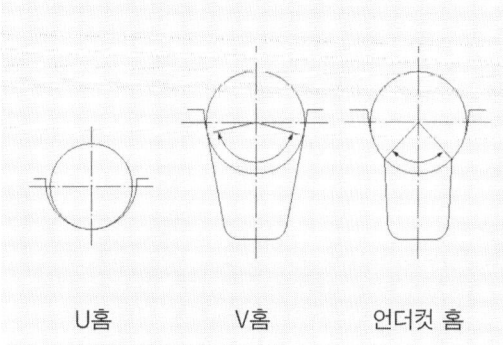

U홈   V홈   언더컷 홈

34 카가 잠금 해제구간에 있는 경우 승강장 문 및 카 문을 손으로 열 수 있는 힘은 얼마를 초과하지 않아야 하는가?

① 50N ② 150N ③ 300N ④ 450N

35 엘리베이터를 카 위에서 검사할 때 주 로프를 걸어 맨 고정 부위는 2중 너트로 견고하게 조여 있어야 하고 풀림방지를 위하여 무엇이 꽂혀 있어야 하는가?

① 소켓 ② 균형체인 ③ 브래킷 ④ 분할핀

36 엘리베이터 기계실의 실온은 원칙적으로 얼마 이하로 유지하여야 하는가?

① 20℃ ② 30℃ ③ 40℃ ④ 50℃

 엘리베이터 기계실의 온도는 +5℃에서 +40℃이어야 한다. 기계실의 바닥면 조도는 200lx 이상, 출입문 크기는 폭 0.7m 이상, 높이 1.8m 이상의 금속제 문일 것

37 플라이 웨이트가 로프잡이를 동작시켜 로프잡이는 과속조절기 로프를 잡고 추락방지 안전장치를 동작시키는 기구로 되어 있는 과속조절기는?

① 디스크형 과속조절기
② 플라이 볼형 과속조절기
③ 롤 세이프티형 과속조절기
④ 슬라이드형 과속조절기

- 디스크형 과속조절기: 원심력에 의해 진자가 동작, 가속 스위치를 작동시켜, 추락방지 안전장치를 작동시킨다. 종류에는 추형 방식(추형 캐치에 의해 로프를 잡는 형식)과 슈형 방식(도르래 홈과 슈 사이에서 로프를 잡는 형식)이 있다.
- 플라이 볼형 과속조절기: 과속조절기 도르래의 회전을 베벨기어에 의해 수직축의 회전으로 변환하고, 구형 진자에 작용하는 원심력으로 추락방지 안전장치를 작동시킨다.
- 롤 세이프티형 과속조절기: 엘리베이터가 과속시 전원을 차단하고 전자브레이크를 작동시켜 카를 정지시키는 방식인데, 이때 과속조절기 도르래 홈과 로프 사이의 마찰력을 이용한다.

38 과속조절기의 점검사항으로 틀린 것은?

① 소음의 유무
② 브러시 주변의 청소상태
③ 볼트 및 너트의 이완 유무
④ 과속조절기 로프 클립 체결상태 양호 유무

39 블리드 오프 유압회로 방식의 특징이 아닌 것은?

① 카의 기동 시 유량조정이 어렵다.
② 상승운전시의 효율이 높다.
③ 작동유의 온도(점도)변화 및 압력 변화 등의 영향을 받기 쉽다.
④ 가동 정지 시 효과가 적다.

 블리드 오프 회로
① 효율이 높고 착상정도도 높다.
② 정확한 속도제어가 어렵다.
③ 기동 충격이 적다.

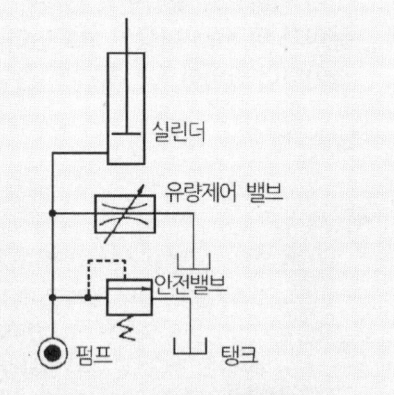

40 에스컬레이터 구동체인이 규정치 이상으로 늘어났을 때의 현상으로 맞는 것은?

① 안전레버가 작동하여 무부하시는 구동되나 부하시는 구동되지 않는다.
② 안전레버가 작동하여 안전회로 차단으로 구동되지 않는다.
③ 안전레버가 작동하여 하강은 되나 상승은 되지 않는다.
④ 안전레버가 작동하여 브레이크가 작동하지 않는다.

정답 37 ① 38 ④ 39 ① 40 ②

41 전류의 열작용과 관계있는 법칙은?

① 줄의 법칙
② 옴의 법칙
③ 키르히호프의 제 1법칙
④ 렌츠의 법칙

줄의 법칙:
저항 $R(Ω)$에 $I(A)$의 전류가 $t(sec)$동안 흐를 때 이때의 발열량
$H = Pt(J) = 0.24Pt(cal)$

42 변류기(CT) 2차 측 회로의 수리 및 점검시 반드시 시행해야 할 사항은?

① 1차, 2차 측을 모두 개방한다.
② 1차 측을 단락한다.
③ 2차 측을 개방한다.
④ 2차 측을 단락한다.

변류기 2차측에 전류계를 떼어내기 전 코일을 단락하지 않으면 변압기 원리에 의해 고전압이 발생, 코일 소선될 수 있다.

43 몇 개의 막대가 서로 연결되어 회전, 요동, 왕복운동 등을 하도록 구성한 것은?

① 캠장치   ② 커플링장치
③ 기어장치   ④ 링크장치

링크장치는 여러 가지 운동을 할 수 있어 자전거, 선풍기 좌우회전, 자동차 와이퍼 등 각종기계의 동력 또는 운동을 전달하는데 사용된다.

44 다음 심벌이 나타내는 논리게이트는?

① AND   ② OR   ③ NAND   ④ NOT

① AND 회로

• 논리회로   • 논리식

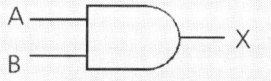 $X = A \cdot B$

② OR 회로

• 논리회로   • 논리식

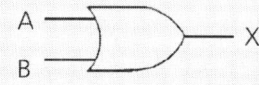 $X = A + B$

③ NAND 회로

• 논리회로   • 논리식

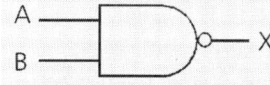 $X = \overline{A \cdot B}$

④ NOR 회로

• 논리회로   • 논리식

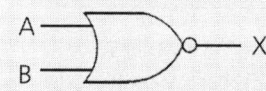 $X = \overline{A + B}$

45 다음 회로에서 A,B 간의 합성용량은 몇 μF 인가?

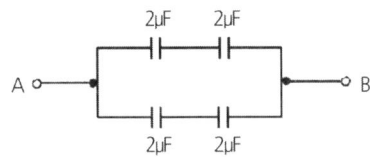

① 1   ② 2   ③ 4   ④ 8

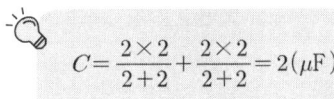
$$C = \frac{2 \times 2}{2+2} + \frac{2 \times 2}{2+2} = 2(\mu F)$$

46 승강기 출입문에 손이 끼여 사고를 당했다면 그 기인물은?

① 승강기   ② 사람   ③ 출입문   ④ 손

47 다음 중 감전과 관계없는 것은?

① 인체에 흐르는 전류
② 인체의 저항
③ 기기의 정격전류
④ 인체에 가해지는 전압

 감전과 기기의 정격전류와는 무관하다.

48 SCR의 게이트 작용은?

① 소자의 ON-OFF 작용
② 소자의 도통 제어 작용
③ 소자의 브레이크 다운 작용
④ 소자의 브레이크 오버 작용

 SCR: 단방향 대전류 스위칭 소자로서 제어를 할 수 있는 정류 소자이다. 실리콘 제어 정류기라고도 한다.

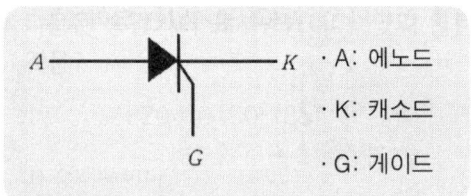
· A: 에노드
· K: 캐소드
· G: 게이드

49 다음 중 안전점검의 종류가 아닌 것은?

① 순회점검   ② 정기점검
③ 특별점검   ④ 일상점검

 안전점검의 종류에는 수시점검, 정기점검, 특별점검, 임시점검, 순회점검이 있다.

50 안전 작업모를 착용하는 주요 목적이 아닌 것은?

① 화상방지
② 비산물로 인한 부상 방지
③ 종업원의 표시
④ 감전의 방지

51 전기기기의 충전부와 외함 사이의 저항은?

① 절연저항   ② 접지저항
③ 고유저항   ④ 브리지저항

 충전부와 외함 사이의 저항은 절연저항이다. 절연저항 값은 크면 클수록 좋다.

52 다음중 전하의 단위는?

① Ω   ② A   ③ C   ④ V

전하의 단위는 쿨롱(Coulomb)이다.

53 배선용 차단기의 영문 문자기호는?

① DS   ② S   ③ MCCB   ④ THR

- DS: 단로기, S: 스위치,
  MCCB: 배선용 차단기
- THR: 열동 계전기

54 되먹임 제어에서 가장 중요한 장치는?

① 입력과 출력을 비교하는 장치
② 응답속도를 느리게 하는 장치
③ 응답속도를 빠르게 하는 장치
④ 안정도를 좋게 하는 장치

되먹임 제어에서 가장 중요한 장치는 입력과 출력을 비교하는 장치이다.

55 벨트식 전동장치에서 작은 풀리 지름이 200mm, 클 풀리 지름이 500mm이다. 작은 풀리가 500rpm 회전할 때 큰 풀리의 회전수는?

① 200rpm   ② 350rpm
③ 500rpm   ④ 1000rpm

$N = \dfrac{N_2}{N_1} = \dfrac{D_1}{D_2}$ rpm 에서

$D_1 N_1 = D_2 N_2$, $N_2 = \dfrac{D_1}{D_2} \times N_1$

$N_2 = \dfrac{D_1}{D_2} \times N_1 = \dfrac{200}{500} \times 500$

$= 200$rpm

56 1(pF)는 어느 것과 같은가?

① 10^{-12}F   ② 10^{-9}F
③ 10^{-6}F   ④ 10^{-3}F

$1F = 10^6 \mu F = 10^9 nF = 10^{12} pF$

57 1MΩ은 몇 Ω인가?

① 1×10^3 ② 1×10^6
③ 1×10^9 ④ 1×10^{12}

$1M\Omega = 10^6 \Omega$

58 2단자 반도체 소자로 서지전압에 대한 회로 보호용으로 사용되는 것은?

① 터널 다이오드   ② 서미스터
③ SCR   ④ 바리스터

- 터널 다이오드
  마이크로파의 발진기, 증폭기, 고속의 논리회로, 스위칭 소자로 사용된다.
- 서미스터
  부온도 특성을 가진 저항기의 일종으로 주로 온도 보상용으로 사용된다.
- SCR
  단방향 대전류 스위칭 소자로서 제어를 할 수 있는 정류소자이다.
- 바리스터
  주로 서어지 전압에 대한 회로 보호용으로 사용된다.

59 다음 중 전류를 측정할 수 있는 것은?

① 훅온메타   ② 볼트메타
③ 휘트스톤 브리지   ④ 메거

- 훅온메타: 전류를 측정하는 계기
- 볼트메타: 전압을 측정하는 계기
- 휘트스톤 브리지: 중저항을 측정하는 계기
- 메거: 절연저항을 측정하는 계기

60 작업의 특수성으로 발생하는 직업병 작업 조건으로 맞지 않는 것은?

① 소음 ② 먼지
③ 유해가스 ④ 안경착용

정답 60 ④

2024. CBT 과년도 문제

01 에스컬레이터의 경사도는 주로 몇 도(°)를 초과하지 않아야 하는가?

① 15　　② 25　　③ 30　　④ 45

 에스컬레이터의 경사도는 30°를 초과하지 않아야 한다. 단, 높이가 6m 이하이고 공칭속도가 30m/min(0.5m/s 이하) 이하인 경우에는 경사도를 35°까지 증가시킬 수 있다.

02 무빙워크의 디딤면의 경사도는 몇 도(°)이하로 하여야 하는가?

① 12°　　② 15°　　③ 18°　　④ 20°

 무빙워크 경사도는 12° 이하이어야 하며, 공칭속도는 0.75m/s 이하이어야 한다.

03 정격속도가 분당 120m인 승객용 엘리베이터에 사용하는 에너지 분산형 완충기의 성능시험을 하려고 한다. 충돌속도는 몇 m/min가 적당한가?

① 130　　② 132　　③ 135　　④ 138

 $V = 120 \times 1.15배 = 138 \text{m/min}$

※ 완충기의 가능한 총 행정은 정격속도 115%에 상응하는 중력 정지거리 $(0.0674v^2[\text{m}])$ 이상이어야 한다.

04 로프꼬임 방향과 특성에 대한 설명이 옳지 않은 것은?

① 보통꼬임은 스트랜드와 로프의 꼬는 방향이 반대이다.
② 랭꼬임은 스트랜드와 로프의 꼬는 방향이 같다.
③ 랭꼬임은 보통꼬임에 비해서 마모가 빠르다.
④ 보통꼬임은 잘 풀리지 않으므로 일반적으로 사용된다.

 랭꼬임은 보통꼬임에 비해 킹크(kink)가 잘 발생하고 풀리기 쉽다. 그러나 보통꼬임은 랭꼬임에 비해 킹크(kink) 발생이 적다. 또한 랭꼬임은 보통꼬임에 비해 유연성과 내마모성이 우수하다.

05 다음 중 도어 이물질이 있을 경우 반전시키는 보호장치가 아닌 것은?

① 세이프티 슈　　② 추락방지 안전장치
③ 광전 장치　　　④ 초음파 장치

 도어의 보호장치
① 세이프티 슈(safety shoe)
문의 선단에 이물질 검출장치를 설치하여 사람이나 물질이 접촉되면 도어의 닫힘은 중단되고 열린다.
② 광전장치
투광(投光)기와 수광(受光)기로 구성되며, 도어의 양단에 설치해 광선(beam)이 차단될 때 도어의 닫힘은 중단되고 열린다. 라이트 레이(light ray)라고도 한다.

정답 1 ③　2 ①　3 ④　4 ③　5 ②

③ 초음파 장치
초음파로 승강쪽에 접근하는 사람이나 물건(유모차, 휠체어 등)을 검출해, 도어의 닫힘을 중단시키고 열리게 한다.

06 에스컬레이터의 스커트 가드는 어느 부분에서나 25cm²의 면적에 1500N의 힘을 직각으로 가했을 때의 휨량은 몇 mm이내이어야 하는가?

① 2mm 이내   ② 3mm 이내
③ 4mm 이내   ④ 5mm 이내

스커트는 2500mm²의 정사각 또는 원형 면적에 수직으로 가장 약한 지점의 표면에 대해 1500N의 집중하중을 가할 때 휨량은 4mm 이하이어야 한다.

07 에스컬레이터 수평 주행구간에서 연속된 두 디딤판간의 수직높이는 편차 몇 mm까지 허용되는가?

① 2   ② 4   ③ 6   ④ 8

08 벨트식 무빙워크의 경우 경사부에서 수평부로 전환되는 천이구간의 곡률반경은 몇 (m) 이상이어야 하는가?

① 0.2   ② 0.4   ③ 0.6   ④ 0.8

09 에스컬레이터 트러스 내부의 구동·순환장소 및 기기공간중 한 곳에 영구적으로 사용 가능한 휴대용 조명이 비치되어야 하고, 각 장소에는 1개 이상의 무엇이 제공되어야 하는가?

① 콘센트   ② 스위치
③ 감지기   ④ 스프링클러

10 에스컬레이터 내부 작업공간의 조도는 몇 lx 이상이어야 하는가?

① 100   ② 200   ③ 400   ④ 600

11 에스컬레이터 트러스 내부에 사용되는 콘센트 형태는?

① 2P(2극)   ② 2P+PE(2극+접지)
③ 3P(3극)   ④ 3P+PE(3극+접지)

콘센트는 2P+PE, 250V로 직접 공급 또는 KS C IEC 60364-4-41에 따른 안전초저압으로 공급되어야 한다.

12 에스컬레이터 또는 무빙워크의 주의표시 규격으로 맞는 것은?

① 80mm×90mm 이상
② 80mm×100mm 이상
③ 90mm×100mm 이상
④ 90mm×120mm 이상

13 엘리베이터 피트 바닥은 전부하 상태의 카가 완충기에 작용하였을 때 카 완충기 지지대 아래에 부과되는 정하중의 몇 배를 지지할 수 있어야 하는가?

① 2   ② 3   ③ 4   ④ 5

$F = 4g_n(P+Q)$

정답 6 ③ 7 ② 8 ② 9 ① 10 ② 11 ② 12 ② 13 ③

여기서,
F : 전체수직력(N)
g_n : 중력 가속도(9.81m/s²)
Q : 정격하중(kg)
P : 카 자중과 이동케이블, 보상로프 및 보상체인 등 카에 의해 지지되는 부품의 중량(kg)

14 엘리베이터 승강로 내부의 작업구역 간 이동통로의 유효높이는 몇(m) 이상이어야 하는가?

① 1.2 ② 1.8 ③ 2.5 ④ 2.8

15 승강장문 전기안전 장치는 얼마 이상 물리지 않으면 작동되지 않아야 하는가?

① 4mm 이상   ② 5mm 이상
③ 6mm 이상   ④ 7mm 이상

16 엘리베이터 카의 유효면적은 과부하를 방지하기 위해 제한되어야 하는데, 자동차용 엘리베이터의 경우 카의 유효면적은 1m²당 몇(kg)으로 계산한 값 이상이어야 하는가?

① 100 ② 150 ③ 300 ④ 600

자동차용 엘리베이터의 경우 카의 유효면적은 1m²당 150kg으로, 주택용 엘리베이터의 경우 유효면적이 1.1m² 이하는 1m²당 195(kg)으로 계산한 수치(최소 159kg), 유효면적이 1.1m² 초과는 1m²당 305kg으로 계산한 수치이어야 한다.

17 엘리베이터 속도가 얼마인 경우 권상능력 확보를 위해 매다는 장치 무게에 대한 보상수단으로 보상로프가 설치되는가?

① 2m/s 초과   ② 3m/s 초과
③ 3.5m/s 초과 ④ 4.0m/s 초과

정격속도가 3m/s 이하는 체인·로프 또는 벨트를 사용하고, 3m/s를 초과하면 보상로프를 사용해야 한다.

18 과속조절기(governor)의 작동상태를 잘못 설명한 것은?

① 카가 상승하거나 하강하는 어떤 방향에서도 정격속도의 1.15배를 초과하기 전에 과속조절기 스위치가 동작해야 한다.
② 과속조절기의 스위치는 작동 후 자동으로 복귀되어서는 안된다.
③ 과속조절기의 캐치는 일단 동작하고 난 후 자동 복귀된다.
④ 과속조절기 로프가 장력을 잃게 되면 전동기의 주회로를 차단시키는 경우도 있다.

과속조절기 캐치는 동작하고 난 후 수동으로 복귀된다.

19 간접식 유압엘리베이터의 특징이 아닌 것은?

① 기계실의 위치가 자유롭다.
② 주로 저속 승강기에 사용된다.
③ 승강행정이 짧은 승강기에 사용된다.
④ 추락방지 안전장치가 필요없다.

간접식 유압엘리베이터는 추락방지 안전장치가 필요없다.

20 유압엘리베이터에 사용되고 있는 강제 송유식 펌프의 종류가 아닌 것은?

① 기어펌프　② 베인펌프
③ 원심펌프　④ 스크류펌프

 강제 송유식 펌프의 종류
① 기어펌프
② 베인펌프
③ 스크류펌프

21 꼭대기 틈새와 오버헤드 관계에서 꼭대기 틈새는?

① 오버헤드에서 카의 높이를 뺀 값
② 오버헤드에서 카의 높이와 완충기 행정을 뺀 값
③ 오버헤드에서 카의 높이와 로프 처짐량을 뺀 값
④ 오버헤드에서 피트 깊이와 완충기 행정을 뺀 값

 꼭대기 틈새는 카를 최상층에 정지시켜 놓은 상태에서 카의 상부체대와 승강로 천장부와의 수직거리를 말하며, 오버헤드는 최상층 승강장 바닥에서 승강로 천장까지의 수직거리를 말한다.

22 에스컬레이터의 적재하중 산출과 관계없는 것은?

① 디딤판 수평투영면적
② 층고
③ 디딤판 폭
④ 정격속도

 에스컬레이터 적재하중
$G = 270A = 270\sqrt{3}\,WH\,(\text{kg})$
여기서,
A: 디딤판 면 수평투영면적
W: 디딤판 폭
H: 층고

23 1:1 로핑에 비하여 2:1로핑의 설명으로 맞지 않는 것은?

① 로프의 길이가 길어진다.
② 종합 효율이 저하된다.
③ 로프의 수명이 길어진다.
④ 로프 장력은 1:1로핑의 1/2이다.

 2:1로핑은 1:1로핑보다 로프의 수명이 짧아진다.

24 엘리베이터용 전동기의 출력을 계산하고자 한다. 다음 식의 ( )안에 알맞은 것은?

$$\frac{\text{정격하중[kg]} \cdot (\ )(1 - \text{오버밸런스율[\%]}/100)}{6120 \times \text{종합효율}}\,[\text{kW}]$$

① 정격속도(m/min)　② 균형추 중량(kg)
③ 정격전압(V)　　　④ 회전속도(rpm)

$P = \dfrac{LV(1 - F/100)}{6120\eta}\,(\text{kW})$

여기서,
L: 정격하중(kg)
V: 정격속도(m/min)
F: 오버밸런스율(%)
η: 종합효율

※ 오버밸런스율: 엘리베이터의 트랙션비를 작게 하기 위하여 균형추 정격적재량에 곱하여 주는 값.

25 로프의 미끄러짐 현상을 줄이는 방법으로 틀린 것은?

① 권부각을 크게 한다.
② 가감속도를 완만하게 한다.
③ 균형체인이나 균형로프를 설치한다.
④ 카 자중을 가볍게 한다.

카 자중을 가볍게 한다고 로프의 미끄러짐 현상이 줄어들지 않고, 트랙션비가 클수록 미끄러지기 쉽다.

26 오일이 실린더로 들어가는 곳에 설치되어 만일 파이프가 파손되었을 때 자동적으로 밸브를 닫아 카가 급격히 떨어지는 것을 방지하는 밸브는?

① 럽쳐 밸브 ② 체크 밸브
③ 스톱 밸브 ④ 사일렌서

- 럽쳐 밸브: 압력배관이 파손되었을 때 자동적으로 밸브를 닫아 카가 급하게 떨어지는 것을 방지한다. 이 밸브는 한번 동작되면 인위적으로 재조작하기 전에는 닫힌 상태를 유지한다.
- 체크 밸브: 한쪽 방향으로만 기름이 흐르도록 하는 밸브로서 상승방향으로는 흐르지만 역방향으로는 흐르지 않는다. 이것은 정전이나 그 이외의 원인으로 펌프의 토출압력이 떨어져서 실린더의 기름이 역류하여 카가 자유낙하는 것을 방지하는 역할을 하는 것으로, 전기식(로프식) 엘리베이터의 전자브레이크와 유사하다.
- 스톱 밸브: 유압장치의 보수·점검 또는 수리 등을 할 때 사용된다.
- 사일렌서: 작동유의 압력맥동을 흡수하여 진동·소음을 감소시킨다. 자동차의 머플러와 같은 역할을 한다.

27 에스컬레이터 디딤판 체인 안전율은 얼마 이상이어야 하는가?

① 5   ② 8   ③ 10   ④ 12

에스컬레이터 부분	안전율
트러스 및 빔	5 이상
디딤판 체인 및 구동체인	10 이상
모든 구동품	5 이상

28 승강로 내에서 카를 상하로 주행 안내하고, 주행 중 카에 전달되는 진동을 감소시켜 주는 역할을 하는 것은?

① 가이드 슈 ② 완충기
③ 중간 스토퍼 ④ 가이드 레일

29 유압식 엘리베이터에 있어서 유량제어 밸브를 주회로에 삽입하여 유량을 직접 제어하는 회로는?

① 파일럿(Pilot) 회로
② 바이패스(Bypass) 회로
③ 미터 인(Meter in) 회로
④ 블리드 오프(Bleed off) 회로

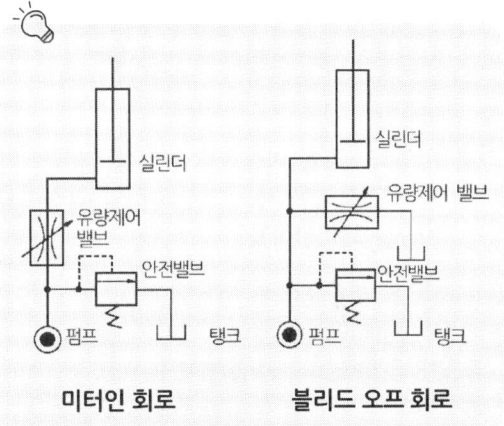

미터인 회로   블리드 오프 회로

30 도어머신에 요구되는 조건이 아닌 것은?

① 소형 경량일 것
② 보수가 용이할 것

정답 26 ① 27 ③ 28 ① 29 ③ 30 ④

③ 가격이 저렴할 것
④ 직류 모터를 사용할 것

 도어(door) 구동용 전동기는 직류 전동기 또는 인버터를 이용한 교류 전동기가 사용된다.

31 카의 비상구출문에 대한 설명으로 틀린 것은?

① 카 벽에 설치된 비상구출문은 내부 방향으로 열리지 않아야 한다.
② 비상구출 운전 시, 카 내 승객의 구출은 항상 카 밖에서 이루어져야 한다.
③ 카 벽에 설치된 비상구출문은 열쇠 등을 사용하지 않고 카 외부에서 간단한 조작으로 열 수 있어야 한다.
④ 카 천장에서 설치된 비상구출문은 열쇠 등을 사용하지 않고 카 외부에서 간단한 조작으로 열 수 있어야 한다.

 카 벽에 설치된 비상구출문은 카 내부 방향으로 열려야 한다. 그러나 카 천장의 비상구출문은 외부로 열려야 한다.
[참고] · 카 천장: 0.4m×0.5m 이상
· 카 벽: 0.4m×1.8m 이상

32 사이리스터를 이용하여 교류를 직류로 바꾸고 점호각을 제어하여 모터의 회전수를 바꾸는 제어방식은?

① 교류귀환제어
② 교류 2단 속도제어
③ 정지 레오나드(static-leonard)방식
④ 워드 레오나드(ward-leonard)방식

 ① 교류귀환제어: 이 방식은 케이지의 실속도와 지령속도를 비교하여 사이리스터의 점호각을 바꿔, 유도 전동기의 속도를 제어하는 방식이다.

② 교류 2단 속도제어: 2단 속도 모터(motor)를 사용하여 기동과 주행은 고속권선으로 행하고, 감속시는 저속권선으로 감속하여 착상하는 방식이다.
③ 정지 레오나드 방식: 사이리스터를 사용하여 교류를 직류로 변환하여 전동기에 공급하고, 사이리스터의 점호각을 제어하여 직류 전압을 가변시켜, 전동기의 속도를 제어하는 방식이다.
④ 워드 레오나드 방식: 직류 발전기의 출력단을 직접 직류 전동기 전기자에 연결시키고, 발전기의 계자 전류를 조정하여 발전전압을 엘리베이터 속도에 대응하여 연속적으로 공급시키는 방식이다.

33 카 자중 1200kg, 정격하중 1000kg인 엘리베이터의 오버밸런스율을 40%로 취하면 균형추의 중량은 몇 kg인가?

① 1480   ② 1600   ③ 1720   ④ 1800

 균형추의 중량: 카의 자체무게+(정격적재량×오버밸런스율)

균형추의 중량 =1200+(1000×0.4)=1600(kg)

34 압력 릴리프 밸브는 압력을 전 부하 압력의 몇 %까지 제한하도록 맞추어 조절되어야 하는가?

① 100   ② 115   ③ 125   ④ 140

 안전밸브(relief valve): 일종의 압력조정 밸브인데 회로의 압력이 설정값에 도달하면 밸브를 열어 오일을 탱크로 돌려보냄으로써 압력이 과도하게 상승(상승압력의 125%에 설정)하는 것을 방지한다.

정답 31 ① 32 ③ 33 ② 34 ④

그런데 압력은 전 부하 압력의 140%까지 제한하도록 맞추어 조절되어야 한다.

35 승강기의 최대 정원은 1인당 하중을 몇 kg으로 계산한 값인가?

① 55 ② 60 ③ 65 ④ 75

36 승강장 도어가 레일 끝을 이탈(overrun)하는 것을 방지하기 위해 설치하는 것은?

① 스토퍼 ② 로킹장치
③ 행거레일 ④ 행거롤러

37 카, 균형추 또는 평형추를 운반하기 위해 로프에 연결된 철 구조물을 의미하는 용어로 옳은 것은?

① 슬링 ② 에이프런
③ 균형체인 ④ 이동케이블

38 엘리베이터의 카 속도가 정격속도보다 빠를 때 제일 먼저 작동되는 안전장치는?

① 과속조절기 로프
② 리미트 스위치
③ 과속조절기 로프캐치
④ 과속조절기 과속스위치

 과속조절기는 카와 같은 속도로 움직이는 과속조절기 로프에 의해 항상 카의 속도를 감지하여 그 속도를 검출하는 장치이다. 카 추락방지 안전장치의 작동을 위한 과속조절기는 정격속도의 115% 이상시 작동된다.

39 유압식 엘리베이터 펌프의 흡입 측에 부착되어 이물질을 제거하는 작용을 하는 것은?

① 미터인 ② 사일렌서
③ 스트레이트 ④ 스트레이너

- 사일렌서: 작동유의 입력 맥동을 흡수하여 진동 및 소음을 경감시킨다. 자동차의 머플러와 같은 역할을 한다.
- 스트레이너: 실린더의 이물질을 제거하기 위해 펌프의 흡입축에 부착된다.

40 에스컬레이터 안전기준에 따라 공칭속도가 0.5m/s, 디딤판 폭이 0.6인 에스컬레이터에 대한 시간당 수송능력은?

① 3000명/h ② 3600명/h
③ 4400명/h ④ 4800명/h

디딤판 폭	공칭속도(m/s)		
	0.5	0.65	0.75
0.6m	3,600 명/h	4,400 명/h	4,900 명/h
0.8m	4,800 명/h	5,900 명/h	6,600 명/h
1m	6,000 명/h	7,300 명/h	8,200 명/h

41 직류 직권 전동기에서 벨트(belt)를 걸고 운전하면 안되는데, 그 이유로 맞는 것은?

① 벨트가 마모되면 보수가 곤란하다.
② 벨트가 벗겨지면 위험속도에 도달한다.
③ 전기소모가 많아 차단기가 고장이 난다.
④ 전동기가 곧 멈춘다.

 직류 직권 전동기에서 벨트를 걸고 운전하다가 빠지면 무부하가 되어 부하전류가 안 흘러 계자자속도 없다. 따라서 속도는 무한대가 된다.

$$N = K\frac{V - I(R_a + R_s)}{\phi} \text{(rpm)}$$

42 작업장에서 가장 높은 비율을 차지하는 사고원인은?

① 불안전한 행동
② 작업환경
③ 장비의 결함
④ 작업순서의 잘못

43 다음에서 불안전한 상태가 아닌 것은?

① 추락위험이 있는 장소 접근
② 부적합한 조명
③ 환기 불량
④ 기계의 불량

44 4(V)의 기전력으로 100(J)의 일을 할 때 이동한 전기량(c)은?

① 10   ② 15   ③ 25   ④ 40

$V = \dfrac{W}{Q}(\text{V})$에서 $Q = \dfrac{W}{V} = \dfrac{100}{4} = 25(c)$

45 전기의 본질에 대한 설명으로 틀린 것은?

① 전자는 음(-)의 전기를 띤 입자이다.
② 양성자는 양(+)의 전기를 띤 입자이다.
③ 중성자는 전기를 띠지 않지만 질량은 전자와 거의 같다.
④ 전기량의 크기는 양성자와 같다.

• 전자의 질량: 9.10956×10^{-31}(kg)
• 중성자 질량: 1.67491×10^{-27}(kg)

46 중량물을 달아 올릴 때 와이어로프에 가장 힘이 크게 걸리는 각도는?

① 45°   ② 55°   ③ 65°   ④ 90°

중량물을 달아 올릴 때 각도가 90°일 때 힘이 가장 크게 걸린다.

47 재해원인에 대한 설명으로 옳지 않은 것은?

① 불안전한 행동과 불안전한 상태는 재해의 간접원인이다.
② 불안전한 상태는 물적원인에 해당된다.
③ 위험장소의 접근은 재해의 불안전한 행동에 해당한다.
④ 부적당한 조명, 온도 등 작업환경의 결함도 재해원인에 해당된다.

불안전한 행동, 불안전한 상태는 재해의 직접 원인이다.

48 길이 2m의 봉이 인장력을 받고 0.2mm 만큼 늘어났다. 인장 변형률은?

① 0.0001   ② 0.0003
③ 0.0005   ④ 0.007

$\varepsilon = \dfrac{x}{\ell} = \dfrac{0.2}{2000} = 0.0001$

49 3상 유도 전동기에서 전동기가 정지상태일 경우 슬립은?

① 0   ② 0.5   ③ 1   ④ 2

• 전동기가 정지상태일 때: S=1
• 전동기가 동기속도일 때: S=0
• 전동기가 운전상태일 때: 0 < S < 1

정답 42 ① 43 ① 44 ③ 45 ③ 46 ④ 47 ① 48 ① 49 ③

50 에스컬레이터 사고 중 가장 많이 발생하는 원인은?

① 과부하
② 기계불량
③ 이용자의 부주의
④ 작업자의 부주의

51 전기화재의 원인이 아닌 것은?

① 누전　　② 단락
③ 과전류　④ 케이블 연피

52 회전축에서 베어링과 접촉하고 있는 부분을 무엇이라고 하는가?

① 저널　② 체인　③ 베어링　④ 핀

 저널: 베어링과 접촉해 축을 받치는 축부분

53 3[Ω], 4[Ω], 6[Ω]의 저항을 병렬접속할 때 합성저항은 몇[Ω] 인가?

① $\frac{1}{3}$　② $\frac{4}{3}$　③ $\frac{5}{6}$　④ $\frac{3}{4}$

 $R_0 = \frac{3 \times 4 \times 6}{(3 \times 4) + (4 \times 6) + (6 \times 3)} = \frac{4}{3}(\Omega)$

54 되먹임 제어에서 가장 필요한 장치는?

① 입력과 출력을 비교하는 장치
② 응답속도를 느리게 하는 장치
③ 응답속도를 빠르게 하는 장치
④ 안정도를 좋게 하는 장치

되먹임 제어에서 가장 필요한 장치는 입력과 출력을 비교하는 장치이다.

55 다음 중 방호장치의 기본 목적으로 가장 옳은 것은?

① 먼지 흡입 방지
② 기계 위험 부위의 접촉방지
③ 작업자 주변의 사람 접근방지
④ 소음과 진동 방지

56 전류 I[A]와 전하 Q[C] 및 시간 t[초]와의 상관관계를 나타낸 식은?

① $I = \frac{Q}{t}$[A]　② $I = \frac{t}{Q}$[A]

③ $I = \frac{Q^2}{t}$[A]　④ $I = \frac{Q}{t^2}$[A]

 $I = \frac{Q}{t}$[A]

57 다음과 같은 그림기호는?

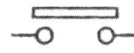

① 플로트레스 스위치
② 리미트 스위치
③ 텀블러 스위치
④ 누름버튼 스위치

• 리미트 스위치 a접점

　　　LS
　　─o o─

• 리미트 스위치 b접점

　　　LS
　　─o o─

58 응력을 옳게 표현한 것은?

① 단위길이에 대한 늘어남
② 단위체적에 대한 질량
③ 단위면적에 대한 변형률
④ 단위면적에 대한 힘

응력이란 물체에 외력이 가해질 때 물체 내부에서 발생하는 단위면적당 힘을 말한다.

59 끝이 고정된 와이어로프 한 쪽을 당길 때 와이어로프에 작용하는 하중은?

① 인장하중　② 압축하중
③ 반복하중　④ 충격하중

인장하중은 재료의 축선방향으로 늘어나게 작용하는 하중을 말한다.

60 후크의 법칙을 옳게 설명한 것은?

① 응력과 변형률은 반비례 관계이다.
② 응력과 탄성계수는 반비례 관계이다.
③ 응력과 변형률은 비례 관계이다.
④ 변형률과 탄성계수는 비례 관계이다.

후크의 법칙: 물체에 하중을 가하면 하중이 어느 한도까지는 하중과 변형이 정비례 관계에 있다고 하는 법칙.

정답　58 ④　59 ①　60 ③

메모장